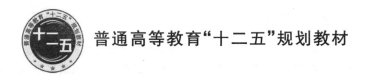

普通高等教育"十二五"规划教材

高等数学（经管类）

（上册）

史　悦　李晓莉　编

U0282800

北京邮电大学出版社
www.buptpress.com

内 容 提 要

本书内容根据高等院校经管类专业高等数学课程的教学大纲及"工科类本科数学基础课程教学基本要求"编写而成.全书注重从学生的数学基础出发,通过实际问题引入数学概念,利用已知数学工具解决新问题,并将数学方法应用于实际问题,特别是结合学生的专业特点,精选了许多高等数学方法在经济理论上的应用实例.在这个过程中培养学生的数学素养,建模能力,严谨的思维能力,创新意识及应用能力,本书力求数学体系完整,深入浅出.

全书分为上、下两册,上册包括:函数、极限与连续、导数与微分、中值定理与导数应用、不定积分、定积分、微分方程.书末附有便于学生查阅的基本数学公式,常见曲线方程及图形,习题答案与提示.

本书适合作为各类普通高等院校经济管理类各专业高等数学课程的教材及参考书.

图书在版编目（CIP）数据

高等数学：经管类. 上册 / 史悦,李晓莉编. -- 北京：北京邮电大学出版社,2016.8（2018.7 重印）
ISBN 978-7-5635-4902-3

Ⅰ. ①高…　Ⅱ. ①史…②李…　Ⅲ. ①高等数学—高等学校—教材　Ⅳ. ①O13

中国版本图书馆 CIP 数据核字（2016）第 192830 号

书　　　名：	高等数学（经管类）（上册）
著作责任者：	史　悦　李晓莉　编
责 任 编 辑：	彭　楠　张珊珊
出 版 发 行：	北京邮电大学出版社
社　　　址：	北京市海淀区西土城路 10 号（邮编：100876）
发 行　部：	电话：010-62282185　传真：010-62283578
E-mail：	publish@bupt.edu.cn
经　　　销：	各地新华书店
印　　　刷：	保定市中画美凯印刷有限公司
开　　　本：	787 mm×1 092 mm　1/16
印　　　张：	18.5
字　　　数：	484 千字
版　　　次：	2016 年 8 月第 1 版　2018 年 7 月第 3 次印刷

ISBN 978-7-5635-4902-3　　　　　　　　　　　　　　　　　定　价：40.00 元

前　言

数学不仅是一门科学,一种计算工具,更是一种严谨的思维模式.高等数学作为各级高等院校的重要基础课,随着课程改革的深入,更加注意培养学生的创新能力和数学建模的应用能力,因此全书注重从学生的数学基础出发,首先突出数学建模的思想,通过实际问题引入数学概念(即建立数学模型),体现数学概念的来源,避免生硬地直接引入数学概念;其次在建立模型之后,注意引导解决模型所提出问题的思想方法,在此过程中特别强调发散性思维对解决问题的思路和创新方法的影响,开阔学生思路,引导学生对解决问题的各种想法进行实践,体现研究问题的一般过程.最后利用已知数学概念和方法应用于实际问题,结合学生的专业特点,精选了许多高等数学方法在经济理论上的应用实例,并为提高学生的学习兴趣引入了实际生活中许多应用的实例,使得教师在教学过程中能够培养学生的数学素养、建模能力、严谨的思维能力、创新意识及应用能力.

书中对例题的选择注重典型多样,富有启发性,着重基本概念和基本方法的理解,不片面追求技巧性与难度,在每节的习题选择上也体现了这一基本原则.但在每章的总习题中注重知识的综合应用与常用技巧的训练.本书在编写过程中,融入了编者多年的教学经验,在整体内容上力求数学体系完整,深入浅出,适于经管类学生的学习难度与后续经济、管理类课程的应用衔接,对于 * 号部分可根据专业及学生基础进行教学并可指导学生作为课下阅读.

全书分为上、下两册,上册包括:函数、极限与连续、导数与微分、中值定理与导数应用、不定积分、定积分、微分方程.书末附有便于学生查阅的基本数学公式,常见曲线方程及图形,积分表及习题答案与提示.

本书的完成要感谢北京邮电大学教务处的支持和各位数学系同仁的帮助,同时要感谢北京邮电大学出版社的大力支持.数学系同仁对本书的内容提出了许多宝贵的意见,出版社从编审到出版付出了很大的精力,实则本书是大家共同努力的结晶,在此表示感谢.

由于编者水平有限,加之时间仓促,书中错误及不当之处在所难免,敬请各位专家、同行、读者指出,以便今后改进、完善、提高.

编　者

目　　录

第一章 函　　数

初等数学的研究对象基本上是不变的量,而高等数学则以变量为研究对象,更确切地讲高等数学是以变量与变量之间的一种依赖关系——函数关系为研究对象的一门学科.因此,函数是高等数学中最重要、最基本的概念之一.

本章作为本课程的基础知识,首先介绍实数的一些基本性质,复习常用实数集及常见的不等式,然后介绍函数等基本概念及函数的基本性质,与初等数学衔接并提高.

第一节　基　础　知　识

一、实数的重要性质与实数集

若无特别声明,本课程中所指的数都是实数.关于实数的严密理论这里不深入讨论,现列举以后常用的几个重要性质.

1. 实数的几个重要性质

(1) 有序性　　对任意两个实数 a、b,则 $a<b,a=b,a>b$ 三者必居其一且只居其一;若 $a\leqslant b$,$a\geqslant b$,则 $a=b$;a,b,c 均为实数,若 $a<b,b<c$,则 $a<c$.

(2) 无界性　　对任一实数 a,总存在实数 b,使 $a<b$,或者总存在自然数 n,使 $a<n$.这个性质称为实数无上界.同样实数无下界.

(3) 稠密性　　对任意两个实数 a、b,若 $a<b$,则存在实数 c,使 $a<c<b$.从而在任意两个不等实数之间存在无穷多个实数.

推论 1　对任意两个实数 a、b,且 $a<b$,总存在实数 $\varepsilon>0$,使 $a<b-\varepsilon$.

推论 2　对任意两个实数 a、b,如果对任意 $\varepsilon>0$,总有 $|a-b|<\varepsilon$ 成立,则 $a=b$.

有理数在实数中的稠密性(同理无理数在实数中亦稠密):在任意两个不等实数之间存在无穷多个有理数.

(4) 完备性　　实数和直线上的点存在一一对应关系,称这条直线为实数轴,简称数轴.数轴上与点对应的数称为该点的坐标.实数的这个特性说明了实数之间无空隙称为实数的连续性或完备性.实数的完备性是极限理论的基础.有理数和无理数没有这个性质.

2. 常用实数集

高等数学中常用的实数集合是区间:

$$(a,b)=\{x|a<x<b\};\quad [a,b]=\{x|a\leqslant x\leqslant b\};$$
$$[a,b)=\{x|a\leqslant x<b\};\quad (a,b]=\{x|a<x\leqslant b\};$$

$$[a,+\infty)=\{x\mid x\geqslant a\};\quad (a,+\infty)=\{x\mid x>a\};$$
$$(-\infty,b]=\{x\mid x\leqslant b\};\quad (-\infty,b)=\{x\mid x<b\};$$
$$(-\infty,+\infty)=\{x\mid x\in\mathbf{R}\}=\{x\mid -\infty<x<+\infty\}.$$

邻域也是经常用到的一种集合形式.设 δ 是任一正数,则开区间 $(a-\delta,a+\delta)$ 就是点 a 的一个邻域,这个邻域称为点 a 的 **δ 邻域**,记作 $U(a,\delta)$,即

$$U(a,\delta)=\{x\mid a-\delta<x<a+\delta\}=\{x\mid |x-a|<\delta\}.$$

点 a 称为此邻域的中心,δ 称为此邻域的半径,如图 1-1(a)所示.$U(a,\delta)$ 几何上表示与点 a 距离小于 δ 的一切点 x 的全体.

开区间 $(a-\delta,a)$ 称为 a 的左 δ 邻域,开区间 $(a,a+\delta)$ 称为 a 的右 δ 邻域,当我们不关心 δ 的大小时,可将 a 的邻域表示为 $U(a)$.

有时用到的邻域需要把邻域的中心去掉.点 a 的 δ 邻域去掉中心 a 后,称为点 a 的**去心 δ 邻域**,记作 $\mathring{U}(a,\delta)$,即 $\mathring{U}(a,\delta)=\{x\mid 0<|x-a|<\delta\}$.如图 1-1(b)所示.

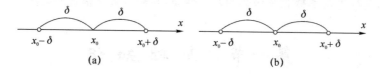

图 1-1

二、绝对值

实数的绝对值的定义、性质及相关不等式在初等数学中已经学过,在此仅列出以便查用.这里需强调的是关于绝对值不等式,因在高等数学中常用不等式对一些量进行估计,所以请读者熟练掌握和应用这些不等式.

$$|a|=\begin{cases}a,&a\geqslant 0\\-a,&a<0\end{cases};\quad |a|=\sqrt{a^2};\quad |a\cdot b|=|a|\cdot|b|;\quad \left|\frac{a}{b}\right|=\frac{|a|}{|b|}(b\neq 0);$$
$$-|a|\leqslant a\leqslant|a|;\quad |a\pm b|\geqslant|a|-|b|;\quad ||a|-|b||\leqslant|a\pm b|\leqslant|a|+|b|;$$
$$|x|<a\Leftrightarrow -a<x<a;\quad |x|>a\Leftrightarrow x<-a \text{ 或 } x>a.$$

例 1 解不等式 $|2x-1|+|x+3|\leqslant 15$.

解 $x=-3$ 及 $x=\dfrac{1}{2}$ 将 $(-\infty,+\infty)$ 分成 3 个子区间 $(-\infty,-3)$,$\left[-3,\dfrac{1}{2}\right]$,$\left(\dfrac{1}{2},+\infty\right)$,在这 3 个子区间上分别求解不等式.

当 $x\in(-\infty,-3)$ 时,原不等式化为 $(-2x+1)-(x+3)\leqslant 15$,即 $x\geqslant-\dfrac{17}{3}$,所以在 $(-\infty,-3)$ 上的解为 $-\dfrac{17}{3}\leqslant x<-3$.

同理,在 $\left[-3,\dfrac{1}{2}\right]$ 上的解为 $-3\leqslant x\leqslant\dfrac{1}{2}$,在 $\left(\dfrac{1}{2},+\infty\right)$ 上的解为 $\dfrac{1}{2}<x\leqslant\dfrac{13}{3}$.

原不等式的解为各子区间上解的并,即 $-\dfrac{17}{3}\leqslant x\leqslant\dfrac{13}{3}$.

三、常用数学符号

为了书写简洁,在今后的学习中常采用下列逻辑记号:

(1) "∃"表示"存在";

(2) "∀"表示"对每一个"或"对任一个"或"对所有的";

(3) "∈"表示"属于";

(4) "∉"表示"不属于";

(5) "$A \Rightarrow B$"表示"如果命题 A 成立,则命题 B 成立",或称"A 是 B 的充分条件";

(6) "$A \Leftarrow B$"表示"如果命题 B 成立,则命题 A 成立",或称"A 是 B 的必要条件";

(7) "$A \Leftrightarrow B$"表示"A 是 B 的充要条件",或称"A 与 B 等价";

(8) "max"表示"最大","min"表示"最小";

(9) $\sum\limits_{i=1}^{n} u_i = u_1 + u_2 + \cdots + u_n$;

(10) $\prod\limits_{i=1}^{n} u_i = u_1 u_2 \cdots u_n$.

例如,"对任意的实数 y,存在实数 x,使得 $y < x$"可表示为"$\forall y \in \mathbf{R}, \exists x \in \mathbf{R}$,使 $y < x$". 又如,"对任意给定的正数 $\varepsilon > 0$,存在正整数 $N > 0$,使得当 $n > N$ 时,有 $|u_n - A| < \varepsilon$"可表示为"$\forall \varepsilon > 0, \exists N \in \mathbf{N}_+$,当 $n > N$ 时,有 $|u_n - A| < \varepsilon$". 其中 $\mathbf{N}_+$ 表示正整数集. 而"$a = b \Leftrightarrow a \leqslant b, a \geqslant b$"表示"$a = b$ 的充要条件是 $a \leqslant b$ 且 $a \geqslant b$".

例 2(Cauchy-Schwartz 不等式) 设 $a_1, a_2, \cdots, a_n, b_1, b_2, \cdots, b_n$ 为任意实数,证明

$$\left(\sum_{k=1}^{n} a_k b_k \right)^2 \leqslant \sum_{k=1}^{n} a_k^2 \sum_{k=1}^{n} b_k^2.$$

证 $\forall x \in \mathbf{R}$,有 $\sum\limits_{k=1}^{n} (a_k + b_k x)^2 \geqslant 0$,即

$$\sum_{k=1}^{n} (a_k^2 + 2 a_k b_k x + b_k^2 x^2) \geqslant 0,$$

或

$$x^2 \sum_{k=1}^{n} b_k^2 + 2x \sum_{k=1}^{n} a_k b_k + \sum_{k=1}^{n} a_k^2 \geqslant 0,$$

不等式左端是一个关于 x 的二次三项式,其无实根或只有重根的充要条件是

$$\left(\sum_{k=1}^{n} a_k b_k \right)^2 - \sum_{k=1}^{n} a_k^2 \sum_{k=1}^{n} b_k^2 \leqslant 0,$$

于是

$$\left(\sum_{k=1}^{n} a_k b_k \right)^2 \leqslant \sum_{k=1}^{n} a_k^2 \sum_{k=1}^{n} b_k^2.$$

例如,当 $n = 3$ 时,不等式为 $(a_1 b_1 + a_2 b_2 + a_3 b_3)^2 \leqslant (a_1^2 + a_2^2 + a_3^2)(b_1^2 + b_2^2 + b_3^2)$.

还有一个常用的不等式:设 $a_1, a_2, \cdots, a_n$ 为非负实数,则

$$\sqrt[n]{a_1 a_2 \cdots a_n} \leqslant \frac{a_1 + a_2 + \cdots + a_n}{n}$$

称为**平均值不等式**.

习 题 一

1. 指出下列邻域的中心与半径：

(1) $(-7,7)$；　　　(2) $(1-\sqrt{2},1+\sqrt{2})$；　　　(3) $(-4,13)$.

2. 设 A、B、C 为三个集合：

(1) 已知 $A \subset B$，求 $A \cup B,A \cap B,A \backslash B$；

(2) 已知 $A \subset B,A \subset C$，证明 $A \subset (B \cap C)$；

(3) 已知 $A \supset B,A \supset C$，证明 $A \supset (B \cup C)$.

3. 解下列不等式：

(1) $|x-1|<3$；　　　　　　　(2) $|x+1|>2$；

(3) $1 \leqslant |x| \leqslant 3$；　　　　　　(4) $|x-1| \leqslant |5-x|$.

4. (1) 若 $ab>0$，证明 $\sqrt{ab} \leqslant \dfrac{1}{2}|a+b|$；

(2) 设 $a_1,a_2,\cdots,a_n$ 为任意实数，证明 $\dfrac{1}{n}(a_1+a_2+\cdots+a_n)^2 \leqslant a_1^2+a_2^2+\cdots+a_n^2$；

(3) 设 $a_1,a_2,\cdots,a_n$ 为任意非负实数，证明 $\sqrt[n]{a_1 a_2 \cdots a_n} \leqslant \sqrt{\dfrac{a_1^2+a_2^2+\cdots+a_n^2}{n}}$；

(4) 证明 $\dfrac{1}{2} \cdot \dfrac{3}{4} \cdot \dfrac{5}{6} \cdot \cdots \cdot \dfrac{2n-1}{2n} < \dfrac{1}{\sqrt{2n+1}}$.

5. 将下列句子用 $\forall$，$\exists$ 等记号表示：

(1) 对 $1<x<2$ 中的每一个 x，都使得 $x^2-3x+2<0$ 成立；

(2) 存在负数 x，使得 $x^2-x-2<0$.

第二节 函 数

一、函数的概念

定义 1　设 D 是一个给定的非空实数集，若存在一个对应法则 f，使得对于每一个 $x \in D$ 总有确定的 y 与之对应，则称 f 是定义在 D 上的**函数**，记为 $y=f(x)$. 称 D 为函数的**定义域**，相应的 y 值的全体所组成的集合称为函数的**值域**，记为

$$W=\{y \mid y=f(x),x \in D\},$$

x 称为**自变量**，y 称为**因变量**.

关于函数概念的几点说明：

(1) 当 x 取数值 $x_0 \in D$ 时，与 x_0 对应的 y 的数值 y_0 称为函数 $y=f(x)$ 在点 x_0 处的函数值，记作 $y_0=f(x_0)$ 或 $y_0=f(x)\mid_{x=x_0}$.

(2) 函数 $y=f(x)$ 中表示对应关系的记号 f 也可改用其他字母，如 "φ""F" 等. 这时函数就记作 $y=\varphi(x),y=F(x)$ 等.

(3) 如果 $\forall x \in D$,总是对应唯一的函数值 y,这种函数称为**单值函数**,否则称为**多值函数**. 例如,若变量 x 和 y 的对应关系由方程 $y^2 = x$ 给出,当 $x = a, a > 0$ 时,y 有两个值 $\sqrt{a}$, $-\sqrt{a}$ 与之对应,则这个方程确定了一个多值函数. 对于多值函数,往往只要附加一些条件,就可以转化为单值函数. 例如,若附加 $y \geqslant 0$ 的条件,就可以得到一个单值函数 $y = \sqrt{x}$,常称为该多值函数的一个单值分支. 以后若没有特别说明,函数都是指单值函数.

(4) 关于函数的定义域需要指出:在实际问题中,函数的定义域是根据问题的实际意义确定的. 如反映自由落体运动过程中高度 h 和时间 t 关系的函数 $h = \dfrac{1}{2} g t^2$,因 t 表示时间,若开始下落的时间 $t = 0$,落地的时间 $t = T$,则函数定义域为 $D = [0, T]$.

在数学研究中,常不考虑函数的实际意义,而抽象地研究用算式表达的函数. 这时我们约定:函数的定义域是自变量所取的使算式有意义的一切实数的全体. 这种定义域称为函数的自然定义域. 例如,函数 $y = \sqrt{1 - x^2}$ 的定义域为 $[-1, 1]$,函数 $y = \dfrac{1}{\sqrt{1 - x^2}}$ 的定义域为 $(-1, 1)$.

一般地,当给出一个函数的具体表达式时,应指出它的定义域,否则表明默认它的定义域就是自然定义域.

(5) 由于函数是由定义域和对应法则所确定的,因此考察两个函数是否为同一函数时,要考察他们的定义域和对应法则是否完全相同,而不是注意它们的记号. 如果两个函数 $f(x)$ 与 $g(x)$ 的定义域相同且对定义域中每一个 x 都有 $f(x) = g(x)$,则称 $f(x)$ 与 $g(x)$ 相等.

例 1 求函数 $y = \lg \dfrac{1}{1-x} + \sqrt{x+2}$ 的定义域.

解 因为 $\lg \dfrac{1}{1-x}$ 的定义域 $D_1 = (-\infty, 1)$,$\sqrt{x+2}$ 的定义域 $D_2 = [-2, +\infty)$,所以所求函数的定义域 $D = D_1 \bigcap D_2 = [-2, 1)$.

例 2 下列函数 $f(x)$ 与 $g(x)$ 是否相同?

(1) $f(x) = \sqrt{1 - \cos^2 x}$ 与 $g(x) = \sin x$;

(2) $f(x) = \sqrt[3]{x^3 + x^5}$ 与 $g(x) = x \sqrt[3]{1 + x^2}$.

解 (1) $f(x)$ 与 $g(x)$ 的定义域都是 $(-\infty, +\infty)$,但是对应法则不同,$f(x) = \sqrt{\sin^2 x} = |\sin x|$,从而它们的值域不同,$0 \leqslant f(x) \leqslant 1$,而 $-1 \leqslant g(x) \leqslant 1$,所以 $f(x)$ 与 $g(x)$ 不相同.

(2) $f(x)$ 与 $g(x)$ 的定义域都是 $(-\infty, +\infty)$,且对应法则相同,所以 $f(x)$ 与 $g(x)$ 为相同函数.

设函数 $y = f(x)$ 的定义域为 D. 对于任意取定的 $x \in D$,对应的函数值为 $y = f(x)$. 以 x 为横坐标,y 为纵坐标,就在 xOy 平面上确定了一点 (x, y). 当 x 遍取 D 上的每一个数值时,就得到点 (x, y) 的一个集合 $C: C = \{(x, y) | y = f(x), x \in D\}$. 这个点集 C 称为函数 $y = f(x)$ 的图形.

函数常用解析表达式表示,所谓解析表达式就是对变量和常数施加四则运算、乘方、指数运算、取对数、三角函数等数学运算所得到的式子. 用解析表达式表示两个变量间的函数关系的方法称为**解析法**(或**公式法**),其优点是简明准确、便于理论分析.

特别地,在定义域的互不重叠的子集上,对应法则用不同解析表达式来表示的函数,通常称为**分段函数**. 注意在整个定义域上它是一个函数,而不是几个函数. 在自然科学和工程技术中,经常会遇到分段函数的情形. 下面给出几个常见的分段函数.

例 3 狄里克莱(Dirichlet)函数

$$y = D(x) = \begin{cases} 1, & x \text{ 为有理数}, \\ 0, & x \text{ 为无理数} \end{cases}$$

其定义域 $D = (-\infty, +\infty)$,值域 $W = \{0,1\}$. 此函数无法作出它的图形.

例 4 取整函数 $y = [x]$, $x \in \mathbf{R}$, $[x]$ 表示不超过 x 的最大整数(见图 1-2).

例如,$[2.17] = [2 + 0.17] = 2$; $[-3.91] = [-4 + 0.09] = -4$; $\left[\dfrac{1}{3}\right] = \left[0 + \dfrac{1}{3}\right] = 0$; $[-2] = -2$.

例 5 符号函数

$$y = \operatorname{sgn} x = \begin{cases} 1, & x > 0, \\ 0, & x = 0, \\ -1, & x < 0 \end{cases}$$

其定义域 $D = (-\infty, +\infty)$,值域 $W = \{-1, 0, 1\}$,如图 1-3 所示. 易知 $\forall x \in \mathbf{R}$, $x = |x| \operatorname{sgn} x$.

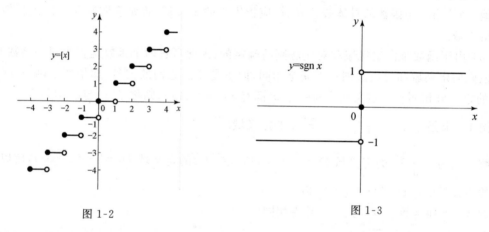

图 1-2   图 1-3

例 6 设某种电子产品每台售价 900 元,成本为 600 元. 厂家为鼓励销售商大量采购,采用以下优惠策略,若订购超过 100 台,每多定一台,每台售价降低 10 元,但最低价为 750 元/台.
(1) 将每台实际售价 p 表示为订购量 x 的函数;(2) 将利润 P 表示为订购量 x 的函数.

解 (1) 当 $x \leqslant 100$ 时,售价为 900 元/台;当 $x \geqslant 150 + 100$ 时,售价为 750 元/台;当 $100 < x < 250$ 时,售价为 $900 - (x - 100) \times 10$ 元/台. 于是,实际售价 p 与订购量 x 的函数关系为

$$p = \begin{cases} 900, & x \leqslant 100, \\ 900 - 10(x - 100), & 100 < x < 250, \\ 750, & x \geqslant 250. \end{cases}$$

(2) 利润 P 与订购量 x 的函数关系为 $P = (p - 600)x$.

二、函数的几种初等性态

1. 有界性

设函数 $f(x)$ 的定义域为 D,数集 $I \subset D$,如果 $\exists K_1$,$\forall x \in I$,有 $f(x) \leqslant K_1$,则称 $f(x)$ 在 I 上**有上界**,而 K_1 称为 $f(x)$ 在 I 上的一个上界.

如果 $\exists K_2, \forall x \in I$, 有 $f(x) \geqslant K_2$, 则称 $f(x)$ 在 I 上**有下界**, 而 K_2 称为 $f(x)$ 在 I 上的一个下界.

如果 $\exists M > 0, \forall x \in I$, 有 $|f(x)| \leqslant M$, 则称 $f(x)$ 在 I 上**有界**, 或称 $f(x)$ 是 I 上的有界函数. 否则, 就称 $f(x)$ 在 I 上无界.

显然有: 函数 $f(x)$ 在 I 上有界的充要条件是它在 I 上既有上界又有下界.

例如, 函数 $f(x) = \sin x$ 在 $(-\infty, +\infty)$ 内, 有 $|\sin x| \leqslant 1$, 故其在 $(-\infty, +\infty)$ 上是有界的, 这里 $M = 1$ (当然也可取大于 1 的任何数作为 $\sin x$ 在 $(-\infty, +\infty)$ 上的界). 又如, 函数 $f(x) = \dfrac{1}{x}$ 在任意 $a > 0$ 的区间 $[a, +\infty)$ 上有界.

例 7　证明 $f(x) = \dfrac{1}{x}$ 在 $(0, +\infty)$ 上无界.

证　反证, 设 $f(x) = \dfrac{1}{x}$ 在 $(0, +\infty)$ 上有界, 即 $\exists M > 0, \forall x \in (0, +\infty)$, 有 $\left| \dfrac{1}{x} \right| \leqslant M$.

取 $x_0 = \dfrac{1}{M+1} > 0$, 则有 $\left| \dfrac{1}{x_0} \right| = M + 1 > M$, 与假设矛盾.

故 $f(x) = \dfrac{1}{x}$ 在 $(0, +\infty)$ 上无界.

2. 函数的单调性

设函数 $f(x)$ 的定义域为 D, 区间 $I \subset D$. 如果 $\forall x_1, x_2 \in I$, 且 $x_1 < x_2$, 总有
$$f(x_1) < f(x_2) \quad (\text{或 } f(x_1) > f(x_2)),$$
则称函数 $f(x)$ 在区间 I 上是**单调增加**(或**单调减少**)的. 单调增加或单调减少的函数统称为**单调函数**.

例如, 函数 $f(x) = x^3$ 在区间 $(-\infty, +\infty)$ 上是单调增加的(见图 1-4). 又如, 函数 $f(x) = x^2$ 在区间 $[0, +\infty)$ 上是单调增加的, 在区间 $(-\infty, 0]$ 上是单调减少的, 但在区间 $(-\infty, +\infty)$ 上函数 $f(x) = x^2$ 不是单调的. 一般地, 一个在定义域内不单调的函数可以在其定义域的子集上单调, 即分段单调.

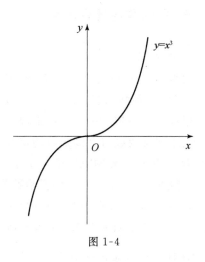

图 1-4

3. 函数的奇偶性

设函数 $f(x)$ 的定义域 D 关于原点对称. 如果 $\forall x \in D$, 有 $f(-x) = f(x)$, 则称 $f(x)$ 为**偶函数**. 如果 $\forall x \in D$, 有 $f(-x) = -f(x)$, 则称 $f(x)$ 为**奇函数**.

偶函数的图形关于 y 轴对称. 奇函数的图形关于原点对称.

例 8　判断函数 $f(x) = \ln(x + \sqrt{1+x^2})$ 的奇偶性.

解　$f(x)$ 的定义域为 $(-\infty, +\infty)$, 因为
$$f(-x) = \ln(-x + \sqrt{1+x^2}) = \ln \frac{(-x + \sqrt{1+x^2})(x + \sqrt{1+x^2})}{x + \sqrt{1+x^2}}$$
$$= \ln \frac{1}{x + \sqrt{1+x^2}} = -\ln(x + \sqrt{1+x^2}) = -f(x),$$

所以 $f(x)$ 为偶函数.

注意,一个函数并非一定是奇函数或偶函数,如 $y=\sin x+\cos x$ 就是非奇非偶函数.

4. 函数的周期性

设函数 $f(x)$ 的定义域为 D. 如果 $\exists T>0$,使得 $\forall x\in D$,有 $x+T\in D$,且 $f(x+T)=f(x)$,则称 $f(x)$ 为**周期函数**,T 称为 $f(x)$ 的**周期**.

例如,对于函数 $y=\sin x$,2π、4π、6π、$\cdots$ 均为它的周期. 对于狄里克莱函数,任何正有理数均为其周期.

通常,若周期函数的最小正周期存在,则称此最小正周期为其周期. 例如,$y=\sin x$ 最小正周期为 2π,因此其周期为 2π,而狄里克莱函数没有最小正周期.

例 9 设 $f(x)$ 的定义域为 $(-\infty,+\infty)$,且是以 2 为周期的周期函数,在区间 $[0,2)$ 上该函数的表达式为 $f(x)=x$,求 $f(5.2)$ 及 $f(x)$ 在区间 $[3,5)$ 上的表达式.

解 由于 $f(x)$ 以 2 为周期,所以 $f(5.2)=f(2\times 2+1.2)=f(1.2)=1.2$,

当 $3\leqslant x<4$ 时,$1\leqslant x-2<2$,所以 $f(x)=f(x-2+2)=f(x-2)=x-2$,

当 $4\leqslant x<5$,$0\leqslant x-4<1$,所以 $f(x)=f(x-4+4)=f(x-4)=x-4$,

于是,$f(x)$ 在区间 $[3,5)$ 上的表达式为 $f(x)=\begin{cases}x-2, & 3\leqslant x<4,\\ x-4, & 4\leqslant x<5.\end{cases}$

三、反函数与复合函数

1. 反函数

设函数 $f(x)$ 的定义域为 D,值域为 W. 由 $y=f(x)$ 所确定的 x 关于 y 的函数,称为函数 $y=f(x)$ 的**反函数**,记作 $x=\varphi(y)$ 或 $x=f^{-1}(y)$.

相对于反函数 $x=f^{-1}(y)$ 来说,原来的函数 $y=f(x)$ 称为**直接函数**.

注意到反函数与直接函数的定义域和值域相反,即反函数 $x=f^{-1}(y)$ 的定义域为 W,值域为 D. 这里反函数的"反"的含义是指 $y=f(x)$ 与 $x=f^{-1}(y)$ 的对应法则正好相反.

一般地,函数 $y=f(x)$ 的反函数习惯上记为 $y=\varphi(x)$ 或 $y=f^{-1}(x)$. 因为函数的实质是对应关系,只要对应关系不变,自变量和因变量用什么字母表示是无关紧要的,在 $x=f^{-1}(y)$ 与 $y=f^{-1}(x)$ 中表示对应关系 f^{-1} 没有改变,这就表示它们是同一个函数.

例 10 求双曲正弦函数 $y=\mathrm{sh}\,x=\dfrac{\mathrm{e}^x-\mathrm{e}^{-x}}{2}$ 的反函数 $y=\mathrm{arsh}\,x$ 的表达式.

解 由 $y=\dfrac{\mathrm{e}^x-\mathrm{e}^{-x}}{2}$ 得 $\mathrm{e}^{2x}-2y\mathrm{e}^x-1=0$,所以 $\mathrm{e}^x=y\pm\sqrt{y^2+1}$. 因为 $\mathrm{e}^x>0$,所以 $\mathrm{e}^x=y+\sqrt{y^2+1}$,从而 $x=\ln(y+\sqrt{y^2+1})$. 于是 $y=\mathrm{arsh}\,x=\ln(x+\sqrt{x^2+1})$ 为所求反函数.

关于反函数还需要注意以下几点.

(1) 若把直接函数 $y=f(x)$ 和反函数 $y=f^{-1}(x)$ 的图形画在同一个坐标平面上,这两个图形关于直线 $y=x$ 是对称的,如图 1-5 所示. 因为如果 $P(a,b)$ 是 $y=f(x)$ 图形上的点,则 $Q(b,a)$ 是 $y=f^{-1}(x)$ 图形上的点. 反之,若 $Q(b,a)$ 是 $y=f^{-1}(x)$ 图形上的点,则 $P(a,b)$ 是 $y=f(x)$ 图形上的点. 而 $P(a,b)$ 与 $Q(b,a)$ 关于直线 $y=x$ 是对称的(即直线 $y=x$ 垂直且平分线段 PQ).

(2) 函数 $f(x)$ 的定义域为 D,值域为 W. 因为 W 是函数值组成的数集,所以对于任一 $y_0\in W$,必有 $x_0\in D$ 使 $f(x_0)=y_0$ 成立. 这样的 x_0 可能不止一个,如图 1-6 所示,在 W 上任

取一点 y_0，这直线与 $y=f(x)$ 图形交点有两个，它们的横坐标分别为 x_0' 及 x_0''．这说明，一般的虽然 $y=f(x)$ 是单值函数，反函数 $y=f^{-1}(x)$ 却不一定是单值的．对于多值的反函数要分成若干个单值分支进行研究．例如，$y=x^2$ 在 $(-\infty,+\infty)$ 的两个单值反函数分别为 $y=\sqrt{x}\ (x\geqslant 0)$ 及 $y=-\sqrt{x}\ (x\geqslant 0)$．

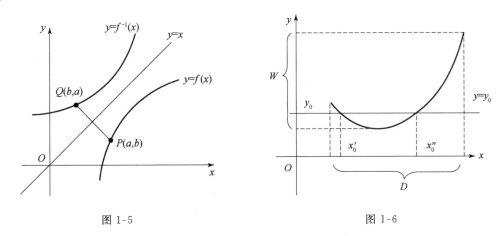

图 1-5　　　　　　　　　　图 1-6

今后无特别说明时，反函数都是指单值反函数．关于函数何时一定存在单值反函数的问题，我们有下面的重要结论：

若函数 $y=f(x)$ 在某区间 X 上是单值且单调增加（或减少）的，其值域为 Y，则必存在单值反函数 $x=f^{-1}(y)$，且它在 Y 上也是单调增加（或减少）的．

例 11 求 $f(x)=\begin{cases}\lg(x+1), & x>0,\\ 2x, & x\leqslant 0\end{cases}$ 的反函数，并在同一坐标系内作出他们的图形．

解 当 $x>0$ 时，$y=f(x)=\lg(x+1)>0$，从而 $x=10^y-1$，所以 $f^{-1}(x)=10^x-1$，$x>0$；

当 $x\leqslant 0$ 时，$y=f(x)=2x\leqslant 0$，从而 $x=\dfrac{y}{2}$，

所以 $f^{-1}(x)=\dfrac{1}{2}x$，$x\leqslant 0$；

于是，$f(x)$ 的反函数为

$$f^{-1}(x)=\begin{cases}10^x-1, & x>0,\\ \dfrac{1}{2}x, & x\leqslant 0.\end{cases}$$

如图 1-7 所示．

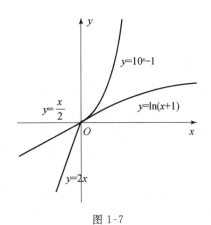

图 1-7

2．反三角函数

由于三角函数都是周期函数，所以常见的几个三角函数 $y=\sin x$，$y=\cos x$，$y=\tan x$ 和 $y=\cot x$ 的反函数都是多值函数．因此需选取他们的单值分支进行研究．根据反函数的存在性，由于 $y=\sin x$ 在 $\left[-\dfrac{\pi}{2},\dfrac{\pi}{2}\right]$ 上单调，所以存在单值反函数，称为**反正弦函数**，记为 $\arcsin x$．这样，函数 $\arcsin x$ 就是定义在闭区间 $[-1,1]$ 上的单值函数，且有

$$-\frac{\pi}{2}\leqslant \arcsin x\leqslant\frac{\pi}{2}.$$

类似地，$y=\cos x$、$y=\tan x$ 和 $y=\cot x$ 的反函数称为反余弦函数、反正切函数、反余切函数，分别记为 $y=\arccos x$、$y=\arctan x$、$y=\operatorname{arccot} x$.

它们的定义域、值域、单调性等如下：

反正弦函数 $y=\arcsin x$ 的定义域为 $[-1,1]$，值域为 $\left[-\dfrac{\pi}{2},\dfrac{\pi}{2}\right]$，且在 $[-1,1]$ 上单调增加.

反余弦函数 $y=\arccos x$ 的定义域为 $[-1,1]$，值域为 $[0,\pi]$，且在 $[-1,1]$ 上单调减少.

反正切函数 $y=\arctan x$ 的定义域为 $(-\infty,+\infty)$，值域为 $\left(-\dfrac{\pi}{2},\dfrac{\pi}{2}\right)$，它在 $(-\infty,+\infty)$ 上单调增加.

反余切函数 $y=\operatorname{arccot} x$ 的定义域为 $(-\infty,+\infty)$，值域为 $(0,\pi)$，它在 $(-\infty,+\infty)$ 上单调减少.

它们的图形可按反函数作图的一般规则作出，如图 1-8 所示.

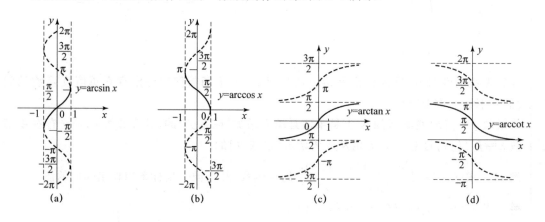

图 1-8

2. 复合函数

定义 2 若 $y=f(u)$ 的定义域为 D_f，值域为 W_f，而 $u=\varphi(x)$ 的定义域为 D_φ，值域为 W_φ. 若 $W_\varphi \subset D_f$，则 $\forall x\in D_\varphi$，通过函数 $u=\varphi(x)$ 有唯一确定的 $u\in W_\varphi \subset D_f$ 与之对应，从而有唯一确定的 $y\in W_f$ 与 x 对应，于是得到一个以 x 为自变量，y 为因变量的函数，这个函数称为由函数 $y=f(u)$ 和 $u=\varphi(x)$ 复合而成的**复合函数**，记作

$$y=f[\varphi(x)],$$

而 u 称为中间变量. 此时 $y=f[\varphi(x)]$ 的定义域为 D_φ.

由上面定义可知，复合函数是说明函数对应法则的某种表达方式的一个概念. 利用这一概念，我们可以将复杂函数分解成几个简单函数，另一方面也可利用几个简单函数的复合来产生复杂函数.

注意，不是任何两个函数都能够复合成一个复合函数，如 $y=\arcsin u$ 及 $u=2+x^2$ 就不能复合. 因为对于 $u=2+x^2$ 的定义域 $(-\infty,+\infty)$ 内任何 x 值所对应的 u 值（大于或等于2），都不能使 $y=\arcsin u$ 有意义.

一般地，函数 $y=f(u)$ 与 $u=\varphi(x)$ 只要满足条件 $W_\varphi \bigcap D_f \neq \varnothing$ 时就可以进行有意义的复合. 此时 $y=f[\varphi(x)]$ 的定义域是使 $W_\varphi \bigcap D_f \neq \varnothing$ 的 x 的全体.

例 12 设 $f(x)=\sin x$，$g(x)=\lg x$，求 $f[g(x)]$ 与 $g[f(x)]$.

解 （1）因为 $D_f=(-\infty,+\infty)$，$W_g=(-\infty,+\infty)$，所以 $f(x)$ 与 $g(x)$ 可以复合. 复合函数为 $f[g(x)]=\sin\lg x$，其定义域为 $(0,+\infty)$.

（2）因为 $D_g=(0,+\infty)$，$W_f=[-1,1]$，由于 $D_g\bigcap W_f=(0,+\infty)\bigcap[-1,1]=(0,1]$，所以在使 $0<f(x)\leqslant1$ 的 x 的范围内，$g(x)$ 与 $f(x)$ 可以复合. 复合函数为 $g[f(x)]=\lg\sin x$，其定义域为 $D=\{x\,|\,2n\pi<x<(2n+1)\pi,n\in\mathbf{Z}\}$，或记为 $\underset{n\in\mathbf{Z}}{U}(2n\pi,(2n+1)\pi)$.

从上例可以看到，求两个函数的复合函数就是将一个函数代入另一个函数，因此把一个函数代入另一个函数的运算称为**复合运算**.

例 13 已知 $f(x)=\begin{cases}\mathrm{e}^x, & x<1,\\ x, & x\geqslant1,\end{cases}\varphi(x)=\begin{cases}x+2, & x<0,\\ x^2-1, & x\geqslant0,\end{cases}$ 求 $f[\varphi(x)]$.

解
$$f[\varphi(x)]=\begin{cases}\mathrm{e}^{\varphi(x)}, & \varphi(x)<1,\\ \varphi(x), & \varphi(x)\geqslant1,\end{cases}$$

（1）当 $\varphi(x)<1$ 时，或 $x<0,\varphi(x)=x+2<1$，得 $x<-1$；

或 $x\geqslant0,\varphi(x)=x^2-1<1$，得 $0\leqslant x<\sqrt{2}$；

（2）当 $\varphi(x)\geqslant1$ 时，或 $x<0,\varphi(x)=x+2\geqslant1$，得 $-1\leqslant x<0$；

或 $x\geqslant0,\varphi(x)=x^2-1\geqslant1$，得 $x\geqslant\sqrt{2}$；

于是
$$f[\varphi(x)]=\begin{cases}\mathrm{e}^{x+2}, & x<-1,\\ x+2, & -1\leqslant x<0,\\ \mathrm{e}^{x^2-1}, & 0\leqslant x<\sqrt{2},\\ x^2-1, & x\geqslant\sqrt{2}.\end{cases}$$

复合函数也可以由两个以上的函数经过复合构成. 例如，设 $y=\sqrt{u}$，$u=\cot v$，$v=\dfrac{x}{2}$，则可得复合函数 $y=\sqrt{\cot\dfrac{x}{2}}$，这里 u 及 v 都是中间变量，它的定义域为
$$D=\{x\mid2n\pi<x\leqslant(2n+1)\pi,n\in\mathbf{Z}\}.$$

四、初等函数

1. 基本初等函数

幂函数：$y=x^\mu$（$\mu\in\mathbf{R}$ 为常数）.

指数函数：$y=a^x$（$a>0,a\neq1$. 以常数 $\mathrm{e}=2.718\,281\,8\cdots$ 为底的 $y=\mathrm{e}^x$ 是科技中常用的指数函数）.

对数函数：$y=\log_a x$（$a>0,a\neq1$，当 $a=\mathrm{e}$ 时，记为 $y=\ln x$，称为自然对数函数）.

三角函数：如 $y=\sin x$，$y=\cos x$，$y=\tan x$，$y=\cot x$，正割函数 $y=\sec x=\dfrac{1}{\cos x}$，余割函数 $y=\csc x=\dfrac{1}{\sin x}$ 等. 其中正割、余割函数都是以 2π 为周期的周期函数，并且在开区间 $\left(0,\dfrac{\pi}{2}\right)$ 内都是无界函数. 关于三角函数的常用公式，请见附录 1.

反三角函数：$y=\arcsin x$，$y=\arccos x$，$y=\arctan x$，$y=\operatorname{arccot} x$ 等.

这五种函数统称为**基本初等函数**.

2. 初等函数

由常数和基本初等函数经过有限次的四则运算和有限次的函数复合所构成并可用一个式子表示的函数,称为**初等函数**.

例如,$y=\sqrt{1-x^2}$,$y=\sin^2 x$,$y=\sqrt{\cot\dfrac{x}{2}}$ 都是初等函数.除了初等函数外,还会遇到非初等函数,前面讨论的符号函数、狄里克莱函数等就是非初等函数中常见的几种.

需要注意的是,分段函数几乎都不是初等函数,但有个别例外.例如,函数

$$y=|x|=\begin{cases} x, & x\geqslant 0, \\ -x, & x<0 \end{cases}$$

是分段函数,又由于 $y=|x|=\sqrt{x^2}$,于是这个函数也是初等函数.

3. 双曲函数

工程技术上还常遇到的初等函数是双曲函数,双曲函数(见图 1-9)中常见的有

双曲正弦 $$\operatorname{sh} x=\frac{e^x-e^{-x}}{2},$$

双曲余弦 $$\operatorname{ch} x=\frac{e^x+e^{-x}}{2},$$

双曲正切 $$\operatorname{th} x=\frac{\operatorname{sh} x}{\operatorname{ch} x}=\frac{e^x-e^{-x}}{e^x+e^{-x}},$$

双曲余切 $$\operatorname{cth} x=\frac{\operatorname{ch} x}{\operatorname{sh} x}=\frac{e^x+e^{-x}}{e^x-e^{-x}}.$$

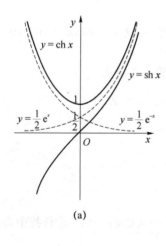
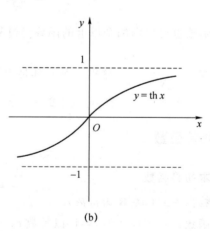

(a)　　　　　　　　　　　(b)

图 1-9

以上几个双曲函数的简单性质留给读者讨论.

根据双曲函数的定义,易证下列几个等式:

(1) $\operatorname{sh}(x+y)=\operatorname{sh} x\operatorname{ch} y+\operatorname{ch} x\operatorname{sh} y$;　　(2) $\operatorname{sh}(x-y)=\operatorname{sh} x\operatorname{ch} y-\operatorname{ch} x\operatorname{sh} y$;

(3) $\operatorname{ch}(x+y)=\operatorname{ch} x\operatorname{ch} y+\operatorname{sh} x\operatorname{sh} y$;　　(4) $\operatorname{ch}(x-y)=\operatorname{ch} x\operatorname{ch} y-\operatorname{sh} x\operatorname{sh} y$;

(5) $\operatorname{ch}^2 x-\operatorname{sh}^2 x=1$;　　(6) $\operatorname{sh} 2x=2\operatorname{sh} x\operatorname{ch} x$;

(7) $\operatorname{ch} 2x=\operatorname{ch}^2 x+\operatorname{sh}^2 x$.

例 14 将函数 $y=\sqrt{\ln\sqrt{x}}$ 分解成基本初等函数的复合,并求其定义域.

解 容易看出 $y=\sqrt{\ln\sqrt{x}}$ 由以下三个基本初等函数复合而成:

$$y=\sqrt{u}, \quad u=\ln v, \quad v=\sqrt{x}.$$

由于 $y=\sqrt{u}$ 的定义域为 $[0,+\infty)$,即 $u=\ln v\geqslant 0$,从而 $v=\sqrt{x}\geqslant 1$,于是 $x\geqslant 1$. 所以函数的定义域为 $x\geqslant 1$.

例 15 试问:幂指函数 $y=x^x(x>0,x\neq 1)$(形如 $f(x)^{g(x)}$,其中 $f(x)>0,f(x)\neq 1$ 的函数称为幂指函数)是否为初等函数?

解 由于 $y=x^x=e^{\ln x^x}=e^{x\ln x}$,所以 $y=x^x$ 可视为由函数 $y=e^u,u=x\ln x$ 构成的复合函数,故 $y=x^x$ 是初等函数.

五、应用举例

用数学方法解决实际问题,首先要构建该问题的数学模型,其中很重要的是找出关于该问题的函数关系,这个函数常称为**目标函数**.

1. 汇率损失

例 16 某人从美国到加拿大度假,他把美元兑换成加拿大元时,币面数值增加 12%,回国后他发现把加拿大元兑换成美元时,币面数值减少了 12%. 将这两个函数表示出来,并证明这两个函数不是互为反函数(即经过这样一来一回的兑换后,他亏损了一些钱).

解 设 $f_1(x)$ 为将 x 美元兑换成的加拿大元数,$f_2(x)$ 为将 x 加拿大元兑换成的美元数,则

$$f_1(x)=x+x\cdot 12\%=1.12x, \quad x\geqslant 0,$$
$$f_2(x)=x-x\cdot 12\%=0.88x, \quad x\geqslant 0,$$

由于 $f_2[f_1(x)]=0.88\times 1.12x=0.985\,6x$,所以这两个函数不是互为反函数.

2. 常见经济函数

(1) **需求函数**是指在某一特定时期内,市场上某种商品的各种可能的购买量和决定这些购买量的诸因素之间的数量关系.

假定其他因素(如消费者的货币收入、偏好和相关商品的价格等)不变,则决定某种商品需求量的因素就是商品的价格. 此时,需求函数表示的就是商品需求量与价格这两个经济变量之间的数量关系

$$Q=f(P),$$

其中 Q 表示需求量,P 表示价格. 需求函数的反函数 $P=f^{-1}(Q)$ 称为价格函数,习惯上将价格函数也称为需求函数.

一般地,商品的需求量随价格的上涨而下降,随价格的下降而增加,因此,需求函数是单调下降函数. 例如,函数 $Q=aP+b(a<0,b>0)$ 称为线性需求函数.

(2) **供给函数**是指在某一特定时期内,市场上某种商品的各种可能的供给量和决定这些供给量的诸因素之间的数量关系.

假定其他因素(如生产技术水平、生产成本等)不变,则决定某种商品供给量的因素就是该种商品的价格. 此时,供给函数表示的就是商品的供给量与价格这两个经济变量之间的数量关系

$$S = f(P),$$

其中 S 表示供给量,P 表示价格.供给函数以列表方式给出时称为供给表,而供给函数的图像称为供给曲线.

一般地,商品的供给量随价格的上涨而增加,随价格的下降而下降,因此,供给函数是单调上升函数.例如,函数 $S = cP + d(c>0)$ 称为线性供给函数.

(3) **成本函数**.产品成本是以货币形式表现的企业生产和销售产品的全部费用支出,成本函数表示费用总额与产量(或销售量)之间的依赖关系,产品成本可分为**固定成本**与**变动成本**两部分.所谓固定成本是指在一定时期内不随产量变化的那部分成本;所谓变动成本是随产量变化而变化的那部分成本.一般地,以货币计值的(总)成本 C 是产量 x 的函数,即

$$C = C(x)(x>0)$$

称为成本函数.当产量 $x=0$ 时,对应的成本函数 $C(0)$ 就是产品的固定成本值.

$$\overline{C} = \frac{C(x)}{x}(x>0)$$

称为单位成本函数或平均成本函数.

成本函数是单调增加的函数,其图像称为成本曲线.

(4) **收入函数与利润函数**.销售某种产品的收入 R,等于产品的单位价格 P 乘以销售量 x,即 $R = P \cdot x$,称为**收入函数**.而销售利润 L 等于收入 R 减去成本 C,即 $L = R - C$,称为**利润函数**.

当 $L = R - C > 0$ 时,生产者盈利;

当 $L = R - C < 0$ 时,生产者亏损;

当 $L = R - C = 0$ 时,生产者盈亏平衡.使 $L(x) = R - C = 0$ 得点 x_0 称为**盈亏平衡点**(又称为保本点).

一般地,利润不总是随销售量的增加而增加,因此如何确定生产规模以获得最大利润对生产者来说是最关心的问题.

3. 银行利息的几种计算方法

(1) 单利与复利

利息是指借款者向贷款者支付的报酬,它是根据本金的数额按一定比例计算出来的.利息又有存款利息、贷款利息、债券利息等几种形式.下面讨论对确定的年利率,每年支付一次利息,n 年本利和的计算方法.

① 单利计算公式

设初始本金为 P 元,银行年利率为 r,则

第一年末本利和为 $\qquad S_1 = P + rP = P(1+r)$;

第二年末本利和为 $\qquad S_2 = P(1+r) + rP = P(1+2r)$;

$$\vdots \qquad\qquad\qquad \vdots$$

第 n 年末本利和为 $\qquad S_n = P(1+nr)$.

② 复利计算公式

设初始本金为 P 元,银行年利率为 r,则

第一年末本利和为 $\qquad S_1 = P + rP = P(1+r)$;

第二年末本利和为 $\qquad S_2 = P(1+r) + rP(1+r) = P(1+r)^2$;

$$\vdots \qquad\qquad\qquad \vdots$$

第 n 年末本利和为 $\qquad S_n = P(1+r)^n$.

例 17 现有本金为 100 元,某银行年储蓄利率为 7%,问:

(1) 按单利计算,3 年末的本利和是多少?

(2) 按复利计算,3 年末的本利和是多少?

(3) 按复利计算,多少年才能使本利和达到初始本金的两倍?

解 (1) 由单利计算公式有

$$S_3 = P(1+3r) = 100 \times (1+3\times 0.07) = 121 \text{ 元};$$

(2) 由复利计算公式有

$$S_3 = P(1+r)^3 = 100 \times (1+0.07)^3 \approx 122.5 \text{ 元};$$

(3) 设 n 年后本利和达到初始本金的两倍,则有

$$S_n = P(1+r)^n \geqslant 2P,$$

即 $(1.07)^n \geqslant 2$,或 $n\ln 1.07 \geqslant \ln 2$,解得

$$n \geqslant \frac{\ln 2}{\ln 1.07} \approx 10.2,$$

所以需 11 年本利和才能达到初始本金的两倍.

(2)多次付息

下面讨论每年多次付息,n 年后本利和的计算.

① 单利付息情形

由于每次的利息不计入本金,所以若一年分 n 次付息,则年末的本利和为

$$S = P\left(1 + n\,\frac{r}{n}\right) = P(1+r).$$

此式表明单利付息时,年末的本利和与付息次数无关.

② 复利付息情形

由于每次的利息计入本金,故年末的本利和与付息次数有关.若一年分 m 次付息,则一年末的本利和为

$$S_1 = P\left(1 + \frac{r}{m}\right)^m,$$

此式表明复利付息时,由于 $\left(1 + \frac{r}{m}\right)^m$ 是单调增加的函数(下章证明),本利和随着付息次数 m 的增加而增加. n 年末的本利和为

$$S_n = P\left(1 + \frac{r}{m}\right)^{mn}.$$

六、映射

定义 3 设 X, Y 是两个非空集合,如果存在一个对应关系 f,使得对每一个 $x \in X$,依照 f,都有唯一的 $y \in Y$ 与之对应,则称 f 是从 X 到 Y 的映射,记为

$$f: X \to Y,$$

称 y 为 x 在 f 下的**像**,记为 $f(x)$,x 称为 y 的**原像**,X 称为映射 f 的定义域,像的全体组成的

集合 $f(X) = \{y \mid y = f(x), x \in X\}$ 称为映射 f 的值域.

例如,设 X 是某校某班全体同学构成的集合,Y 表示该校所有学生学号构成的集合,f 表示编学号的方法,则 f 就是一个从 X 到 Y 的映射.

映射又称为**算子**,是现代数学中内涵非常丰富的一个基本概念. 应当注意的是,在映射的定义中,定义域 X 中每个元 x 的像 y 都是唯一的,但 y 的原像 x 却不一定唯一,并且一般的值域 $f(X)$ 是 Y 的子集. 若 $f(X) = Y$,则称 f 是**满射**;若对每个 $y \in f(X)$ 都存在唯一的原像 $x \in X$,则称 f 是**单射**;若 f 既是满射,又是单射,则称 f 是从 X 到 Y 的**一一映射**.

作为映射的特例,函数 $y = f(x)$ 将 x 轴上的一个点集 D 映射为 y 轴上的一个点集 W. 例如,$y = \sin x$ 将 x 轴上的区间 $[0, \pi]$ 映射为 y 轴上的区间 $[-1, 1]$.

习 题 二

1. 求下列函数的定义域:

(1) $y = \dfrac{e^{-x}}{x}$;

(2) $y = \ln \sqrt{x^2 + 4x - 5}$;

(3) $y = \sqrt{x} + \sqrt{x(x-1)}$;

(4) $y = \begin{cases} \sin \dfrac{1}{x}, & x \neq 0, \\ 0, & x = 0; \end{cases}$

(5) $y = \sqrt{3-x} + \arcsin \dfrac{3-2x}{5}$.

2. 判断下列函数 $f(x)$ 与 $g(x)$ 是否相等,为什么?

(1) $f(x) = \dfrac{x}{x}, g(x) = 1$;

(2) $f(x) = \sqrt{(x^2 + x + 1)^2}, g(x) = x^2 + x + 1$;

(3) $f(x) = |x|, g(x) = \sqrt{x^2}$.

3. 设 $\varphi(x) = \begin{cases} |\sin x|, & |x| < \dfrac{\pi}{3}, \\ 0, & |x| \geqslant \dfrac{\pi}{3}, \end{cases}$ 求 $\varphi\left(\dfrac{\pi}{6}\right), \varphi\left(\dfrac{\pi}{4}\right), \varphi\left(-\dfrac{\pi}{4}\right), \varphi(-2)$,并画出 $y = \varphi(x)$ 的图形.

4. 下列函数中哪些是奇函数,哪些是偶函数,哪些是非奇非偶函数?

(1) $y = x(x-1)(x+1)$;

(2) $y = \dfrac{1-x^2}{1+x^2}$;

(3) $y = \sin x - \cos x - 1$;

(4) $y = \dfrac{a^x + a^{-x}}{2} (a > 0)$;

(5) $y = \dfrac{|x|}{x}$;

(6) $y = \operatorname{sgn} x$.

5. 若函数 $f(x)$ 在 $(-l, l)$ 上有定义:

(1) 试证明 $f(x) + f(-x)$ 为偶函数,$f(x) - f(-x)$ 为奇函数;

(2) 试证明 $f(x)$ 可表示为一个偶函数与一个奇函数的和.

6. (1) 设 $f(x)$ 是以 2π 为周期的偶函数,当 $0 \leqslant x \leqslant \pi$ 时,$f(x) = x$,求 $f(x)$ 在 $(-\pi, \pi]$ 上的表达式,并作出 $f(x)$ 的图形.

(2) 设 $f(x)$ 是以 2π 为周期的奇函数,当 $0 \leqslant x \leqslant \pi$ 时,$f(x) = x^2 - x$,求 $f(x)$ 在 $(-\pi, \pi]$ 上的表达式,并作出 $f(x)$ 的图形.

7. 讨论下列函数在指定区间上的单调性:

(1) $y = \dfrac{x}{1-x}, (-\infty, 1)$; (2) $y = 2x + \ln x, (0, +\infty)$;

(3) $y = \ln \dfrac{x-1}{1+x}, (1, +\infty)$.

8. 下列函数中哪些是周期函数? 若是周期函数,指出其周期.

(1) $y = \cos 4x$; (2) $y = 1 + \sin \pi x$;

(3) $y = x\cos x$; (4) $y = \sin x + \dfrac{1}{2}\sin 2x$;

(5) $y = \sin x^2$; (6) $y = x - [x]$.

9. 某商店对一种商品的售价规定如下:购买量不超过 5 公斤时,每公斤为 0.80 元;购买量大于 5 公斤而不超过 10 公斤时,其中超过 5 公斤部分优惠,每公斤为 0.60 元;购买量大于 10 公斤时,超过 10 公斤部分每公斤为 0.40 元.求购买 x 公斤该商品所需费用.

10. 某储户在银行存款,设初始本金为 P 元,银行年利率为 3%,试按复利计算,写出 n 年后该储户本利和 S_n 与年数 n 的函数关系.

11. 求下列函数的反函数:

(1) $y = \sqrt[3]{x+1}$; (2) $y = \dfrac{1-x}{1+x}$;

(3) $y = \ln(x + \sqrt{1+x^2})$; (4) $y = \begin{cases} x^2, & x > 0, \\ 2^x - 1, & x \leqslant 0. \end{cases}$

12. 指出下列复合函数的复合过程:

(1) $y = e^{-x^2}$; (2) $y = \ln \sqrt{x^2 + x + 1}$;

(3) $y = \tan(2^x + 1)$.

13. 设 $f(x) = x^2 + 1, \varphi(x) = 2^x$,求 $f[\varphi(x)], f[f(x)], \varphi[f(x)], \varphi[\varphi(x)]$.

14. 已知 $f(x) = \dfrac{1}{x+1}$,求 $f[f(x)], f\{f[f(x)]\}, f\left[\dfrac{1}{f(x)}\right]$.

15. 已知 $f(x) = \begin{cases} x^2, & x \geqslant 1, \\ \sqrt{x}, & 0 \leqslant x < 1, \end{cases}$ $\varphi(x) = \begin{cases} e^x, & x \geqslant 0, \\ x+1, & x < 0, \end{cases}$ 求 $f[\varphi(x)], f[f(x)], \varphi[f(x)], \varphi[\varphi(x)]$.

16. 已知 $f(x)$ 的定义域为 $[0, 1]$,求 $f(x^2), f(\sin x), f(x+a)(a > 0)$ 的定义域.

17. 求 $f(x)$:(1) 设 $f\left(x + \dfrac{1}{x}\right) = x^2 + \dfrac{1}{x^2}$;(2) 设 $f(x+1) = \begin{cases} x^2, & 0 \leqslant x \leqslant 1, \\ 2x, & 1 < x \leqslant 2. \end{cases}$

18. 证明函数 $f(x) = x\sin x$ 在 $(0, +\infty)$ 上无界.

19. 指出下列函数哪些是基本初等函数,哪些是初等函数:

(1) $y = x$; (2) $y = \cos u$;

(3) $y = \sin(\omega t + \varphi)$,其中 ω, φ 为常数;(4) $y = e^{-x}$;

(5) $y = \sec \dfrac{1}{x}$; (6) $y = \arctan \sqrt[3]{\dfrac{x-1}{x^2+1}}$.

20. 设 $f(x) = \sin x, f[\varphi(x)] = 1 - x^2$,求 $\varphi(x)$ 的表达式及其定义域.

21. 设 $f(x)$ 定义在 $(-\infty,+\infty)$ 上,且满足 $2f(x)+f(1-x)=x^2$,求 $f(x)$ 的表达式.

22. 证明下列等式:

(1) $1-\text{th}^2 x=\dfrac{1}{\text{ch}^2 x}$;

(2) $1-\text{cth}^2 x=-\dfrac{1}{\text{sh}^2 x}$;

(3) $\text{sh}x+\text{ch}x=\text{e}^x$;

(4) $\text{ch}x-\text{sh}x=\text{e}^{-x}$.

第三节　平面曲线的参数方程与极坐标方程

一、平面曲线的参数方程

在平面解析几何中我们知道,如果曲线上任意点的坐标 x,y 都是变量 t 的函数

$$\begin{cases} x=\varphi(t) \\ y=\psi(t) \end{cases} \quad t\in[\alpha,\beta] \tag{1-1}$$

对于 t 在区间 $[\alpha,\beta]$ 的每一个值,由方程组(1-1)所确定的点 $M(x,y)$ 都在这条曲线上,那么方程组(1-1)就称为这条曲线的**参数方程**,t 称为参数.这个参数可以是有物理意义或几何意义的变量,也可以是无明显意义的变量.

一般情况下,可以通过消去参数方程中的参数,得到直接表示 x,y 间关系的直角坐标方程,从而确定 x,y 间的函数关系,这个函数称为由参数方程(1-1)确定的函数.例如参数方程 $\begin{cases} x=R\cos t \\ y=R\sin t \end{cases}$,$t\in[0,2\pi]$,在平面上表示圆心在原点,半径为 R 的圆,消去参数 t,可以得到 x,y 间关系式 $x^2+y^2=R^2$;反之也可以适当选择参数将直角坐标方程化为参数方程.

同一条曲线的参数方程可以不唯一.例如,若要表示质点做等速(角速度为 ω)圆周运动的轨迹,选择适当的坐标系,就是要表示圆心在原点半径为 R 的圆.当选择时间 t 为参数时,其方程为 $\begin{cases} x=R\cos\omega t, \\ y=R\sin\omega t, \end{cases}$ $t\in\left[0,\dfrac{2\pi}{\omega}\right]$.当选择圆心角 θ 为参数时,其方程为 $\begin{cases} x=R\cos\theta, \\ y=R\sin\theta, \end{cases}$ $\theta\in[0,2\pi]$.

下面给出常用的几种平面曲线的参数方程及它们的图形.

(1) 中心在原点,长半轴为 a,短半轴为 b 的椭圆方程:

$$\begin{cases} x=a\cos t, \\ y=b\sin t, \end{cases} \quad t\in[0,2\pi].$$

(2) 星形线(内摆线):

$$\begin{cases} x=a\cos^3 t, \\ y=a\sin^3 t, \end{cases} \quad t\in[0,2\pi](a>0) \quad (见附录 II 图(7)).$$

它的直角坐标方程为 $x^{\frac{2}{3}}+y^{\frac{2}{3}}=a^{\frac{2}{3}}$.

(3) 摆线(旋轮线):

$$\begin{cases} x=R(t-\sin t), \\ y=R(1-\cos t), \end{cases} \quad -\infty<t<+\infty \quad (见附录 II 图(8)).$$

二、平面曲线的极坐标方程

在平面上取一定点 O,称为**极点**,以 O 为起点做射线 OA,称为**极轴**.平面上任一点 M,由

点 O 向点 M 做连线 $\overline{OM}$，记 $r=|\overline{OM}|$，记极轴正向与 $\overline{OM}$ 的夹角为 θ，并规定，由 OA 逆时针转到 $\overline{OM}$ 时 $\theta>0$，反之 $\theta<0$. 将有序数对 (r,θ) 称为点 M 的**极坐标**，如图 1-10 所示. r 称为点 M 的**极径**，θ 称为点 M 的**极角**. 显然点 M 的极角不唯一. 特别地，当点 M 为极点时，规定 $r=0$，θ 为任意值.

一般情况下，r 取正值. 当点 M 的极径取负值时，则表示点 $M(r,\theta)$ 与点 $M'(|r|,\theta)$ 关于极点对称. 如果限制：

$$r>0,\quad 0\leqslant\theta<2\pi,$$

或

$$-\pi<\theta\leqslant\pi,$$

则除极点外，平面上的点与有序数对 (r,θ) 之间一一对应.

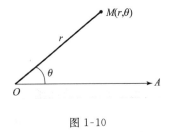

图 1-10

如果取极点为直角坐标原点，极轴为 x 轴的正半轴，则直角坐标与极坐标的关系是

$$\begin{cases} x=r\cos\theta \\ y=r\sin\theta \end{cases} \tag{1-2}$$

或 $\begin{cases} r=\sqrt{x^2+y^2} \\ \tan\theta=\dfrac{y}{x}(x\neq0) \end{cases}$. 例如，若点 M 的极坐标为 $\left(1,\dfrac{\pi}{4}\right)$，则 M 的直角坐标为 $\left(\dfrac{\sqrt{2}}{2},\dfrac{\sqrt{2}}{2}\right)$.

设一平面曲线上的点 M 的极坐标满足方程 $r=r(\theta)$，且对于 θ 在某区间 $[\alpha,\beta]$ 的每个值，由此方程所确定的点 $M(r,\theta)$ 都在曲线上，那么方程 $r=r(\theta)$ 就叫做该曲线的**极坐标方程**. 将 $r=r(\theta)$ 代入方程组 (1-2) 就得到这条曲线的参数方程（θ 为参数）：

$$\begin{cases} x=r(\theta)\cos\theta, \\ y=r(\theta)\sin\theta, \end{cases}\quad \theta\in[\alpha,\beta].$$

例 1　（圆的极坐标方程）在直角坐标系中，中心在原点，半径为 R 的圆的方程为 $x^2+y^2=R^2$. 在极坐标中，这样圆的方程非常简洁，将直角坐标与极坐标的关系式 (1-2) 代入圆的方程，即得此圆的极坐标方程 $r=R$.

例 2　（径向线的极坐标方程）穿过极点的直线（称为径向线），若直线与极轴正向的夹角为 θ_0，则该直线的极坐标方程为 $\theta=\theta_0$.

下面给出常用的几种平面曲线的极坐标方程，它们的图形请查阅附录 II：

(1) 阿基米德螺线 $r=a\theta$；

(2) 贝努里（Bernoulli）双纽线 $r^2=a^2\sin2\theta$，其直角坐标方程是 $(x^2+y^2)^2=2a^2xy$；

(3) 心形线 $r=a(1-\cos\theta)$，其直角坐标方程是 $x^2+y^2+ax=a\sqrt{x^2+y^2}$；

(4) 三叶玫瑰线 $r=a\sin3\theta,r=a\cos3\theta$.

习　题　三

1. 作出下列参数方程所表示曲线的图形：

(1) $\begin{cases} x=x_0+R\cos t, \\ y=y_0+R\sin t, \end{cases}$ $0\leqslant t\leqslant2\pi(R>0)$；　　(2) $\begin{cases} x=t, \\ y=t^2, \end{cases}$ $t\in\mathbf{R}$.

2. 作出下列极坐标方程所表示曲线的图形（$a>0$）：

(1) $r=2a\cos\theta$；　　　　　　　　　　　(2) $r=2a\sin\theta$；

(3) $r = a(1 + \cos\theta)$;　　　　　　　　　(4) $r^2 = a^2 \cos 2\theta$.

3. 取直角坐标系原点为极点，正 x 轴为极轴，求下列曲线的极坐标方程：

(1) $y = a$;　　　　　　　　　　　　(2) $x = b$;

(3) $x^2 + y^2 = x + y$;　　　　　　　　(4) $y = x^2$.

总 习 题 一

一、填空与单项选择题

1. 设 $f(x) = \begin{cases} x^2, & x \leqslant 0, \\ x^2 + x, & x > 0, \end{cases}$ 则 $f(-x) = $ _____.

2. 函数 $y = \sqrt{25 - x^2} + \lg\sin x$ 的定义域为 _____.

3. 设 $f(x) = 1 + [x]$，则 $f(12) + f(-12) - 2f(0.99) = $ _____.

4. 函数 $y = 3\cos^2 \dfrac{\pi x}{2}$ 的周期为 _____.

5. 设 $f(x) = \dfrac{x-1}{x}, x \neq 0, 1$，则 $f\left[\dfrac{1}{f(x)}\right] = $ _____.

6. 函数 $y = \ln(\sec x + \tan x)$ 是周期为 _____ 的 _____（奇，偶）函数.

7. 设 $f(x)$ 是定义在 $(-\infty, +\infty)$ 上的奇函数，$F(x) = f\left(\dfrac{1}{a^x + 1} - \dfrac{1}{2}\right), a > 0, a \neq 1$，则 $F(x)$ 是（　　）.

A. 偶函数　　　　　　　　　　B. 奇函数

C. 非奇非偶函数　　　　　　　D. 奇偶性与 a 有关.

8. 函数 $f(x) = |x\sin x|\,\mathrm{e}^{\cos x}, x \in \mathbf{R}$ 是（　　）.

A. 有界函数　　　　　　　　　B. 单调函数

C. 周期函数　　　　　　　　　D. 偶函数

9. 设 $f(x)$ 的定义域为 $[0, 1)$，则 $f\left(\dfrac{x}{x+1}\right)$ 的定义域为（　　）.

A. $[0, +\infty)$　　　　　　　　B. $(-\infty, 0]$

C. $[0, 1)$　　　　　　　　　　D. $(-\infty, 1]$.

10. 函数 $f(x)$ 是在 $(-l, l)$ 内有定义的偶函数，若 $f(x)$ 在 $[0, l)$ 上单调减少，则 $f(x)$ 在 $(-l, 0]$ 上（　　）.

A. 有界　　　　　　　　　　　B. 不具有单调性

C. 单调增加　　　　　　　　　D. 单调减少

二、计算及证明题

1. 设 $f(x) = \mathrm{e}^{x^2}, f[\varphi(x)] = 1 - x$，且 $\varphi(x) \geqslant 0$，求 $\varphi(x)$ 及其定义域.

2. 设 $f(x) = \begin{cases} \varphi(x), & x < 0, \\ 1, & x = 0, \\ x^2 - 2x, & x > 0, \end{cases}$ 求 $\varphi(x)$ 使 $f(x)$ 为偶函数.

3. 设 $f(x)$ 是以 2 为周期的偶函数，且在区间 $[0, 1]$ 上的表达式为 $f(x) = x + 1$，求

$f(-4),f(5)$ 及 $f(x)$ 在区间 $[-2,-1]$ 上的表达式.

4. 设 $f(x)=\dfrac{1}{2}(x+|x|)$, $\varphi(x)=\begin{cases} x, & x<0, \\ x^2, & x\geq 0, \end{cases}$ 求 $f[\varphi(x)]$ 的表达式.

5. 求下列函数的反函数:

(1) $y=\dfrac{1-\sqrt{1+4x}}{1+\sqrt{1+4x}}$;

(2) $y=\begin{cases} x, & x<1, \\ x^2, & 1\leq x\leq 2, \\ 3^x, & x>2. \end{cases}$

6. 设 $f(x)$ 和 $g(x)$ 都是 D 上的初等函数,且

$$M(x)=\max\{f(x),g(x)\}, \quad m(x)=\min\{f(x),g(x)\},$$

证明 $M(x)$ 和 $m(x)$ 也是 D 上的初等函数.

7. 已知 $af(x)+bf\left(\dfrac{1}{x}\right)=\dfrac{c}{x}$, $|a|\neq|b|$,求 $f(x)$.

8. 设在 $(0,+\infty)$ 内 $\dfrac{f(x)}{x}$ 为单调上升函数,证明 $\forall a_1,a_2,\cdots,a_n,n\geq 2$ 且均为正数,以下不等式

$$f(a_1)+f(a_2)+\cdots f(a_n)<f(a_1+a_2+\cdots+a_n)$$

成立.

第二章 极限与连续

极限概念是深入研究变量(函数)变化规律的一个基本概念,是微积分中的重要思想方法.这个概念贯穿着整个的高等数学,高等数学中很多重要的概念和方法都是建立在极限概念的基础上的.从方法论角度看,极限方法是高等数学区别于初等数学的显著标志,并且在数学的其他领域中也起着重要的作用.连续性是函数的重要性质之一,连续函数是微积分所讨论函数的主要类型,无论在理论上还是在应用中都占有重要地位.

本章主要讨论极限概念及其性质,并用极限方法研究函数的连续性及连续函数的性质.

第一节 数列的极限

一、实例

极限的思想是由求某些实际问题的精确值而产生的.这就不能不谈到我国古代数学家刘徽(约公元 225—295 年),他在研究圆的面积时,用内接正多边形来逼近圆的面积,即所谓"割之弥细,所失弥小,割之又割,以至于不可割,则与圆合体而无所失矣",就是最早的极限方法在几何学上的应用,被认为是最早比较精确利用极限思想的先驱.下面就来讨论这个问题.

引例 设给定半径为 R 的圆,求该圆的面积.

分析 由于已知正多边形的面积,所以考虑先作内接正六边形,把它的面积记为 A_1;再作内接正十二边形,其面积记为 A_2(见图 2-1);再作内接正二十四边形,其面积记为 A_3;继续作下去,每次内接正多边形边数加倍,一般地把内接正 $6 \times 2^{n-1}$ 边形的面积记为 $A_n(n=1,2,3,\cdots)$.这样,就得到一系列内接正多边形的面积:

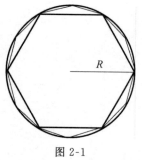

图 2-1

$$A_1, A_2, A_3, \cdots, A_n, \cdots,$$

它们构成一列有次序的数.当 n 越大,内接正多边形的面积与圆的面积差别就越小,从而以 A_n 作为圆面积的近似值也越精确.

方法思考 无论 n 取得如何大,只要 n 一经取定,A_n 终究只是多边形的面积,而不是圆的面积.因此,进一步设想当 n 无限增大(记为 $n \to \infty$,读做 n 趋于无穷大),即内接正多边形的边数无限增加,则在这个过程中,A_n 也无限接近于某一确定的数值,这个确定的数值就是圆的面积.这个数值在数学上就称为上面这列有次序的数(即数列)$A_1, A_2, A_3, \cdots, A_n, \cdots$,当 $n \to \infty$ 时的极限.

结论 在求圆面积问题中我们看到,正是这个数列的极限精确地表达了圆的面积.

将上述方法抽象化、精确化,我们引入数列及数列极限的概念.

二、数列及其极限

1. 数列的概念

定义 1 按照某一法则排列的无穷多个数

$$x_1,x_2,x_3,\cdots,x_n,\cdots$$

称为无穷数列,简称**数列**. 记为$\{x_n\}$或x_n. 数列中的每一个数称为数列的项,第 n 项 x_n 称为数列的**一般项**或**通项**.

例如,数列 $1,-1,\cdots,(-1)^{n+1},\cdots$,通项为$(-1)^{n+1}$;

数列 $2,\dfrac{1}{2},\dfrac{4}{3},\cdots,\dfrac{n+(-1)^{n-1}}{n},\cdots$,通项为$\dfrac{n+(-1)^{n-1}}{n}$;

数列 $1,2,3,\cdots,n,\cdots$,通项为 n;

数列 $\left\{\dfrac{(-1)^{n-1}}{n}\right\}$ 即 $1,-\dfrac{1}{2},\dfrac{1}{3},-\dfrac{1}{4},\cdots,\dfrac{(-1)^{n-1}}{n},\cdots$,通项为$\dfrac{(-1)^{n-1}}{n}$.

在几何上,数列$\{x_n\}$可看为数轴上的一个动点,它依次取数轴上的点 $x_1,x_2,x_3,\cdots,x_n,\cdots$,如图 2-2 所示.

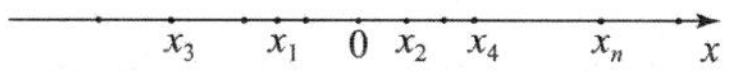

图 2-2

数列$\{x_n\}$可看作自变量为正整数 n 的函数:$x_n=f(n)$,它的定义域是全体正整数,当自变量 n 依次取 $1,2,3,\cdots$等一切正整数时,对应的函数值就排列成数列$\{x_n\}$.

2. 数列的极限

观察以下数列当 n 无限增大时的变化趋势:

(1) $\{(-1)^{n+1}\}$;　　　　(2) $\{n\}$;　　　　(3) $\left\{1+\dfrac{(-1)^{n-1}}{n}\right\}$.

我们注意到数列$\{(-1)^{n+1}\}$在 $1,-1$ 之间摆动;数列 $\{n\}$ 随 n 的增加而增大,且越来越大;数列 $\left\{1+\dfrac{(-1)^{n-1}}{n}\right\}$可无限接近于 1,如图 2-3 所示.这表明数列的变化是多样的,而对我们要研究的问题而言,我们关注的重点是:当 n 无限增大($n\to\infty$),数列 x_n 是否能够无限接近于某一确定的数值 a? 如上面圆内接正多边形的面积所构成的数列可无限接近于 S,则 S 就是圆的面积.因此我们先来研究这种数列.

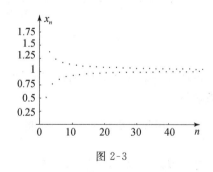

图 2-3

直观上,如果数列当 n 无限增大时,x_n 无限接近于某个确定的数值 a,我们就说数列$\{x_n\}$,当 $n\to\infty$时的极限为 a.但这样直观的描述并不能准确地给出数列极限的定义,那么如何用数学语言来精确地刻画数列极限的概念呢?

历史上,在微积分于 17 世纪诞生后的 200 年间,虽然微积分的理论和应用有了巨大的发展,但整个微积分的理论却建立在直观的、模糊不清的极限概念上,没有一个牢固的基础,直到

19世纪,由法国数学家柯西(Cauchy,1789—1857年)和德国数学家维尔斯特拉斯(Weierstrass,1815—1897年)建立了严密的极限理论后,才使微积分建立在严格的逻辑基础上.

我们知道,两个数 a 与 b 之间的接近程度可以用这两个数之差的绝对值 $|a-b|$ 来度量,$|a-b|$ 越小,a 与 b 就越接近.由此可用 $|x_n-a|$ 描述 x_n 与 a 的接近程度,那么如何描述 x_n 与 a 可以无限接近呢?我们引入可以任意小的正数 ε (度量接近程度的尺度),只要 n 足够大(从某一项开始满足此尺度就与 a 接近了),都有 $|x_n-a|<\varepsilon$ 来描述数列与某数越来越接近的变化.例如数列 $\left\{1+\dfrac{(-1)^{n-1}}{n}\right\}$,由于 $|x_n-1|=\left|1+\dfrac{(-1)^{n-1}}{n}-1\right|=\dfrac{1}{n}$,若给定 $\varepsilon=\dfrac{1}{100}$,要使 $\dfrac{1}{n}<\dfrac{1}{100}$,只要 $n>100$,即从 101 项起,就能使 $|x_n-1|<\varepsilon=\dfrac{1}{100}$.同理,若 $\varepsilon=\dfrac{1}{10\,000}$,则从 10 001项起,就能使 $|x_n-1|<\varepsilon=\dfrac{1}{10\,000}$.一般地,无论给定 ε 多么小,总存在某项数 N ,使得当 $n>N$ 时,有 $|x_n-1|<\varepsilon$ 成立.这就是数列 $x_n=1+\dfrac{(-1)^{n-1}}{n}(n=1,2,\cdots)$ 当 $n\to\infty$ 无限接近于 1 的实质.

一般地,我们定义数列极限的概念如下:

定义 2 设有数列 $\{x_n\}$,a 为一常数.如果 $\forall\varepsilon>0$ (无论它多么小),总存在正整数 N ,当 $n>N$ 时,有

$$|x_n-a|<\varepsilon$$

都成立,则称常数 a 是数列 $\{x_n\}$ 的**极限**,或者称数列 $\{x_n\}$ **收敛**,且收敛于 a ,记为 $\lim\limits_{n\to\infty}x_n=a$,或 $x_n\to a(n\to\infty)$.否则,就称数列 $\{x_n\}$ **发散**.

用逻辑记号叙述数列极限的定义如下:

$$\lim\limits_{n\to\infty}x_n=a\Leftrightarrow\forall\varepsilon>0,\exists N\in\mathbf{N}_+,\text{当}\,n>N\,\text{时},\text{有}\,|x_n-a|<\varepsilon.$$

我们给"数列 $\{x_n\}$ 的极限是 a "一个几何解释:

将常数 a 及数列 $x_1,x_2,x_3,\cdots,x_n,\cdots$ 在数轴上用它们的对应点表示出来,再在数轴上作

图 2-4

点 a 的 ε 邻域即开区间 $(a-\varepsilon,a+\varepsilon)$.由数列极限的定义可知,总可以找到某一点 x_N ,对于数列这项之后所有的点 x_n 都落在开区间 $(a-\varepsilon,a+\varepsilon)$ 内,而只有有限个(至多只有 N 个)在这个区间以外,如图 2-4 所示.

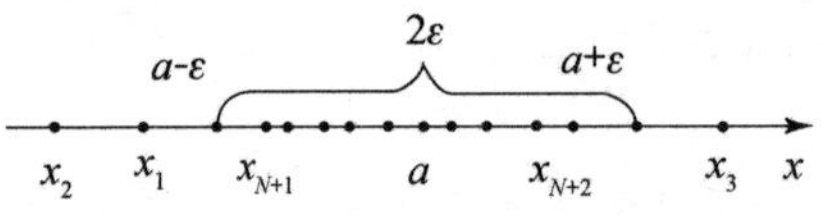

由此几何意义我们得到数列极限一个常用的结论:**去掉或改变数列的有限项,不影响数列的敛散性.**

例 1 用数列极限的定义,证明 $\lim\limits_{n\to\infty}\dfrac{1}{n^k}=0(k\in\mathbf{N}_+)$.

证 $\forall\varepsilon>0$,要使 $\left|\dfrac{1}{n^k}\right|<\varepsilon$,只要 $n>\dfrac{1}{\sqrt[k]{\varepsilon}}$,可取 $N=\left[\dfrac{1}{\sqrt[k]{\varepsilon}}\right]>0$,则当 $n>N$ 时,有 $\left|\dfrac{1}{n^k}-0\right|<\varepsilon$,于是 $\lim\limits_{n\to\infty}\dfrac{1}{n^k}=0$.

例 2 设 $|q|<1$,证明 $\lim\limits_{n\to\infty}q^n=0$.

证 当 $q=0$ 时,结论显然成立.设 $0<|q|<1$.

$\forall \varepsilon > 0$（不妨设 $\varepsilon < 1$），要使 $|q^n - 0| = |q^n| < \varepsilon$，只要 $n\ln|q| < \ln\varepsilon$，即 $n > \dfrac{\ln\varepsilon}{\ln|q|}$，取 $N = \left[\dfrac{\ln\varepsilon}{\ln|q|}\right] > 0$，则当 $n > N$ 时，有 $|q^n - 0| < \varepsilon$，于是 $\lim\limits_{n\to\infty} q^n = 0$.

如何判断给定数列是否收敛，若收敛如何求出极限值是数列极限理论中的两个基本问题. 一般地，用数列极限的定义求极限是比较复杂的，首先要估计极限值，再证明该值确是此数列的极限. 以后我们要不断研究判断数列是否收敛及计算极限其他方便的方法，为此我们先来研究数列极限的性质.

三、数列极限的性质

定理 1（唯一性） 若数列 $\{x_n\}$ 收敛，则其极限是唯一的.

证 设 $\lim\limits_{n\to\infty} x_n = a$，$\lim\limits_{n\to\infty} x_n = b$. 因 $\lim\limits_{n\to\infty} x_n = a$，根据数列极限的定义：

$\forall \varepsilon > 0$，$\exists N_1 \in \mathbf{N}_+$，当 $n > N_1$ 时，有 $|x_n - a| < \dfrac{\varepsilon}{2}$；

又 $\lim\limits_{n\to\infty} x_n = b$，对上述同样的 ε，$\exists N_2 \in \mathbf{N}_+$，当 $n > N_2$ 时，有 $|x_n - b| < \dfrac{\varepsilon}{2}$；

取 $n_0 > \max\{N_1, N_2\}$，则不等式 $|x_{n_0} - a| < \dfrac{\varepsilon}{2}$ 及 $|x_{n_0} - b| < \dfrac{\varepsilon}{2}$ 同时成立，从而有

$$|a - b| = |a - x_{n_0} + x_{n_0} - b| \leqslant |x_{n_0} - a| + |x_{n_0} - b| < \frac{\varepsilon}{2} + \frac{\varepsilon}{2} = \varepsilon,$$

由 ε 的任意性及实数的性质，得 $a = b$.

由函数有界性的定义，我们给出数列有界的定义如下：

对数列 $\{x_n\}$，若存在 $M > 0$，使得对 $\forall n$，都有 $|x_n| \leqslant M$，则称数列 $\{x_n\}$ 有界.

定理 2（有界性） 若数列 $\{x_n\}$ 收敛，则数列 $\{x_n\}$ 一定有界.

证 设 $\lim\limits_{n\to\infty} x_n = a$. 由数列极限的定义，对于 $\varepsilon = 1$，$\exists N \in \mathbf{N}_+$，当 $n > N$ 时，有

$$|x_n - a| < 1,$$

从而有 $\qquad |x_n| = |x_n - a + a| \leqslant |x_n - a| + |a| \leqslant 1 + |a|.$

取 $M = \max\{|x_1|, |x_2|, \cdots, |x_{N_0}|, 1 + |a|\}$，则 $\forall n$，都满足不等式

$$|x_n| \leqslant M,$$

即数列 $\{x_n\}$ 有界.

需要注意的是，有界性是收敛数列的必要条件，并不是充分条件. 若一个数列有界，并不能断定该数列一定收敛，如数列 $1, -1, \cdots, (-1)^{n+1}, \cdots$ 有界，但这个数列是发散的. 收敛数列的有界性亦常用其逆否命题形式：若一个数列无界，则该数列一定发散. 例如，数列 $\{2^n\}$，$\left\{n\cos\dfrac{n\pi}{2}\right\}$ 无界，因而是发散的.

定理 3（绝对收敛性） 若数列 $\{x_n\}$ 收敛，且收敛于 a，则数列 $\{|x_n|\}$ 一定收敛，且收敛于 $|a|$.

证 由于 $\lim\limits_{n\to\infty} x_n = a$，根据数列极限的定义，$\forall \varepsilon > 0$，$\exists N \in \mathbf{N}_+$，当 $n > N$ 时，有 $|x_n - a| < \varepsilon$，从而有

$$\big||x_n| - |a|\big| \leqslant |x_n - a| < \varepsilon,$$

即 $\qquad\qquad\qquad\qquad \lim\limits_{n\to\infty} |x_n| = |a|.$

但此定理的逆命题不一定成立，即当数列 $\{|x_n|\}$ 收敛时，$\{x_n\}$ 不一定收敛. 例如 $x_n = (-1)^{n+1}$，

由于 $|x_n|=1$，所以 $\{|x_n|\}$ 收敛于 1，但 $\{x_n\}$ 发散.

但特别地，当 $a=0$ 时，有 $\lim\limits_{n\to\infty}x_n=0\Leftrightarrow\lim\limits_{n\to\infty}|x_n|=0$. 这个结果以后经常用到.

在讨论子列的收敛性质前，我们先来说明什么是数列的子列：在数列 $\{x_n\}$ 中，任意抽取无限多项并保持这些项在原数列 $\{x_n\}$ 中的先后次序，这样得到的一个数列称为原数列 $\{x_n\}$ 的**子数列**（或子列）. 记为 $\{x_{n_k}\}$ 或 $x_{n_1},x_{n_2},\cdots,x_{n_k},\cdots$. 例如，$1,1,1,\cdots$，及 $-1,-1,-1,\cdots$，分别是数列 $1,-1,\cdots,(-1)^{n+1},\cdots$ 的两个子列.

定理 4（子列的收敛性）　数列 $\{x_n\}$ 收敛于 a 的充要条件是它的任一子数列也收敛于 a.

证　**必要性**　因 $\lim\limits_{n\to\infty}x_n=a$，所以 $\forall\varepsilon>0$，$\exists N\in\mathbf{N}_+$，当 $n>N$ 时，有 $|x_n-a|<\varepsilon$.

取 $K=N$，则当 $k>K$ 时，有 $n_k>k>K=N$，从而 $|x_{n_k}-a|<\varepsilon$，即

$$\lim\limits_{k\to\infty}x_{n_k}=a.$$

充分性　取 $\{x_n\}$ 的一个特殊子列 $x_2,x_3,\cdots,x_n\cdots$，由已知其收敛于 a，又增加一项 x_1 不改变数列的敛散性及其极限，所以数列 $\{x_n\}$ 收敛于 a.

推论　若数列 $\{x_n\}$ 有两个子列收敛于不同的极限或至少有一个子列极限不存在，则数列 $\{x_n\}$ 是发散的.

例如数列 $1,-1,\cdots,(-1)^{n+1},\cdots$，由于它的一个子列 $1,1,\cdots$，收敛于 1，而另一子列 $-1,-1,\cdots$，收敛于 -1，所以数列 $x_n=(-1)^{n+1}$ 是发散的. 同时这个例子也说明，一个发散的数列也可能有收敛的子列.

定理 5（保序性）　若 $\lim\limits_{n\to\infty}x_n=a$，$\lim\limits_{n\to\infty}y_n=b$，且 $a>b$，则 $\exists N\in\mathbf{N}_+$，当 $n>N$ 时，有 $x_n>y_n$.

证　取 $\varepsilon=\dfrac{a-b}{2}$，仿照定理 1 的证明，$\exists N\in\mathbf{N}_+$，当 $n>N$ 时，有

$$-\frac{a-b}{2}<x_n-a<\frac{a-b}{2},\quad -\frac{a-b}{2}<y_n-b<\frac{a-b}{2}$$

同时成立. 从而，$x_n>-\dfrac{a-b}{2}+a=\dfrac{a-b}{2}+b>y_n$，即 $x_n>y_n$.

推论 1（保号性）　若 $\lim\limits_{n\to\infty}x_n=a$，且 $a>0$（或 $a<0$），则 $\exists N>0$，当 $n>N$ 时，有 $x_n>\dfrac{a}{2}>0\left(\text{或 }x_n<\dfrac{a}{2}<0\right)$.

证　因 $\lim\limits_{n\to\infty}x_n=a$，由定义，对 $\varepsilon=\dfrac{a}{2}$，$\exists N\in\mathbf{N}_+$，当 $n>N$ 时，有

$$|x_n-a|<\frac{a}{2},$$

从而有

$$x_n>a-\frac{a}{2}=\frac{a}{2}>0.$$

推论 2　若数列 $\{x_n\}$ 从某项起有 $x_n>0$（或 $x_n<0$），且 $\lim\limits_{n\to\infty}x_n=a$，则 $a\geqslant0$（或 $a\leqslant0$）.

易用反证法证得此推论.

注意，若将结论写为 $a>0$，则不一定成立. 例如，数列 $x_n=\dfrac{1}{n}>0$，但 $\lim\limits_{n\to\infty}x_n=\lim\limits_{n\to\infty}\dfrac{1}{n}=0$.

定理 6（四则运算性质）　设 $\lim\limits_{n\to\infty}x_n=a$，$\lim\limits_{n\to\infty}y_n=b$，则

(1) $\lim\limits_{n\to\infty}(x_n\pm y_n)=\lim\limits_{n\to\infty}x_n\pm\lim\limits_{n\to\infty}y_n=a\pm b$；

（2）$\lim\limits_{n\to\infty}x_n y_n = \lim\limits_{n\to\infty}x_n \cdot \lim\limits_{n\to\infty}y_n = ab$；

（3）$\lim\limits_{n\to\infty}\dfrac{x_n}{y_n} = \dfrac{\lim\limits_{n\to\infty}x_n}{\lim\limits_{n\to\infty}y_n} = \dfrac{a}{b}\,(b\neq 0)$.

证　以（2）的证明为例，说明证明方法.

因 $\lim\limits_{n\to\infty}x_n = a$，$\lim\limits_{n\to\infty}y_n = b$，由性质 2，数列 y_n 有界. 设 M 为数列 y_n 的一个界，由极限的定义，

$\forall\,\varepsilon > 0$，$\exists\,N\in \mathbf{N}_+$，当 $n > N$ 时，有 $|x_n - a| < \varepsilon$，$|y_n - a| < \varepsilon$ 同时成立，从而有

$$|x_n y_n - ab| = |x_n y_n - ay_n + ay_n - b|$$
$$\leqslant |y_n||x_n - a| + |a||y_n - b| < (M + |a|)\varepsilon,$$

即

$$\lim\limits_{n\to\infty}x_n y_n = ab.$$

例 3　求极限 $\lim\limits_{n\to\infty}\left[\dfrac{1}{n} + \dfrac{(-1)^n}{n^2}\right]$.

解　因为 $\lim\limits_{n\to\infty}\dfrac{1}{n} = 0$，$\lim\limits_{n\to\infty}\dfrac{(-1)^n}{n^2} = 0$，所以

$$\lim\limits_{n\to\infty}\left[\dfrac{1}{n} + \dfrac{(-1)^n}{n^2}\right] = \lim\limits_{n\to\infty}\dfrac{1}{n} + \lim\limits_{n\to\infty}\dfrac{(-1)^n}{n^2} = 0.$$

例 4　求极限 $\lim\limits_{n\to\infty}\dfrac{4n^4 + 2n^2 + 5}{3n^4 + 2n}$.

解　因 $\dfrac{4n^4 + 2n^2 + 5}{3n^4 + 2n} = \dfrac{4 + \dfrac{2}{n^2} + \dfrac{5}{n^4}}{3 + \dfrac{2}{n^3}}$，由本节例 1 的结论及数列极限的运算性质，有

$$\lim\limits_{n\to\infty}\dfrac{4n^4 + 2n^2 + 5}{3n^4 + 2n} = \lim\limits_{n\to\infty}\dfrac{4 + \dfrac{2}{n^2} + \dfrac{5}{n^4}}{3 + \dfrac{2}{n^3}} = \dfrac{\lim\limits_{n\to\infty}\left(4 + \dfrac{2}{n^2} + \dfrac{5}{n^4}\right)}{\lim\limits_{n\to\infty}\left(3 + \dfrac{2}{n^3}\right)} = \dfrac{4}{3}.$$

例 5　求极限 $\lim\limits_{n\to\infty}\dfrac{1^2 + 2^2 + \cdots + n^2}{n^3}$.

解　由于　$\dfrac{1^2 + 2^2 + \cdots + n^2}{n^3} = \dfrac{n(n+1)(2n+1)}{6n^3} = \dfrac{1}{6}\left(1 + \dfrac{1}{n}\right)\left(2 + \dfrac{1}{n}\right)$，

所以　　　　$\lim\limits_{n\to\infty}\dfrac{1^2 + 2^2 + \cdots + n^2}{n^3} = \dfrac{1}{6}\lim\limits_{n\to\infty}\left(1 + \dfrac{1}{n}\right)\lim\limits_{n\to\infty}\left(2 + \dfrac{1}{n}\right) = \dfrac{1}{3}.$

习　题　一

1. 设 $\lim\limits_{n\to\infty}x_n = a$，即 $\forall\,\varepsilon > 0$，$\exists\,N\in\mathbf{N}_+$，当 $n > N$ 时，有 $|x_n - a| < \varepsilon$，a 为常数，对其中 N 的

下列说法正确的是（　　）.

　　A. N 是唯一的　　　　　　　　B. N 是最小的

　　C. N 是 ε 的单值函数　　　　D. 总存在最小的 N

2. 设 $\lim\limits_{n\to\infty}a_n = a\,(a$ 为常数$)$，其等价形式为（　　）.

　　A. $\forall\,0.1 < \varepsilon < 0.2$，$\exists\,N\in\mathbf{N}_+$，当 $n > N$ 时有 $|a_n - a| < \varepsilon$

B. $\exists N\in\mathbf{N}_+,\forall\varepsilon>0,$ 当 $n>N$ 时,有 $|x_n-a|<\varepsilon$

C. 存在 $\varepsilon>0$,对所有的 n 都有 $|x_n-a|<\varepsilon$

D. 对任意的自然数 $m,\exists N\in\mathbf{N}_+,$ 当 $n>N$ 时,有 $|x_n-a|<\dfrac{1}{m}$

3. 春秋战国时期的哲学家庄子在公元前 4 世纪的《庄子·天下篇》中有一句名言"一尺之棰,日取其半,万世不竭". 请将这句话化为棰长度的数列模型,估计此数列的极限,并证明之.

4. 设数列 $x_n=\dfrac{1}{n}\cos\dfrac{n\pi}{2}$,证明 $\lim\limits_{n\to\infty}x_n=0$. 当 $\varepsilon=0.001$ 时,求出数 N.

5. 用数列极限的定义证明:

(1) $\lim\limits_{n\to\infty}\dfrac{1}{n^2}=0$；   (2) $\lim\limits_{n\to\infty}\dfrac{3n+1}{4n-1}=\dfrac{3}{4}$；   (3) $\lim\limits_{n\to\infty}x^n=0(|x|<1)$.

6. 设数列 $\{x_n\}$ 有界,且 $\lim y_n=0$,证明 $\lim x_ny_n=0$.

7. 证明 $\lim\limits_{n\to\infty}x_n=0$ 的充要条件是 $\lim\limits_{n\to\infty}|x_n|=0$.

8. 利用数列极限的性质判断下列结论是否正确,为什么?

(1) 若数列 $\{x_n\}$ 收敛,则 $\lim\limits_{n\to\infty}x_n=\lim\limits_{n\to\infty}x_{n+k}(k$ 为正整数)；

(2) 有界数列必收敛；

(3) 无界数列必发散；

(4) 发散数列必有界；

(5) 若 $\lim\limits_{n\to\infty}x_ny_n=0$,则有 $\lim\limits_{n\to\infty}x_n=0$ 或 $\lim\limits_{n\to\infty}y_n=0$.

9. 求下列极限:

(1) $\lim\limits_{n\to\infty}\left(2+\dfrac{1}{n}\right)\left(3-\dfrac{2}{n^2}\right)$；

(2) $\lim\limits_{n\to\infty}\dfrac{1+2+3+\cdots+n}{n^2}$；

(3) $\lim\limits_{n\to\infty}\left[\dfrac{1}{1\times2}+\dfrac{1}{2\times3}+\dfrac{1}{3\times4}+\cdots+\dfrac{1}{n(n+1)}\right]$；

(4) $\lim\limits_{n\to\infty}\left(1+\dfrac{1}{2}+\dfrac{1}{2^2}+\dfrac{1}{2^3}+\cdots+\dfrac{1}{2^n}\right)$；

(5) $\lim\limits_{n\to\infty}0.99\cdots9$(共 n 个 9)；

(6) $\lim\limits_{n\to\infty}[(1+x)(1+x^2)(1+x^4)\cdots(1+x^{2n})]$ $(|x|<1)$.

10. 设由数列 $\{x_n\}$ 的奇数项与偶数项组成的两个子列收敛且均收敛于 a,证明 $\{x_n\}$ 亦收敛且收敛于 a.

第二节　函数的极限

如果把数列看作自变量为 n 的函数 $x_n=f(n)$,那么数列 $x_n=f(n)$ 的极限为 a,就是:当自变量 n"离散"地取正整数而无限增大($n\to+\infty$)时,对应的函数值 $f(n)$ 无限接近于确定的数 a. 而对于函数,它的自变量 x 可以"连续地"取定义区间的值,并且自变量 x 的变化不仅有无限趋大的情况,而且还有趋于有限值 x_0 的情况. 因此,研究函数极限比数列极限更复杂一些. 但研究的基本思想和方法是类似的.

一、函数极限的概念

1. 自变量趋于无穷大时函数的极限

对于函数 $f(x)$,直观上,当自变量 x 的绝对值 $|x|$ 无限增大(记为 $x\to\infty$),对应的函数值 $f(x)$ 无限接近于确定的数值 A,那么就说 A 是函数 $f(x)$ 当 $x\to\infty$ 时的极限.

与数列极限概念中类似,在 $x\to\infty$ 的过程中,对应的函数值 $f(x)$ 无限接近于 A,就是 $|f(x)-A|$ 能任意小,可以用 $|f(x)-A|<\varepsilon$ 来描述,其中 ε 是任意给定的正数. 又可引入一个量 $X>0$,用不等式 $|x|>X$ 来描述 $x\to\infty$ 的过程,因此精确的定义如下:

定义 1　设函数 $f(x)$ 当 $|x|$ 大于某一正数时有定义. 如果 $\forall\varepsilon>0$(不论它多么小),总 $\exists X>0$,使得对于满足 $|x|>X$ 的一切 x,都有
$$|f(x)-A|<\varepsilon,$$
则常数 A 称为**函数 $\boldsymbol{f(x)}$ 当 $\boldsymbol{x\to\infty}$ 时的极限**,记为 $\lim\limits_{x\to\infty}f(x)=A$ 或 $f(x)\to A\ (x\to\infty)$.

简述为 $\lim\limits_{x\to\infty}f(x)=A\Leftrightarrow\forall\varepsilon>0,\exists X>0$,当 $|x|>X$ 时,有 $|f(x)-A|<\varepsilon$.

$\lim\limits_{x\to\infty}f(x)=A$ 的几何意义是:$\forall\varepsilon>0$,作直线 $y=A-\varepsilon$ 和 $y=A+\varepsilon$,则总有一正数 X 存在,使得当 $x<-X$ 或 $x>X$ 时,曲线 $y=f(x)$ 位于这两直线之间(见图 2-5).

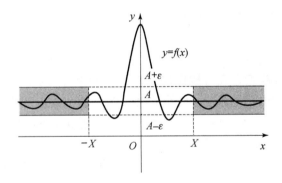

图 2-5

如果 $x>0$ 且无限增大(记作 $x\to+\infty$),那么只要把上面定义中的 $|x|>X$ 改为 $x>X$,就可得 $\lim\limits_{x\to+\infty}f(x)=A$ 的定义. 类似的,可定义 $\lim\limits_{x\to-\infty}f(x)=A$. 即

$$\lim\limits_{x\to+\infty}f(x)=A\Leftrightarrow\forall\varepsilon>0,\exists X>0,\text{当 }x>X\text{ 时,有 }|f(x)-A|<\varepsilon.$$
$$\lim\limits_{x\to-\infty}f(x)=A\Leftrightarrow\forall\varepsilon>0,\exists X>0,\text{当 }x<-X\text{ 时,有 }|f(x)-A|<\varepsilon.$$

容易证明　$\lim\limits_{x\to\infty}f(x)=A\Leftrightarrow\lim\limits_{x\to-\infty}f(x)=\lim\limits_{x\to+\infty}f(x)=A.$

例 1　用函数极限的定义,证明 $\lim\limits_{x\to\infty}\dfrac{\cos x}{x}=0$.

证　函数 $f(x)=\dfrac{\cos x}{x}$ 在 $x\neq0$ 处都有定义.

$\forall\varepsilon>0$,要使 $\left|\dfrac{\cos x}{x}-0\right|=\dfrac{|\cos x|}{|x|}\leqslant\dfrac{1}{|x|}<\varepsilon$,只要 $|x|>\dfrac{1}{\varepsilon}$,取 $X=\dfrac{1}{\varepsilon}>0$,则当 $|x|>X$ 时,有

$$\left|\frac{\cos x}{x}-0\right|<\varepsilon,$$

所以
$$\lim_{x\to\infty}\frac{\cos x}{x}=0.$$

例 2 用函数极限的定义,证明 $\lim\limits_{x\to+\infty}\sin\dfrac{1}{x}=0$.

证 不妨设 $x>0$. $\forall\varepsilon>0$,要使 $\left|\sin\dfrac{1}{x}-0\right|=\left|\sin\dfrac{1}{x}\right|\leqslant\dfrac{1}{x}<\varepsilon$,只要 $x>\dfrac{1}{\varepsilon}$,取 $X=\dfrac{1}{\varepsilon}>0$,则当 $x>X$ 时,有

$$\left|\sin\frac{1}{x}-0\right|<\varepsilon,$$

所以
$$\lim_{x\to+\infty}\sin\frac{1}{x}=0.$$

用类似方法还可以证明:当 $0<a<1$ 时,$\lim\limits_{x\to+\infty}a^x=0$;当 $a>1$ 时,$\lim\limits_{x\to-\infty}a^x=0$.

2. 自变量趋于有限值时函数的极限

定义 2 设函数 $f(x)$ 在点 x_0 的某去心邻域内有定义,A 为常数.如果 $\forall\varepsilon>0$(不论它多么小),总 $\exists\delta>0$,使得对于满足 $0<|x-x_0|<\delta$ 的一切 x,都有

$$|f(x)-A|<\varepsilon,$$

则称 A 为函数 $f(x)$ 当 $x\to x_0$ 时的极限,记为 $\lim\limits_{x\to x_0}f(x)=A$ 或 $f(x)\to A\ (x\to x_0)$.

简述为 $\lim\limits_{x\to x_0}f(x)=A\Leftrightarrow\forall\varepsilon>0,\exists\delta>0$,当 $0<|x-x_0|<\delta$ 时,有 $|f(x)-A|<\varepsilon$.

需要注意的是:

(1) 定义中不等式 $0<|x-x_0|<\delta$,其中 δ 是某个正数,描述了 x 与 x_0 的距离充分小(即 $x\to x_0$)的趋近过程.这种趋近过程可能比较复杂,x 可以从 x_0 的左方趋近 x_0,也可以从 x_0 的右方趋近 x_0,或是忽左忽右的趋近 x_0,也就是说,$x\to x_0$ 的方式应是任意的.

(2) 另一方面,在不等式 $0<|x-x_0|<\delta$ 中 $x\neq x_0$,所以 $x\to x_0$ 时,函数 $f(x)$ 是否有极限与 $f(x)$ 在点 x_0 是否有定义并无关系.

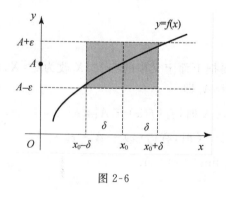

图 2-6

(3) 由定义 2 直接得到:
$$\lim_{x\to x_0}f(x)=A\Leftrightarrow\lim_{x\to x_0}[f(x)-A]=0.$$

(4) 函数 $f(x)$ 在 $x\to x_0$ 时的极限为 A 的几何解释如下:对于任意给定的正数 ε,作平行于 x 轴的两条直线 $y=A+\varepsilon$ 和 $y=A-\varepsilon$,介于这两条直线之间的是一条形区域.根据定义,一定存在点 x_0 的一个去心邻域 $\mathring{U}(x_0,\delta)$,当 x 在此去心邻域内,曲线 $y=f(x)$ 上的点都位于两直线 $y=A+\varepsilon$ 和 $y=A-\varepsilon$ 之间(见图 2-6).

例 3 用极限的定义,证明 $\lim\limits_{x\to 2}\dfrac{x-2}{x^2-4}=\dfrac{1}{4}$.

分析 $\left|\dfrac{x-2}{x^2-4}-\dfrac{1}{4}\right|=\dfrac{|x-2|}{4|x+2|}<\varepsilon$,由此不等式较难解出 $|x-2|$ 与 ε 的关系.由于题中讨论

的是 $x \to 2$ 时的函数极限,因此可以限制 x 在 2 的一个邻域内来考察. 例如限制 $|x-2|<1$,解得 $1<x<3$,于是 $3<x+2<5$.

证 $\forall \varepsilon > 0$,不妨设 $|x-2|<1$,要使 $\left| \dfrac{x-2}{x^2-4} - \dfrac{1}{4} \right| = \dfrac{|x-2|}{4|x+2|} < \dfrac{|x-2|}{12} < \varepsilon$,只要 $|x-2|<12\varepsilon$,且 $|x-2|<1$,取 $\delta = \min\{1, 12\varepsilon\}$,则当 $0<|x-2|<\delta$ 时,就有

$$\left| \frac{x-2}{x^2-4} - \frac{1}{4} \right| < \varepsilon,$$

所以
$$\lim_{x \to 2} \frac{x-2}{x^2-4} = \frac{1}{4}.$$

注意 函数 $y = \dfrac{x-2}{x^2-4}$ 在 $x=2$ 处没有定义,但 $x \to 2$ 时,函数极限存在.

3. 单侧极限

在考察 $x \to x_0$ 函数 $f(x)$ 的极限时,有时只能或只需考虑 x 仅从 x_0 的左侧趋于 x_0 或者 x 仅从 x_0 的右侧趋于 x_0 时,$f(x)$ 的极限. 这就是左、右极限的概念.

定义 3 设 $f(x)$ 在 x_0 的某左邻域内有定义. 若 $\forall \varepsilon > 0$,$\exists \delta > 0$,当 $x_0 - \delta < x < x_0$ 时,有 $|f(x) - A| < \varepsilon$,则 A 称为函数 $f(x)$ 当 $x \to x_0$ 时的**左极限**,记作

$$\lim_{x \to x_0^-} f(x) = A \quad 或 \quad f(x_0^-) = A.$$

特别地,$x_0 = 0$ 处的左极限又可记为 $\lim\limits_{x \to -0} f(x) = A$ 或 $f(-0) = A$.

定义 4 设 $f(x)$ 在 x_0 的某右邻域内有定义,若 $\forall \varepsilon > 0$,$\exists \delta > 0$,当 $x_0 < x < x_0 + \delta$ 时,有 $|f(x) - B| < \varepsilon$,则 B 称为函数 $f(x)$ 当 $x \to x_0$ 时的**右极限**,记作

$$\lim_{x \to x_0^+} f(x) = B \quad 或 \quad f(x_0^+) = B.$$

特别地,$x_0 = 0$ 处的右极限又可记为 $\lim\limits_{x \to +0} f(x) = B$ 或 $f(+0) = B$.

左极限与右极限统称为**单侧极限**.

容易证明
$$\lim_{x \to x_0} f(x) = A \Leftrightarrow f(x_0^-) = f(x_0^+) = A.$$

因此,即使 $f(x_0^-)$ 和 $f(x_0^+)$ 都存在,但若不相等,或 $f(x_0^-)$ 和 $f(x_0^+)$ 至少有一个不存在,则 $\lim\limits_{x \to x_0} f(x)$ 不存在. 这个结论常用来证明函数在某点的极限不存在. 例如,因为 $\lim\limits_{x \to 0^-} \arctan \dfrac{1}{x} = -\dfrac{\pi}{2}$,$\lim\limits_{x \to 0^+} \arctan \dfrac{1}{x} = \dfrac{\pi}{2}$,所以 $\lim\limits_{x \to 0} \arctan \dfrac{1}{x}$ 不存在.

例 4 用极限的定义,证明 $\lim\limits_{x \to 0^+} e^x = 1$.

证 $\forall \varepsilon > 0$,要使 $|e^x - 1| = e^x - 1 < \varepsilon$,只要 $x < \ln(1+\varepsilon)$,取 $\delta = \ln(1+\varepsilon)$,则当 $0 < x < \delta$ 时,就有 $|e^x - 1| < \varepsilon$,所以 $\lim\limits_{x \to 0^+} e^x = 1$.

例 5 讨论符号函数 $\operatorname{sgn} x = \begin{cases} 1, & x > 0, \\ 0, & x = 0, \\ -1, & x < 0 \end{cases}$ 在 $x \to 0$ 时的极限.

解 因为 $\lim\limits_{x \to 0^-} \operatorname{sgn} x = -1$,而 $\lim\limits_{x \to 0^+} \operatorname{sgn} x = 1$,于是 $\lim\limits_{x \to 0} \operatorname{sgn} x$ 不存在.

二、函数极限的性质

利用函数极限的定义,采用与数列极限类似的证明方法,可得到函数极限的相应性质,并

对各种极限过程均成立. 这里只以 $x \to x_0$ 为例, 给出与数列极限性质叙述上有区别的性质及四则运算性质.

定理 1 (局部有界性) 若 $\lim\limits_{x \to x_0} f(x)$ 存在, 则函数 $f(x)$ 在 x_0 的某去心邻域内有界.

定理 2 (局部保号性) 若 $\lim\limits_{x \to x_0} f(x) = A > 0 (A < 0)$, 则 $\exists \delta > 0$, 当 $0 < |x - x_0| < \delta$ 时, 有

$$f(x) > \frac{A}{2} > 0 \left(f(x) < \frac{A}{2} < 0 \right).$$

证 由于 $\lim\limits_{x \to x_0} f(x) = A > 0$, 由函数极限的定义, 对 $\varepsilon = \frac{A}{2} > 0$, $\exists \delta > 0$, 当 $0 < |x - x_0| < \delta$ 时, 有 $|f(x) - A| < \frac{A}{2}$, 从而 $f(x) > A - \frac{A}{2} = \frac{A}{2} > 0$.

推论 1 (局部保序性) 若 $\lim\limits_{x \to x_0} f(x) = A, \lim\limits_{x \to x_0} g(x) = B$ 且 $\exists \delta > 0$, 当 $0 < |x - x_0| < \delta$ 时, $f(x) > g(x)$, 则 $A \geqslant B$.

推论 2 若在 x_0 的某去心邻域内 $f(x) > 0 (f(x) < 0)$, 且 $\lim\limits_{x \to x_0} f(x) = A$, 则有 $A \geqslant 0 (A \leqslant 0)$.

定理 3 (函数极限与数列极限的关系) $\lim\limits_{x \to x_0} f(x) = A$ 的充要条件是对任一收敛于 x_0 的数列 $\{x_n\} (x_n \neq x_0)$ 都有 $\lim\limits_{n \to \infty} f(x_n) = A$.

证 只对必要性证明: 由于 $\lim\limits_{x \to x_0} f(x) = A$, 由函数极限的定义, $\forall \varepsilon > 0$, $\exists \delta > 0$, 当 $0 < |x - x_0| < \delta$ 时, 有 $|f(x) - A| < \varepsilon$.

又由于 $\lim\limits_{n \to \infty} x_n = x_0$, 所以对上述的 $\delta > 0$, $\exists N \in \mathbf{N}_+$, 当 $n > N$ 时, 有 $0 < |x_n - x_0| < \delta$, 于是, 当 $n > N$ 时, 有

$$|f(x_n) - A| < \varepsilon,$$

即

$$\lim_{n \to \infty} f(x_n) = A.$$

我们有时可利用这个性质方便地证明某些函数的极限不存在.

例 6 证明 $\lim\limits_{x \to 0} \sin \dfrac{1}{x}$ 不存在.

证 取 $x_n = \dfrac{1}{n\pi} (n = 1, 2, \cdots, x_n \neq 0)$, 则有 $\lim\limits_{n \to \infty} x_n = 0$, 并且 $\sin \dfrac{1}{x_n} = \sin(n\pi) = 0$, 从而

$$\lim_{n \to \infty} \sin \frac{1}{x_n} = 0.$$

再取 $x_n' = \dfrac{1}{2n\pi + \dfrac{\pi}{2}} (n = 1, 2, \cdots, x_n' \neq 0)$, 则 $\lim\limits_{n \to \infty} x_n' = 0$, 并且 $\sin \dfrac{1}{x_n'} = \sin\left(2n\pi + \dfrac{\pi}{2}\right) = 1$, 从而

$$\lim_{n \to \infty} \sin \frac{1}{x_n'} = 1.$$

由定理 3, 极限 $\lim\limits_{x \to 0} \sin \dfrac{1}{x}$ 不存在.

在下面的运算性质中, 为写法上简便, 记号 "lim" 没有标明自变量的变化过程, 表示对各个自变量的变化过程均成立.

定理 4 设 $\lim f(x) = A, \lim g(x) = B$, 则

(1) $\lim[f(x) \pm g(x)] = \lim f(x) \pm \lim g(x) = A \pm B$.

(2) $\lim[f(x) g(x)] = \lim f(x) \lim g(x) = AB$.

(3) $\lim \dfrac{f(x)}{g(x)} = \dfrac{\lim f(x)}{\lim g(x)} = \dfrac{A}{B}(B \neq 0)$.

推论 1（线性运算法则）　设 $\lim f(x) = A$，$\lim g(x) = B$，则

$$\lim[\alpha f(x) \pm \beta g(x)] = \alpha \lim f(x) \pm \beta \lim g(x) = \alpha A \pm \beta B,\alpha,\beta \text{ 为常数}.$$

推论 2　若 $\lim f(x)$ 存在，而 n 是正整数，则 $\lim[f(x)]^n = [\lim f(x)]^n$.

推论 3　若 $\lim f(x)$ 存在且 $f(x) \geqslant 0$，则 $\lim \sqrt[n]{f(x)} = \sqrt[n]{\lim f(x)}$.

证　设 $\lim f(x) = A$，由于 $f(x) \geqslant 0$，于是 $A \geqslant 0$. 因 $f(x) = \left(\sqrt[n]{f(x)} \right)^n$，由定理 4 的推论 2 知

$$A = \lim f(x) = \lim \left(\sqrt[n]{f(x)} \right)^n = \left(\lim \sqrt[n]{f(x)} \right)^n,$$

所以

$$\lim \sqrt[n]{f(x)} = \sqrt[n]{\lim f(x)}.$$

例 7　设 n 次多项式函数 $P_n(x) = a_n x^n + a_{n-1} x^{n-1} + \cdots + a_1 x + a_0$，求极限 $\lim\limits_{x \to x_0} P_n(x)$.

解　
$$\lim\limits_{x \to x_0} P_n(x) = \lim\limits_{x \to x_0} a_n x^n + \lim\limits_{x \to x_0} a_{n-1} x^{n-1} + \cdots + \lim\limits_{x \to x_0} a_1 x + \lim\limits_{x \to x_0} a_0$$
$$= a_n (\lim\limits_{x \to x_0} x)^n + a_{n-1} (\lim\limits_{x \to x_0} x)^{n-1} + \cdots + a_1 \lim\limits_{x \to x_0} x + \lim\limits_{x \to x_0} a_0$$
$$= a_n x_0^n + a_{n-1} x_0^{n-1} + \cdots + a_1 x_0 + a_0.$$

即 $\lim\limits_{x \to x_0} P_n(x) = P_n(x_0)$. 例如，$\lim\limits_{x \to 2}(x^2 - 3x + 5) = 3$.

例 8　求极限 $\lim\limits_{x \to 1} \left(\dfrac{1}{1-x} - \dfrac{3}{1-x^3} \right)$.

解　
$$\lim\limits_{x \to 1} \left(\dfrac{1}{1-x} - \dfrac{3}{1-x^3} \right) = \lim\limits_{x \to 1} \dfrac{1 + x + x^2 - 3}{1 - x^3},$$

此时，因分母的极限为 0，所以不能直接用商的运算法则，将分子、分母因式分解，约去"零因式"，再用运算法则有

$$\lim\limits_{x \to 1} \dfrac{1 + x + x^2 - 3}{1 - x^3} = \lim\limits_{x \to 1} \dfrac{(x-1)(x+2)}{(1-x)(1+x+x^2)} = \lim\limits_{x \to 1} \dfrac{-(x+2)}{1+x+x^2}$$
$$= \dfrac{-\lim\limits_{x \to 1}(x+2)}{\lim\limits_{x \to 1}(1+x+x^2)} = -1.$$

例 9　求极限 $\lim\limits_{x \to 1} \dfrac{\sqrt{3-x} - \sqrt{1+x}}{x^2 - 1}$.

解　将函数分子有理化，并约去分子、分母共同的"零因式"，再用极限运算法则.

$$\lim\limits_{x \to 1} \dfrac{\sqrt{3-x} - \sqrt{1+x}}{x^2 - 1} = \lim\limits_{x \to 1} \dfrac{\left(\sqrt{3-x} - \sqrt{1+x} \right)\left(\sqrt{3-x} + \sqrt{1+x} \right)}{(x-1)(x+1)\left(\sqrt{3-x} + \sqrt{1+x} \right)}$$
$$= \lim\limits_{x \to 1} \dfrac{2(1-x)}{(x-1)(x+1)\left(\sqrt{3-x} + \sqrt{1+x} \right)}$$
$$= \lim\limits_{x \to 1} \dfrac{-2}{(x+1)\left(\sqrt{3-x} + \sqrt{1+x} \right)}$$
$$= -\dfrac{1}{2\sqrt{2}}.$$

例 10　求极限 $\lim\limits_{n \to \infty} \dfrac{\sqrt[5]{n^5 + 3n^2} + \sqrt{2n+4}}{2n+3}$.

解
$$\lim_{n\to\infty}\frac{\sqrt[5]{n^5+3n^2}+\sqrt{2n+4}}{2n+3}=\lim_{n\to\infty}\frac{\sqrt[5]{1+\dfrac{3}{n^3}}+\sqrt{\dfrac{2}{n}+\dfrac{4}{n^2}}}{2+\dfrac{3}{n}}=\frac{1}{2}.$$

例 11 设 $f(x)=\begin{cases}-x, & 0\leqslant x\leqslant 1,\\ 3+x, & x>1,\end{cases}$ $g(x)=\begin{cases}x^2, & 0\leqslant x\leqslant 1,\\ 2x-1, & x>1,\end{cases}$ 讨论 $f[g(x)]$ 在 $x\to 1$ 时的极限.

解 易得 $f[g(x)]=\begin{cases}-x^2, & 0\leqslant x\leqslant 1,\\ 3+(2x-1), & x>1,\end{cases}$ 因为

$$\lim_{x\to 1^-}f[g(x)]=\lim_{x\to 1^-}(-x^2)=-1,\ \lim_{x\to 1^+}f[g(x)]=\lim_{x\to 1^+}(2x+2)=4,$$

所以 $f[g(x)]$ 在 $x\to 1$ 时的极限不存在.

习 题 二

1. 判断下列叙述是否正确,为什么?

(1) 若 $f(x)$ 在 x_0 有定义,则 $\lim\limits_{x\to x_0}f(x)$ 一定存在.

(2) 若 $\lim\limits_{x\to x_0}f(x)$ 存在,则 $f(x)$ 在 x_0 一定有定义.

(3) 若 $f(x),g(x)$ 在 $x\to x_0$ 时极限均存在,且在 x_0 的某空心邻域内有 $f(x)=g(x)$,则 $\lim\limits_{x\to x_0}f(x)=\lim\limits_{x\to x_0}g(x)$.

(4) 若 $\lim\limits_{x\to x_0}f(x)=A$ 且 $\exists\delta>0$,当 $0<|x-x_0|<\delta$ 时,有 $f(x)>0$,则 $A>0$.

2. 关于函数极限的下列叙述是否正确?

(1) $\forall\varepsilon>0,\exists\delta>0$,当 $0<|x-x_0|<\delta$ 时,有 $|f(x)-A|<M\varepsilon$(M 为正常数),则 $\lim\limits_{x\to x_0}f(x)=A$.

(2) $\forall\varepsilon>0,\exists n\in\mathbf{N}_+$,当 $0<|x-x_0|<\dfrac{1}{n}$ 时,有 $|f(x)-A|<\varepsilon$,则 $\lim\limits_{x\to x_0}f(x)=A$.

(3) $\forall n$(n 为自然数),$\exists\delta>0$,当 $0<|x-x_0|<\delta$ 时,有 $|f(x)-A|<\dfrac{1}{n}$,则 $\lim\limits_{x\to x_0}f(x)=A$.

3. 用极限定义证明:

(1) $\lim\limits_{x\to\infty}\dfrac{2x+3}{3x}=\dfrac{2}{3}$;

(2) $\lim\limits_{x\to+\infty}\dfrac{\sin x}{\sqrt{x}}=0$;

(3) $\lim\limits_{x\to 2}\dfrac{1}{x-1}=1$;

(4) $\lim\limits_{x\to 1}\dfrac{x^2-1}{x^2-x}=2$.

4. 利用极限及单侧极限的概念,判断下列函数中 $\lim\limits_{x\to 0}f(x)$ 是否存在,若存在,求出极限值.

(1) $f(x)=\begin{cases}\dfrac{1}{2-x}, & x<0,\\ 0, & x=0,\\ x+\dfrac{1}{2}, & x>0;\end{cases}$

(2) $f(x)=\begin{cases}\dfrac{|x|}{x}, & x\neq 0,\\ 0, & x=0;\end{cases}$

(3) $f(x) = \begin{cases} x^2+2, & x<0, \\ 3, & x=0, \\ 3x+2, & x>0; \end{cases}$ （4）$f(x) = \begin{cases} \dfrac{1}{x}, & x\neq 0, \\ e, & x=0. \end{cases}$

5. 计算下列函数的极限：

(1) $\lim\limits_{x\to 2}(x^2+3x-5)$;

(2) $\lim\limits_{x\to 2}\sqrt{x^2+3x-5}$;

(3) $\lim\limits_{x\to 1}\dfrac{1+x+x^2}{1+x^3}$;

(4) $\lim\limits_{x\to 1}\dfrac{2-3x+x^2}{1-x^2}$;

(5) $\lim\limits_{n\to\infty}\dfrac{1+3n+n^2}{1+n^2}$;

(6) $\lim\limits_{n\to\infty}[\sqrt{n^2+4n+5}-(n-1)]$;

(7) $\lim\limits_{n\to\infty}\left(1-\dfrac{1}{2^2}\right)\left(1-\dfrac{1}{3^2}\right)\cdots\left(1-\dfrac{1}{n^2}\right)$;

(8) $\lim\limits_{x\to 1}\dfrac{\sqrt[n]{1+x}-1}{x}$;

(9) $\lim\limits_{x\to 1}\dfrac{x^m-1}{x^n-1}(m,n\in \mathbf{N}_+)$;

(10) $\lim\limits_{x\to 1}\dfrac{x+x^2+\cdots+x^n-n}{x-1}$.

6. (1) 设 $f(x) = \begin{cases} 3x+2, & x\leqslant 0, \\ x^2+1, & 0<x<1, \\ \dfrac{2}{x}, & 1\leqslant x, \end{cases}$ 求 $\lim\limits_{x\to 0}f(x)$, $\lim\limits_{x\to 1}f(x)$.

(2) 证明 $\lim\limits_{x\to 0}\cos\dfrac{1}{x}$ 不存在.

(3) 若极限 $\lim\limits_{x\to 0}f(x)$ 存在，且 $\lim\limits_{x\to 0}\dfrac{\sqrt{1+xf(x)}-1}{x+x^2}=1$，求 $\lim\limits_{x\to 0}f(x)$.

7. (1) 若 $\lim\limits_{x\to x_0}f(x)$ 存在，证明函数 $f(x)$ 在 x_0 的某去心邻域内有界.

(2) 若 $\lim\limits_{x\to +\infty}f(x)=A$，证明 $\exists X>0$，使 $f(x)$ 在 $(X,+\infty)$ 上有界.

8. 证明 $\lim\limits_{x\to x_0}f(x)=A$ 的充要条件为 $f(x_0^-)=f(x_0^+)=A$.

第三节 无穷小量与无穷大量

在微积分发展过程中，"无穷小量"曾经困扰了数学界多年，甚至引发了第二次数学危机. 直到 19 世纪，法国数学家柯西将无穷小量视为极限为零的变量，才澄清了人们长期存在的模糊认识.

一、无穷小量

1. 无穷小量的概念

定义 1 如果函数 $\alpha(x)$ 当 $x\to x_0$（或 $x\to\infty$）时的极限为零，那么函数 $\alpha(x)$ 就称为 $x\to x_0$（或 $x\to\infty$）时的无穷小量（简称 $\alpha(x)$ 为无穷小）.

因此，无穷小实际上是一个"以零为极限的变量". 例如，$\lim\limits_{n\to\infty}\dfrac{1}{n}=0$，所以 $\dfrac{1}{n}$ 当 $n\to\infty$ 时为无穷小；$\lim\limits_{x\to -\infty}e^x=0$，所以 e^x 当 $x\to -\infty$ 时为无穷小.

这里要注意以下几点:

(1) 无穷小是描述函数当自变量在某一变化过程中函数值的绝对值越来越小这一特殊形态的术语. 因此无穷小是一个变量, 而不是一个绝对值很小的数. 零是可以作为无穷小的唯一的常数.

(2) 一个变量是否是无穷小与自变量的变化过程有关. 例如, $f(x)=x$ 当 $x \to 0$ 时为无穷小, 但 x 当 $x \to 1$ 时不是无穷小.

(3) 在无穷小的定义中, x 的变化过程还可以是 $x \to x_0^+, x \to x_0^-, x \to +\infty, x \to -\infty$.

对无穷小的认识可以追溯到古希腊, 那时阿基米德就曾用无限小量的方法得到许多重要的数学结果, 但他认为无限小方法存在不合理的地方, 直到 1821 年, 柯西在他的《分析教程》中才对无限小(即我们定义的无穷小)概念给出了明确的回答, 关于无穷小的理论就是在柯西的理论基础上发展起来的.

2. 无穷小的性质

下面以自变量 $x \to x_0$ 的变化过程为例, 给出无穷小的性质.

定理 1　$\lim\limits_{x \to x_0} f(x)=A$ 的充要条件是 $f(x)=A+\alpha(x)$(常记为 $f(x)=A+\alpha$), 其中 $\alpha(x)$ 是 $x \to x_0$ 时的无穷小.

证　必要性　设 $\lim\limits_{x \to x_0} f(x)=A$, 则 $\lim\limits_{x \to x_0}[f(x)-A]=0$. 令 $f(x)-A=\alpha(x)$, 则 $\lim\limits_{x \to x_0}\alpha(x)=0$, 即 $\alpha(x)$ 是 $x \to x_0$ 时的无穷小, 且 $f(x)=A+\alpha(x)$.

充分性　设 $f(x)=A+\alpha(x)$, 其中 A 是常数, 且 $\lim\limits_{x \to x_0}\alpha(x)=0$, 则 $f(x)-A=\alpha(x)$, 从而 $\lim\limits_{x \to x_0}[f(x)-A]=\lim\limits_{x \to x_0}\alpha(x)=0$. 所以 $\lim\limits_{x \to x_0} f(x)=A$.

此定理的重要性在于, 它说明了函数极限与无穷小的关系, 使得我们可以把对函数极限的研究转化为对无穷小的研究.

定理 2　有界函数与无穷小的乘积仍是无穷小.

证　设函数 $f(x)$ 在 x_0 的某一去心邻域 $\mathring{U}(x_0, \delta_1)$ 内是有界的, 即 $|f(x)| \leqslant M$. 又设 $\alpha(x)$ 是当 $x \to x_0$ 时的无穷小, 即

$$\forall \varepsilon > 0, \exists \delta_2 > 0, \text{当 } x \in \mathring{U}(x_0, \delta_2) \text{时, 有 } |\alpha(x)| < \frac{\varepsilon}{M},$$

取 $\delta=\min\{\delta_1, \delta_2\}$, 则当 $x \in \mathring{U}(x_0, \delta)$ 时, $|f(x)| \leqslant M$ 及 $|\alpha(x)| < \frac{\varepsilon}{M}$ 同时成立. 从而

$$|f(x)\alpha(x)|=|f(x)||\alpha(x)|<M\frac{\varepsilon}{M}=\varepsilon,$$

即 $f(x)\alpha(x)$ 是当 $x \to x_0$ 时的无穷小.

推论 1　常数与无穷小的乘积是无穷小.

推论 2　有限个无穷小的乘积也是无穷小.

例 1　求极限 $\lim\limits_{x \to 0} x\sin\dfrac{1}{x}$.

解　因 $\sin\dfrac{1}{x}$ 在 $x=0$ 的某去心邻域内有界, $\left|\sin\dfrac{1}{x}\right| \leqslant 1$, 而 $\lim\limits_{x \to 0} x=0$, 所以由定理 2 有

$$\lim\limits_{x \to 0} x\sin\frac{1}{x}=0.$$

二、无穷大量

定义 2　设函数 $f(x)$ 在点 x_0 的某一去心邻域内有定义(或在 $|x|$ 大于某一正数时有定义).如果 $\forall M>0$(不论它多么大),$\exists\delta>0$(或正数 X),当 $0<|x-x_0|<\delta$(或 $|x|>X$)时,都有

$$|f(x)|>M,$$

则称函数 $f(x)$ 当 $x\to x_0$(或 $x\to\infty$)时为无穷大量,简称 $f(x)$ 是无穷大.记为

$$\lim_{x\to x_0}f(x)=\infty\quad(\text{或}\lim_{x\to\infty}f(x)=\infty).$$

对于无穷大量需要注意以下两点:

(1) 当 $x\to x_0$(或 $x\to\infty$)时为无穷大的函数 $f(x)$,若按函数极限的定义,极限是不存在的.但从广义上讲,这也表明了函数当 $x\to x_0$ 时的变化趋势,所以我们也说"函数的极限是无穷大".

如果在无穷大的定义中,把 $|f(x)|>M$ 换成 $f(x)>M$(或 $f(x)<-M$),就记作

$$\lim_{\substack{x\to x_0\\(x\to\infty)}}f(x)=+\infty\quad(\text{或}\lim_{\substack{x\to x_0\\(x\to\infty)}}f(x)=-\infty).$$

(2) 无穷大(∞)不是一个实数,不可与很大的数混为一谈.

例 2　证明 $\lim\limits_{x\to 1}\dfrac{1}{x-1}=\infty$.

证　$\forall M>0$,要使 $\left|\dfrac{1}{x-1}\right|>M$,只要 $|x-1|<\dfrac{1}{M}$,于是可取 $\delta=\dfrac{1}{M}>0$,则当 $0<|x-1|<\delta$ 时,有 $\left|\dfrac{1}{x-1}\right|>M$.即

$$\lim_{x\to 1}\frac{1}{x-1}=\infty.$$

此题,函数 $\dfrac{1}{x-1}$ 在 $x=1$ 的两个单侧极限分别为 $\lim\limits_{x\to 1^-}\dfrac{1}{x-1}=-\infty$,$\lim\limits_{x\to 1^+}\dfrac{1}{x-1}=+\infty$.

定理 3(无穷大与无穷小的关系)　在自变量的同一变化过程中,若 $f(x)$ 为无穷大,则 $\dfrac{1}{f(x)}$ 为无穷小;反之,若 $f(x)$ 为无穷小,且 $f(x)\neq0$,则 $\dfrac{1}{f(x)}$ 为无穷大.

证　以自变量 $x\to x_0$ 的变化过程为例给出证明.设 $\lim\limits_{x\to x_0}f(x)=\infty$.

$\forall\varepsilon>0$,由于 $\lim\limits_{x\to x_0}f(x)=\infty$,根据无穷大的定义,对于 $M=\dfrac{1}{\varepsilon}>0$,$\exists\delta>0$,当 $0<|x-x_0|<\delta$ 时,

有

$$|f(x)|>M=\frac{1}{\varepsilon},$$

即

$$\left|\frac{1}{f(x)}\right|<\varepsilon,$$

所以 $\dfrac{1}{f(x)}$ 当 $x\to x_0$ 时为无穷小.

反之,设 $\lim\limits_{x\to x_0}f(x)=0$,且 $f(x)\neq0$.

$\forall M>0$,由于 $\lim\limits_{x\to x_0}f(x)=0$,根据无穷小的定义,对于 $\varepsilon=\dfrac{1}{M}>0$,$\exists\delta>0$,当 $0<|x-x_0|<\delta$ 时,有 $|f(x)|<\varepsilon=\dfrac{1}{M}$,又 $f(x)\neq0$,从而

$$\left|\frac{1}{f(x)}\right|<M,$$

所以 $\dfrac{1}{f(x)}$ 当 $x\to x_0$ 时为无穷大.

例如,因 $\lim\limits_{x\to-\infty}e^x=0$,由定理 3,有 $\lim\limits_{x\to-\infty}e^{-x}=\infty$;因 $\lim\limits_{x\to\infty}x=\infty$,从而有 $\lim\limits_{x\to\infty}\dfrac{1}{x}=0$.

例 3 求极限 $\lim\limits_{x\to\infty}\dfrac{x^4}{x^3+5}$.

解 因 $\lim\limits_{x\to\infty}\dfrac{x^3+5}{x^4}=\lim\limits_{x\to\infty}\left(\dfrac{1}{x}+\dfrac{5}{x^4}\right)=0$,所以 $\lim\limits_{x\to\infty}\dfrac{x^4}{x^3+5}=\infty$.

例 4 设有理分式函数 $F(x)=\dfrac{P_n(x)}{Q_m(x)}$,其中 $P_n(x),Q_m(x)$ 分别是 n,m 次多项式,求 $\lim\limits_{x\to x_0}F(x)$.

解 (1) 若 $Q_m(x_0)\neq0$,则

$$\lim_{x\to x_0}F(x)=\lim_{x\to x_0}\frac{P_n(x)}{Q_m(x)}=\frac{\lim\limits_{x\to x_0}P_n(x)}{\lim\limits_{x\to x_0}Q_m(x)}=\frac{P_n(x_0)}{Q_m(x_0)}=F(x_0).$$

(2) 若 $P_n(x_0)\neq0,Q_m(x_0)=0$,则不能直接用商的极限运算法则,由于

$$\lim_{x\to x_0}\frac{1}{F(x)}=\lim_{x\to x_0}\frac{Q_m(x)}{P_n(x)}=\frac{\lim\limits_{x\to x_0}Q_m(x)}{\lim\limits_{x\to x_0}P_n(x)}=\frac{0}{P_n(x_0)}=0,$$

所以

$$\lim_{x\to x_0}F(x)=\infty.$$

(3) 若 $P_n(x_0)=0,Q_m(x_0)=0$,亦不能直接用商的极限运算法则.但由代数知识,$P_n(x)$,$Q_m(x)$ 均含有 $x-x_0$ 的因子,可将 $P_n(x),Q_m(x)$ 分解因式后约去 $x-x_0$ 的因子,再求极限.

可以直接利用此例结果求极限.例如:

$$\lim_{x\to1}\frac{x+1}{2x^2-1}=2,\quad\lim_{x\to3}\frac{x^3-1}{x^2-4x+3}=\infty,$$

$$\lim_{x\to1}\frac{x^2-1}{x^2-5x+4}=\lim_{x\to1}\frac{(x+1)(x-1)}{(x-4)(x-1)}=\lim_{x\to1}\frac{x+1}{x-4}=-\frac{2}{3}.$$

例 5 证明 $\lim\limits_{x\to\infty}\dfrac{P_n(x)}{Q_m(x)}=\lim\limits_{x\to\infty}\dfrac{a_nx^n+a_{n-1}x^{n-1}+\cdots+a_1x+a_0}{b_mx^m+b_{m-1}x^{m-1}+\cdots+b_1x+b_0}=\begin{cases}\dfrac{a_n}{b_n},&m=n,\\[2mm]0,&m>n,\\[2mm]\infty,&m<n,\end{cases}$ 其中 $a_n,b_n\neq0$.

证 当 $m=n$ 时,$\lim\limits_{x\to\infty}\dfrac{P_n(x)}{Q_m(x)}=\lim\limits_{x\to\infty}\dfrac{a_n+\dfrac{a_{n-1}}{x}+\cdots+\dfrac{a_1}{x^{n-1}}+\dfrac{a_0}{x^n}}{b_n+\dfrac{b_{n-1}}{x}+\cdots+\dfrac{b_1}{x^{n-1}}+\dfrac{b_0}{x^n}}=\dfrac{a_n}{b_n}$;

当 $m>n$ 时,$\lim\limits_{x\to\infty}\dfrac{P_n(x)}{Q_m(x)}=\lim\limits_{x\to\infty}\dfrac{\dfrac{a_n}{x^{m-n}}+\dfrac{a_{n-1}}{x^{m-n+1}}+\cdots+\dfrac{a_1}{x^{m-1}}+\dfrac{a_0}{x^m}}{b_m+\dfrac{b_{m-1}}{x}+\cdots+\dfrac{b_1}{x^{m-1}}+\dfrac{b_0}{x^m}}=0$;

当 $m<n$ 时,因为 $\lim\limits_{x\to\infty}\dfrac{Q_m(x)}{P_n(x)}=0$,所以 $\lim\limits_{x\to\infty}\dfrac{P_n(x)}{Q_m(x)}=\infty$.

例如,对于下列各极限,可直接引用此题结论,有

$$\lim_{x\to\infty}\frac{3x^3-4x+2}{7x^3+5x^2-3}=\frac{3}{7};\quad \lim_{x\to\infty}\frac{2x^2-1}{3x^4+x^2-2}=0;\quad \lim_{x\to\infty}\frac{x^5-2x^3+1}{2x^2-4x+1}=\infty.$$

例 6　求极限 $\lim\limits_{x\to\infty}\dfrac{\sin x}{x}$.

解　因为 $x\to\infty$ 时,$\sin x$ 与 x 的极限都不存在,所以不能用商的极限运算法则. 又由于 $\lim\limits_{x\to\infty}\dfrac{1}{x}=0$,而 $|\sin x|\leqslant1$,利用无穷小的性质有

$$\lim_{x\to\infty}\frac{1}{x}\sin x=0.$$

上述解题方法对求数列极限亦可应用. 例如,$\lim\limits_{n\to\infty}\dfrac{3n^3-4n+2}{7n^3+5n^2-3}=\dfrac{3}{7}$,$\lim\limits_{n\to\infty}\dfrac{\sin n}{n}=0$.

三、复合函数的极限运算法则

定理 4（复合函数的极限运算法则）　设函数 $\lim\limits_{x\to x_0}\varphi(x)=a$,且在点 x_0 的某去心邻域内 $\varphi(x)\neq a$,又 $\lim\limits_{u\to a}f(u)=A$,则复合函数 $y=f[\varphi(x)]$ 当 $x\to x_0$ 时的极限存在,且

$$\lim_{x\to x_0}f[\varphi(x)]=\lim_{u\to a}f(u)=A.$$

证　由于 $\lim\limits_{u\to a}f(u)=A$,所以 $\forall\varepsilon>0,\exists\eta>0$,当 $0<|u-a|<\eta$ 时,$|f(u)-A|<\varepsilon$ 成立.

又由于 $\lim\limits_{x\to x_0}\varphi(x)=a$,对于上面的 $\eta>0,\exists\delta_1>0$,当 $0<|x-x_0|<\delta_1$ 时,$|\varphi(x)-a|<\eta$ 成立.

设在 x_0 的某一去心邻域 $\mathring{U}(x_0,\delta_2)$ 内 $\varphi(x)\neq a$,取 $\delta=\min\{\delta_1,\delta_2\}$,则当 $0<|x-x_0|<\delta$ 时,$|\varphi(x)-a|<\eta$ 及 $\varphi(x)\neq a$ 同时成立,即 $0<|\varphi(x)-a|=|u-a|<\eta$ 成立,从而

$$|f[\varphi(x)]-A|=|f(u)-A|<\varepsilon,$$

所以

$$\lim_{x\to x_0}f[\varphi(x)]=\lim_{u\to a}f(u)=A.$$

在定理中将 $\lim\limits_{x\to x_0}\varphi(x)=a$ 换成 $\lim\limits_{x\to x_0}\varphi(x)=\infty$ 或 $\lim\limits_{x\to\infty}\varphi(x)=\infty$,而将 $\lim\limits_{u\to a}f(u)=A$ 换成 $\lim\limits_{u\to\infty}f(u)=A$,结论仍成立.

复合函数的极限运算法则为求函数极限时的变量代换提供了理论依据. 即若函数 $f(u)$ 和 $u=\varphi(x)$ 满足定理的条件,那么作代换 $u=\varphi(x)$,就有 $\lim\limits_{x\to x_0}f[\varphi(x)]=\lim\limits_{u\to a}f(u)$,这里 $a=\lim\limits_{x\to x_0}\varphi(x)$. 通常这种方法称为**变量代换法**.

例如,已知 $\lim\limits_{x\to0}a^x=1(a>0)$,则 $\lim\limits_{x\to x_0}a^x=a^{x_0}\lim\limits_{x\to x_0}a^{x-x_0}$. 令 $u=x-x_0$,则当 $x\to x_0$ 时,$u\to0$,从而有

$$\lim_{x\to x_0}a^x=a^{x_0}\lim_{x\to x_0}a^{x-x_0}=a^{x_0}\lim_{u\to0}a^u=a^{x_0}.$$

例 7　求 $\lim\limits_{x\to0^+}\mathrm{e}^{\frac{1}{x}}$ 及 $\lim\limits_{x\to0^-}\mathrm{e}^{\frac{1}{x}}$,并证明极限 $\lim\limits_{x\to0}\mathrm{e}^{\frac{1}{x}}$ 不存在.

解　令 $u=\dfrac{1}{x}$,有 $\lim\limits_{x\to0^+}\mathrm{e}^{\frac{1}{x}}=\lim\limits_{u\to+\infty}\mathrm{e}^u=+\infty$,$\lim\limits_{x\to0^-}\mathrm{e}^{\frac{1}{x}}=\lim\limits_{u\to-\infty}\mathrm{e}^u=0$.

由于 $\lim\limits_{x\to0^+}\mathrm{e}^{\frac{1}{x}}$ 不存在,所以 $\lim\limits_{x\to0}\mathrm{e}^{\frac{1}{x}}$ 不存在.

习 题 三

1. 指出下列结论是否正确,并说明理由.

(1) 某变量在自变量的某变化过程中绝对值愈来愈小,则这个变量就为无穷小;

(2) 某变量在自变量的某变化过程中变的要多小就有多小,则这个变量就为无穷小;

(3) 任何一个定数都不是无穷小;

(4) 无穷小是一个函数;

(5) 两个无穷小的商仍是无穷小;

(6) 两个无穷大的差一定是无穷小.

2. 下列变量哪些是无穷小? 哪些是无穷大?

(1) $\dfrac{1+x}{x}(x\to 0)$;

(2) $\dfrac{x^2-1}{x-1}(x\to 1)$;

(3) $2^{\frac{1}{x}}(x\to 0^-)$;

(4) $2^x(x\to +\infty)$;

(5) $\ln(1+x)(x\to 0)$;

(6) $(-1)^n 2^n(n\to\infty)$;

(7) $\dfrac{1+(-1)^n}{n}(n\to\infty)$.

3. 下列函数当 $x\to\infty$ 时均有极限,试将其表示为一个常数与一个 $x\to\infty$ 时的无穷小之和.

(1) $y=\dfrac{x^3}{x^3+1}$;

(2) $y=\dfrac{x}{2x-1}$.

4. 指出下面的做法错在哪里,并给出正确解法.

(1) $\lim\limits_{n\to\infty}\dfrac{1+2+\cdots+n}{n^2}=\lim\limits_{n\to\infty}(\dfrac{1}{n^2}+\dfrac{2}{n^2}+\cdots+\dfrac{n}{n^2})=\lim\limits_{n\to\infty}\dfrac{1}{n^2}+\lim\limits_{n\to\infty}\dfrac{2}{n^2}+\cdots+\lim\limits_{n\to\infty}\dfrac{n}{n^2}=0$;

(2) $\lim\limits_{n\to\infty}\dfrac{\sin n}{n}=\lim\limits_{n\to\infty}\dfrac{1}{n}\lim\limits_{n\to\infty}\sin n=0\times\lim\sin n=0$;

(3) $\lim\limits_{x\to\infty}\dfrac{x^2+2x+1}{x-1}=\lim\limits_{x\to\infty}\dfrac{\dfrac{2}{x}+\dfrac{1}{x^2}+1}{\dfrac{1}{x}-\dfrac{1}{x^2}}=\dfrac{1}{0}=\infty$;

(4) $\lim\limits_{n\to\infty}(1+\dfrac{1}{n})^n=[\lim\limits_{n\to\infty}(1+\dfrac{1}{n})]^n=1^n=1$;

(5) $\lim\limits_{x\to 0}e^{\frac{1}{x}}=0$.

5. 求下列函数的极限:

(1) $\lim\limits_{x\to+\infty}\dfrac{\arctan x}{x}$;

(2) $\lim\limits_{x\to+\infty}\dfrac{x\cos x}{\sqrt{1+x^3}}$;

(3) $\lim\limits_{x\to 0}x\sqrt{\left|\cos\dfrac{1}{x}\right|}$.

6. 求下列极限:

(1) $\lim\limits_{x\to 2}\dfrac{x^2-2x+2}{x-1}$;

(2) $\lim\limits_{x\to 2}\dfrac{x^2-1}{x-2}$;

(3) $\lim\limits_{x \to 1} \dfrac{x^2 - 2x + 1}{x^2 - 1}$;

(4) $\lim\limits_{x \to 1} \dfrac{\sqrt{3-x} - \sqrt{1+x}}{x^2 - 1}$;

(5) $\lim\limits_{x \to \infty} \dfrac{3x^2 + 2x + 1}{4x^3 + 7x^2 + 2}$;

(6) $\lim\limits_{x \to \infty} \dfrac{2x^4 - 1}{3x^3 - 5x + 3}$;

(7) $\lim\limits_{x \to \infty} \dfrac{(2x^2 - 1)(x + 5)^{10}}{(3x^3 + x + 3)^4}$;

(8) $\lim\limits_{n \to \infty} \dfrac{(n+1)(n+2)}{n^2 + 1}$;

(9) $\lim\limits_{n \to \infty} \dfrac{(n+1)(n+2)}{n^3 + 1}$;

(10) $\lim\limits_{n \to \infty} \dfrac{n^2 + n}{\sqrt{n^4 + n^3 + 1}}$;

(11) $\lim\limits_{n \to \infty} \left(\sqrt{n+1} - \sqrt{n} \right)$;

(12) $\lim\limits_{x \to 4} \dfrac{x^2 - x - 12}{\sqrt{x} - 2}$;

(13) $\lim\limits_{x \to +\infty} \sqrt{x} \left(\sqrt{x+1} - \sqrt{x} \right)$;

(14) $\lim\limits_{x \to 0} (1 + x)(1 + x^2) \cdots (1 + x^{2^n})$;

(15) $\lim\limits_{n \to \infty} \dfrac{\sqrt[5]{n^2} \sin(n!)}{2n + 1}$;

(16) $\lim\limits_{n \to \infty} \left(\dfrac{1 + 2 + \cdots + n}{n + 2} - \dfrac{n}{2} \right)$;

(17) $\lim\limits_{n \to \infty} \left(\dfrac{1}{1 \times 3} + \dfrac{1}{3 \times 5} + \dfrac{1}{5 \times 7} + \cdots + \dfrac{1}{(2n-1)(2n+1)} \right)$;

(18) $\lim\limits_{x \to 1} \dfrac{1 - \sqrt{x}}{1 - \sqrt[3]{x}}$.

7. (1) 已知 $\lim\limits_{x \to 3} \dfrac{x^2 - 2x + k}{x - 3} = 4$,求 k 的值.

(2) 已知 $\lim\limits_{x \to \infty} \dfrac{(x+1)^{95}(ax+1)^5}{(x^2 + 1)^{50}} = 32$,求 a 的值.

8. 已知 $\lim\limits_{x \to \infty} \left(\dfrac{2x^2 + 1}{x + 1} - ax - b \right) = 0$,试确定 a, b 的值.

9. 求下列数列的极限:

(1) $\lim\limits_{n \to \infty} \dfrac{a^{2n}}{1 + a^{2n}}$;

(2) $\lim\limits_{n \to \infty} \cos^{2n} x$.

10. 证明如果 $f(x) \geqslant g(x)$,而 $\lim\limits_{x \to x_0} f(x) = A$,$\lim\limits_{x \to x_0} g(x) = B$,则 $A \geqslant B$.

11. 函数 $y = x \cos x$ 在 $(-\infty, +\infty)$ 是否有界?这个函数是否为 $x \to +\infty$ 时的无穷大量?

第四节 极限存在准则 两个重要极限

在求极限时,确定极限是否存在是非常重要的问题.若能够首先明确所求极限存在,那么就可以寻找各种方法来求出极限值了.本节就给出两个判定极限存在的准则,并应用准则,证明两个重要极限:

$$\lim\limits_{x \to 0} \dfrac{\sin x}{x} = 1; \quad \lim\limits_{x \to \infty} \left(1 + \dfrac{1}{x} \right)^x = \mathrm{e}.$$

一、极限存在准则

1. 夹逼准则

准则 Ⅰ 如果数列 $\{x_n\}$、$\{y_n\}$ 与 $\{z_n\}$ 满足下列条件:

(1) $y_n \leqslant x_n \leqslant z_n, n = 1, 2, 3, \cdots,$

(2) $\lim\limits_{n \to \infty} y_n = a, \lim\limits_{n \to \infty} z_n = a,$

则 $\lim\limits_{n \to \infty} x_n$ 存在, 且 $\lim\limits_{n \to \infty} x_n = a.$

证 因为 $\lim\limits_{n \to \infty} y_n = a, \lim\limits_{n \to \infty} z_n = a$, 所以 $\forall \varepsilon > 0, \exists N \in \mathbf{N}_+$, 当 $n > N$ 时,

$$a - \varepsilon < y_n < a + \varepsilon, \quad a - \varepsilon < z_n < a + \varepsilon$$

同时成立. 从而有

$$a - \varepsilon < y_n \leqslant x_n \leqslant z_n < a + \varepsilon,$$

即 $|x_n - a| < \varepsilon$, 所以 $\lim\limits_{n \to \infty} x_n = a.$

例 1 求极限 $\lim\limits_{n \to \infty} \left(\dfrac{1}{\sqrt{n^2+1}} + \dfrac{1}{\sqrt{n^2+2}} + \cdots + \dfrac{1}{\sqrt{n^2+n}} \right).$

解 设

$$x_n = \dfrac{1}{\sqrt{n^2+1}} + \dfrac{1}{\sqrt{n^2+2}} + \cdots + \dfrac{1}{\sqrt{n^2+n}},$$

因为

$$\dfrac{n}{\sqrt{n^2+n}} \leqslant x_n \leqslant \dfrac{n}{\sqrt{n^2+1}},$$

且

$$\lim\limits_{n \to \infty} \dfrac{n}{\sqrt{n^2+n}} = \lim\limits_{n \to \infty} \dfrac{1}{\sqrt{1 + \dfrac{1}{n}}} = 1, \quad \lim\limits_{n \to \infty} \dfrac{n}{\sqrt{n^2+1}} = \lim\limits_{n \to \infty} \dfrac{1}{\sqrt{1 + \dfrac{1}{n^2}}} = 1,$$

由准则 I 有

$$\lim\limits_{n \to \infty} \left(\dfrac{1}{\sqrt{n^2+1}} + \dfrac{1}{\sqrt{n^2+2}} + \cdots + \dfrac{1}{\sqrt{n^2+n}} \right) = 1.$$

例 2 求极限 $\lim\limits_{n \to \infty} \dfrac{n!}{n^n}.$

解 因 $0 < \dfrac{n!}{n^n} = \dfrac{1 \cdot 2 \cdot 3 \cdots n}{n \cdot n \cdot n \cdots n} \leqslant \dfrac{1 \cdot n \cdot n \cdots n}{n \cdot n \cdot n \cdots n} = \dfrac{1}{n}$, 且 $\lim\limits_{n \to \infty} \dfrac{1}{n} = 0,$

由准则 I 知

$$\lim\limits_{n \to \infty} \dfrac{n!}{n^n} = 0.$$

上述数列极限存在准则可以推广到函数的极限.

准则 I' 如果函数 $f(x), g(x), h(x)$ 满足:

(1) 当 $x \in \mathring{U}(x_0, \delta)$ 时, 有 $g(x) \leqslant f(x) \leqslant h(x)$;

(2) $\lim\limits_{x \to x_0} g(x) = a, \lim\limits_{x \to x_0} h(x) = a.$

则 $\lim\limits_{x \to x_0} f(x)$ 存在, 且 $\lim\limits_{x \to x_0} f(x) = a.$

推论 若当 $x \in \mathring{U}(x_0, \delta)$ 时, 有 $g(x) \leqslant f(x)$, 且 $\lim\limits_{x \to x_0} g(x) = +\infty$, 则

$$\lim\limits_{x \to x_0} f(x) = +\infty.$$

准则 I' 及其推论对其他极限过程仍成立. 准则 I 及准则 I' 称为**夹逼准则**.

例 3 试用夹逼准则证明 $\lim\limits_{x \to 0} \cos x = 1.$

证 当 $0 < |x| < \dfrac{\pi}{2}$ 时, 有

$$0 < 1 - \cos x = 2\sin^2 \dfrac{x}{2} < 2 \left(\dfrac{x}{2} \right)^2 = \dfrac{x^2}{2},$$

即 $0 < 1 - \cos x < \dfrac{x^2}{2}$, 且当 $x \to 0$ 时, $\dfrac{x^2}{2} \to 0$, 由准则 I' 有 $\lim\limits_{x \to 0} (1 - \cos x) = 0$, 即 $\lim\limits_{x \to 0} \cos x = 1.$

例 4 求极限 $\lim\limits_{n\to\infty}\left(\dfrac{1}{\sqrt{n}}+\dfrac{1}{\sqrt{n+1}}+\cdots+\dfrac{1}{\sqrt{2n+1}}\right)$.

解 因为
$$\dfrac{1}{\sqrt{n}}+\dfrac{1}{\sqrt{n+1}}+\cdots+\dfrac{1}{\sqrt{2n+1}}\geqslant\dfrac{n+2}{\sqrt{2n+1}},$$

且
$$\lim\limits_{n\to\infty}\dfrac{n+2}{\sqrt{2n+1}}=+\infty,$$

所以
$$\lim\limits_{n\to\infty}\left(\dfrac{1}{\sqrt{n}}+\dfrac{1}{\sqrt{n+1}}+\cdots+\dfrac{1}{\sqrt{2n+1}}\right)=+\infty.$$

2. 单调数列收敛原理

定义 1 如果数列 $\{x_n\}$ 满足条件
$$x_n\leqslant x_{n+1}(x_n\geqslant x_{n+1}),n=1,2,\cdots,$$
则称数列 $\{x_n\}$ 是单调增加(单调减少)的.

单调增加和单调减少的数列统称为**单调数列**.

准则 Ⅱ(单调数列收敛原理) 单调有界数列必有极限. 即

若数列 $\{x_n\}$ 单调增加(减少),且有上(下)界:$x_n\leqslant M(x_n\geqslant L),n=1,2,\cdots,$ 则 $\lim\limits_{n\to\infty}x_n$ 存在,且 $\lim\limits_{n\to\infty}x_n=a\leqslant M(\lim\limits_{n\to\infty}x_n=b\geqslant L)$.

对准则 Ⅱ 我们给出如下的几何解释:

设数列 $\{x_n\}$ 单调增加,从数轴上对应于单调数列的点 x_n 随着 n 的增加向 x 轴正向移动,这时数列 $\{x_n\}$ 只有两种变化趋势:一是当 $n\to\infty$ 时 $x_n\to+\infty$ 或是当 $n\to\infty$ 时 x_n 无限趋近于某一个定点 A(见图 2-7),也就是数列 $\{x_n\}$ 收敛,且极限为 A. 又数列有上界,所以上述第一种情形就不可能发生了. 于是 $\lim\limits_{n\to\infty}x_n$ 存在,且

图 2-7

$$\lim\limits_{n\to\infty}x_n=a\leqslant M.$$

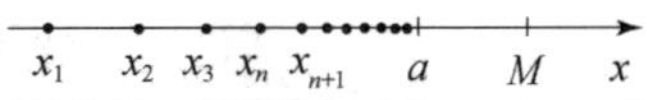

例 5 设 $x_1=\sqrt{5},x_2=\sqrt{5+\sqrt{5}},\cdots,x_{n+1}=\sqrt{5+x_n},\cdots,$证明数列 $\{x_n\}$ 极限存在,并求 $\lim\limits_{n\to\infty}x_n$.

解 (1)先证明数列 $\{x_n\}$ 极限存在.

显然 x_n 单调增加,$x_1<x_2<x_3<\cdots<x_n<\cdots,$又
$$x_1=\sqrt{5}<\sqrt{5}+1,$$
$$x_2=\sqrt{5+\sqrt{5}}<\sqrt{(\sqrt{5})^2+2\sqrt{5}+1}=\sqrt{5}+1,$$
$$\vdots$$
$$x_n=\sqrt{5+x_{n-1}}<\sqrt{5+\sqrt{5}+1}<\sqrt{(\sqrt{5})^2+2\sqrt{5}+1}=\sqrt{5}+1,$$
所以 $x_n<\sqrt{5}+1,$由单调数列收敛原理知 $\lim\limits_{n\to\infty}x_n$ 存在.

(2)求 $\lim\limits_{n\to\infty}x_n$.

设 $\lim\limits_{n\to\infty}x_n=a,$则在关系式 $x_{n+1}=\sqrt{5+x_n}$ 两边取极限,有 $\lim\limits_{n\to\infty}x_{n+1}=\sqrt{5+\lim\limits_{n\to\infty}x_n},$即 $a^2=5+a,$解得
$$a=\dfrac{1\pm\sqrt{21}}{2}(舍去负根).$$

所以
$$\lim_{n\to\infty}x_n=\frac{1+\sqrt{21}}{2}.$$

上面给出的定理只是数列极限存在的充分条件,但不必要.即收敛的数列未必单调,例如 $\lim\limits_{n\to\infty}(-1)^n\dfrac{1}{n}=0$,但 $\left\{(-1)^n\dfrac{1}{n}\right\}$ 不是单调数列.

二、两个重要极限

1. $\lim\limits_{x\to 0}\dfrac{\sin x}{x}=1$

作为夹逼准则的应用,下面我们证明一个重要的极限: $\lim\limits_{x\to 0}\dfrac{\sin x}{x}=1$.

证 先把问题化简.因函数 $\dfrac{\sin x}{x}$ 为偶函数,因此只要证 $\lim\limits_{x\to 0^+}\dfrac{\sin x}{x}=1$ 即可.

在如图 2-8 所示的单位圆中,设圆心角 $\angle AOB=x\left(0<x<\dfrac{\pi}{2}\right)$,点 A 处的切线与 OB 的延长线相交于 D,又 $BC\perp OA$,则 $\sin x=CB$,$x=\overset{\frown}{AB}$,$\tan x=AD$.
因为

$$\triangle AOB \text{ 的面积} < \text{圆扇型 } AOB \text{ 的面积} < \triangle AOD \text{ 的面积},$$

所以
$$\frac{1}{2}\sin x<\frac{1}{2}x<\frac{1}{2}\tan x,$$

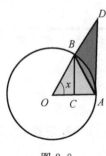

即
$$\sin x<x<\tan x,$$
变形为
$$1<\frac{x}{\sin x}<\frac{1}{\cos x} \quad \text{或} \quad \cos x<\frac{\sin x}{x}<1.$$
由于 $\lim\limits_{x\to 0}\cos x=1$(本节例 3),由夹逼准则,即得

$$\lim_{x\to 0^+}\frac{\sin x}{x}=1,$$

图 2-8   从而
$$\lim_{x\to 0}\frac{\sin x}{x}=1.$$

例 6 求极限 $\lim\limits_{x\to 0}\dfrac{\tan x}{x}$.

解 $\lim\limits_{x\to 0}\dfrac{\tan x}{x}=\lim\limits_{x\to 0}\dfrac{\sin x}{x}\dfrac{1}{\cos x}=\lim\limits_{x\to 0}\dfrac{\sin x}{x}\lim\limits_{x\to 0}\dfrac{1}{\cos x}=1.$

例 7 求极限 $\lim\limits_{x\to\pi}\dfrac{\sin x}{x-\pi}$.

解 令 $t=x-\pi$,则

$$\lim_{x\to\pi}\frac{\sin x}{x-\pi}=\lim_{t\to 0}\frac{\sin(\pi+t)}{t}=\lim_{t\to 0}\frac{-\sin t}{t}=-1.$$

一般地,若利用变量代换法,令 $t=\varphi(x)$,则有

$$\lim_{\varphi(x)\to 0}\frac{\sin\varphi(x)}{\varphi(x)}=\lim_{t\to 0}\frac{\sin t}{t}=1.$$

例 8 求极限 $\lim\limits_{x\to 0}\dfrac{1-\cos x}{x^2}$.

解　$\lim\limits_{x\to 0}\dfrac{1-\cos x}{x^2}=\lim\limits_{x\to 0}\dfrac{2\sin^2\dfrac{x}{2}}{x^2}=\lim\limits_{x\to 0}\dfrac{1}{2}\left(\dfrac{\sin\dfrac{x}{2}}{\dfrac{x}{2}}\right)^2=\dfrac{1}{2}\left(\lim\limits_{x\to 0}\dfrac{\sin\dfrac{x}{2}}{\dfrac{x}{2}}\right)^2=\dfrac{1}{2}.$

例 9　求极限 $\lim\limits_{n\to\infty}2^n\sin\dfrac{x}{2^n}.$

解　$$\lim\limits_{n\to\infty}2^n\sin\dfrac{x}{2^n}=\lim\limits_{n\to\infty}\dfrac{x\sin\dfrac{x}{2^n}}{\dfrac{x}{2^n}}=x\lim\limits_{n\to\infty}\dfrac{\sin\dfrac{x}{2^n}}{\dfrac{x}{2^n}}=x.$$

2. $\lim\limits_{x\to\infty}\left(1+\dfrac{1}{x}\right)^x=\mathrm{e},\quad \lim\limits_{x\to 0}(1+x)^{\frac{1}{x}}=\mathrm{e}.$

我们用单调数列收敛原理证明上述极限的数列情况 $\lim\limits_{n\to\infty}\left(1+\dfrac{1}{n}\right)^n=\mathrm{e}.$

证　我们先证明数列 $x_n=\left(1+\dfrac{1}{n}\right)^n$ 单调上升.

由平均值不等式 $\sqrt[n]{a_1a_2\cdots a_n}\leqslant\dfrac{a_1+a_2+\cdots+a_n}{n}$,有

$$x_n=\left(1+\dfrac{1}{n}\right)^n=1\cdot\left(1+\dfrac{1}{n}\right)\cdots\left(1+\dfrac{1}{n}\right)$$

$$\leqslant\left[\dfrac{1+\left(1+\dfrac{1}{n}\right)+\cdots+\left(1+\dfrac{1}{n}\right)}{n+1}\right]^{n+1}$$

$$=\left(1+\dfrac{1}{n+1}\right)^{n+1}=x_{n+1},$$

即 $x_n\leqslant x_{n+1}$,故 x_n 单调上升. 下证 x_n 有上界.

$$x_n=\left(1+\dfrac{1}{n}\right)^n=1+n\cdot\dfrac{1}{n}+\dfrac{n(n-1)}{2!}\cdot\dfrac{1}{n^2}+\cdots+\dfrac{n!}{n!}\cdot\dfrac{1}{n^n}$$

$$\leqslant 1+1+\dfrac{1}{2!}+\cdots+\dfrac{1}{n!}<1+1+\dfrac{1}{2}+\dfrac{1}{2^2}+\cdots+\dfrac{1}{2^{n-1}}$$

$$=1+\dfrac{1-\left(\dfrac{1}{2}\right)^n}{1-\dfrac{1}{2}}<1+\dfrac{1}{1-\dfrac{1}{2}}=3,$$

所以 x_n 有上界. 于是 $\lim\limits_{n\to\infty}\left(1+\dfrac{1}{n}\right)^n$ 存在,记其极限值为 e,即 $\lim\limits_{n\to\infty}\left(1+\dfrac{1}{n}\right)^n=\mathrm{e}$,可以证明 e 为无理数,值为 $\mathrm{e}=2.178\,28\cdots.$

这个极限的特征是,括号内是 1 与一个极限为 0 的变量之和,指数刚好是这个变量的倒数.由变量代换法,又有

$$\lim\limits_{\varphi(x)\to\infty}\left(1+\dfrac{1}{\varphi(x)}\right)^{\varphi(x)}=\lim\limits_{t\to\infty}\left(1+\dfrac{1}{t}\right)^t=\mathrm{e}\quad(\diamondsuit\ t=\varphi(x)),$$

或
$$\lim\limits_{\varphi(x)\to 0}(1+\varphi(x))^{\frac{1}{\varphi(x)}}=\mathrm{e}.$$

例 10　求极限 $\lim\limits_{x\to\infty}\left(1-\dfrac{2}{x}\right)^{3x}.$

解
$$\lim_{x\to\infty}\left(1-\frac{2}{x}\right)^{3x}=\lim_{x\to\infty}\left[1+\left(-\frac{2}{x}\right)\right]^{-\frac{x}{2}(-6)}$$
$$=\lim_{x\to\infty}\left\{\left[1+\left(-\frac{2}{x}\right)\right]^{-\frac{x}{2}}\right\}^{-6}$$
$$=\left\{\lim_{x\to\infty}\left[1+\left(-\frac{2}{x}\right)\right]^{-\frac{x}{2}}\right\}^{-6}=\mathrm{e}^{-6}.$$

例 11　求极限 $\lim\limits_{x\to\infty}\left(\dfrac{x-1}{x+3}\right)^x$.

解
$$\lim_{x\to\infty}\left(\frac{x-1}{x+3}\right)^x=\lim_{x\to\infty}\left(1+\frac{-4}{x+3}\right)^{-\frac{(x+3)}{4}(-4)-3}$$
$$=\lim_{x\to\infty}\left(1+\frac{-4}{x+3}\right)^{-\frac{(x+3)}{4}(-4)}\lim_{x\to\infty}\left(1+\frac{-4}{x+3}\right)^{-3}$$
$$=\left[\lim_{x\to\infty}\left(1+\frac{-4}{x+3}\right)^{-\frac{(x+3)}{4}}\right]^{-4}\cdot 1=\mathrm{e}^{-4}.$$

例 12　求常数 $c(c\neq0)$，使 $\lim\limits_{x\to\infty}\left(\dfrac{x+c}{x-c}\right)^x=4$.

解　因 $\lim\limits_{x\to\infty}\left(\dfrac{x+c}{x-c}\right)^x=\lim\limits_{x\to\infty}\left(\dfrac{x-c+2c}{x-c}\right)^x=\lim\limits_{x\to\infty}\left(1+\dfrac{2c}{x-c}\right)^x$
$$=\lim_{x\to\infty}\left(1+\frac{2c}{x-c}\right)^{\frac{x-c}{2c}\cdot2c+c}=\lim_{x\to\infty}\left(1+\frac{2c}{x-c}\right)^{\frac{x-c}{2c}\cdot2c}\lim_{x\to\infty}\left(1+\frac{2c}{x-c}\right)^c$$
$$=\mathrm{e}^{2c}=4,$$

所以
$$c=\ln 2.$$

三、应用——连续复利

设初始本金为 P 元，年利率为 r，按复利付息，若一年分 m 次付息，则第 t 年的本利和为
$$S_t=P\left(1+\frac{r}{m}\right)^{mt},\quad t>0,$$

利用二项展开式 $(1+x)^m=1+mx+\dfrac{m(m-1)}{2}x^2+\cdots+x^m$,

有
$$\left(1+\frac{r}{m}\right)^m>1+r,$$

从而
$$P\left(1+\frac{r}{m}\right)^{mt}>P(1+r)^t,$$

此式表明，一年计算 m 次复利的本利和比一年计算一次复利的本利和大，且复利次数越多，计算所得的本利和数额越大，那么是否本利和数额会无限增大呢？令 $m\to\infty$，计算极限
$$\lim_{m\to\infty}P\left(1+\frac{r}{m}\right)^{mt}=P\lim_{m\to\infty}P\left(1+\frac{r}{m}\right)^{\frac{m}{r}\cdot rt}=P\mathrm{e}^{rt},$$

因此，本利和数额不会无限增大.这个极限称为**连续复利公式**.即：设本金为 P，按年利率 r 连续不断计算复利，则 t 年后的本利和为 $S\approx P\mathrm{e}^{rt}$.式中 t 可视为连续变量.在实际应用中，这个公式一般作为存期较长情况下本利和的一个近似估计.

例 13　一个家庭，孩子出生后，家长计划拿出 P 元作为初始教育基金，希望到孩子 20 岁

生日时增长到 100 000 元,若按 8% 的连续复利计算,则初始基金应该是多少元?

解 由连续复利公式 $S=Pe^{rt}$,有 $100\,000=Pe^{0.08\times20}$,所以 $P=100\,000e^{-0.08\times20}\approx20\,189.65$,于是初始基金应该为 20 189.65 元.

习 题 四

1. 求下列极限:

(1) $\lim\limits_{x\to0}\dfrac{\tan2x}{x}$;

(2) $\lim\limits_{x\to\infty}x\sin\dfrac{1}{x}$;

(3) $\lim\limits_{x\to+0}\dfrac{x}{\sqrt{1-\cos x}}$;

(4) $\lim\limits_{x\to0}x\cot3x$;

(5) $\lim\limits_{x\to0}\tan2x\cot3x$;

(6) $\lim\limits_{x\to0}x\left(\sin\dfrac{1}{x^2}-\csc2x\right)$;

(7) $\lim\limits_{x\to\infty}\left(x\sin\dfrac{2}{x}+\dfrac{\sin3x}{x}\right)$;

(8) $\lim\limits_{x\to0}\dfrac{x-\sin2x}{x+\sin2x}$.

2. 求下列极限:

(1) $\lim\limits_{x\to0}(1-2x)^{\frac{1}{x}}$;

(2) $\lim\limits_{x\to\infty}\left(\dfrac{x+1}{x-1}\right)^x$;

(3) $\lim\limits_{y\to0}\left(1+\dfrac{3y}{2}\right)^{\frac{5}{y}}$;

(4) $\lim\limits_{x\to\infty}\left(1+\dfrac{2}{x+1}\right)^x$;

(5) $\lim\limits_{x\to\infty}\left(\dfrac{x}{x+1}\right)^{x+1}$;

(6) $\lim\limits_{x\to\infty}\dfrac{5x^2+1}{3x-1}\sin\dfrac{1}{x}$;

(7) $\lim\limits_{x\to\infty}(\dfrac{x^2-1}{x^2+1})^{x^2}$;

(8) $\lim\limits_{x\to0}\left(\dfrac{1+x}{1+2x}\right)^{\frac{1}{x}}$;

(9) $\lim\limits_{x\to\frac{\pi}{2}}(1+\cos x)^{3\sec x}$;

(10) $\lim\limits_{x\to0}(1+3\tan^2x)^{\cot^2x}$.

3. 设 $f(x-1)=\begin{cases}-\dfrac{\sin x}{x}, & x>0,\\ 2, & x=0,\\ x-1, & x<0,\end{cases}$ 求 $\lim\limits_{x\to-1}f(x)$.

4. 已知 $\lim\limits_{x\to\infty}\left(\dfrac{x+c}{x-c}\right)^{\frac{x}{2}}=3(c\neq0)$,求常数 c.

5. 用极限存在准则证明:

(1) $\lim\limits_{n\to\infty}\dfrac{n}{n!}=0$;

(2) $\lim\limits_{n\to\infty}\sqrt{1+\dfrac{1}{n}}=1$;

(3) $\lim\limits_{x\to0}\sqrt[n]{1+x}=1$;

(4) $\lim\limits_{n\to\infty}n\left(\dfrac{1}{n^2+\pi}+\dfrac{1}{n^2+2\pi}+\cdots+\dfrac{1}{n^2+n\pi}\right)=1$.

6. 设 $x_1=\sqrt{2},x_2=\sqrt{2+\sqrt{2}},\cdots,x_{n+1}=\sqrt{2+x_n},\cdots$,证明 $\lim\limits_{n\to\infty}x_n$ 存在,并求其极限值.

7. 若数列 $\{x_n\}$ 满足 $0<x_n<1$,且 $x_{n+1}=2x_n-x_n^2(n=1,2,\cdots)$,求 $\lim\limits_{n\to\infty}x_n$.

8. 设 $x_1 = 2, x_{n+1} = 2 - \dfrac{1}{x_n}(n=1,2,\cdots)$，求 $\lim\limits_{n \to \infty} x_n$.

9. 一个家庭，孩子出生后，家长计划拿出 P 元为初始教育基金，希望到孩子 20 岁生日时增长到 50 000 元，若按 6% 的连续复利计算，则初始基金应该是多少元？

第五节　无穷小的比较

一、无穷小比较的概念

在讨论无穷小的性质时，我们知道了两个无穷小的和、差及乘积仍是无穷小. 但无穷小的商却会出现不同的情况. 例如，当 $x \to 0$ 时，$x, x^2, \sin x$ 都是无穷小，而

$$\lim_{x \to 0} \frac{x^2}{x} = 0, \quad \lim_{x \to 0} \frac{x}{x^2} = \infty, \quad \lim_{x \to 0} \frac{\sin x}{x} = 1.$$

上述情况反映了不同的无穷小趋于零的快慢程度不同. 为了刻画不同的无穷小趋于零的"速度"，我们引入无穷小阶的概念.

定义 1　设 $\alpha(x)$ 及 $\beta(x)$ 都是在同一个自变量变化过程中的无穷小，且 $\beta(x) \neq 0$，

（1）若 $\lim \dfrac{\alpha(x)}{\beta(x)} = 0$，则称（在此变化过程中）**$\alpha(x)$ 是 $\beta(x)$ 高阶的无穷小**，记作 $\alpha(x) = o(\beta(x))$；

（2）若 $\lim \dfrac{\alpha(x)}{\beta(x)} = c \neq 0$，则称（在此变化过程中）**$\alpha(x)$ 与 $\beta(x)$ 是同阶无穷小**；特别地，若 $\lim \dfrac{\alpha(x)}{\beta(x)} = 1$，则称（在此变化过程中）**$\alpha(x)$ 与 $\beta(x)$ 是等价无穷小**，记作 $\alpha(x) \sim \beta(x)$.

（3）若 $\lim \dfrac{\alpha(x)}{\beta^k(x)} = c \neq 0, k > 0$，则称（在此变化过程中）**$\alpha(x)$ 是 $\beta(x)$ 的 k 阶无穷小**；特别地，若 $\beta(x) = x - x_0$，若 $\lim\limits_{x \to x_0} \dfrac{\alpha(x)}{(x - x_0)^k} = c$，则称 $\alpha(x)$ 是当 $x \to x_0$ 时的 **k 阶无穷小**.

例如，因 $\lim\limits_{x \to 0} \dfrac{x^2}{x} = 0$，故当 $x \to 0$ 时，x^2 是 x 高阶的无穷小，即 $x^2 = o(x)(x \to 0)$；

因 $\lim\limits_{x \to 0} \dfrac{x^3 + 2x^2}{2x^2} = 1$，故当 $x \to 0$ 时，$x^3 + 2x^2$ 与 $2x^2$ 是等价无穷小，即 $x^3 + 2x^2 \sim 2x^2 (x \to 0)$.

例 1　证明当 $x \to 0^+$ 时，$\sqrt{x + \sqrt{x}}$ 是 $\dfrac{1}{4}$ 阶无穷小.

证　因 $\lim\limits_{x \to 0^+} \dfrac{\sqrt{x + \sqrt{x}}}{x^{\frac{1}{4}}} = \lim\limits_{x \to 0^+} \sqrt{\dfrac{x}{\sqrt{x}} + \dfrac{\sqrt{x}}{\sqrt{x}}} = \lim\limits_{x \to 0^+} \sqrt{1 + \sqrt{x}} = 1$，所以当 $x \to 0^+$ 时，$\sqrt{x + \sqrt{x}}$ 是 $\dfrac{1}{4}$ 阶无穷小.

例 2　证明当 $x \to 0$ 时，$\sqrt[n]{1 + x} - 1 \sim \dfrac{x}{n} (n \in \mathbf{N_+})$.

证　将分子有理化，得

$$\lim_{x \to 0} \frac{\sqrt[n]{1 + x} - 1}{\frac{x}{n}} = \lim_{x \to 0} \frac{nx}{x[\sqrt[n]{(1+x)^{n-1}} + \sqrt[n]{(1+x)^{n-2}} + \cdots + 1]} = 1,$$

所以当 $x \to 0$ 时，$\sqrt[n]{1+x}-1 \sim \dfrac{x}{n}$.

以下是高等数学中常用的几个等价无穷小($x \to 0$)：

$$\sin x \sim x; \quad \tan x \sim x; \quad \arcsin x \sim x; \quad \arctan x \sim x; \quad \ln(1+x) \sim x;$$

$$\mathrm{e}^x - 1 \sim x; \quad a^x - 1 \sim x \ln a; \quad 1 - \cos x \sim \frac{1}{2}x^2; \quad \sqrt[n]{1+x}-1 \sim \frac{x}{n}.$$

请注意并非每个无穷小都有阶数. 例如，当 $x \to 0$ 时，$x \sin \dfrac{1}{x}$ 是无穷小，但它不能和任何 $x^k(k>0)$ 同阶.

二、等价无穷小的重要性质

等价无穷小是无穷小比较中的一个重要概念. 下面我们就来研究等价无穷小的性质及在极限计算中的应用. 设 $\alpha(x)$、$\beta(x)$、$\gamma(x)$ 都是相同极限过程中的无穷小.

定理 1 设 $\alpha(x) \sim \beta(x)$，$\beta(x) \sim \gamma(x)$，则 $\alpha(x) \sim \gamma(x)$.

此性质称为等价无穷小的**传递性**. 请读者补充完成证明.

定理 2 设 $\alpha(x) \sim \alpha'(x)$，$\beta(x) \sim \beta'(x)$，且 $\lim \dfrac{\beta'}{\alpha'}$ 存在（或为 ∞），则

$$\lim \frac{\beta}{\alpha} = \lim \frac{\beta'}{\alpha'}.$$

证
$$\lim \frac{\beta}{\alpha} = \lim \frac{\beta}{\beta'} \frac{\beta'}{\alpha'} \frac{\alpha'}{\alpha} = \lim \frac{\beta}{\beta'} \lim \frac{\beta'}{\alpha'} \lim \frac{\alpha'}{\alpha} = \lim \frac{\beta'}{\alpha'}.$$

定理 2 称为无穷小的**等价代换定理**. 在计算两个无穷小之比的极限时，对分子与分母中的无穷小因子可用等价无穷小来代替. 如果代替恰当，可以有效地简化极限的计算.

例 3 求极限 $\lim\limits_{x \to 0} \dfrac{\ln \sqrt{1+2x}}{\arcsin 5x}$.

解 当 $x \to 0$ 时，由于 $\arcsin 5x \sim 5x$，$\ln(1+2x) \sim 2x$，所以

$$\lim_{x \to 0} \frac{\ln \sqrt{1+2x}}{\arcsin 5x} = \frac{1}{2} \lim_{x \to 0} \frac{\ln(1+2x)}{\arcsin 5x} = \frac{1}{2} \lim_{x \to 0} \frac{2x}{5x} = \frac{1}{5}.$$

例 4 求极限 $\lim\limits_{x \to 0} \dfrac{\sqrt{1+x\sin x}-1}{\mathrm{e}^{x^2}-1}$.

解 当 $x \to 0$ 时，因为 $\sqrt{1+x\sin x}-1 \sim \dfrac{1}{2}x\sin x$，$x\sin x \sim x^2$，由无穷小的传递性，有

$\sqrt{1+x\sin x}-1 \sim \dfrac{1}{2}x^2$，又 $\mathrm{e}^{x^2}-1 \sim x^2$，所以

$$\lim_{x \to 0} \frac{\sqrt{1+x\sin x}-1}{\mathrm{e}^{x^2}-1} = \lim_{x \to 0} \frac{\frac{1}{2}x^2}{x^2} = \frac{1}{2}.$$

可见，用等价无穷小代替的方法求极限是相当方便的，但应注意：加、减项时的无穷小不能随意用等价无穷小代替. 例如，在下面的极限中，若将 $\tan x$，$\sin x$ 分别用等价无穷小 x 代替，

则得到

$$\lim_{x \to 0} \frac{\tan x - \sin x}{x^3} = \lim_{x \to 0} \frac{x - x}{x^3} = 0.$$

但

$$\lim_{x \to 0} \frac{\tan x - \sin x}{x^3} = \lim_{x \to 0} \frac{\sin x}{\cos x} \cdot \frac{1 - \cos x}{x^3}$$

$$= \lim_{x \to 0} \frac{1}{\cos x} \cdot \frac{\sin x}{x} \cdot \frac{1 - \cos x}{x^2}$$

$$= \lim_{x \to 0} \frac{1}{\cos x} \cdot \lim_{x \to 0} \frac{\sin x}{x} \cdot \lim_{x \to 0} \frac{1 - \cos x}{x^2}$$

$$= \frac{1}{2}.$$

习 题 五

1. 当 $x \to 0$ 时，证明下列无穷小等价：

(1) $\arcsin x \sim x$；　(2) $\arctan x \sim x$；　(3) $1 - \cos x \sim \frac{1}{2} x^2$．

2. 当 $x \to 0$ 时，$\sqrt{a + x^3} - \sqrt{a}\,(a > 0)$ 是几阶无穷小?

3. 比较下列无穷小的阶(高阶、同阶而不等价或等价)：

(1) $x \to 0, x - x^2$ 与 $x^2 - x^3$；　　　　(2) $n \to \infty, \dfrac{1}{n}$ 与 $\dfrac{3n + 2}{5n^2 + n - 1}$；

(3) $x \to 1^-, 1 - x$ 与 $\ln(1 + \sqrt{1 - x})$；　　(4) $x \to 0, \sin x + x^2 \cos \dfrac{1}{x}$ 与 $(1 + \cos x)\ln(1 + x)$．

4. 用等价无穷小代换的方法求极限：

(1) $\lim\limits_{x \to 0} \dfrac{\tan 5x}{\sin 3x}$；　　　　　　　　(2) $\lim\limits_{x \to 0} \dfrac{\arctan x^2}{x^2}$；

(3) $\lim\limits_{x \to 0} \dfrac{1 - \cos x}{x(\sqrt{1 + x} - 1)}$；　　　　(4) $\lim\limits_{x \to 0} \dfrac{e^{5x} - 1}{x}$；

(5) $\lim\limits_{x \to 0} \dfrac{\ln(1 + 3x \sin x)}{\tan x^2}$；　　　　(6) $\lim\limits_{x \to 0} \dfrac{e^x + e^{-x} - 2}{x^2}$；

(7) $\lim\limits_{x \to \infty} x\left(\sqrt{1 + \sin \dfrac{2}{x}} - 1\right)$；　　　(8) $\lim\limits_{x \to 0^+} \dfrac{x\sqrt{1 - \cos x}}{\ln(1 + x^2 + x^3)}$．

5. (1) 当 $x \to 0$ 时，若 $1 - \cos x$ 与 mx^n 是等价无穷小，求 m 和 n 的值．

(2) 当 $x \to 0$ 时，$(1 + ax^2)^{1/3}$ 与 $\cos x - 1$ 是等价无穷小，求 a 的值．

6. (1) 求常数 a, b 使 $\lim\limits_{x \to \infty}\left(\dfrac{2x^2 + 1}{x + 1} - ax - b\right) = 0$．

(2) 若极限 $\lim\limits_{x \to 2} \dfrac{x^2 + ax - 2}{x - 2}$ 存在，求 a 的值，并求此极限．

7. 证明：

(1) $\dfrac{x(\tan x + x^2)}{1 + \sqrt{x}} = o(x^2)$，　$(x \to 0)$；

(2) $\sin[\sin(1 - \cos x)] = o(x^{\frac{2}{3}})$，　$(x \to 0)$．

第六节　函数的连续性与间断点

回顾前面我们的研究,为了描述客观世界中许多现象的运动变化规律,我们建立了函数的概念,为了讨论其变化的趋势,我们建立了极限的方法.进一步分析这些现象,我们发现他们不仅是运动变化的,而且其运动变化的过程往往是连续不断的,如气温的变化,动植物的生长,岁月的流逝,日月星辰的轨迹等,这些连续不断发展变化的事物用数学上量的关系方面的本质来描述就是下面将引入的函数的连续性.连续函数就是刻画事物连续变化的数学模型.

本节我们就介绍连续函数的概念、性质及连续函数的运算.

一、函数的连续性

1. 函数连续的概念

定义 1　设函数 $y=f(x)$ 在点 x_0 的某一个邻域内有定义,且 $\lim\limits_{x \to x_0} f(x)=f(x_0)$,则称函数 $f(x)$ 在点 x_0 连续,点 x_0 称为函数 $f(x)$ 的连续点.

例如,因为 $\lim\limits_{x \to 0}\cos x=1=\cos 0$,所以 $\cos x$ 在 $x=0$ 点连续,$x=0$ 是函数 $\cos x$ 的连续点.因 $\lim\limits_{x \to x_0} P_n(x)=P_n(x_0)$ ($P_n(x)$ 为一 n 次多项式),所以多项式函数在定义域内的任意一点都连续.

用"ε-δ"语言表达上定义如下:

设函数 $y=f(x)$ 在点 x_0 的某一个邻域内有定义,若 $\forall \varepsilon > 0$,$\exists \delta > 0$,当 $|x-x_0| < \delta$ 时,有 $|f(x)-f(x_0)| < \varepsilon$,则称函数 $f(x)$ 在点 x_0 连续.

在定义 1 中若记 $\Delta x=x-x_0$ 称为**自变量的增量**,$\Delta y=f(x)-f(x_0)=f(x_0+\Delta x)-f(x_0)$ 称为**对应函数的增量**,函数 $f(x)$ 在点 x_0 连续的定义又可叙述如下:

定义 2　设函数 $y=f(x)$ 在点 x_0 的某一个邻域内有定义,当自变量的增量 $\Delta x \to 0$ 时,对应函数的增量 $\Delta y=f(x_0+\Delta x)-f(x_0) \to 0$,即 $\lim\limits_{\Delta x \to 0} \Delta y=0$,则称函数 $f(x)$ 在点 x_0 连续.

例 1　试证函数 $f(x)=\begin{cases} x\sin\dfrac{1}{x}, & x \neq 0 \\ 0, & x=0 \end{cases}$ 在 $x=0$ 连续.

证　因 $\lim\limits_{\Delta x \to 0} \Delta y=\lim\limits_{\Delta x \to 0}[f(0+\Delta x)-f(0)]=\lim\limits_{\Delta x \to 0} \Delta x\sin\dfrac{1}{\Delta x}=0$,所以 $f(x)$ 在 $x=0$ 连续.

直观上,函数在一点连续就是当自变量在该点发生微小变化时,函数值也相应只发生微小的变化,即函数值在该点不发生突变.如图 2-9 所示.

如果只考虑单侧极限,就有左连续及右连续的概念.

定义 3　如果 $\lim\limits_{x \to x_0^-} f(x)=f(x_0)$,则称函数 $f(x)$ 在点 x_0 左连续;如果 $\lim\limits_{x \to x_0^+} f(x)=f(x_0)$,则称函数 $f(x)$ 在点 x_0 右连续.

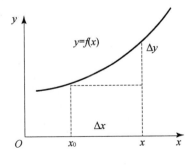

图 2-9

显然，$f(x)$ 在点 x_0 连续 $\Leftrightarrow f(x)$ 在点 x_0 既左连续又右连续.

若函数在区间上每一点都连续，则此函数称为该区间上的连续函数，或者说函数在该区间上连续. 如果区间包括端点，那么函数在右端点连续是指左连续，在左端点是指右连续. 该区间称为函数的连续区间.

连续函数的图形是一条连续而不间断的曲线.

由本章第三节例 4 知，对于有理分式函数 $F(x)=\dfrac{P(x)}{Q(x)}$，只要 $Q(x_0)\neq 0$，就有 $\lim\limits_{x\to x_0}F(x)=F(x_0)$，因此有理分式函数在其定义域内都是连续的. 而多项式函数在 $(-\infty,+\infty)$ 内都是连续的.

为简便起见，记 $[a,b]$ 区间上的所有连续函数的集合为 $C[a,b]$，$[a,b)$ 区间上的所有连续函数的集合为 $C[a,b)$，$C[a,+\infty)$，$C(a,b)$ 等有类似的含义. 这样函数 $f(x)$ 在 $[a,b]$ 上连续就可记为 $f(x)\in C[a,b]$. 例如，$\dfrac{1}{x}$ 在 $(0,+\infty)$ 上连续，记为 $\dfrac{1}{x}\in C(0,+\infty)$.

例 2 证明函数 $y=\sin x\in C(-\infty,+\infty)$.

证 设 x 是 $(-\infty,+\infty)$ 内任意一点. 当 x 有增量 Δx 时，对应函数的增量为

$$\Delta y=\sin(x+\Delta x)-\sin x=2\sin\frac{\Delta x}{2}\cos\left(x+\frac{\Delta x}{2}\right),$$

从而
$$0\leqslant|\Delta y|=\left|2\sin\frac{\Delta x}{2}\cos\left(x+\frac{\Delta x}{2}\right)\right|\leqslant 2\left|\sin\frac{\Delta x}{2}\right|\leqslant|\Delta x|.$$

由夹逼准则，当 $\Delta x\to 0$ 时，$\Delta y\to 0$，所以 $y=\sin x$ 对于任一 $x\in(-\infty,+\infty)$ 是连续的，即
$$y=\sin x\in C(-\infty,+\infty).$$

类似可证，函数 $y=\cos x\in C(-\infty,+\infty)$. 指数函数 $y=a^x(a>0,a\neq 1)\in C(-\infty,+\infty)$.

例 3 讨论函数 $f(x)=\begin{cases}2x+1, & -1\leqslant x<0,\\ x^2+3, & 0\leqslant x\leqslant 1\end{cases}$ 的连续性.

解 由于在 $[-1,0)$ 及 $(0,1]$ 上 $f(x)$ 分别是多项式函数，故 $f(x)$ 在相应区间上连续. 在 $x=0$ 点，$f(0)=3$. 因为
$$\lim_{x\to 0^-}f(x)=\lim_{x\to 0^-}(2x+1)=1\neq f(0),$$
故 $f(x)$ 在 0 点不连续，其他点上均连续.

例 4 设 $f(x)=\begin{cases}x^2-2, & x\leqslant -1,\\ \cos\pi x+x+a, & -1<x<0,\\ 2+x+b, & x\geqslant 0\end{cases}$ 在 $x=-1,x=0$ 连续，求 a,b 的值.

解 因 $f(x)$ 在 $x=-1$ 连续，所以有
$$\lim_{x\to -1^-}f(x)=\lim_{x\to -1^+}f(x)=f(-1),$$
而
$$f(-1)=-1,$$
$$\lim_{x\to -1^-}f(x)=\lim_{x\to -1^-}(x^2-2)=-1,$$
$$\lim_{x\to -1^+}f(x)=\lim_{x\to -1^+}(\cos\pi x+x+a)=-2+a,$$
解得 $a=1$. 同理，由于 $f(x)$ 在 $x=0$ 连续，所以
$$\lim_{x\to 0^-}f(x)=1+a=\lim_{x\to 0^+}f(x)=2+b=f(0),$$
解得 $b=0$. 于是 $a=1,b=0$ 时，$f(x)$ 在 $x=-1,x=0$ 连续.

二、函数的间断点及其分类

由定义，函数 $y=f(x)$ 在点 x_0 连续需满足三个条件：(1) $f(x)$ 在 $x=x_0$ 有定义；(2) $\lim\limits_{x\to x_0}f(x)$ 存在；(3) $\lim\limits_{x\to x_0}f(x)=f(x_0)$. 若 $y=f(x)$ 不满足三个条件中的任一个，则 $f(x)$ 在点 x_0 不连续，或称 $f(x)$ 在点 x_0 **间断**，x_0 称为 $f(x)$ 的**间断点**.

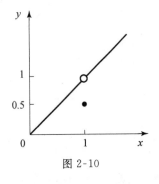

图 2-10

例 5 设函数 $f(x)=\begin{cases} x, & x\neq 1, \\ \dfrac{1}{2}, & x=1 \end{cases}$ （见图 2-10），

显然，$f(x)$ 在 $x=1$ 处有定义，且 $f(1)=\dfrac{1}{2}$，又 $\lim\limits_{x\to 1}f(x)=1\neq f(1)$，所以 $x=1$ 为 $f(x)$ 的间断点.

但这时，若改变 $f(x)$ 在 $x=1$ 处的定义，令 $f(1)=1$，则 $f(x)$ 在 $x=1$ 处连续. 一般地，若 $\lim\limits_{x\to x_0}f(x)$ 存在，但与函数值不等，或 $f(x)$ 在 x_0 点无定义，则 x_0 称为 $f(x)$ 的**可去间断点**. 因此，$x=1$ 为上函数 $f(x)$ 的可去间断点.

又如函数 $g(x)=\dfrac{\sin x}{x}$ 在 $x=0$ 点无定义，所以在 $x=0$ 点间断，又因为 $\lim\limits_{x\to 0}\dfrac{\sin x}{x}=1$，所以 $x=0$ 为 $g(x)$ 的可去间断点. 若补充函数在 0 点定义，令 $g(0)=1$，则 $g(x)$ 在 $x=0$ 点连续.

例 6 设 $f(x)=\begin{cases} -x+1, & 0\leq x<1, \\ 1, & x=1, \\ -x+3, & 1<x\leq 3, \end{cases}$ 讨论 $f(x)$ 在 $x=1$ 处的连续性.

解 由已知 $f(1)=1$，又因为

$$\lim\limits_{x\to 1^-}f(x)=\lim\limits_{x\to 1^-}(-x+1)=0, \quad \lim\limits_{x\to 1^+}f(x)=\lim\limits_{x\to 1^+}(-x+3)=2,$$

所以 $\lim\limits_{x\to 1^-}f(x)\neq\lim\limits_{x\to 1^+}f(x)$，从而 $\lim\limits_{x\to 1}f(x)$ 不存在. 于是 $f(x)$ 在 1 处不连续，$x=1$ 为 $f(x)$ 间断点（见图 2-11）. 因 $f(x)$ 的图形在 $x=1$ 处发生跳跃，所以 $x=1$ 称为 $f(x)$ 的跳跃间断点.

一般地，若 x_0 是函数 $f(x)$ 的间断点，且左极限 $f(x_0^-)$ 及右极限 $f(x_0^+)$ 都存在但不等，则 x_0 称为函数 $f(x)$ 的**跳跃间断点**.

根据间断点几何上的特点，通常把间断点分成两类：(1) 如果 x_0 是函数 $f(x)$ 的间断点，但左极限 $f(x_0^-)$ 及右极限 $f(x_0^+)$ 都存在，则 x_0 称为函数 $f(x)$ 的**第一类间断点**. 在第一类间断点中，又分为可去间断点和跳跃间断点.(2) 不是第一类间断点的任何间断点，称为**第二类间断点**.

例 7 函数 $y=\sin\dfrac{1}{x}$ 在 $x=0$ 处无定义，且 $f(0^-)$ 与 $f(0^+)$ 均不存在，所以 $x=0$ 为 $\sin\dfrac{1}{x}$ 的第二类间断点，这个间断点的特点是在该点的邻域内函数值在 -1 与 1 之间无限次振荡，因此称为**振荡间断点**（见图 2-12）.

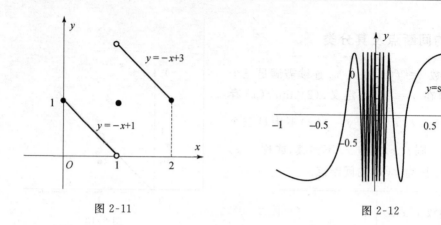

图 2-11   图 2-12

例 8 函数 $f(x) = \tan x$ 在 $x = \dfrac{\pi}{2}$ 处无定义,所以 $x = \dfrac{\pi}{2}$ 是 $\tan x$ 的间断点,又因为 $\lim\limits_{x \to \frac{\pi}{2}} \tan x = \infty$,

所以 $x = \dfrac{\pi}{2}$ 是 $\tan x$ 的第二类间断点. 一般地,若函数在一点的左、右极限至少有一个为 ∞ 时,

称这种间断点为**无穷间断点**. 于是 $x = \dfrac{\pi}{2}$ 是 $\tan x$ 的第二类无穷间断点.

例 9 设函数 $f(x) = \dfrac{\tan x}{x} + \dfrac{1}{x^2 - 2}$,讨论 $f(x)$ 在 $x = 0, x = \pm\sqrt{2}$ 处的连续性. 若间断,指出间断点类型,若为可去间断点,补充或改变该点的函数值,使函数在该点连续.

解 函数在 $x = 0, x = \pm\sqrt{2}$ 处均无定义,所以 $x = 0, x = \pm\sqrt{2}$ 是函数的间断点. 又因为

$$\lim_{x \to 0} f(x) = \lim_{x \to 0} \left(\frac{\tan x}{x} + \frac{1}{x^2 - 2} \right) = \frac{1}{2},$$

所以 0 点是函数的第一类可去间断点.

若定义函数在 0 点的值为 $\dfrac{1}{2}$,即 $f(x) = \begin{cases} \dfrac{\tan x}{x} + \dfrac{1}{x^2 - 2}, & x \neq 0, \\ 1/2, & x = 0, \end{cases}$ 则 $f(x)$ 在 0 点连续.

又 $$\lim_{x \to \pm\sqrt{2}} f(x) = \lim_{x \to \pm\sqrt{2}} \left(\frac{\tan x}{x} + \frac{1}{x^2 - 2} \right) = \infty,$$

所以 $\pm\sqrt{2}$ 是函数的第二类无穷间断点.

例 10(产品利润中的极限问题) 已知生产 x 件某种电子产品的成本是

$$C(x) = 10 + \sqrt{1 + x^2} \quad 美元,$$

每件售价为 5 美元. 于是,销售 x 件产品的收入为 $R(x) = 5x$.

(1) 出售 $x + 1$ 件比出售 x 件所产生的利润增长额为

$$I(x) = [R(x+1) - C(x+1)] - [R(x) - C(x)],$$

当生产稳定、产量很大时,这个增长额为 $\lim\limits_{x \to +\infty} I(x)$,试求这个极限;

(2) 生产了 x 件产品时,每件的成本函数为 $\dfrac{C(x)}{x}$,同样当产量很大时,每件的成本大致是 $\lim\limits_{x \to +\infty} \dfrac{C(x)}{x}$,试求这个极限值.

解 (1) $I(x) = [5(x+1) - (10 + \sqrt{1 + (1+x)^2})] - [5x - (10 + \sqrt{1 + x^2})]$

$\qquad\qquad = 5 + \sqrt{1 + x^2} - \sqrt{1 + (1+x)^2},$

只需求极限

$$\lim_{x \to +\infty} \left[\sqrt{1+x^2} - \sqrt{1+(1+x)^2} \right]$$

$$= \lim_{x \to +\infty} \frac{1+x^2 - [1+(1+x)^2]}{\sqrt{1+x^2} + \sqrt{1+(1+x)^2}}$$

$$= \lim_{x \to +\infty} \frac{-2x-1}{\sqrt{1+x^2} + \sqrt{1+(1+x)^2}}$$

$$= \lim_{x \to +\infty} \frac{-2-\dfrac{1}{x}}{\sqrt{1+\dfrac{1}{x^2}} + \sqrt{\dfrac{1}{x^2}+(1+\dfrac{1}{x})^2}} = -1,$$

于是
$$\lim_{x \to +\infty} I(x) = 5 - 1 = 4.$$

(2) $\lim\limits_{x \to +\infty} \dfrac{C(x)}{x} = \lim\limits_{x \to +\infty} \dfrac{10+\sqrt{1+x^2}}{x} = \lim\limits_{x \to +\infty} \left(\dfrac{10}{x} + \sqrt{1+\dfrac{1}{x^2}} \right) = 1.$

习 题 六

1. (1) 求函数 $f(x) = \dfrac{x^3+3x^2-x-3}{x^2+x-6}$ 的连续区间,并求极限 $\lim\limits_{x \to 0} f(x)$,$\lim\limits_{x \to -3} f(x)$ 及 $\lim\limits_{x \to 2} f(x)$.

(2) 求函数 $f(x) = \begin{cases} x^2, & |x| \leqslant 1, \\ 2-x, & |x| > 1 \end{cases}$ 的连续区间.

2. 讨论下列函数在指定点 x_0 处的连续性;若间断,指出间断点的类型:

(1) $f(x) = \begin{cases} x^2, & 0 < x \leqslant 1, \\ 2-x, & x > 1, \end{cases} \quad x_0 = 1$;

(2) $f(x) = \begin{cases} 2+x^2, & x \leqslant 0, \\ \dfrac{\sin 3x}{x}, & x > 0, \end{cases} \quad x_0 = 0$;

(3) $f(x) = \begin{cases} \dfrac{1-x^2}{1+x}, & x \neq -1, \\ 0, & x = -1, \end{cases} \quad x_0 = -1$;

(4) $f(x) = \begin{cases} \dfrac{1-\cos x}{x^2}, & x \neq 0, \\ \dfrac{1}{2}, & x = 0, \end{cases} \quad x_0 = 0$;

(5) $f(x) = \begin{cases} 1+e^{\frac{1}{x}}, & x > 0, \\ x+1, & x \leqslant 0, \end{cases} \quad x_0 = 0$.

3. 求下列函数的间断点,并指出间断点的类型,若是可去间断点,补充或改变函数的定义使它在该点连续:

(1) $y = \dfrac{x^2-1}{x^2-3x+2}$;   (2) $y = \dfrac{x}{\sin x}$;

(3) $y = \dfrac{1}{2 - \dfrac{1}{x}}$;

(4) $y = \sqrt{x+1} + \dfrac{x^2 - 1}{(x-1)(x+3)}$;

(5) $y = \dfrac{x - |x|}{x}$;

(6) $y = \operatorname{arccot} \dfrac{1}{x}$.

4. (1) 设 $f(x) = \begin{cases} x\sin\dfrac{1}{x} + 2, & x < 0 \\ k + e^x, & x \geqslant 0 \end{cases}$ 在 $x = 0$ 处连续, 试确定 k 的值;

(2) 设 $f(x) = \begin{cases} \dfrac{\sin x(1 - \cos x)}{x^n}, & x \neq 0 \\ \dfrac{1}{2}, & x = 0 \end{cases}$ 在 $x = 0$ 处连续, 试确定 n 的值.

5. 讨论 $f(x) = \lim\limits_{n \to \infty} \dfrac{1 - x^{2n}}{1 + x^{2n}} x$ 连续性, 若间断, 指出间断点的类型.

6. 设函数 $f(x) = \dfrac{e^x - b}{(x - a)(x - 1)}$, 求 a, b 的值, 使得 $x = 0$ 是 $f(x)$ 的无穷间断点, $x = 1$ 是 $f(x)$ 的可去间断点.

7. 找出函数 $f(x) = \dfrac{1}{1 - 3^{\frac{x}{1-x}}}$ 的间断点, 并指出间断点的类型.

第七节　连续函数的运算和性质

一、连续函数的运算

根据极限四则运算法则及函数在点 x_0 连续的定义, 可得连续函数的四则运算法则.

定理 1(四则运算法则)　若 $f(x)$ 与 $g(x)$ 在 x_0 连续, 则

(1) $f(x) \pm g(x)$ 在 x_0 连续;

(2) $f(x)g(x)$ 在 x_0 连续;

(3) $\dfrac{f(x)}{g(x)}$ 在 x_0 连续 $(g(x_0) \neq 0)$.

由于 $\sin x, \cos x$ 在 $(-\infty, +\infty)$ 连续, 所以 $\tan x, \cot x, \sec x, \csc x$ 在其定义域内连续.

定理 2(反函数的连续性)　若函数 $y = f(x)$ 在某区间上单调增加(或减少)且连续, 那么它的反函数 $x = f^{-1}(y)$ 也在相应的区间上单调增加(或减少)且连续.

由于 $y = \sin x$ 在 $\left[-\dfrac{\pi}{2}, \dfrac{\pi}{2} \right]$ 上单调增加且连续, 所以 $y = \arcsin x$ 在 $[-1, 1]$ 上单调增加且连续. 同理: $y = \arccos x$ 在闭区间 $[-1, 1]$ 上单调减少且连续; $y = \arctan x$ 在区间 $(-\infty, +\infty)$ 内单调增加且连续; $y = \operatorname{arccot} x$ 在区间 $(-\infty, +\infty)$ 内单调减少且连续.

总之, 三角函数、反三角函数在它们的定义域内都是连续的.

又由指数函数 $y = a^x (a > 0, a \neq 1)$ 在 $(-\infty, +\infty)$ 内单调且连续知, 对数函数 $y = \log_a x$ 在 $(0, +\infty)$ 内单调且连续. 特别地, $y = \ln x$ 在 $(0, +\infty)$ 内连续.

定理 3　设有复合函数 $y = f[\varphi(x)]$, 函数 $u = \varphi(x)$ 在 x_0 的某去心邻域内有定义, 且

$\lim\limits_{x \to x_0}\varphi(x)=a$,而 $f(u)$ 在点 $u=a$ 连续,则 $\lim\limits_{x \to x_0}f[\varphi(x)]=f(a)$.

事实上,利用复合函数极限运算法则,即得 $\lim\limits_{x \to x_0}f[\varphi(x)]=\lim\limits_{u \to a}f(u)=f(a)$.

将定理中的 $x \to x_0$ 换成 $x \to \infty$,结论仍成立.

定理 3 的结论又可写成 $\lim\limits_{x \to x_0}f[\varphi(x)]=f[\lim\limits_{x \to x_0}\varphi(x)]=f(a)$.

此式表明,在定理的条件下,求复合函数 $f[\varphi(x)]$ 的极限时,函数符号 f 与极限号可以交换次序.

定理 4(复合函数的连续性) 设函数 $u=\varphi(x)$ 在点 $x=x_0$ 连续,且 $\varphi(x_0)=u_0$,而函数 $y=f(u)$ 在点 $u=u_0$ 连续,则复合函数 $y=f[\varphi(x)]$ 在点 $x=x_0$ 也是连续的.

证 由定理 3 得 $\lim\limits_{x \to x_0}f[\varphi(x)]=f(u_0)=f[\varphi(x_0)]$,即复合函数 $y=f[\varphi(x)]$ 在点 x_0 连续.

例如,幂函数 $y=x^\mu=\mathrm{e}^{\mu\ln x}$ 可看为由 $y=\mathrm{e}^u$,$u=\mu\ln x$ 复合而成,因 $y=\mathrm{e}^u$ 与 $u=\mu\ln x$ 都在定义域内连续,由定理 4,幂函数 $y=x^\mu$ 在 $(0,+\infty)$ 内连续.

例 1 求极限 $\lim\limits_{x \to 0}\dfrac{\ln(1+x)}{x}$.

解 因函数 $\dfrac{\ln(1+x)}{x}=\ln(1+x)^{\frac{1}{x}}$ 可视作 $y=\ln u$,$u=(1+x)^{\frac{1}{x}}$ 的复合函数,且对数函数连续,而 $\lim\limits_{x \to 0}(1+x)^{\frac{1}{x}}=\mathrm{e}$,于是由定理 3 有

$$\lim\limits_{x \to 0}\frac{\ln(1+x)}{x}=\lim\limits_{x \to 0}\ln(1+x)^{\frac{1}{x}}=\ln[\lim\limits_{x \to 0}(1+x)^{\frac{1}{x}}]=1.$$

例 2 证明 $\lim\limits_{x \to 0}\dfrac{\mathrm{e}^x-1}{x}=1$.

解 令 $u=\mathrm{e}^x-1$,则 $\lim\limits_{x \to 0}u=\lim\limits_{x \to 0}(\mathrm{e}^x-1)=0$,且 $\dfrac{\mathrm{e}^x-1}{x}=\dfrac{u}{\ln(1+u)}$,于是

$$\lim\limits_{x \to 0}\frac{\mathrm{e}^x-1}{x}=\lim\limits_{u \to 0}\frac{u}{\ln(1+u)}=\lim\limits_{u \to 0}1/\ln(1+u)^{\frac{1}{u}}=1.$$

下例利用复合函数的连续性给出了一个求幂指函数极限的简洁方法.

例 3 设 $\lim f(x)=A>0$,$\lim g(x)=B$,证明 $\lim f(x)^{g(x)}=A^B$.

证 因 $f(x)^{g(x)}=\mathrm{e}^{g(x)\ln f(x)}$,利用指数函数与对数函数的连续性,有

$$\lim f(x)^{g(x)}=\lim \mathrm{e}^{g(x)\ln f(x)}=\mathrm{e}^{\lim[g(x)\ln f(x)]}=\mathrm{e}^{B\ln A}=A^B(自变量变化过程相同).$$

例 4 求极限 $\lim\limits_{x \to 0}(1+2x)^{\frac{3}{\sin x}}$.

解 因 $(1+2x)^{\frac{3}{\sin x}}=(1+2x)^{\frac{1}{2x} \cdot \frac{6x}{\sin x}}=[(1+2x)^{\frac{1}{2x}}]^{\frac{6x}{\sin x}}$,

而 $$\lim\limits_{x \to 0}(1+2x)^{\frac{1}{2x}}=\mathrm{e},\quad \lim\limits_{x \to 0}\frac{6x}{\sin x}=6,$$

所以 $$\lim\limits_{x \to 0}(1+x^2)^{\frac{1}{x}}=\lim\limits_{x \to 0}(1+2x)^{\frac{1}{2x} \cdot \frac{6x}{\sin x}}=[\lim\limits_{x \to 0}(1+2x)^{\frac{1}{2x}}]^{\lim\limits_{x \to 0}\frac{6x}{\sin x}}=\mathrm{e}^6.$$

二、初等函数的连续性

前面已经得到幂函数、三角函数和反三角函数,指数函数、对数函数在它们的定义域内是连续的.因此我们有:

基本初等函数在它们的定义域内都是连续的.

根据初等函数的定义,由基本初等函数的连续性及上述诸定理,又可得下面重要结论:

定理 5 一切初等函数在其**定义区间**内都是连续的.

所谓定义区间,是指包含在定义域内的区间.这里"定义区间",不能改为"定义域".例如,初等函数 $y=\sqrt{\cos x-1}$ 的定义域 $D=\{x|x=2k\pi,k=0,\pm1,\pm2,\cdots\}$,全部由孤立的点构成,对任意 $x\in D$,其极限没有意义,所以此函数在定义域内任意一点都不连续.

定理 5 的结论是非常重要的,因为本课程的主要研究对象是连续或分段连续的函数,并且在实际应用中所遇到的许多函数都是初等函数或在不同区间上分别是初等函数的分段函数,从而满足对函数连续的要求,这使得微积分具有强大的生命力和广阔的应用.

此外,上述关于初等函数连续性的结论还提供了求极限的一个极其简便的方法,即:若 $f(x)$ 是初等函数,且 x_0 是 $f(x)$ 的定义区间内的点,则 $\lim\limits_{x\to x_0}f(x)=f(x_0)$.

例 5 求极限 $\lim\limits_{x\to1}\dfrac{x^2+\ln(2-x)}{\arctan x}$.

解 因 $\dfrac{x^2+\ln(2-x)}{\arctan x}$ 为初等函数,所以在其定义区间上连续,1 为函数定义区间内的点,于是

$$\lim_{x\to1}\frac{x^2+\ln(2-x)}{\arctan x}=\frac{x^2+\ln(2-x)}{\arctan x}\bigg|_{x=1}=\frac{4}{\pi}.$$

例 6 讨论 $f(x)=\begin{cases}3+x^2, & x\leqslant0,\\[2mm]\dfrac{\sin 2x}{x}, & x>0\end{cases}$ 的连续性,指出其连续区间,并判断间断点的类型.

解 因为 $3+x^2,\dfrac{\sin 2x}{x}$ 都是初等函数,所以函数 $f(x)$ 分别在 $(-\infty,0)$ 与 $(0,+\infty)$ 内连续;

在分段点 $x=0$ 处,因为

$$\lim_{x\to0^-}f(x)=\lim_{x\to0^-}(3+x^2)=3,\quad \lim_{x\to0^+}f(x)=\lim_{x\to0^+}\frac{\sin 2x}{x}=2,$$

$f(x)$ 在 $x=0$ 极限不存在,所以 0 为 $f(x)$ 的间断点,且为一类跳跃间断点,连续区间为 $(-\infty,0)$ 与 $(0,+\infty)$.

三、闭区间上连续函数的性质

闭区间上连续的函数有一些重要的性质,这些性质无论在理论上还是实际问题中都有重要的作用.由于证明过程涉及很多基础知识,所以这里只以定理的形式叙述几个基本的性质,不作理论证明.

1. 最大值和最小值定理

定义 1 设函数 $f(x)$ 在区间 I 上有定义,如果有 $x_0\in I$,使得 $\forall x\in I$ 都有

$$f(x)\leqslant f(x_0)\qquad(f(x)\geqslant f(x_0)),$$

则称 $f(x_0)$ 是函数 $f(x)$ 在区间 I 上的**最大值(最小值)**,记为

$$M=\max_{a\leqslant x\leqslant b}\{f(x)\}\qquad(m=\min_{a\leqslant x\leqslant b}\{f(x)\}),$$

x_0 称为 $f(x)$ 在区间 I 上的**最大值(最小值)点**.

例如,$[0,\pi]$ 区间上的函数 $y=\sin x$,在 $\frac{\pi}{2}$ 处取得最大值 1,在 $0,\pi$ 处取得最小值 0.特别地,函数 $f(x)$ 在区间 I 上最大值和最小值可以相等,这时此函数必为常数.

定理 6 若函数 $f(x)\in C[a,b]$,则 $f(x)$ 在 $[a,b]$ 上一定有最大值和最小值(见图 2-13).即必存在 $\xi_1,\xi_2\in[a,b]$,使得

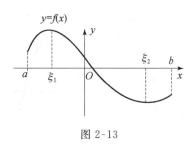

图 2-13

$$f(\xi_1)=\max_{x\in[a,b]}\{f(x)\};\quad f(\xi_2)=\min_{x\in[a,b]}\{f(x)\}.$$

推论(有界性定理) 在闭区间连续的函数一定在该区间上有界.

注意在定理中 $f(x)$ 的定义域是闭区间以及在闭区间上连续这两个条件,若有一个不满足,则定理中的结论不一定成立.例如,$\tan x$ 在 $\left(-\dfrac{\pi}{2},\dfrac{\pi}{2}\right)$ 上连续,在该区间上没有最大值最小值.又如,函数 $f(x)=\begin{cases}\dfrac{1}{x}, & x\in[-1,1]\backslash\{0\},\\ 0, & x=0\end{cases}$ 定义在闭区间 $[-1,1]$ 上,但在 $x=0$ 处不连续,它在该区间上也无最大值最小值.

例 7 设函数 $f(x)\in C[a,+\infty)$,且 $\lim\limits_{x\to+\infty}f(x)=A$,证明 $f(x)$ 在 $[a,+\infty)$ 上有界.

证 由 $\lim\limits_{x\to+\infty}f(x)=A$,取 $\varepsilon=1$,则 $\exists X>a$,当 $x>X$ 时,有 $|f(x)|<|A|+1$.

又 $f(x)\in C[a,+\infty)$,所以 $f(x)$ 在 $[a,X]$ 上连续,由定理 6,$\exists K>0,\forall x\in[a,X]$,有 $|f(x)|\leqslant K$.

取 $M=\max\{|A|+1,K\}$,则 $\forall x\in[a,+\infty)$,有 $|f(x)|\leqslant M$,即 $f(x)$ 在 $[a,+\infty)$ 上有界.

2. 介值定理

若 x_0 使 $f(x_0)=0$,则 x_0 称为函数 $f(x)$ 的零点.

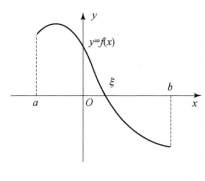

图 2-14

定理 7(零点定理) 设函数 $f(x)\in C[a,b]$,且 $f(a)$ 和 $f(b)$ 异号,即 $f(a)\cdot f(b)<0$,则 $\exists\xi\in(a,b)$,使 $f(\xi)=0$.

这时 ξ 亦可看为方程 $f(x)=0$ 的一个根.

从几何上看,定理 7 表明:如果连续曲线弧 $y=f(x)$ 的两个端点位于 x 轴的不同侧,那么这段曲线弧与 x 轴至少有一个交点(见图 2-14).

例 8 证明方程 $x^3-4x^2+1=0$ 在区间 $(0,1)$ 内至少有一个实根.

证 令 $f(x)=x^3-4x^2+1$,则 $f(x)$ 在闭区间 $[0,1]$ 上连续.又

$$f(0)=1>0,\quad f(1)=-2<0,$$

由零点定理,$\exists\xi\in(0,1)$,使 $f(\xi)=0$,即方程 $x^3-4x^2+1=0$ 在区间 $(0,1)$ 内至少有一个实根.

例 9 设函数 $f(x)\in C[a,b]$,且 $f(a)<a,f(b)>b$,证明 $\exists\xi\in(a,b)$,使得 $f(\xi)=\xi$.

证 构造辅助函数 $F(x)=f(x)-x$,则 $F(x)$ 在 $[a,b]$ 上连续,且

$$F(a)=f(a)-a<0, \quad F(b)=f(b)-b>0,$$

由零点定理,$\exists \xi \in (a,b)$,使 $F(\xi)=f(\xi)-\xi=0$,即 $f(\xi)=\xi$.

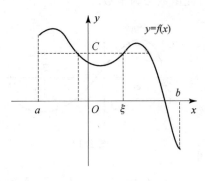

图 2-15

推论 1(介值定理) 设函数 $f(x)\in C[a,b]$,且 $f(a)\neq f(b)$,C 是介于 $f(a)$,$f(b)$ 的任意一个值,则 $\exists \xi \in (a,b)$,使得

$$f(\xi)=C.$$

证 设 $\varphi(x)=f(x)-C$,则 $\varphi(x)$ 在闭区间 $[a,b]$ 上连续,且 $\varphi(a)=f(a)-C$ 与 $\varphi(b)=f(b)-C$ 异号,根据零点定理,$\exists \xi \in (a,b)$,使得 $\varphi(\xi)=0$,即

$$f(\xi)=C.$$

此推论的几何意义是:连续曲线弧 $y=f(x)$ 与水平直线 $y=C$ 至少相交于一点(见图 2-15).

推论 2 在闭区间上连续的函数必取得介于最大值 M 与最小值 m 之间的任何值.

设 $m=f(x_1)$,$M=f(x_2)$,而 $m\neq M$,在闭区间 $[x_1,x_2]$ 或 $[x_2,x_1]$ 上应用介值定理即可.

例 10 函数 $y=f(x)\in C[a,b]$,$a<c<d<b$,证明 $\exists \xi \in [a,b]$,使得

$$pf(c)+qf(d)=(p+q)f(\xi),$$

其中 p,q 为正常数.

证 因为 $f(x)$ 在 $[a,b]$ 上连续,所以 $f(x)$ 在 $[a,b]$ 有最大值 M、最小值 m,从而

$$m\leqslant f(c)\leqslant M, \quad m\leqslant f(d)\leqslant M,$$
$$mp\leqslant pf(c)\leqslant Mp, \quad mq\leqslant qf(d)\leqslant Mq,$$

于是

$$m(p+q)\leqslant pf(c)+qf(d)\leqslant (p+q)M,$$

即

$$m\leqslant \frac{pf(c)+qf(d)}{p+q}\leqslant M,$$

由推论 2,$\exists \xi \in [a,b]$,使得 $f(\xi)=\dfrac{pf(c)+qf(d)}{p+q}$,即

$$pf(c)+qf(d)=(p+q)f(\xi).$$

习 题 七

1. 求下列函数的连续区间:

(1) $f(x)=\dfrac{1}{\sqrt{x^2-3x+2}}$;

(2) $f(x)=\sqrt{x-4}+\sqrt{6-x}$;

(3) $f(x)=\ln\arcsin x$.

2. 利用连续性,求下列极限:

(1) $\lim\limits_{x\to 1}\sqrt{x^3-2x^2+3x+4}$;

(2) $\lim\limits_{x\to \frac{\pi}{6}}\ln(2\cos 2x)$;

(3) $\lim\limits_{x\to 0}\dfrac{\sqrt{5x+4}-\sqrt{x}}{x-1}$;

(4) $\lim\limits_{x\to +\infty}(\sqrt{x^2+1}-\sqrt{x^2-1})$;

(5) $\lim\limits_{x\to 0}\dfrac{\ln(1+x^2)}{\sin(1+x^2)}$；

(6) $\lim\limits_{x\to 0}\sqrt{1+x^2+\ln\dfrac{\sin x}{x}}$．

3. 求下列极限：

(1) $\lim\limits_{x\to\infty}\left(\dfrac{x^2-1}{x^2+1}\right)^{x^2}$；

(2) $\lim\limits_{x\to 0}(1+3\tan^2 x)^{\frac{1}{x^2}}$；

(3) $\lim\limits_{x\to 1}\ln\left[\dfrac{\sin x}{x}+(3-2x)^{\frac{3}{x-1}}\right]$；

(4) $\lim\limits_{x\to 0}(1+x^2)^{1/x}$；

(5) $\lim\limits_{x\to 0}(1+x^2)^{\cos x}$；

(6) $\lim\limits_{n\to\infty}\left(1+\dfrac{1}{n}+\dfrac{1}{n^2}\right)^n$．

4. 设 $f(x)=\lim\limits_{n\to\infty}\dfrac{\ln(\mathrm{e}^n+x^n)}{n}\;(x>0)$，

(1) 求 $f(x)$；

(2) 讨论 $f(x)$ 的连续性．

5. 证明方程 $\mathrm{e}^x=x+2$ 至少有一个根介于 0 与 2 之间．

6. 确定方程 $(x-1)(x-2)+(x-2)(x-3)+(x-1)(x-3)=0$ 有几个根，各在什么范围．

7. 证明方程 $x=a\sin x+b\,(a>0,b>0)$ 至少有一个不超过 $a+b$ 的实根．

8. 若 $y=f(x)$ 在 $[a,b]$ 上连续，$a<x_1<x_2<\cdots<x_n<b$，则在 $[x_1,x_n]$ 上存在 ξ，使

$$f(\xi)=\dfrac{f(x_1)+f(x_2)+\cdots+f(x_n)}{n}.$$

9. 设 $f(x)$ 在 $[0,2a]$ 上连续，且 $f(0)=f(2a)$，证明 $\exists\,\xi\in[0,a]$，使

$$f(\xi)=f(\xi+a).$$

10. 证明实系数奇次代数方程至少有一个实根．

11. 若 $f(x)\in C[a,b]$，且 $\forall\,x\in[a,b]$，都有 $f(x)\neq 0$，则 $f(x)$ 在 $[a,b]$ 上不变号．

总 习 题 二

一、填空题

1. 在"充分"、"必要"和"充要"三者中选择一个正确的填入下列空格内：

(1) 数列 $\{x_n\}$ 有界是数列 $\{x_n\}$ 收敛的 _____ 条件；数列 $\{x_n\}$ 收敛是 $\{x_n\}$ 有界的 _____ 条件．

(2) 函数 $f(x)$ 在 x_0 的某去心邻域有界是 $\lim\limits_{x\to x_0}f(x)$ 存在的 _____ 条件；$\lim\limits_{x\to x_0}f(x)$ 存在是 $f(x)$ 在 x_0 的某去心邻域有界的 _____ 条件．

(3) $f(x)$ 在 x_0 的某去心邻域无界是 $\lim\limits_{x\to x_0}f(x)=\infty$ 的 _____ 条件．

(4) $f(x)$ 当 $x\to x_0$ 时的左极限 $f(x_0^-)$、右极限 $f(x_0^+)$ 都存在且相等是 $\lim\limits_{x\to x_0}f(x)$ 存在的 _____ 条件．

2. 设 $f(x)=2x^2+3+4x\left[\lim\limits_{x\to 1}f(x)\right]$，其中 $\lim\limits_{x\to 1}f(x)$ 存在，则 $f(x)=$ _____．

3. 极限 $\lim\limits_{x \to 1^-} \dfrac{|x-1|}{x-1} = $ _____.

4. 极限 $\lim\limits_{x \to -\infty} (\sqrt{x^2+x} - \sqrt{x^2-1}) = $ _____.

5. 设极限 $\lim\limits_{x \to \infty} \left(\dfrac{2a+x}{x-a}\right)^x = 8$，则 $a = $ _____.

6. 设 $f(x) = \begin{cases} \dfrac{x^2+ax+b}{x^2+x-2}, & x \ne 1, x \ne -2, \\ 2, & x = 1 \end{cases}$ 在 $x=1$ 处连续，则 a, b 分别为 _____.

二、单项选择题

1. 下列极限中正确的是( ).

A. $\lim\limits_{x \to 0} x \sin \dfrac{1}{x} = 1$

B. $\lim\limits_{x \to \infty} x \sin \dfrac{1}{x} = 1$

C. $\lim\limits_{x \to \infty} x \sin x = 1$

D. $\lim\limits_{x \to \infty} \dfrac{\sin x}{x} = 1$

2. 下列极限中正确的是( ).

A. $\lim\limits_{x \to \infty} (1-x)^{x+5} = e$

B. $\lim\limits_{x \to \infty} (1 - \dfrac{3}{x})^x = e$

C. $\lim\limits_{x \to 0} (1 + \dfrac{1}{x})^x = e$

D. $\lim\limits_{x \to 0} (1+x)^{1 + \frac{1}{x}} = e$

3. 已知 $\lim\limits_{n \to \infty} \left(\dfrac{1}{n^k} + \dfrac{2}{n^k} + \cdots + \dfrac{n}{n^k}\right) = 0$，则 k 的取值范围是( ).

A. $k > 2$ B. $k = 2$ C. $k < 2$ D. $k > 1$

4. 当 $x \to 0$ 时，$(1 - \cos x)\ln(1+x^2)$ 是 $x \sin x^n$ 的高阶无穷小，则正整数 n 应满足( ).

A. $n = 3$ B. $n < 3$ C. $n > 3$ D. $n = 2$

5. 设 $f(x)$ 和 $\varphi(x)$ 在 $(-\infty, +\infty)$ 有定义，$f(x)$ 为连续函数，且 $f(x) \ne 0$，$\varphi(x)$ 有间断点，则( ).

A. $\varphi[f(x)]$ 必有间断点

B. $[\varphi(x)]^2$ 必有间断点

C. $f[\varphi(x)]$ 必有间断点

D. $\dfrac{\varphi(x)}{f(x)}$ 必有间断点

6. $x = 0$ 为函数 $y = \dfrac{\arctan \dfrac{1}{x}}{1+x^2}$ 的( )类型间断点.

A. 跳跃间断点

B. 可去间断点

C. 无穷间断点

D. 震荡间断点

7. 极限 $\lim\limits_{n \to \infty} \left(\dfrac{1}{2} \cdot \dfrac{3}{4} \cdots \dfrac{2n-1}{2n}\right) = ($).

A. 0 B. 1 C. $\dfrac{1}{2}$ D. 不存在

三、计算与证明

1. 求下列各极限:

(1) $\lim\limits_{x \to 1} \dfrac{x^2 - x + 1}{(x-1)^2}$;

(2) $\lim\limits_{x \to \infty} x(\sqrt{x^2 + 1} - x)$;

(3) $\lim\limits_{n \to \infty} \left(\dfrac{n-2}{n+1}\right)^n$;

(4) $\lim\limits_{x \to +\infty} \dfrac{x \sin x}{\sqrt{x^2 + 1}} \arctan \dfrac{1}{x}$;

(5) $\lim\limits_{x \to 1} x^{\frac{1}{x-1}}$;

(6) $\lim\limits_{x \to 0} \dfrac{(\sqrt[3]{1 + \tan x} - 1)(\sqrt{1 + x^2} - 1)}{\tan x - \sin x}$;

(7) $\lim\limits_{x \to +\infty} x[\ln(x+1) - \ln x]$;

(8) $\lim\limits_{x \to 0} \dfrac{e^x - e^{\sin x}}{x - \sin x}$;

(9) $\lim\limits_{x \to 0} (\cos x)^{\frac{1}{x^2}}$;

(10) $\lim\limits_{n \to \infty} \sqrt[n]{1 + 2^n + 3^n}$.

2. 求极限 $\lim\limits_{x \to 0^+} \left(\dfrac{2 + e^{1/x}}{1 + e^{2/x}} + \dfrac{x}{|x|}\right)$.

3. 设 $a_1 > 0, a_{n+1} = \dfrac{1}{2}\left(a_n + \dfrac{a}{a_n}\right), a > 0, n = 1, 2, 3, \cdots$,证明数列 $\{a_n\}$ 收敛,并求其极限.

4. 设 $p(x)$ 是多项式,且 $\lim\limits_{x \to \infty} \dfrac{p(x) - x^3}{x^2} = 2, \lim\limits_{x \to 0} \dfrac{p(x)}{x} = 1$,求 $p(x)$.

5. (1) 当 $x \to 0$ 时,$\dfrac{x^6}{1 - \sqrt{\cos x^2}}$ 是 x 的几阶无穷小;

(2) 确定 a, b 的值,使当 $x \to 0$ 时,$\sin x^3 + \tan x - \sin x$ 与 ax^b 等价.

6. 证明函数 $f(x) = \lim\limits_{n \to \infty} \sqrt[n]{1 + x^n + \left(\dfrac{x^2}{2}\right)^n}$ 在 $[0, +\infty)$ 上连续.

7. (1) 已知极限 $\lim\limits_{x \to \infty} (\sqrt[3]{1 + 2x^2 + x^3} - ax - b) = 0$,求常数 a, b.

(2) 设 $f(x) = \begin{cases} \dfrac{ax + b}{\sqrt{3x + 1} - \sqrt{x + 3}}, & x \neq 1, \\ 2, & x = 1, \end{cases}$ 求常数 a, b,使 $f(x)$ 在 $x = 1$ 连续.

8. 设 $f(x) = \begin{cases} e^{\frac{1}{x-1}}, & x > 0, x \neq 1, \\ \ln(1 + x) + 1, & -1 < x \leqslant 0, \end{cases}$ 求 $f(x)$ 的间断点,并说明类型.

9. 设 m, n 为正整数,当 $x \to 0$ 时,证明:

(1) $o(x^m) + o(x^n) = o(x^l)$,其中 $l = \min\{m, n\}$;

(2) $o(kx^n) = o(x^n)$,其中 $k \neq 0$;

(3) $o(x^m)o(x^n) = o(x^{m+n})$;

(4) $x^n o(x^m) = o(x^{m+n})$.

10. 证明方程 $x = \cos x$ 在 $(-\infty, +\infty)$ 存在唯一一根.

11. 设 $f(x)$ 在闭区间 $[a, b]$ 上的任意两点 x, y 恒有 $|f(x) - f(y)| \leqslant L|x - y|$,其中 $L > 0$,且 $f(a)f(b) < 0$,证明 $\exists \xi \in (a, b)$,使 $f(\xi) = 0$.

12. 若函数 $f(x)$ 在开区间 (a, b) 内连续,又 $f(a^+)$ 与 $f(b^-)$ 存在且异号,证明 $f(x)$ 在开区间 (a, b) 内至少有一个零点.

第三章 导数与微分

数学上研究导数、微分及其应用的部分称为微分学,研究不定积分、定积分及其应用的部分称为积分学.微分学和积分学统称微积分学.微积分是高等数学中最基本、最重要的组成部分,是现代数学许多分支的基础,是人类认识客观世界、探索科学奥秘的典型数学模型之一.

本章我们进入微分学的研究.导数和微分是微分学中两个基本概念.在本章中,我们就由历史上经典的两个实际问题利用极限工具,引入导数和微分的概念,并建立他们的运算法则,讨论计算方法.

第一节 导数概念

导数的概念产生于许多世纪以来人们竭力对曲线的切线及非匀速直线运动物体的速度两个问题不断的探索,在这方面所积累起来的丰富资料,在 17 世纪牛顿(Newton)、莱布尼茨(Leibniz)的著作中被系统化整理而获得理论上的完成,我们也用物理及几何两方面问题来引入什么是导数.

一、引例

问题 1 求直线型细棒的线密度

设有一物质分布是非均匀的直线型细棒,长度为 l,试求细棒上各点的线密度.

分析 (1)如果细棒上物质分布是均匀的,即单位长度上的质量是常数,也就是各点的线密度相同,若已知细棒的总质量为 M,则线密度可由公式 $\rho = \dfrac{M}{l}$ 求出.

图 3-1

(2)如果物质分布是非均匀的,则细棒上各点的线密度不同,不能直接用上述公式.为了求出各点的线密度,先建立坐标系,将细棒所在直线设为 x 轴,细棒左端点为坐标原点(见图 3-1),从原点到 x 点的一小段细棒的质量设为 $m(x)$,$x \in [0, l]$ 且为连续函数,因此,细棒上任一点 x_0 到点 $x_0 + \Delta x$ 的质量为 $\Delta m = s(x_0 + \Delta x) - x(x_0)$,于是这小段细棒的平均线密度为

$$\frac{\Delta m}{\Delta x} = \frac{m(x_0 + \Delta x) - m(x_0)}{\Delta x}.$$

(3)由于 Δx 越小,越能反映细棒在 x_0 的密度.利用极限的思想:令 $x \to x_0$,取上式的极

限,如果这个极限存在,设为 $\rho(x_0)$,即

$$\rho(x_0) = \lim_{\Delta x \to 0} \frac{\Delta m}{\Delta x} = \lim_{\Delta x \to 0} \frac{m(x_0 + \Delta x) - m(x_0)}{\Delta x}$$

就称为细棒在 x_0 的线密度.

结论 在此问题中,极限值 $\rho(x_0) = \lim\limits_{\Delta x \to 0} \dfrac{\Delta m}{\Delta x}$ 精确地描述了细棒在 x_0 的密度情况.

问题 2 求曲线在某点的切线

首先我们给出法国数学家费尔马(Fermat)对切线的
作法,作为切线的一般定义:

设有平面曲线 C 及 C 上一点 M(见图 3-2),在点 M
外另取 C 上一点 N,作割线 MN. 当点 N 沿曲线 C 趋于
点 M 时,如果割线 MN 绕点 M 变动而趋于极限位置
MT,直线 MT 就称为曲线 C 在点 M 处的切线.这里极
限位置的含义是:只要弦长 $|MN|$ 趋于零,$\angle NMT$ 也趋
于零.

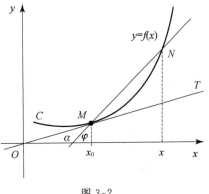

图 3-2

若曲线 C 为函数 $y = f(x)$ 的图形,现求曲线 C 在点
$M(x_0, y_0)$ 的切线方程.

分析 (1) 首先求割线的斜率.为此,在点 M 外另取 C 上的一点 $N(x, y)$,于是割线 MN

的斜率为 $\tan\varphi = \dfrac{y - y_0}{x - x_0} = \dfrac{f(x) - f(x_0)}{x - x_0}$,其中 φ 为割线 MN 关于 x 轴的倾角.

(2) 当点 N 沿曲线 C 趋于点 M 时($x \to x_0$),割线 MN 的斜率趋于 M 点切线的斜率.即当

$x \to x_0$ 时,取上式的极限,若极限存在,设为 k,则 $k = \lim\limits_{x \to x_0} \dfrac{f(x) - f(x_0)}{x - x_0}$ 为曲线 C 在点 M 处切

线的斜率.这里 $k = \tan\alpha$,其中 α 是切线 MT 关于 x 轴的倾角.

结论 于是切线的方程为 $y - y_0 = k(x - x_0)$,其中 $k = \lim\limits_{x \to x_0} \dfrac{f(x) - f(x_0)}{x - x_0}$.

若记函数 $f(x)$ 的自变量的增量为 $\Delta x = x - x_0$,对应函数的增量记为 Δy,即

$$\Delta y = f(x) - f(x_0) = f(x_0 + \Delta x) - f(x_0).$$

因 $x \to x_0$ 相当于 $\Delta x \to 0$,则上极限亦可写为

$$k = \lim_{\Delta x \to 0} \frac{f(x_0 + \Delta x) - f(x_0)}{\Delta x}.$$

总之,无论是物理上、还是几何上讨论的上面两个问题,从抽象的数量关系来看,都归结为
一种具有特定形式的极限

$$\lim_{\Delta x \to 0} \frac{f(x_0 + \Delta x) - f(x_0)}{\Delta x}.$$

这种极限如果存在,我们就称为函数在点 x_0 的导数.除了线密度、切线的斜率外,类似的物理
学问题,如比热、速度、交流电的电流强度、角速度等,经济学中如边际成本、边际收入等也都是
这种类型的极限.

二、导数的概念

1. 导数的定义

定义 1 设函数 $y=f(x)$ 在点 x_0 的某个邻域内有定义,若当自变量在 x_0 处有增量 Δx 时,相应函数的增量 $\Delta y=f(x_0+\Delta x)-f(x_0)$ 与 Δx 之比,当 $\Delta x\rightarrow 0$ 时的极限存在,则称函数 $y=f(x)$ 在点 x_0 处可导(或导数存在),并称这个极限为函数 $y=f(x)$ 在点 x_0 的导数,记为 $y'|_{x=x_0}$,即

$$y'|_{x=x_0}=\lim_{\Delta x\rightarrow 0}\frac{\Delta y}{\Delta x}=\lim_{\Delta x\rightarrow 0}\frac{f(x_0+\Delta x)-f(x_0)}{\Delta x},$$

也可记作 $f'(x_0),\dfrac{\mathrm{d}y}{\mathrm{d}x}|_{x=x_0}$,或 $\dfrac{\mathrm{d}f(x)}{\mathrm{d}x}|_{x=x_0}$.

如果上述极限不存在,就说函数 $y=f(x)$ 在点 x_0 处不可导. 如果不可导的原因是由于 $\Delta x\rightarrow 0$ 时,$\dfrac{\Delta y}{\Delta x}\rightarrow\infty$,这时习惯上也称函数 $y=f(x)$ 在点 x_0 处的导数为无穷大.

很明显,导数的定义中的极限可取不同的形式,常见的有

$$f'(x_0)=\lim_{h\rightarrow 0}\frac{f(x_0+h)-f(x_0)}{h}; \quad f'(x_0)=\lim_{x\rightarrow x_0}\frac{f(x)-f(x_0)}{x-x_0}.$$

由导数的定义,上述问题中细棒在 x_0 的线密度就是质量函数 $m(x)$ 在 x_0 的导数 $m'(x_0)$; 曲线 C 在 x_0 点切线的斜率就是函数 $y=f(x)$ 在点 x_0 的导数 $f'(x_0)$.

如果函数 $y=f(x)$ 在开区间 I 内的每点处都可导,就称函数 $y=f(x)$ 在开区间 I 内可导. 这时,$\forall x\in I$,都对应着 $f(x)$ 的一个确定的导数值. 这样就构成了一个新的函数,这个函数叫做函数 $y=f(x)$ 的**导函数(简称导数)**,即

$$y'=\lim_{\Delta x\rightarrow 0}\frac{f(x+\Delta x)-f(x)}{\Delta x} \quad 或 \quad f'(x)=\lim_{h\rightarrow 0}\frac{f(x+h)-f(x)}{h},$$

记作 $y',f'(x),\dfrac{\mathrm{d}y}{\mathrm{d}x}$ 或 $\dfrac{\mathrm{d}f(x)}{\mathrm{d}x}$.

注意,在以上两式中,虽然 x 可取 I 内的任何值,但在极限过程中,x 是常量,Δx 或 h 是变量.

显然,若函数 $y=f(x)$ 在 I 内可导,则在点 $x_0\in I$ 处的导数 $f'(x_0)$ 就是导函数 $f'(x)$ 在点 $x=x_0$ 处的函数值,即 $f'(x_0)=f'(x)|_{x=x_0}$.

例 1 设 $y=f(x)=x^n$,求 $f'(x)$.

解 由导数的定义:$f'(x)=\lim_{\Delta x\rightarrow 0}\dfrac{\Delta y}{\Delta x}=\lim_{\Delta x\rightarrow 0}\dfrac{(x+\Delta x)^n-x^n}{\Delta x}$

$$=\lim_{\Delta x\rightarrow 0}\frac{\sum_{i=1}^{n}C_n^i(\Delta x)^i x^{n-i}}{\Delta x}=C_n^1 x^{n-1}=nx^{n-1}.$$

一般地,对于幂函数 $y=x^\mu,\mu$ 为常数,有 $(x^\mu)'=\mu x^{\mu-1}$.

例 2 设 $y=f(x)=\sin x$,求 y'.

解 $y'=\lim_{h\rightarrow 0}\dfrac{f(x+h)-f(x)}{h}=\lim_{h\rightarrow 0}\dfrac{\sin(x+h)-\sin x}{h}$

$$=\lim_{h\to 0}\frac{2\cos\left(x+\dfrac{h}{2}\right)\sin\dfrac{h}{2}}{h}=\lim_{h\to 0}\cos\left(x+\frac{h}{2}\right)\lim_{h\to 0}\frac{\sin\dfrac{h}{2}}{\dfrac{h}{2}}$$

$$=\cos x$$

所以 $(\sin x)'=\cos x.$

类似可得 $(\cos x)'=-\sin x,(a^x)'=a^x\ln a,$ 特别地，$(e^x)'=e^x.$

例 3 设 $f(x)=\sqrt[3]{x}$，讨论 $f(x)$ 在 $x=0$ 处是否可导.

解 因 $f'(0)=\lim_{x\to 0}\dfrac{f(x)-f(0)}{x}$

$$=\lim_{x\to 0}\frac{\sqrt[3]{x}-0}{x}=\lim_{x\to 0}\frac{1}{\sqrt[3]{x^2}}=+\infty,$$

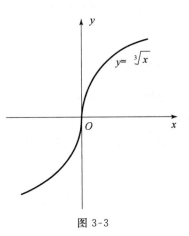

图 3-3

所以 $f(x)=\sqrt[3]{x}$ 在 $x=0$ 处不可导.

几何上（见图 3-3），这时曲线 $f(x)=\sqrt[3]{x}$ 的割线以垂直于 x 轴的直线 $x=0$ 为极限位置，即曲线 $f(x)=\sqrt[3]{x}$ 在点 $(0,0)$ 处具有垂直于 x 轴的切线 $x=0.$

一般地，若函数 $y=f(x)$ 在 x_0 处导数不存在（但非 ∞），则曲线 $f(x)$ 在该点没有切线. 若 $f'(x_0)=\infty$，曲线在 $(x_0,f(x_0))$ 点有竖直切线 $x=x_0.$

例 4 设 $f'(2a)$ 存在，试用导数的定义求极限 $\lim_{x\to a}\dfrac{f(2x)-f(2a)}{x-a}.$

解 $\lim_{x\to a}\dfrac{f(2x)-f(2a)}{x-a}=\lim_{x\to a}\left[2\cdot\dfrac{f(2x)-f(2a)}{2x-2a}\right]$

$$=2\lim_{x\to a}\frac{f(2x)-f(2a)}{2x-2a}=2f'(2a).$$

例 5 讨论 $f(x)=|x|$ 在点 $x=0$ 是否连续，是否可导.

解 因 $f(x)=\begin{cases} x, & x\geqslant 0, \\ -x, & x<0, \end{cases}$ 易知 $f(x)$ 在点 $x=0$ 连续.

又 $\lim_{x\to 0}\dfrac{f(x)-f(0)}{x}=\lim_{x\to 0}\dfrac{|x|}{x},$

而 $\lim_{x\to 0^-}\dfrac{|x|}{x}=-1,\quad \lim_{x\to 0^+}\dfrac{|x|}{x}=1,$

可见 $f(x)$ 在点 $x=0$ 处不可导，在其他点 $f(x)$ 可导且

$$f'(x)=\begin{cases} 1, & x>0, \\ -1, & x<0, \end{cases} \quad 或 \quad f'(x)=\frac{|x|}{x}.$$

2. 左导数和右导数

利用单侧极限可以定义函数的单侧导数，若左极限

$$\lim_{h\to 0^-}\frac{f(x_0+h)-f(x_0)}{h}$$

存在，则称此极限为函数 $f(x)$ 在 x_0 处的**左导数**，记为 $f'_-(x_0).$

同理，可定义**右导数** $f'_+(x_0)=\lim_{h\to 0^+}\dfrac{f(x_0+h)-f(x_0)}{h}.$

利用极限与左、右极限的关系,有

定理 1 $f(x)$ 在 x_0 可导的充要条件是左导数 $f'_-(x_0)$ 和右导数 $f'_+(x_0)$ 都存在且相等.

如果函数 $f(x)$ 在开区间 (a,b) 内可导,且 $f'_+(a)$ 及 $f'_-(b)$ 都存在,则称 $f(x)$ 在闭区间 $[a,b]$ 上可导.

在讨论分段函数与未给出具体数学表达式的抽象函数的可导性时,常需要利用导数(或单侧导数)的定义.

例 6 讨论函数 $f(x)=\begin{cases} x, & x\leqslant 1 \\ \sqrt{x}, & x>1 \end{cases}$ 在 $x=1$ 处的连续性与可导性.

分析 函数 $f(x)$ 在 $x=1$ 处的左、右邻域内表达式不同,因此要分别求左、右极限及左、右导数.

解 因为 $\lim\limits_{x\to 1^-} f(x) = \lim\limits_{x\to 1^-} x = 1$, $\lim\limits_{x\to 1^+} f(x) = \lim\limits_{x\to 1^+} \sqrt{x} = 1$,

即 $$\lim\limits_{x\to 1^-} f(x) = \lim\limits_{x\to 1^+} f(x) = 1 = f(1),$$

所以 $f(x)$ 在 $x=1$ 处连续.

又 $$f'_-(1) = \lim\limits_{x\to 1^-} \frac{f(x)-f(1)}{x-1} = \lim\limits_{x\to 1^-} \frac{x-1}{x-1} = 1,$$

$$f'_+(1) = \lim\limits_{x\to 1^+} \frac{f(x)-f(1)}{x-1} = \lim\limits_{x\to 1^+} \frac{\sqrt{x}-1}{x-1} = \lim\limits_{x\to 1^+} \frac{1}{\sqrt{x}+1} = \frac{1}{2},$$

由于在 $x=1$ 处 $f'_-(1) \neq f'_+(1)$,故 $f(x)$ 在 $x=1$ 处不可导.

3. 可导与连续的关系

连续性与可导性是函数的两个重要性质,由本节例 5 我们知道函数在一点连续并不一定在该点可导.那么反过来函数在一点可导,是否在该点连续呢?下面讨论这个问题.

设函数 $y=f(x)$ 在 x 处可导,即 $\lim\limits_{\Delta x\to 0} \frac{\Delta y}{\Delta x} = f'(x)$.由函数极限与无穷小的关系有

$$\frac{\Delta y}{\Delta x} = f'(x) + \alpha,$$

其中 α 当 $\Delta x \to 0$ 时为无穷小.上式两边同乘以 Δx,得

$$\Delta y = f'(x)\Delta x + \alpha\Delta x,$$

两边取极限,得 $$\lim\limits_{\Delta x\to 0} \Delta y = \lim\limits_{\Delta x\to 0} [f'(x)\Delta x + \alpha\Delta x] = 0.$$

于是,函数 $y=f(x)$ 在 x 处是连续的.即有以下结论:

定理 2 若函数 $y=f(x)$ 在 x 处可导,则函数在 x 点必连续.

因此,连续是可导的必要条件,而非充分条件.若函数在一点不连续,则函数在此点一定不可导.

例 7 设函数 $f(x)=\begin{cases} x\sin\frac{1}{x}, & x\neq 0 \\ 0, & x=0, \end{cases}$ 讨论该函数在 $x=0$ 点的连续性与可导性.

解 因 $\lim\limits_{x\to 0} x\sin\frac{1}{x} = 0 = f(0)$,所以函数在 $x=0$ 点连续.

又 $\frac{f(x)-f(0)}{x-0} = \sin\frac{1}{x}$,而 $\lim\limits_{x\to 0} \sin\frac{1}{x}$ 不存在,所以函数在 $x=0$ 点不可导.

在微积分理论尚不完善的时期,人们普遍认为连续函数除个别点外都是可导的.直到

1872 年,德国数学家魏尔斯特拉斯构造出一个处处连续却处处不可导的例子,震惊了数学界和思想界,这与通常人们基于直观的普遍认识完全背离,不仅表明了数学中构造反例的重要性,更重要的是促进了人们在微积分的研究中从依赖直观转向依赖理性思维,从而极大促进了微积分逻辑基础的创建工作.

4. 导数在科学技术中的含义——变化率

在科技领域中很多重要的量都可以用导数来表示. 为了将导数更广泛地应用于各种不同的领域,需对导数的概念作深入的理解. 首先分析导数概念中 $\frac{\Delta y}{\Delta x}$ 的含义.

$\frac{\Delta y}{\Delta x}$ 是函数 $y = f(x)$ 的改变量 Δy 与自变量的改变量 Δx 之比,它表示 x 改变一个单位长度时函数改变量的大小,反映了 y 随 x 变化的快慢程度,称为 y 在长为 $|\Delta x|$ 的区间上对 x 的**平均变化率**.

若 $y = f(x)$ 是线性函数,即 $y = kx + b$,k, b 为常数,则

$$\frac{\Delta y}{\Delta x} = \frac{k(x_0 + \Delta x) + b - (kx_0 + b)}{\Delta x} = k.$$

因此,线性函数的平均变化率处处相同,是与点 x_0 无关的常数 k. 即线性函数 y 随 x 的变化是均匀的,它的导数就是它的平均变化率.

若 $y = f(x)$ 是非线性函数,则它的平均变化率 $\frac{\Delta y}{\Delta x} = \frac{f(x_0 + \Delta x) - f(x_0)}{\Delta x}$ 不是常数,随 x_0 与 Δx 变化. 因此,非线性函数 y 随 x 的变化是非均匀的. 为了刻画 y 随 x 变化的快慢程度,仅有平均变化率是不够的,因为它仅是该函数在长为 $|\Delta x|$ 的区间上各点变化率的近似值. 所以,令 $\Delta x \to 0$,通过取极限得到的导数 $f'(x_0) = \lim\limits_{\Delta x \to 0} \frac{\Delta y}{\Delta x}$ 才是函数 $y = f(x)$ 在 x_0 的变化率.

由上面的分析得知,**函数在一点的导数就表示它在该点处的变化率**. 因此在各个领域中,凡是研究非均匀变化的量的变化率问题,都需要用导数来解决. 导数在不同学科中的具体含义不尽相同.

例 8(电流强度)　在直流电路中,通过导线截面的电量 $q = q(t)$ 随时间 t 的变化是均匀的,因此单位时间内通过导线的电量 $\frac{\Delta q}{\Delta t}$ 是常数,它就是电流强度. 若电路中的电流是变动的,即电量 $q = q(t)$ 随时间 t 的变化是非均匀的,则 $\frac{\Delta q}{\Delta t} = \frac{q(t_0 + \Delta t) - q(t_0)}{\Delta t}$ 仅表示在 Δt 时间内导线中的平均电流强度. 为了求 t_0 时刻的电流强度 $i(t_0)$,就要求 t_0 时刻的 $q = q(t)$ 对 t 的变化率,所以

$$i(t_0) = \lim\limits_{\Delta t \to 0} \frac{\Delta q}{\Delta t} = \lim\limits_{\Delta t \to 0} \frac{q(t_0 + \Delta t) - q(t_0)}{\Delta t} = q'(t_0).$$

例 9(经济学中的边际分析)　在经济问题中,经济学家常常使用变化率的概念. 例如,设 $C(x)$ 表示生产 x 个产品的总成本,如果成本 $C(x)$ 随产品数量 x 是均匀变化的,则 $\frac{C(x)}{x}$ 就表示生产单位产品所需要的成本. 实际上,影响总成本的因素很多,关系也很复杂,因此 $C(x)$ 一般为非线性函数,产品的总成本 $C(x)$ 是随 x 非均匀变化的. 此时,$\frac{\Delta C(x)}{\Delta x}$ 表示生产 Δx 个产品的平均成本. 为了确定是否要扩大(或缩小)该产品的生产规模,必须确定该产品在任意产量 x_0 的成本,即要求 $C(x)$ 对 x 的变化率

$$\lim_{\Delta x \to 0} \frac{\Delta C(x)}{\Delta x} = \lim_{\Delta x \to 0} \frac{C(x_0 + \Delta x) - C(x_0)}{\Delta x} = C'(x_0).$$

因为实际问题中 Δx 是整数,将其变形如下:由于 $\dfrac{\Delta C}{\Delta x} = C'(x_0) + \alpha$,其中 α 为 $\Delta x \to 0$ 时的无穷小量,因此有近似关系 $\dfrac{\Delta C}{\Delta x} \approx C'(x_0)$. 其经济学意义为:当产量达到 x_0 时,若增减一个单位产品,成本将相应(近似)增减 $C'(x_0)$ 个单位. $C'(x_0)$ 称为成本函数 $C(x)$ 在 x_0 点的边际函数值,$C'(x)$ 称为成本函数 $C(x)$ 的边际成本(函数).

对于不同的经济函数,如收益函数 $R(x)$ 与利润函数 $L(x)$ 的导数 $R'(x)$ 与 $L'(x)$ 分别称为边际收益与边际利润. 其经济学意义请读者自行给出.

习 题 一

1. 当物体的温度高于周围介质的温度时,物体就不断被冷却. 若物体的温度 T 与时间 t 的函数关系为 $T = T(t)$,应怎样确定该物体在时刻 t 的冷却速度?

2. 用导数的定义求下列函数的导数:

(1) $f(x) = \cos x$;
(2) $f(x) = \ln x$.

3. 设 $f(x)$ 可导,求下列极限:

(1) $\lim\limits_{n \to \infty} n\left[f\left(a + \dfrac{1}{n}\right) - f(a) \right]$;
(2) $\lim\limits_{h \to 0} \dfrac{f(a+h) - f(a-h)}{h}$;

(3) $\lim\limits_{x \to a} \dfrac{af(x) - xf(a)}{x - a}$;
(4) $\lim\limits_{x \to 0} \dfrac{f(1) - f(1 - \sin x)}{x}$.

4. (1) $f(x) = \begin{cases} x^2 \sin \dfrac{1}{x}, & x \neq 0, \\ 0, & x = 0, \end{cases}$ 求 $f'(0)$;

(2) $f(x) = x|x|$,求 $f'(0)$;

(3) 设 $f(x) = x(x-1)(x-2)\cdots(x-100)$,求 $f'(0)$;

(4) 设 $f(x) = x + (x-1)\arcsin\sqrt{\dfrac{x}{1+x}}$,求 $f'(1)$.

5. 已知物体的运动规律为 $s = 2t^3$ m,求此物体在 $t = 2$ s 时的速度.

6. 求曲线 $y = \cos x$ 上点 $\left(\dfrac{\pi}{3}, \dfrac{1}{2}\right)$ 处的切线方程及法线方程.

7. 讨论函数 $f(x) = \begin{cases} x, & x \geqslant 0, \\ \dfrac{1}{3}x^3, & x < 0 \end{cases}$ 在 $x = 0$ 点的连续性与可导性.

8. 设 $f(x) = \begin{cases} x^2, & x \leqslant 1, \\ ax + b, & x > 1, \end{cases}$ 试确定 a, b 的值,使 $f(x)$ 在 $x = 1$ 处可导.

9. 设 $f(x)$ 在 $x = 1$ 处连续,且 $\lim\limits_{x \to 1} \dfrac{f(x)}{x-1} = 2$,求 $f(1)$ 及 $f'(1)$.

10. 设 $f(x)$ 为偶函数,且 $f'(0)$ 存在,证明 $f'(0) = 0$.

11. 设 $\varphi(x)$ 在 $x = a$ 处连续,$f(x) = (x-a)\varphi(x)$,证明 $f(x)$ 在 $x = a$ 处可导;若 $g(x) =$

$|x-a|\varphi(x)$，函数 $g(x)$ 在 $x=a$ 处是否可导？

12. 设非零函数 $f(x)$ 在区间 $(-\infty,+\infty)$ 上有定义，在 $x=0$ 处可导，$f'(0)=a(a\neq0)$，且 $\forall x,y$ 有 $f(x+y)=f(x)f(y)$，证明 $f'(x)=af(x)$.

13. 已知曲线 $y=ax^2$ 与曲线 $y=\ln x$ 相切，求公切线的方程.

14. 设 $f(x)$ 是在 $(0,+\infty)$ 上定义的函数，满足 $f(xy)=yf(x)+xf(y)$，且在 $x=1$ 可导，证明 $f(x)$ 在 $(0,+\infty)$ 处处可导，且 $f'(x)=\dfrac{f(x)}{x}+f'(1)$.

第二节　函数的求导法则

前面我们根据导数的定义，求出了一些简单函数的导数. 但是，对于比较复杂的函数，直接根据定义求它们的导数往往很困难. 在本节中，我们将介绍求导数的几个基本法则和基本初等函数的导数公式. 借助于这些法则和公式，就能比较方便地求出常见的函数——初等函数的导数.

一、导数的四则运算法则

定理 1　设两个函数 $u(x)$ 与 $v(x)$ 在点 x 处均可导，则它们的和、差、积、商（分母不为零）在点 x 处可导，且

(1) $[u(x)\pm v(x)]'=u'(x)\pm v'(x)$；

(2) $[u(x)v(x)]'=u'(x)v(x)+u(x)v'(x)$，特别地，$[Cu(x)]'=Cu'(x)$；

(3) $\left[\dfrac{u(x)}{v(x)}\right]'=\dfrac{u'(x)v(x)-u(x)v'(x)}{v^2(x)}$，$v(x)\neq0$，特别地，$\left[\dfrac{1}{v(x)}\right]'=-\dfrac{v'(x)}{v^2(x)}$.

以上结果可分别简单地写成

(1) $(u\pm v)'=u'\pm v'$；

(2) $(uv)'=u'v+uv'$；

(3) $\left(\dfrac{u}{v}\right)'=\dfrac{u'v-uv'}{v^2}$.

证　仅证公式(2).

设 $f(x)=u(x)v(x)$，则由导数的定义有

$$f'(x)=\lim_{h\to0}\frac{f(x+h)-f(x)}{h}$$

$$=\lim_{h\to0}\frac{u(x+h)v(x+h)-u(x)v(x)}{h}$$

$$=\lim_{h\to0}\frac{1}{h}[u(x+h)v(x+h)-u(x)v(x+h)+u(x)v(x+h)-u(x)v(x)]$$

$$=\lim_{h\to0}\left[\frac{u(x+h)-u(x)}{h}v(x+h)+u(x)\frac{v(x+h)-v(x)}{h}\right]$$

$$=\lim_{h\to0}\frac{u(x+h)-u(x)}{h}\lim_{x\to h}v(x+h)+u(x)\lim_{h\to0}\frac{v(x+h)-v(x)}{h}$$

$$=u'(x)v(x)+u(x)v'(x),$$

其中 $\lim\limits_{h\to 0}v(x+h)=v(x)$ 是由于 $v'(x)$ 存在,故 $v(x)$ 在点 x 连续. 于是 $f(x)$ 在 x 处可导,且

$$[u(x)v(x)]'=u'(x)v(x)+u(x)v'(x).$$

函数"和"与"积"的求导法则可以推广到任意有限项的情形,请读者推出公式,并且容易得到导数运算的线性法则

$$(\alpha u\pm\beta v)'=\alpha u'\pm\beta v'.$$

例 1 设 $y=2^x-\dfrac{1}{x^3}+\sqrt{x}\ln x$,求 y'.

解
$$y'=(2^x)'-\left(\frac{1}{x^3}\right)'+(\sqrt{x}\ln x)'=2^x\ln 2+4\,\frac{1}{x^4}+(\sqrt{x})'\ln x+\sqrt{x}(\ln x)'$$

$$=2^x\ln 2+\frac{4}{x^4}+\frac{\ln x}{2\sqrt{x}}+\frac{1}{\sqrt{x}}.$$

例 2 设 $y=\sec x$,求 y'.

解
$$y'=\left(\frac{1}{\cos x}\right)'=\frac{(1)'\cdot\cos x-1\cdot(\cos x)'}{\cos^2 x}$$

$$=\frac{\sin x}{\cos^2 x}=\tan x\sec x,$$

所以
$$(\sec x)'=\tan x\sec x.$$

类似可得 $(\csc x)'=-\cot x\csc x,\quad (\tan x)'=\sec^2 x,\quad (\cot x)'=-\csc^2 x.$

例 3 设 $y=2^x\sec x+\dfrac{\cot x}{x^2}$,求 y'.

解
$$y'=(2^x\sec x)'+\left(\frac{\cot x}{x^2}\right)'$$

$$=2^x\ln 2\cdot\sec x+2^x\sec x\tan x+\frac{(-\csc^2 x)\cdot x^2-(\cot x)\cdot 2x}{x^4}$$

$$=2^x\sec x(\ln 2+\tan x)-\frac{x\csc^2 x+2\cot x}{x^3}.$$

二、反函数与复合函数求导法

1. 反函数求导法

定理 2(反函数求导法则) 若函数 $x=\varphi(y)$ 在某区间 I_y 内单调、可导且与 $y=f(x)$ 互为反函数,$\varphi'(y)\neq 0$,则 $y=f(x)$ 在对应的区间 $I_x=\{x\mid x=\varphi(y),y\in I_y\}$ 内也可导,且

$$f'(x)=\frac{1}{\varphi'(y)}\quad \text{或}\quad \frac{\mathrm{d}y}{\mathrm{d}x}=\frac{1}{\dfrac{\mathrm{d}x}{\mathrm{d}y}}.$$

即反函数的导数等于直接函数导数的倒数.

证 任取 $x\in I_x$,x 的增量为 $\Delta x(\Delta x\neq 0,x+\Delta x\in I_x)$. 因 $x=\varphi(y)$ 在 I_y 内单调、连续,所以 $y=f(x)$ 存在,且在 I_x 内单调、连续. 由 $y=f(x)$ 的单调性可知

$$\Delta y=f(x+\Delta x)-f(x)\neq 0,$$

于是有
$$\frac{\Delta y}{\Delta x}=\frac{1}{\dfrac{\Delta x}{\Delta y}}.$$

因 $y=f(x)$ 连续,故当 $\Delta x\to 0$ 时,必有 $\Delta y\to 0$,则

$$\lim_{\Delta x \to 0} \frac{\Delta y}{\Delta x} = \lim_{\Delta y \to 0} \frac{1}{\frac{\Delta x}{\Delta y}} = \frac{1}{\lim_{\Delta y \to 0} \frac{\Delta x}{\Delta y}} = \frac{1}{\varphi'(y)}, \quad \varphi'(y) \neq 0,$$

即

$$f'(x) = \frac{1}{\varphi'(y)}.$$

例 4 设 $y = \arcsin x$，求 y'.

解 $y = \arcsin x$ 为函数 $x = \sin y$ 的反函数，而 $x = \sin y$ 在 $y \in \left(-\frac{\pi}{2}, \frac{\pi}{2}\right)$ 内单调、可导，所以

$$y' = \frac{dy}{dx} = \frac{1}{\frac{dx}{dy}} = \frac{1}{\cos y} = \frac{1}{\sqrt{1 - \sin^2 y}} = \frac{1}{\sqrt{1 - x^2}},$$

即

$$(\arcsin x)' = \frac{1}{\sqrt{1 - x^2}}.$$

同理可得 $(\arccos x)' = -\dfrac{1}{\sqrt{1 - x^2}}$； $(\arctan x)' = \dfrac{1}{1 + x^2}$； $(\text{arccot } x)' = -\dfrac{1}{1 + x^2}$.

例 5 求对数函数 $y = \log_a x$ 的导数.

解 由于对数函数 $y = \log_a x$ 的直接函数 $x = a^y$ 是单调可导的，且 $x' = a^y \ln a \neq 0$，因此对数函数 $y = \log_a x$ 可导，且

$$(\log_a x)' = \frac{1}{a^y \ln a} = \frac{1}{x \ln a},$$

于是

$$(\log_a x)' = \frac{1}{x \ln a}.$$

特别地，

$$(\ln x)' = \frac{1}{x}.$$

2. 复合函数求导法

定理 3（链式法则） 若 $u = \varphi(x)$ 在 x 处可导，而 $y = f(u)$ 在与 x 相对应的 u 处可导，则复合函数 $y = f[\varphi(x)]$ 在点 x 可导，且

$$\frac{dy}{dx} = f'(u)\varphi'(x) \quad \text{或} \quad \frac{dy}{dx} = \frac{dy}{du} \cdot \frac{du}{dx}.$$

简述为：复合函数 y 的导数等于 y 关于中间变量 u 的导数与中间变量 u 关于自变量 x 的导数的乘积.

证 由于 $y = f(u)$ 在点 u 可导，因此 $\lim\limits_{\Delta u \to 0} \dfrac{\Delta y}{\Delta u} = f'(u)$ 存在，于是根据函数极限与无穷小的关系有

$$\frac{\Delta y}{\Delta u} = f'(u) + \alpha,$$

其中 α 是 $\Delta u \to 0$ 时的无穷小. 上式中 $\Delta u \neq 0$，用 Δu 乘上式两边，得

$$\Delta y = f'(u) \Delta u + \alpha \Delta u, \tag{3-1}$$

当 $\Delta u = 0$ 时，规定 $\alpha = 0$，这时因 $\Delta y = f(u + \Delta u) - f(u) = 0$，而式（3-1）右端亦为零，故式（3-1）对 $\Delta u = 0$ 也成立.

用 $\Delta x \neq 0$ 除式（3-1）两边，得

$$\frac{\Delta y}{\Delta x} = f'(u)\frac{\Delta u}{\Delta x} + \alpha \frac{\Delta u}{\Delta x},$$

于是
$$\lim_{\Delta x \to 0}\frac{\Delta y}{\Delta x} = \lim_{\Delta x \to 0}\left[f'(u)\frac{\Delta u}{\Delta x} + \alpha \frac{\Delta u}{\Delta x}\right].$$

根据函数在某点可导必在该点连续的性质知，当 $\Delta x \to 0$ 时，$\Delta u \to 0$，从而有 $\lim\limits_{\Delta x \to 0}\alpha = \lim\limits_{\Delta u \to 0}\alpha = 0$.

又因 $u = \varphi(x)$ 在点 x 可导，有 $\lim\limits_{\Delta x \to 0}\frac{\Delta u}{\Delta x} = \varphi'(x)$，故复合函数 $y = f[\varphi(x)]$ 在点 x 可导，且

$$\frac{\mathrm{d}y}{\mathrm{d}x} = f'(u)\varphi'(x).$$

例 6　设 $y = (x^3 + 2)^4$，求 $\frac{\mathrm{d}y}{\mathrm{d}x}$.

解　设 $u = x^3 + 2$，则 $y = u^4$，所以

$$\frac{\mathrm{d}y}{\mathrm{d}x} = \frac{\mathrm{d}y}{\mathrm{d}u} \cdot \frac{\mathrm{d}u}{\mathrm{d}x} = 4u^3 \cdot 3x^2 = 12x^2(x^3 + 2)^3.$$

例 7　设 $y = \ln\tan x$，求 $\frac{\mathrm{d}y}{\mathrm{d}x}$.

解　设 $u = \tan x$，则 $y = \ln u$，所以

$$\frac{\mathrm{d}y}{\mathrm{d}x} = \frac{\mathrm{d}y}{\mathrm{d}u} \cdot \frac{\mathrm{d}u}{\mathrm{d}x} = \frac{1}{u} \cdot \sec^2 x = \cot x \sec^2 x = 2\csc 2x.$$

复合函数的求导法则可以推广到多个中间变量的情形. 如设 $y = f(u), u = \varphi(v), v = \psi(x)$，则复合函数 $y = f\{\varphi[\psi(x)]\}$ 的导数为

$$\frac{\mathrm{d}y}{\mathrm{d}x} = \frac{\mathrm{d}y}{\mathrm{d}u} \cdot \frac{\mathrm{d}u}{\mathrm{d}v} \cdot \frac{\mathrm{d}v}{\mathrm{d}x}.$$

当然，这里假定上式右端所出现的导数在相应点处都存在.

例 8　设 $y = \arcsin\sqrt{x^2 - 1}$，求 $\frac{\mathrm{d}y}{\mathrm{d}x}$.

解　设 $y = \arcsin u, u = \sqrt{v}, v = x^2 - 1$，于是

$$\frac{\mathrm{d}y}{\mathrm{d}x} = \frac{\mathrm{d}y}{\mathrm{d}u} \cdot \frac{\mathrm{d}u}{\mathrm{d}v} \cdot \frac{\mathrm{d}v}{\mathrm{d}x} = \frac{1}{\sqrt{1-u^2}} \cdot \frac{1}{2\sqrt{v}} \cdot 2x$$

$$= \frac{1}{\sqrt{1-(x^2-1)}}\frac{1}{\sqrt{x^2-1}}x = \frac{x}{\sqrt{2-x^2}\sqrt{x^2-1}}.$$

从以上例子可以看出，应用复合函数求导法则时，首先要分析所给的函数是由哪些函数复合而成，以及复合的层次，特别是对于由多个中间变量复合而成的复合函数（也即多层复合函数）求导时，要由外层向内层逐层求导，直到最后对自变量求导为止，不能遗漏，也不要重复. 复合函数的求导法则是以后学习的基础，请读者多做练习牢固掌握.

对复合函数的求导比较熟练后，可不必再写出中间变量，而采用下面例子的写法逐层求导.

例 9　设 $y = \ln\cos(\mathrm{e}^x)$，求 $\frac{\mathrm{d}y}{\mathrm{d}x}$.

解　$\frac{\mathrm{d}y}{\mathrm{d}x} = \frac{1}{\cos \mathrm{e}^x}(\cos \mathrm{e}^x)' = \frac{1}{\cos \mathrm{e}^x}(-\sin \mathrm{e}^x)(\mathrm{e}^x)'$

$$= (-\tan \mathrm{e}^x)\mathrm{e}^x = -\mathrm{e}^x \tan \mathrm{e}^x.$$

例 10 已知 $y=f(3x^3+2x+1)$，其中 f 为可导函数，求 $\dfrac{\mathrm{d}y}{\mathrm{d}x}$.

解 设 $u=3x^3+2x+1$，则

$$\frac{\mathrm{d}y}{\mathrm{d}x}=\frac{\mathrm{d}y}{\mathrm{d}u}\cdot\frac{\mathrm{d}u}{\mathrm{d}x}=f'(u)\cdot(3x^3+2x+1)'=f'(u)(9x^2+2)$$

$$=(9x^2+2)f'(3x^3+2x+1).$$

注意 $f'(3x^3+2x+1)$ 表示对中间变量 $u=3x^3+2x+1$ 求导数.

三、导数基本公式及例题

(1) $(C)'=0$; (2) $(x^\mu)'=\mu x^{\mu-1}$;

(3) $(\sin x)'=\cos x$; (4) $(\cos x)'=-\sin x$;

(5) $(\tan x)'=\sec^2 x$; (6) $(\cot x)'=-\csc^2 x$;

(7) $(\sec x)'=\sec x\tan x$; (8) $(\csc x)'=-\csc x\cot x$;

(9) $(a^x)'=a^x\ln a$; (10) $(\mathrm{e}^x)'=\mathrm{e}^x$;

(11) $(\log_a x)'=\dfrac{1}{x\ln a}$; (12) $(\ln x)'=\dfrac{1}{x}$;

(13) $(\arcsin x)'=\dfrac{1}{\sqrt{1-x^2}}$; (14) $(\arccos x)'=-\dfrac{1}{\sqrt{1-x^2}}$;

(15) $(\arctan x)'=\dfrac{1}{1+x^2}$; (16) $(\operatorname{arccot} x)'=-\dfrac{1}{1+x^2}$;

(17) $(\operatorname{sh} x)'=\operatorname{ch} x$; (18) $(\operatorname{ch} x)'=\operatorname{sh} x$.

由于初等函数是由基本初等函数经过有限次四则运算及有限次复合以后的结果，而基本初等函数的导数都是初等函数，综合运用导数的运算法则，我们得到这样的结论：可导初等函数的导数仍是初等函数.

例 11 设 $f(x),g(x)$ 均可导，且 $f^2(x)+g^2(x)\neq 0$，求 $y=\sqrt{f^2(x)+g^2(x)}$ 的导数.

解 $y'=\left(\sqrt{f^2(x)+g^2(x)}\right)'=\dfrac{1}{2\sqrt{f^2(x)+g^2(x)}}(f^2(x)+g^2(x))'$

$$=\frac{1}{2\sqrt{f^2(x)+g^2(x)}}[2f(x)f'(x)+2g(x)g'(x)]$$

$$=\frac{f(x)f'(x)+g(x)g'(x)}{\sqrt{f^2(x)+g^2(x)}}.$$

例 12 讨论下列函数的连续性和可导性，并求出导函数：

(1) $h(x)=\begin{cases} x, & x\leqslant 1, \\ 2\sqrt{x}, & x>1; \end{cases}$

(2) $f(x)=\begin{cases} |x|\arctan\dfrac{1}{x}, & x\neq 0, \\ 0, & x=0, \end{cases}$ 并讨论 $f'(x)$ 的连续性.

解 (1) 当 $x=1$ 时，因为

$$\lim_{x\to 1^-}h(x)=\lim_{x\to 1^-}x=1,$$

$$\lim_{x \to 1^+} h(x) = \lim_{x \to 1^+} 2\sqrt{x} = 2,$$

可见
$$\lim_{x \to 1^-} h(x) \neq \lim_{x \to 1^+} h(x),$$

所以 $\lim\limits_{x \to 1} h(x)$ 不存在,故 $h(x)$ 在 $x=1$ 处不连续,从而亦不可导.

在区间 $(-\infty, 1)$ 及 $(1, +\infty)$ 上,由于函数分别都是初等函数,所以函数在相应定义区间上连续,且

$$h'(x) = \begin{cases} 1, & x < 1, \\ \dfrac{1}{\sqrt{x}}, & x > 1. \end{cases}$$

(2) 因为 $\lim\limits_{x \to 0} f(x) = \lim\limits_{x \to 0} |x| \arctan \dfrac{1}{x} = 0$,所以 $f(x)$ 在 $x=0$ 处连续,在其他点上由于 $f(x) = |x| \arctan \dfrac{1}{x}$ 为初等函数,所以在定义区间上连续,故 $f(x)$ 在 $(-\infty, +\infty)$ 上连续.

当 $x \neq 0$ 时,$f'(x) = \left(|x| \arctan \dfrac{1}{x} \right)' = \dfrac{|x|}{x} \arctan \dfrac{1}{x} + |x| \dfrac{1}{1 + \left(\dfrac{1}{x} \right)^2} \left(-\dfrac{1}{x^2} \right)$

$$= \dfrac{|x|}{x} \arctan \dfrac{1}{x} - \dfrac{|x|}{x^2 + 1},$$

当 $x=0$ 时,$f'_-(0) = \lim\limits_{x \to 0^-} \dfrac{f(x) - f(0)}{x} = \lim\limits_{x \to 0^-} \dfrac{-x \arctan \dfrac{1}{x} - 0}{x} = -\left(-\dfrac{\pi}{2} \right) = \dfrac{\pi}{2},$

$$f'_+(0) = \lim\limits_{x \to 0^+} \dfrac{f(x) - f(0)}{x} = \lim\limits_{x \to 0^+} \dfrac{x \arctan \dfrac{1}{x} - 0}{x} = \dfrac{\pi}{2},$$

所以 $f(x)$ 在 $x=0$ 处可导,且 $f'(0) = \dfrac{\pi}{2}$. 于是

$$f'(x) = \begin{cases} \dfrac{|x|}{x} \arctan \dfrac{1}{x} - \dfrac{|x|}{x^2 + 1}, & x \neq 0, \\ \dfrac{\pi}{2}, & x = 0. \end{cases}$$

当 $x \neq 0$ 时,$f'(x) = \dfrac{|x|}{x} \arctan \dfrac{1}{x} - \dfrac{|x|}{x^2 + 1}$ 为初等函数,故 $f'(x)$ 连续.

当 $x=0$ 时,由于

$$\lim_{x \to 0^+} f'(x) = \lim_{x \to 0^+} \left(\dfrac{|x|}{x} \arctan \dfrac{1}{x} - \dfrac{|x|}{x^2 + 1} \right) = \lim_{x \to 0^+} \arctan \dfrac{1}{x} - \lim_{x \to 0^+} \dfrac{x}{x^2 + 1} = \dfrac{\pi}{2},$$

$$\lim_{x \to 0^-} f'(x) = \lim_{x \to 0^-} \left(-\arctan \dfrac{1}{x} + \dfrac{x}{x^2 + 1} \right) = -\left(-\dfrac{\pi}{2} \right) = \dfrac{\pi}{2},$$

所以 $f'(x)$ 在 $x=0$ 连续,于是 $f'(x)$ 在 $(-\infty, +\infty)$ 上连续.

例 13 设总成本函数 $C(x) = 1\,100 + \dfrac{1}{1\,200} x^2$,求边际成本函数及 $x=900$ 时的总成本、平均成本及边际成本,并解释此时边际成本值的经济意义.

解 边际成本函数为 $C'(x) = \left(1\,100 + \dfrac{1}{1\,200} x^2 \right)' = \dfrac{x}{600}.$

$x=900$ 时的总成本为

$$C(900)=(1\,100+\frac{1}{1\,200}x^2)\mid_{x=900}=1\,775,$$

平均成本为
$$\overline{C}(900)=\frac{C(x)}{x}\mid_{x=900}=\frac{1775}{900}\approx1.97,$$

边际成本为 $C'(900)=\dfrac{900}{600}=1.5$,这表明在生产 900 个产品时,再生产一个单位产品所需成本增加 1.5 个单位.

一般情况下,总成本由固定成本 C_0 和可变成本 $C_1(x)$ 构成,即 $C=C(x)=C_0+C_1(x)$,于是边际成本 $C'(x)=C'_1(x)$,可见,边际成本与固定成本无关.

例 14 设某产品的价格函数 $P(x)=10-\dfrac{1}{5}x$,求销售量为 30 个单位时的总收益、平均收益及边际收益,并解释此时边际成本值的经济意义.

解 总收益函数为
$$R(x)=xP(x)=10x-\frac{x^2}{5},$$

边际收益函数为
$$R'(x)=[xP(x)]'=10-\frac{2x}{5},$$

$x=30$ 时的总收益为
$$R(30)=(10x-\frac{x^2}{5})\mid_{x=30}=120,$$

平均收益为
$$\overline{R}(30)=\frac{R(x)}{x}\mid_{x=30}=(10-\frac{x}{5})\mid_{x=30}=4,$$

边际收益为 $R'(30)=(10-\dfrac{2x}{5})\mid_{x=30}=-2$,这表明在销售 30 个产品时,再销售一个单位产品所得收益减少 2 个单位.

一般情况下,销售 x 单位产品的总收益为销售量 x 与销售价格 $P(x)$ 之积,即 $R=R(x)=xP(x)$,于是边际收益 $R'(x)=[xP(x)]'=P(x)+xP'(x)$. 可见,如果销售价格与销售量无关,即销售价格是常数,则边际收益就等于价格.

习 题 二

1. 判断下列叙述是否正确,正确的请给出证明,不正确的给出反例:

(1) 初等函数在其定义区间内必可导;

(2) 曲线 $y=f(x)$ 在 $(x_0,f(x_0))$ 处有切线,则 $f'(x_0)$ 一定存在;

(3) 可导初等函数的导函数仍是初等函数;

(4) 若 $f(x)$ 在 x_0 处可导,$f(x)$ 在 x_0 处不可导,则 $f(x)+g(x)$ 在 x_0 处必不可导;

(5) 若 $f(x)$ 和 $g(x)$ 在 x_0 处都不可导,则 $f(x)+g(x)$,$f(x)g(x)$ 在 x_0 处也不可导.

2. 下面对分段函数求导数的方法是否正确:

因为 $f(x)=\begin{cases}e^x, & x\geqslant0,\\ \sin x, & x<0,\end{cases}$ 所以 $f'(x)=\begin{cases}e^x, & x\geqslant0,\\ \cos x, & x<0.\end{cases}$

3. 求下列各函数的导数:

(1) $y=\dfrac{1}{x+\cos x}$;

(2) $y=\left(x-\dfrac{1}{x}\right)\left(x^2-\dfrac{1}{x^2}\right)$;

(3) $y = x\ln x + \dfrac{\ln x}{x}$; (4) $y = \mathrm{e}^x\cos x\ln x$;

(5) $y = 2^x\tan x + \dfrac{\sin x}{x} + \mathrm{e}^2$; (6) $y = 10^x\ln x\lg x$.

4. 证明 $(\ln|x|)' = \dfrac{1}{x}$ $(x \neq 0)$.

5. 用复合函数求导法求下列函数的导数:

(1) $y = \sqrt{1+x^2}$; (2) $y = \ln\sec x$;

(3) $y = \arcsin 2^x$; (4) $y = (\cos\dfrac{x}{2} - \sin\dfrac{x}{2})^2$;

(5) $y = 10^{x\tan x}$; (6) $y = \log_3(x^2 - \sin x)$;

(7) $y = \ln\tan\dfrac{x}{2}$; (8) $w = \cos\left[\dfrac{1-\sqrt{x}}{1+\sqrt{x}}\right]$;

(9) $\rho = \theta^2 + \ln[\cos^2(\tan 3\theta)]$; (10) $y = \sqrt{x + \sqrt{x + \sqrt{x}}}$;

(11) $y = \arcsin\sqrt{\dfrac{1-x}{1+x}}$; (12) $y = x^{2x} + (2x)^{\frac{1}{x}}$.

6. 设 $f(x), g(x)$ 为可导函数,求 $\dfrac{\mathrm{d}y}{\mathrm{d}x}$.

(1) $y = f(x^3)$; (2) $y = f(\mathrm{e}^{-x})$;

(3) $y = f(\sin^2 x) + f(\cos^2 x)$; (4) $y = \ln[1 + \mathrm{e}^{f(x)}]$;

(5) $y = f\left[g^2(x) - \dfrac{1}{x}\right]$; (6) $y = a^{f(\sin^2(\frac{\pi}{2} - 2x))}$ $(a>0, a\neq 1)$.

7. (1) 设 $f(1-x) = x\mathrm{e}^{-x}$,且 $f(x)$ 可导,求 $f'(x)$;

(2) 设可导函数 $f(x)$ 满足方程 $f(x) + 2f\left(\dfrac{1}{x}\right) = \dfrac{3}{x}$,求 $f'(x)$.

8. 设 $y = \ln(x+1) + \mathrm{e}^{2x}$ 的反函数为 $x = g(y)$,求 $g'(1)$.

9. 设 $f(t) = \lim_{x\to\infty} t\left(1 + \dfrac{1}{x}\right)^{2tx}$,求 $f'(t)$.

10. 讨论下列函数的连续性与可导性,并求出 $f'(x)$.

(1) $f(x) = \begin{cases} x^2\sin\dfrac{1}{x}, & x\neq 0, \\ 0, & x=0; \end{cases}$ (2) $f(x) = \begin{cases} 2x, & 0<x\leqslant 1, \\ x^2+1, & 1<x<2; \end{cases}$

(3) $f(x) = \begin{cases} 2\tan x+1, & x<0, \\ \mathrm{e}^x, & x\geqslant 0; \end{cases}$ (4) $f(x) = \begin{cases} \dfrac{x}{1+\mathrm{e}^{\frac{1}{x}}}, & x\neq 0, \\ 0, & x=0. \end{cases}$

第三节 高 阶 导 数

若将 $f'(x)$ 称为函数 $y = f(x)$ 的一阶导数,而 $f'(x)$ 在 x 仍可导,则称一阶导数的导数为二阶导数,记为 $\dfrac{\mathrm{d}^2 y}{\mathrm{d}x^2} = \dfrac{\mathrm{d}}{\mathrm{d}x}\left(\dfrac{\mathrm{d}y}{\mathrm{d}x}\right)$ 或 $\dfrac{\mathrm{d}^2 f}{\mathrm{d}x^2}$. 类似地,二阶导数的导数称为三阶导数,$\cdots$,一般地,$n-1$

阶导数的导数称为 n 阶导数,分别记作 y''',$y^{(4)}$,$\cdots$,$y^{(n)}$ 或 $\dfrac{\mathrm{d}^3 y}{\mathrm{d}x^3}$,$\dfrac{\mathrm{d}^4 y}{\mathrm{d}x^4}$,$\cdots$,$\dfrac{\mathrm{d}^n y}{\mathrm{d}x^n}$. 即

$$\frac{\mathrm{d}^2 y}{\mathrm{d}x^2}=\lim_{\Delta x \to 0}\frac{f'(x+\Delta x)-f'(x)}{\Delta x}, \quad \frac{\mathrm{d}^3 y}{\mathrm{d}x^3}=\lim_{\Delta x \to 0}\frac{f''(x+\Delta x)-f''(x)}{\Delta x},\cdots,$$

$$\frac{\mathrm{d}^n y}{\mathrm{d}x^n}=\lim_{\Delta x \to 0}\frac{f^{(n-1)}(x+\Delta x)-f^{(n-1)}(x)}{\Delta x}.$$

若函数 $y=f(x)$ 在 x 点具有 n 阶导数,那么 $f(x)$ 在点 x 的某一邻域内必有低于 n 阶的导函数. 二阶及二阶以上的导数统称为**高阶导数**. $f(x)$ 本身又常称为 0 阶导数.

我们知道,变速直线运动的速度 $v(t)$ 是位置函数 $s(t)$ 的一阶导数,而加速度 a 又是速度 v 对时间 t 的变化率,即速度 v 对时间 t 的导数:

$$a=\frac{\mathrm{d}v}{\mathrm{d}t}=\frac{\mathrm{d}}{\mathrm{d}t}\left(\frac{\mathrm{d}s}{\mathrm{d}t}\right)=\frac{\mathrm{d}^2 s}{\mathrm{d}t^2}.$$

所以,动点变速直线运动的加速度就是位置函数 s 对时间 t 的二阶导数.

由高阶导数的定义可知,求高阶导数就是接连多次地应用求一阶导数的方法. 所以,仍可用前面学过的方法来计算高阶导数.

例 1　设 $y=\dfrac{2+3x}{1+x}$,求 y'' 及 $y''(0)$.

解　因
$$y=\frac{2+3x}{1+x}=3-\frac{1}{1+x},$$

所以
$$y'=\frac{1}{(1+x)^2},y''=(y')'=\left[\frac{1}{(1+x)^2}\right]'=\frac{-2}{(1+x)^3},$$

于是
$$y''(0)=-2.$$

例 2　设 $y=f(\ln x)$,其中 $f(x)$ 的二阶导数存在,求 y''.

解　由复合函数导数的链式法则,有

$$y'=f'(\ln x)(\ln x)'=f'(\ln x)\cdot\frac{1}{x}=\frac{f'(\ln x)}{x},$$

$$y''=\left(\frac{1}{x}\right)'f'(\ln x)+\frac{1}{x}[f'(\ln x)]'$$

$$=-\frac{1}{x^2}f'(\ln x)+\frac{1}{x}f''(\ln x)(\ln x)'$$

$$=-\frac{1}{x^2}f'(\ln x)+\frac{1}{x^2}f''(\ln x)$$

$$=\frac{1}{x^2}[f''(\ln x)-f'(\ln x)].$$

例 3　设 $y=x^\mu$,μ 为任意实数,求 $y^{(n)}$.

解　$y'=\mu x^{\mu-1}$,$y''=\mu(\mu-1)x^{\mu-2}$,$\cdots$,$y^{(n)}=\mu(\mu-1)(\mu-2)\cdots(\mu-n+1)x^{\mu-n}$,

所以
$$(x^\mu)^{(n)}=\mu(\mu-1)(\mu-2)\cdots(\mu-n+1)x^{\mu-n}.$$

特别地,当 $\mu=n$ 时,
$$(x^n)^{(n)}=n!,(x^n)^{(n+1)}=0.$$

例 4　设 $y=\sin x$,求 $y^{(n)}$.

解
$$y'=(\sin x)'=\cos x=\sin\left(x+\frac{\pi}{2}\right),$$

$$y'' = \left[\sin\left(x + \frac{\pi}{2}\right)\right]' = \cos\left(x + \frac{\pi}{2}\right) = \sin\left(x + 2 \cdot \frac{\pi}{2}\right),$$

$$y''' = \left[\sin\left(x + 2 \cdot \frac{\pi}{2}\right)\right]' = \cos\left(x + 2 \cdot \frac{\pi}{2}\right) = \sin\left(x + 3 \cdot \frac{\pi}{2}\right),$$

$$\vdots$$

$$y^{(n)} = (\sin x)^{(n)} = \left[\sin\left(x + (n-1) \cdot \frac{\pi}{2}\right)\right]'$$

$$= \cos\left(x + (n-1) \cdot \frac{\pi}{2}\right) = \sin\left(x + n \cdot \frac{\pi}{2}\right),$$

所以
$$(\sin x)^{(n)} = \sin\left(x + n \cdot \frac{\pi}{2}\right).$$

类似地,有
$$(\cos x)^{(n)} = \cos\left(x + n \cdot \frac{\pi}{2}\right), \quad (a^x)^{(n)} = a^x(\ln a)^n, \quad (e^x)^{(n)} = e^x.$$

例 5 设 $y = \dfrac{2+3x}{1+x}$,求 $y^{(n)}$.

解 容易推出公式
$$\left(\frac{1}{a+x}\right)^{(n)} = \frac{(-1)^n n!}{(a+x)^{n+1}},$$

由例 1 有
$$y = \frac{2+3x}{1+x} = 3 - \frac{1}{1+x},$$

所以
$$y^{(n)} = \left(\frac{2+3x}{1+x}\right)^{(n)} = \left(3 - \frac{1}{1+x}\right)^{(n)} = -\left(\frac{1}{1+x}\right)^{(n)} = \frac{(-1)^{n+1} n!}{(1+x)^{n+1}}.$$

对于高阶导数有如下的运算法则:

(1) $(\alpha u + \beta v)^{(n)} = \alpha u^{(n)} + \beta v^{(n)}$;

(2) $(uv)^{(n)} = u^{(n)} v^{(0)} + n u^{(n-1)} v^{(1)} + \dfrac{n(n-1)}{2!} u^{(n-2)} v^{(2)} + \cdots + u^{(0)} v^{(n)}$,

即 $(uv)^{(n)} = \displaystyle\sum_{k=0}^{n} C_n^k u^{(n-k)} v^{(k)}$(其中 $u^{(0)} = u, v^{(0)} = v$),称为**莱布尼兹(Leibniz)公式**,请读者用数学归纳法证明.

例 6 设 $y = x^2 \sin 3x$,求 $y^{(100)}$.

解 取 $u = \sin 3x, v = x^2$,则

$$u^{(n)} = 3^n \sin\left(3x + \frac{n\pi}{2}\right), \quad v' = 2x, \quad v'' = 2, \quad v^{(n)} = 0 \quad (n \geqslant 3),$$

应用莱布尼兹公式,得

$$y^{(100)} = (\sin 3x \cdot x^2)^{(100)}$$

$$= 3^{100} \sin\left(3x + \frac{100\pi}{2}\right) \cdot x^2 + 100 \cdot 3^{99} \sin\left(3x + \frac{99\pi}{2}\right) \cdot 2x + \frac{100 \cdot 99}{2} \cdot 3^{98} \sin\left(3x + \frac{98\pi}{2}\right) \cdot 2$$

$$= 3^{98}(9x^2 \sin 3x - 60x\cos 3x - 9\,900\sin 3x).$$

习 题 三

1. 求下列函数的二阶导数:

(1) $y = \sin ax + \cos bx$;　　　　　　　　(2) $y = (1+x^2)\arctan x$;

(3) $y=x[\sin\ln x+\cos\ln x]$；　　　　　(4) $y=x\mathrm{e}^{x^2}$；

(5) $y=\ln(x+\sqrt{1+x^2})$；　　　　　(6) $y=\dfrac{x}{\sqrt{1+x^2}}$.

2. 证明函数 $y=C_1\mathrm{e}^{\lambda x}+C_2\mathrm{e}^{-\lambda x}$，$\lambda,C_1,C_2$ 是常数，满足方程 $y''-\lambda^2 y=0$.

3. 求下列函数的高阶导数值：

(1) $f(x)=(x^2-1)\mathrm{e}^x$，求 $f^{(24)}(1)$；

(2) $f(x)=(x^3+2)^{10}(x^9-x^4+x+1)$，求 $f^{(40)}(4)$；

(3) $f(x)=x^2\cos x$，求 $f^{(50)}(\pi)$.

4. 设 $f''(x)$ 存在，求下列函数的二阶导数：

(1) $y=f(\sin x)$；　　　　　(2) $y=\ln[f(x)]$；

(3) $y=f(\dfrac{1}{x})$；　　　　　(4) $y=\mathrm{e}^{-f(x)}$.

5. 已知 $\dfrac{\mathrm{d}x}{\mathrm{d}y}=\dfrac{1}{y'}\left(y'=\dfrac{\mathrm{d}y}{\mathrm{d}x}\right)$，证明：(1) $\dfrac{\mathrm{d}^2 x}{\mathrm{d}y^2}=-\dfrac{y''}{(y')^3}$；(2) $\dfrac{\mathrm{d}^3 x}{\mathrm{d}y^3}=\dfrac{2(y'')^2-y'y''}{(y')^5}$.

6. 若 $f(x)$ 满足 $f'(\sin x)=\cos 2x+\csc x$，求 $f''(x)$.

7. 求下列函数的 n 阶导数：

(1) $y=\mathrm{e}^x+\mathrm{e}^{-x}$；　　　　　(2) $y=\dfrac{1-x}{1+x}$；

(3) $y=\dfrac{2x+2}{x^2+2x-3}$；　　　　　(4) $y=\ln(1+x)$；

(5) $y=\sin^2 x$；　　　　　(6) $y=(x^2+2x+2)\mathrm{e}^{-x}$.

8. 若 $f(x)$ 有任意阶导数，且 $f'(x)=f^2(x)$，证明 $f^{(n)}(x)=n!\,f^{n+1}(x)$.

第四节　隐函数的导数 由参数方程所确定函数的导数

一、隐函数的导数

前面研究的函数因变量 y 与自变量 x 都可以表示为 $y=f(x)$ 的形式，其中 $f(x)$ 是 x 的解析式，用这种方式表达的函数称为**显函数**.

在实际问题中，常常碰到这样一类函数，变量 y 与 x 的对应关系由方程 $F(x,y)=0$ 确定，即当 x 取某区间的任一值时，相应地总有满足这方程的唯一的 y 值存在，此时称 $F(x,y)=0$ 在该区间内确定了一个**隐函数**. 把一个隐函数化为显函数，叫做隐函数的显化. 例如，从方程 $x+y^3-1=0$ 解出 $y=\sqrt[3]{1-x}$，就把隐函数化成了显函数.

1. 隐函数的求导法

在实际问题中，如果隐函数的导数存在，常常需要计算其导数，那么，如何计算隐函数的导数呢？一种直接想法是将隐函数显化，再对显函数求导，对于某些方程来讲确实是可行的. 但是，有时隐函数的显化是非常困难的. 例如，方程 $\mathrm{e}^y=y+x$ 在 $x>1$ 时，利用零点定理可以证明：$\mathrm{e}^y=y+x$ 至少有一个实根 y. 因此方程能确定一个隐函数 $y=f(x)$，但却不易显化. 因此，下面我们在隐含数存在且可导的前提下，利用具体例子来讨论不通过隐函数的显化，隐函数导数的求法.这种求法的理论依据将在多元函数中详述.

例 1 求由方程 $e^y + xy - e = 0$ 所确定的隐函数的导数 $\dfrac{dy}{dx}$ 及 $\dfrac{dy}{dx}\Big|_{x=0}$.

解 由已知方程确定 y 是 x 的函数,所以将方程中的 y 视为 x 的函数,按照复合函数的求导法,方程两边对 x 求导

$$\frac{d}{dx}(e^y + xy - e) = 0,$$

即

$$e^y \frac{dy}{dx} + y + x \frac{dy}{dx} = 0,$$

所以

$$\frac{dy}{dx} = -\frac{y}{x + e^y} \quad (x + e^y \neq 0),$$

又当 $x = 0$ 时,代入原方程得 $y = 1$,所以

$$\frac{dy}{dx}\Big|_{x=0} = \frac{dy}{dx}\Big|_{\substack{x=0 \\ y=1}} = -\frac{y}{x + e^y}\Big|_{\substack{x=0 \\ y=1}} = -\frac{1}{e}.$$

例 2 求由方程 $x^2 + y^2 = 1$ 所确定的隐函数 $y = y(x)$ 的导数 $\dfrac{dy}{dx}$ 及 $\dfrac{d^2y}{dx^2}$.

解 方程中 y 视为 x 的函数,方程两端对 x 求导得

$$2x + 2y \frac{dy}{dx} = 0,$$

所以

$$\frac{dy}{dx} = -\frac{x}{y}.$$

下面求二阶导数.

将 $2x + 2y \dfrac{dy}{dx} = 0$ 化简为 $x + y \dfrac{dy}{dx} = 0$,方程两边再对 x 求导,其中的 y 仍视为 x 的函数,得

$$1 + \left(\frac{dy}{dx}\right)^2 + y \frac{d^2y}{dx^2} = 0,$$

解出

$$\frac{d^2y}{dx^2} = -\frac{1 + (y')^2}{y},$$

将 $\dfrac{dy}{dx} = -\dfrac{x}{y}$ 代入,得

$$\frac{d^2y}{dx^2} = -\frac{1 + \left(-\dfrac{x}{y}\right)^2}{y} = -\frac{x^2 + y^2}{y^3} = -\frac{1}{y^3}.$$

也可以对一阶导函数的结果,再对 x 求导,注意等式右端的变量 y 仍是 x 的函数,于是

$$\frac{d^2y}{dx^2} = \frac{d}{dx}\left(-\frac{x}{y}\right) = -\frac{(x)' y - x(y)'}{y^2} = -\frac{y - xy'}{y^2},$$

将 $\dfrac{dy}{dx} = -\dfrac{x}{y}$ 代入,得

$$\frac{d^2y}{dx^2} = -\frac{y - x\left(-\dfrac{x}{y}\right)}{y^2} = -\frac{x^2 + y^2}{y^3} = -\frac{1}{y^3}.$$

例 3 设 $y = y(x)$ 由 $xe^{f(y)} = e^y$ 所确定,其中 $f(y)$ 具有二阶导数,且 $f'(y) \neq 1$,求 $\dfrac{d^2y}{dx^2}$.

解　在方程 $x\mathrm{e}^{f(y)}=\mathrm{e}^y$ 中视 y 是 x 的函数,方程两边对 x 求导,得

$$\mathrm{e}^{f(y)}+x\mathrm{e}^{f(y)}f'(y)y'=\mathrm{e}^y y',$$

从而

$$y'=\frac{\mathrm{e}^{f(y)}}{\mathrm{e}^y-x\mathrm{e}^{f(y)}f'(y)}=\frac{1}{x[1-f'(y)]},$$

上式再对 x 求导,得

$$y''=\frac{-\{x[1-f'(y)]\}'}{x^2[1-f'(y)]^2}=-\frac{[1-f'(y)]+x[-f''(y)]y'}{x^2[1-f'(y)]^2}$$

$$=-\frac{[1-f'(y)]^2-f''(y)}{x^2[1-f'(y)]^3}.$$

2. 对数求导法

有些函数虽为显函数,但直接求导比较烦琐或不易求导,典型的两类函数:一类是幂指函数 $y=u(x)^{v(x)}$($u(x)>0$),另一类是许多因子相乘除、乘方、开方的函数,如 $y=\sqrt[3]{\dfrac{(x+1)(x-2)}{(2x^2+1)^2(1-x)}}$.这时可以在 $y=f(x)$ 的两边取对数,然后利用隐函数的求导法,求出函数 y 的导数.这种方法称为**对数求导法**.

例4　设 $y=x^{\sin x}$($x>0$),求 y'.

解　在 $y=x^{\sin x}$ 两边取对数,得 $\ln y=\sin x\ln x$,这是一个隐函数方程,按隐函数求导法,方程两边对 x 求导

$$\frac{1}{y}y'=\cos x\ln x+\frac{\sin x}{x},$$

所以

$$y'=y\left(\cos x\ln x+\frac{\sin x}{x}\right),$$

即

$$y'=x^{\sin x}\left(\cos x\ln x+\frac{\sin x}{x}\right).$$

一般地,幂指函数 $y=u(x)^{v(x)}$($u(x)>0,u(x)\neq1$),简记为 $y=u^v$,除采用对数求导法外,也可将其表示为指数函数与对数函数的复合 $y=\mathrm{e}^{v\ln u}$,直接求导如下:

$$y'=\mathrm{e}^{v\ln u}(v\ln u)'=\mathrm{e}^{v\ln u}\left(v'\ln u+v\frac{u'}{u}\right)=u^v\left(v'\ln u+v\frac{u'}{u}\right).$$

例5　求 $y=\sqrt[3]{\dfrac{(x+1)(x-2)}{(2x+1)^2(1-x)}}$ 的导数 y'.

解　对上式两端取对数,得

$$\ln y=\frac{1}{3}[\ln(x+1)+\ln(x-2)-2\ln(2x+1)-\ln(1-x)],$$

方程两边对 x 求导,得

$$\frac{1}{y}y'=\frac{1}{3}\left(\frac{1}{x+1}+\frac{1}{x-2}-\frac{4}{2x+1}+\frac{1}{1-x}\right),$$

所以

$$y'=\frac{1}{3}\sqrt[3]{\frac{(x+1)(x-2)}{(2x+1)^2(1-x)}}\left(\frac{1}{x+1}+\frac{1}{x-2}-\frac{4}{2x+1}+\frac{1}{1-x}\right).$$

二、由参数方程所确定的函数的导数

我们已经知道,若参数方程 $\begin{cases}x=\varphi(t)\\y=\psi(t)\end{cases}$,确定 y 与 x 间的函数关系,这个函数称为由参数方

程所确定的函数.

在实际问题中,例如要求由参数方程表示的曲线在某点切线的斜率,需要计算由参数方程所确定的函数的导数.若能从这个方程组 $x=\varphi(t)$,$y=\psi(t)$ 中消去参数 t,得到显式的或隐式的函数关系,则可以用前面学过的方法求导数.但很多情况下,从方程组中消去参数 t 并不容易.因此,我们希望能直接由参数方程 $x=\varphi(t)$,$y=\psi(t)$ 计算它所确定函数的导数.下面就来讨论这个问题.

假设函数 $x=\varphi(t)$ 具有单调连续反函数 $t=\varphi^{-1}(x)$,且此反函数能与函数 $y=\psi(t)$ 复合,那么由上述参数方程所确定的显函数的表达式为复合函数 $y=\psi[\varphi^{-1}(x)]$.设函数 $x=\varphi(t)$ 及 $y=\psi(t)$ 都可导,而且 $\varphi'(t)\neq0$.利用复合函数的求导法则与反函数的导数公式,有

$$\frac{\mathrm{d}y}{\mathrm{d}x}=\frac{\mathrm{d}y}{\mathrm{d}t}\cdot\frac{\mathrm{d}t}{\mathrm{d}x}=\frac{\mathrm{d}y}{\mathrm{d}t}\cdot\frac{1}{\dfrac{\mathrm{d}x}{\mathrm{d}t}}=\frac{\psi'(t)}{\varphi'(t)},$$

即
$$\frac{\mathrm{d}y}{\mathrm{d}x}=\frac{\psi'(t)}{\varphi'(t)}\quad\text{或}\quad\frac{\mathrm{d}y}{\mathrm{d}x}=\frac{\dfrac{\mathrm{d}y}{\mathrm{d}t}}{\dfrac{\mathrm{d}x}{\mathrm{d}t}}.$$

类似地,
$$\frac{\mathrm{d}^2y}{\mathrm{d}x^2}=\frac{\mathrm{d}}{\mathrm{d}x}\left(\frac{\mathrm{d}y}{\mathrm{d}x}\right)=\frac{\dfrac{\mathrm{d}}{\mathrm{d}t}\left(\dfrac{\psi'(t)}{\varphi'(t)}\right)}{\dfrac{\mathrm{d}x}{\mathrm{d}t}}=\frac{\dfrac{\mathrm{d}}{\mathrm{d}t}\left(\dfrac{\psi'(t)}{\varphi'(t)}\right)}{\varphi'(t)}=\frac{\psi''(t)\varphi'(t)-\psi'(t)\varphi''(t)}{[\varphi'(t)]^3}.$$

例 6 求摆线 $\begin{cases}x=a(t-\sin t)\\y=a(1-\cos t)\end{cases}$ 上任意点 P 处的切线与法线的斜率,并求该参数方程所确定的函数的二阶导数 $\dfrac{\mathrm{d}^2y}{\mathrm{d}x^2}$.

解 因为 $\dfrac{\mathrm{d}y}{\mathrm{d}x}=\dfrac{[a(1-\cos t)]'}{[a(t-\sin t)]'}=\dfrac{a\sin t}{a(1-\cos t)}=\dfrac{\sin t}{1-\cos t}$,所以曲线在点 P 的切线与法线的斜率分别为

$$k_{切}=\frac{\sin t}{1-\cos t},\quad k_{法}=-\frac{1-\cos t}{\sin t},$$

$$\frac{\mathrm{d}^2y}{\mathrm{d}x^2}=\frac{\left(\dfrac{\sin t}{1-\cos t}\right)'}{x'(t)}=\frac{(1-\cos t)\cos t-\sin^2 t}{a(1-\cos t)^3}=\frac{-1}{a(1-\cos t)^2}.$$

例 7 求三叶玫瑰线 $r=a\sin 3\theta$ 在 $\theta=\dfrac{\pi}{3}$ 处的切线方程.

解 曲线为极坐标方程,由直角坐标与极坐标的关系,曲线方程可化为参数方程

$$\begin{cases}x=r(\theta)\cos\theta=a\sin 3\theta\cos\theta\\y=r(\theta)\sin\theta=a\sin 3\theta\sin\theta\end{cases}\quad(\theta\text{ 为参数}),$$

所以
$$\frac{\mathrm{d}y}{\mathrm{d}x}=\frac{\dfrac{\mathrm{d}y}{\mathrm{d}\theta}}{\dfrac{\mathrm{d}x}{\mathrm{d}\theta}}=\frac{3\cos 3\theta\sin\theta+\sin 3\theta\cos\theta}{3\cos 3\theta\sin\theta-\sin 3\theta\cos\theta},$$

在 $\theta=\dfrac{\pi}{3}$ 时,曲线上对应点的直角坐标为 $x=0$,$y=0$,且

$$\frac{\mathrm{d}y}{\mathrm{d}x}\Big|_{\theta=\frac{\pi}{3}}=\frac{-3\times\frac{\sqrt{3}}{2}}{-3\times\frac{1}{2}}=\sqrt{3},$$

于是所求切线方程为
$$y=\sqrt{3}\,x.$$

三、相关变化率

设 $x=x(t)$，$y=y(t)$ 都是可导函数，而变量 x 与 y 间存在某种关系，从而变化率 $\frac{\mathrm{d}x}{\mathrm{d}t}$，$\frac{\mathrm{d}y}{\mathrm{d}t}$ 间也存在一定关系. 这两个相互依赖的变化率称为**相关变化率**. 相关变化率问题就是研究这两个变化率之间的关系，以便从其中一个变化率求出另一个变化率. 解决此类问题的步骤为：(1)建立变量 x 与 y 之间的关系式 $F(x(t),y(t))=0$；(2)将 $F(x(t),y(t))=0$ 两端对 t 求导，得到 $x'(t),y'(t)$ 的关系；(3)解出所要求的变化率.

例 8　一气球从离开观察员 500 m 处离地面铅直上升，其速率为 140 m/min. 当气球高度为 500 m 时，观察员视线的仰角增加率是多少？

解　设气球上升 t 分钟后，其高度为 h，观察员视线的仰角为 α，则 $\tan\alpha=\dfrac{h}{500}$，其中 α 及 h 都与 t 存在函数关系. 此式两边对 t 求导，得

$$\sec^2\alpha\,\frac{\mathrm{d}\alpha}{\mathrm{d}t}=\frac{1}{500}\frac{\mathrm{d}h}{\mathrm{d}t},$$

已知 $\dfrac{\mathrm{d}h}{\mathrm{d}t}=140$ m/min，又当 $h=500$ m 时，$\tan\alpha=1$，$\sec^2\alpha=2$，代入上式得

$$2\,\frac{\mathrm{d}\alpha}{\mathrm{d}t}=\frac{140}{500},$$

所以
$$\frac{\mathrm{d}\alpha}{\mathrm{d}t}=\frac{70}{500}=0.14\ \text{rad}(弧度)/\text{min}.$$

即观察员视线的仰角增加率是 0.14 rad/min.

四*、经济学中的弹性分析

在导数的概念中涉及的函数的改变量与函数的变化率是绝对改变量与绝对变化率. 从实践中我们体会到，仅仅研究函数的绝对改变量与绝对变化率还是不够的. 例如，商品甲、乙的单价分别为 10 元和 1 000 元，它们各涨价 1 元，尽管绝对改变量一样，但各与其原价相比，两者涨价的百分比却有很大的不同：商品甲涨了 10%，而商品乙涨了 0.1%. 因此，我们还有必要研究函数的相对改变量和相对变化率.

定义 1　设函数 $y=f(x)$ 在点 x_0 处可导，称函数的相对改变量 $\dfrac{\Delta y}{y_0}=\dfrac{f(x_0+\Delta x)-f(x_0)}{f(x_0)}$

与自变量的相对改变量 $\dfrac{\Delta x}{x_0}$ 之比当 $\Delta x\to 0$ 时的极限

$$\lim_{\Delta x\to 0}\frac{\Delta y/y_0}{\Delta x/x_0}=\lim_{\Delta x\to 0}\frac{\Delta y}{\Delta x}\frac{x_0}{y_0}=f'(x_0)\frac{x_0}{f(x_0)}$$

为 $y=f(x)$ 在点 x_0 处的**相对变化率或弹性**，记作 $\dfrac{Ey}{Ex}\Big|_{x=x_0}$ 或 $\dfrac{Ef(x_0)}{Ex}$.

对一般的 x,若 $y=f(x)$ 可导,则有 $\dfrac{Ey}{Ex}=f'(x)\dfrac{x}{f(x)}$ 是 x 的函数,称为 $y=f(x)$ 的**弹性函数**.

函数 $f(x)$ 在点 x 的弹性 $\dfrac{Ef(x)}{Ex}$ 反映随 x 的变化幅度,$f(x)$ 变化幅度的大小,也就是 $f(x)$ 对 x 变化反应的强烈程度或灵敏度.

$\dfrac{Ef(x_0)}{Ex}$ 表示在点 x_0 处,当 x 产生 1% 的改变时,$f(x)$ 近似地改变 $\dfrac{Ef(x_0)}{Ex}\%$,在应用问题中解释弹性的具体意义时,通常略去"近似"两字.

在市场经济中,经常要分析一个经济量对另一个经济量相对变化的灵敏程度,这就是经济量的弹性.例如,一般来说,商品的需求量对市场价格的反映是很灵敏的,刻画这种灵敏程度的量就是需求弹性.

定义 2　设某商品的需求函数 $Q=f(P)$ 可导,称极限

$$\lim_{\Delta P \to 0} -\frac{\Delta Q/Q_0}{\Delta P/P_0}=-f'(P_0)\frac{P_0}{f(P_0)}$$

为该商品在 P_0 点的需求弹性或需求弹性系数,记作

$$\eta|_{P=P_0}=\eta(P_0)=-f'(P_0)\frac{P_0}{f(P_0)}.$$

(由于 $Q=f(P)$ 为单调减少函数,ΔQ、ΔP 异号,P_0、Q_0 为正数,于是 $\dfrac{\Delta Q/Q_0}{\Delta P/P_0}$ 及 $f'(P_0)\dfrac{P_0}{f(P_0)}$ 皆为负数,为了用正数表示需求弹性,故在定义式中加了负号.)

当 ΔP 很小时,有 $\eta|_{P=P_0}=-f'(P_0)\dfrac{P_0}{f(P_0)}\approx -\dfrac{P_0}{\Delta P}\cdot\dfrac{\Delta Q}{Q_0}$,所以需求弹性 η 近似地表示价格为 P_0 时,价格变动 1%,需求量将变化 $\eta\%$.

例 9　设某商品的需求函数为 $Q=\mathrm{e}^{-\frac{P}{5}}$,求:

(1) 需求弹性函数;

(2) $P=3,5,6$ 时的需求弹性.

解　(1)因 $Q'=-\dfrac{1}{5}\mathrm{e}^{-\frac{P}{5}}$,所以 $\eta(P)=-\left(-\dfrac{1}{5}\mathrm{e}^{-\frac{P}{5}}\right)\dfrac{P}{\mathrm{e}^{-\frac{P}{5}}}=\dfrac{P}{5}$.

(2) $\eta(3)=\dfrac{3}{5}=0.6$,　$\eta(5)=1$,　$\eta(6)=1.2$.

分析　$\eta(5)=1$,说明当 $P=5$ 时,需求变动的幅度与价格变动的幅度相同;

$\eta(3)=0.6<1$,说明当 $P=3$ 时,需求变动的幅度小于价格变动的幅度.当价格上涨 1%,需求只减少 0.6%;

$\eta(6)=1.2>1$,说明当 $P=6$ 时,需求变动的幅度小于价格变动的幅度.当价格上涨 1%,需求减少 1.2%.

例 10　某产品滞销,准备以降价扩大销路,如果该产品的需求弹性在 $1.5\sim2$ 之间,试问:当降价 10% 时,销售量能增加多少?

解　因 $\eta(P)\approx -\dfrac{P}{\Delta P}\cdot\dfrac{\Delta Q}{Q}$,由题设条件,得 $1.5\approx\dfrac{-\dfrac{\Delta Q}{Q}}{-10\%}$,于是 $\dfrac{\Delta Q}{Q}\approx15\%$;

又由 $2 \approx \dfrac{-\dfrac{\Delta Q}{Q}}{-10\%}$，得 $\dfrac{\Delta Q}{Q} \approx 20\%$；

所以，销售量约能增加 $15\% \sim 20\%$.

习 题 四

1. 求下列方程确定的隐函数的导数 $\dfrac{\mathrm{d}y}{\mathrm{d}x}$.

(1) $x^2 + xy + y^2 = a^2$（a 为常数）；

(2) $y = 1 - x\mathrm{e}^y$；

(3) $\sqrt{x} + \sqrt{y} = 1$；

(4) $y = x + \dfrac{1}{2}\sin y$；

(5) $y - \cos(x+y) = 0$；

(6) $y = 1 - \ln(x+y) + \mathrm{e}^y$.

2. 求曲线 $xy + \ln y = 1$ 在点 $(1,1)$ 处的切线方程与法线方程.

3. 求下列方程确定的隐函数的二阶导数 $\dfrac{\mathrm{d}^2 y}{\mathrm{d}x^2}$：

(1) $x^2 - y^2 = 1$；

(2) $y = \tan(x+y)$；

(3) $x + y + \sin y = 0$；

(4) $x + \arctan y = y$；

(5) $x = y - \varphi(y)$，其中 $\varphi(y)$ 可导，$\varphi'(y) \neq 1$.

4. 设 $xy - \sin \pi y = 0$，求 $y''\big|_{\substack{x=0 \\ y=1}}$.

5. 利用对数求导法，求下列函数的导数：

(1) $y = \left(\dfrac{x}{1+x}\right)^x$；

(2) $y = \dfrac{\sqrt[3]{x+1}(2-x)^4}{x^2(x-1)^3}$；

(3) $y = \dfrac{\sqrt[3]{x-1}(1+x)}{\mathrm{e}^x(x+4)^2}$；

(4) $x^y = y^x$.

6. 求下列参数方程所确定的函数在指定点的导数：

(1) $\begin{cases} x = t - \sin t, \\ y = 1 - \cos t, \end{cases} t_0 = \dfrac{\pi}{2}$；

(2) $\begin{cases} x = 2\mathrm{e}^t, \\ y = \mathrm{e}^{-t}, \end{cases} t_0 = 0$.

7. 求下列参数方程所确定的函数的二阶导数 $\dfrac{\mathrm{d}^2 y}{\mathrm{d}x^2}$：

(1) $\begin{cases} x = 1 - t^2, \\ y = t - t^3; \end{cases}$

(2) $\begin{cases} x = \ln(1+t^2), \\ y = t - \arctan t; \end{cases}$

(3) $\begin{cases} x = f'(t), \\ y = tf'(t) - f(t). \end{cases}$

8. (1) 设曲线方程为 $\begin{cases} x = t^2 - 1, \\ y = t^3 - t, \end{cases}$ 求它的水平切线方程及切点.

(2) 求对数螺线 $r = \mathrm{e}^\theta$ 在 $\theta = \dfrac{\pi}{2}$ 处的切线方程与法线方程.

9. 设参数方程 $\begin{cases} x = 3\mathrm{e}^{-t}, \\ y = 2\mathrm{e}^t, \end{cases}$ 确定函数 $x = x(y)$，求 $\dfrac{\mathrm{d}^2 x}{\mathrm{d}y^2}$.

10. 设函数 $u=f[\varphi(x)+y^2]$,其中 $f(v),\varphi(x)$ 可导,又函数 $y=y(x)$ 由方程 $y+\mathrm{e}^y=x$ 确定,求 $\dfrac{\mathrm{d}u}{\mathrm{d}x}$.

11. 设函数 $y=y(x)$ 由方程 $\begin{cases} x=\ln(1+t) \\ y=\cos(y+t) \end{cases}$ 确定,求 $\dfrac{\mathrm{d}y}{\mathrm{d}x}$.

12. 落在平静水面上一块石头,水面泛起一个个同心圆波纹向外延伸. 如果最外一圈波纹的半径增大速率为 6 m/s,问在 2 s 末时,扰动水面面积增大的速率是多少?

第五节　函数的微分

微分是与导数密切相关又有本质区别的一个重要概念. 本节介绍微分的概念、计算及简单的应用.

一、函数的微分

在实际问题中,往往需要考察和估计函数的增量 Δy 与 Δx 的关系,尤其是当自变量的改变量 Δx 很小时,函数的增量 Δy(或称函数的改变量)的表达及其近似值的计算. 这个问题初看起来似乎很简单,因为只要计算 $\Delta y=f(x+\Delta x)-f(x)$ 即可. 但设想 $f(x)$ 是一个比较复杂的函数,那么这样的计算就会复杂多了. 先分析一个具体问题.

1. 实例

问题　设一块正方形金属薄片受温度变化的影响,其边长由 x 变到 $x+\Delta x$(见图 3-4),问此薄片的面积改变了多少?

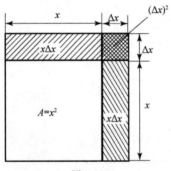

图 3-4

分析　设薄片的面积为 A,则 $A=x^2$. 如果边长改变量为 Δx,则面积的改变量为
$$\Delta A=(x+\Delta x)^2-x^2=2x\Delta x+(\Delta x)^2.$$
可见,面积的改变量 ΔA 分成两部分,第一部分 $2x\Delta x$ 是 Δx 的线性函数,即图中带有斜线的两个矩形面积之和,而第二部分 $(\Delta x)^2$ 在图中是带有交叉斜线的小正方形的面积,当 $\Delta x\to 0$ 时,第二部分 $(\Delta x)^2$ 是比 Δx 高阶的无穷小,即 $(\Delta x)^2=o(\Delta x)$. 因此如果边长的改变很微小,即 $|\Delta x|$ 很小时,面积的改变量 ΔA 可近似地用第一部分来代替.

将这个简单的例子一般化,若函数增量 Δy 可以表示成 Δx 的线性函数与 Δx 的高阶无穷小之和,即 $\Delta y=A\Delta x+o(\Delta x)$,$|\Delta x|$ 很小时,$\Delta y\approx A\Delta x$(不妨称为函数增量的线性化),这样函数增量的计算问题能够极大地简化,此时称 $A\Delta x$ 为 Δy 的线性主部. 微分就是实现这种线性化的一种数学模型.

2. 微分的概念

定义 1　设函数 $y=f(x)$ 在某区间内有定义,x 及 $x+\Delta x$ 在这区间内,如果函数的增量 $\Delta y=f(x+\Delta x)-f(x)$ 可表示为
$$\Delta y=A\Delta x+o(\Delta x),$$
其中 A 是不依赖于 Δx 的常数,而 $o(\Delta x)$ 是比 Δx 高阶的无穷小,则称函数 $y=f(x)$ 在点 x 是

可微的,而 $A\Delta x$ 称为函数 $y = f(x)$ 在点 x 相应于自变量 Δx 的**微分**,记作 dy,即 $dy = A\Delta x$ 或 $df = A\Delta x$.

为了方便,通常规定:自变量的增量称为自变量的微分,并记成 $dx = \Delta x$,因而函数的微分可记为 $dy = Adx$.

函数 $y = f(x)$ 在任意点 x 的微分,称为函数的微分,记作 dy 或 $df(x)$.

例 1 已知球的体积 $v = \dfrac{4}{3}\pi r^3$,求当半径 r 有增量 Δr 时,球体积的增量 Δv 及微分 dv.

解 $\Delta v = \dfrac{4}{3}\pi(r + \Delta r)^3 - \dfrac{4}{3}\pi r^3$

$\qquad = 4\pi r^2 \Delta r + \left[4\pi r(\Delta r)^2 + \dfrac{4}{3}\pi(\Delta r)^3 \right]$.

又因当 $\Delta r \to 0$ 时,$\dfrac{4\pi r(\Delta r)^2 + \dfrac{4}{3}\pi(\Delta r)^3}{\Delta r} \to 0$,即 $4\pi r(\Delta r)^2 + \dfrac{4}{3}\pi(\Delta r)^3 = o(\Delta r)$,所以,由微分的定义 $dv = 4\pi r^2 \Delta r = 4\pi r^2 dr$.

3. 函数可微的条件

定理 1(可微与可导的关系) 函数 $y = f(x)$ 在点 x 可微的充要条件是函数 $f(x)$ 在点 x 可导,且有 $dy = f'(x)dx$.

证 必要性 若函数 $y = f(x)$ 在点 x 可微,则有 $\Delta y = A\Delta x + o(\Delta x)$,于是

$$\frac{\Delta y}{\Delta x} = A + \frac{o(\Delta x)}{\Delta x}.$$

当 $\Delta x \to 0$ 时,上式取极限,得

$$\lim_{\Delta x \to 0} \frac{\Delta y}{\Delta x} = f'(x) = A.$$

因此 $f(x)$ 在点 x 可导,且 $f'(x) = A$,此时 $dy = Adx = f'(x)dx$.

充分性 若函数 $y = f(x)$ 在点 x 可导,即 $\lim\limits_{\Delta x \to 0} \dfrac{\Delta y}{\Delta x} = f'(x)$. 根据极限与无穷小的关系,上式可写成 $\dfrac{\Delta y}{\Delta x} = f'(x) + \alpha$,其中 $\alpha \to 0$(当 $\Delta x \to 0$). 所以有

$$\Delta y = f'(x)\Delta x + \alpha \Delta x.$$

因 $\alpha \Delta x = o(\Delta x)$,且 $f'(x)$ 不依赖于 Δx,即有

$$\Delta y = f'(x)\Delta x + o(\Delta x),$$

所以 $f(x)$ 在点 x 是可微的,且 $dy = f'(x)dx$.

因函数 $y = f(x)$ 的微分 $dy = f'(x)dx$,从而有

$$\frac{dy}{dx} = f'(x).$$

这就是说,函数的微分 dy 与自变量的微分 dx 之商等于该函数的导数. 因此,导数也叫做"**微商**".

定理 1 的结论同时给出了计算函数微分的方法 $dy = f'(x)dx$,即求微分的问题可归结为求导数的问题,因此函数求导数与求微分的方法统称为**微分法**.

例 2 求函数 $y = \dfrac{\sin 2x}{x^2}$ 的微分 dy.

解 由于
$$y'=(\frac{\sin 2x}{x^2})'=\frac{x^2 \cdot 2\cos 2x-\sin 2x \cdot 2x}{x^4},$$

所以
$$dy=\frac{2(x\cos 2x-\sin 2x)}{x^3}dx.$$

例 3 求函数 $y=e^{\sin^2\frac{1}{x}}$ 的微分 dy.

解 因
$$y'=e^{\sin^2\frac{1}{x}}(\sin^2\frac{1}{x})'=e^{\sin^2\frac{1}{x}} \cdot 2\sin\frac{1}{x}\cos\frac{1}{x}\left(-\frac{1}{x^2}\right)$$
$$=-\frac{1}{x^2}\sin\frac{2}{x}e^{\sin^2\frac{1}{x}},$$

所以
$$dy=-\frac{1}{x^2}\sin\frac{2}{x}e^{\sin^2\frac{1}{x}}dx.$$

4. 微分的几何意义

在直角坐标系中，函数 $y=f(x)$ 的图形是一条曲线. 在曲线上取一点 $M(x,y)$，$f'(x)$ 是曲线过 M 点的切线的斜率，它的倾角为 α，当自变量 x 有微小增量 Δx 时，得到曲线上另一点 $N(x+\Delta x,y+\Delta y)$，从图 3-5 可知：

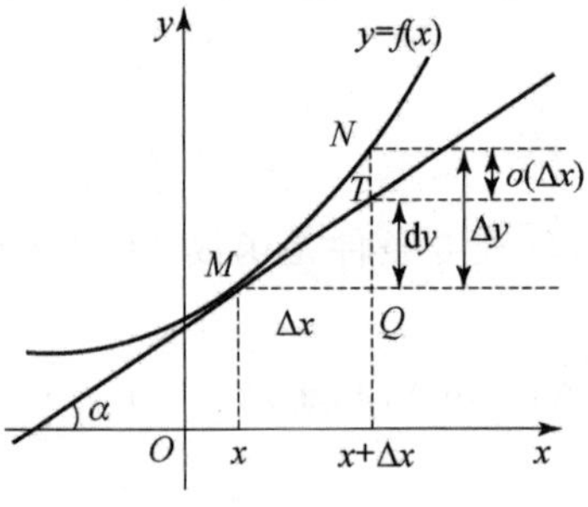

图 3-5

$$MQ=\Delta x,$$
$$QN=\Delta y,$$
$$\tan\alpha=\frac{TQ}{MQ},$$

则
$$TQ=MQ \cdot \tan\alpha=f'(x)\Delta x,$$

即
$$dy=TQ.$$

由此可见，当 Δy 是曲线 $y=f(x)$ 上点的纵坐标的增量时，dy 就是曲线的切线上点的纵坐标的相应增量. 当 $|\Delta x|$ 很小时，$|\Delta y-dy|$ 比 $|\Delta x|$ 小得多. 因此在点 M 的附近，可以用切线段来近似代替曲线段，误差为 $o(\Delta x)$. 在"微小局部"用线性函数代替非线性函数是微积分的基本思想方法之一.

二、基本初等函数的微分公式和微分运算法则

从函数微分的表达式 $dy=f'(x)dx$，根据基本初等函数的导数公式和导数的运算法则，可得如下的微分公式和微分运算法则.

1. 基本初等函数的微分公式

(1) $d(x^\mu)=\mu x^{n-1}dx$；　　　　　(2) $d(\sin x)=\cos xdx$；

(3) $d(\cos x)=\sin xdx$；　　　　　(4) $d(\tan x)=\sec^2 xdx$；

(5) $d(\cot x)=-\csc^2 xdx$；　　　　(6) $d(\sec x)=\sec x\tan xdx$；

(7) $d(\csc x)=-\csc x\cot xdx$；　　(8) $d(a^x)=a^x\ln adx$；

(9) $d(\log_a x)=\frac{1}{x\ln a}dx$；　　　(10) $d(\arcsin x)=\frac{1}{\sqrt{1-x^2}}dx$；

(11) $d(\arccos x)=-\frac{1}{\sqrt{1-x^2}}dx$；　(12) $d(\arctan x)=\frac{1}{1+x^2}dx$；

(13) $d(\text{arccot } x)=-\frac{1}{1+x^2}dx$；　(14) $d(\text{sh } x)=\text{ch } xdx,d(\text{ch } x)=\text{sh } xdx.$

2. 函数微分的四则运算法则

设 $u=u(x),v=v(x)$ 在 x 处可微,则

(1) $\mathrm{d}(u\pm v)=\mathrm{d}u\pm \mathrm{d}v$;

(2) $\mathrm{d}(Cu)=C\mathrm{d}u$;

(3) $\mathrm{d}(uv)=u\mathrm{d}v+v\mathrm{d}u$;

(4) $\mathrm{d}\left(\dfrac{u}{v}\right)=\dfrac{v\mathrm{d}u-u\mathrm{d}v}{v^2},v\neq 0$.

现以函数乘积的微分法则为例加以证明.其他法则类似可证.

根据函数微分的表达式,有 $\mathrm{d}(uv)=(uv)'\mathrm{d}x$,而 $(uv)'=u'v+uv'$,于是
$$\mathrm{d}(uv)=(u'v+uv')\mathrm{d}x=u'v\mathrm{d}x+uv'\mathrm{d}x=v\mathrm{d}u+u\mathrm{d}v,$$
所以 $$\mathrm{d}(uv)=u\mathrm{d}v+v\mathrm{d}u.$$

例如,若求 $y=2^x\cos x$ 的微分,由微分的运算法则,有
$$\begin{aligned}
\mathrm{d}y &= \mathrm{d}(2^x\cos x)=2^x\mathrm{d}(\cos x)+\cos x\mathrm{d}(2^x)\\
&=2^x(-\sin x)\mathrm{d}x+\cos x 2^x\ln 2\mathrm{d}x\\
&=2^x(-\sin x+\cos x\ln 2)\mathrm{d}x.
\end{aligned}$$

3. 复合函数的微分法则

由复合函数的求导法则,可得复合函数的相应微分法则.

定理 2　设 $y=f(u)$ 及 $u=\varphi(x)$ 都可导,则复合函数 $y=f[\varphi(x)]$ 的微分为
$$\mathrm{d}y=f'(u)\varphi'(x)\mathrm{d}x.$$

由于 $\varphi'(x)\mathrm{d}x=\mathrm{d}u$,所以复合函数 $y=f[\varphi(x)]$ 的微分法则也可以写成 $\mathrm{d}y=f'(u)\mathrm{d}u$. 由此可见,无论 u 是自变量还是中间变量,微分形式 $\mathrm{d}y=f'(u)\mathrm{d}u$ 保持不变. 这一性质称为**一阶微分形式不变性**. 利用这一性质,可以直接计算函数的微分.

例如,若求 $y=\ln\sin x$ 的微分,由于函数由 $y=\ln u,u=\sin x$ 复合而成,所以利用一阶微分形式不变性计算如下:
$$\mathrm{d}y=y'_u\mathrm{d}u=\frac{1}{u}\mathrm{d}u=\frac{1}{\sin x}\mathrm{d}\sin x=\frac{1}{\sin x}\cos x\mathrm{d}x=\cot x\mathrm{d}x.$$
其中 y'_u 表示对中间变量 u 求导. 熟练后,亦可写为
$$\mathrm{d}y=\mathrm{d}(\ln\sin x)=\frac{1}{\sin x}\mathrm{d}\sin x=\frac{1}{\sin x}\cos x\mathrm{d}x=\cot x\mathrm{d}x.$$

例 4　求下列函数的微分:

(1) $y=\ln\sqrt[3]{1+x^4}$;

(2) $y=(1+x^2)^{\sec x}$.

解　(1) 利用一阶微分形式不变性,有
$$\mathrm{d}y=\mathrm{d}(\ln\sqrt[3]{1+x^4})=\frac{1}{3}\mathrm{d}[\ln(1+x^4)]=\frac{1}{3}\frac{1}{(1+x^4)}\mathrm{d}(1+x^4)=\frac{4x^3}{3(1+x^4)}\mathrm{d}x.$$

(2)
$$\begin{aligned}
\mathrm{d}y &= \mathrm{d}\left[(1+x^2)^{\sec x}\right]=\mathrm{d}e^{\sec x\ln(1+x^2)}=e^{\sec x\ln(1+x^2)}\mathrm{d}\left[\sec x\ln(1+x^2)\right]\\
&=(1+x^2)^{\sec x}\left[\ln(1+x^2)\mathrm{d}\sec x+\sec x\mathrm{d}\ln(1+x^2)\right]\\
&=(1+x^2)^{\sec x}\left[\sec x\tan x\ln(1+x^2)+\sec x\frac{2x}{1+x^2}\right]\mathrm{d}x\\
&=\sec x(1+x^2)^{\sec x}\left[\tan x\ln(1+x^2)+\frac{2x}{1+x^2}\right]\mathrm{d}x.
\end{aligned}$$

三、微分在近似计算中的应用

利用微分往往可以把一些复杂的计算公式改用简单的近似公式来代替.

由微分的定义，如果 $y=f(x)$ 在点 x_0 处的导数 $f'(x_0)\neq 0$，且 $|\Delta x|$ 很小时，我们有

$$\Delta y \approx \mathrm{d}y = f'(x_0)\Delta x.$$

这个式子也可以写为

$$\Delta y = f(x_0+\Delta x)-f(x_0)\approx f'(x_0)\Delta x, \tag{3-2}$$

或

$$f(x_0+\Delta x)\approx f(x_0)+f'(x_0)\Delta x. \tag{3-3}$$

因为 $\Delta x=x-x_0$，上式又可改写为

$$f(x)\approx f(x_0)+f'(x_0)(x-x_0). \tag{3-4}$$

如果 $f(x_0)$ 和 $f'(x_0)$ 都容易计算，那么可利用式（3-2）来近似计算 Δy，利用式（3-3）来近似计算 $f(x_0+\Delta x)$，或利用式（3-4）来近似计算 $f(x)$．这种近似计算的实质就是用 x 的线性函数 $f(x_0)+f'(x_0)(x-x_0)$ 来近似表达函数 $f(x)$．从导数的几何意义可知，这也就是用曲线 $f(x)$ 在点 $(x_0,f(x_0))$ 处的切线来近似代替该曲线（就切点邻近部分来说）．

下面来推导一些常用的近似公式．为此，在 $f(x)\approx f(x_0)+f'(x_0)(x-x_0)$ 式中取 $x_0=0$，于是得

$$f(x)\approx f(0)+f'(0)x.$$

应用此式可推得以下几个在工程上常用的近似公式（下面都假定 $|x|$ 是较小的值）：

(1) $\sqrt[n]{1+x}\approx 1+\dfrac{1}{n}x$；

(2) $\sin x \approx x$（x 用弧度作单位来表达）；

(3) $\tan x \approx x$（x 用弧度作单位来表达）；

(4) $\mathrm{e}^x \approx 1+x$；

(5) $\ln(1+x)\approx x$．

例 5　计算 $\sqrt[3]{998.5}$ 的近似值．

解　$\sqrt[3]{998.5}=10\,\sqrt[3]{1-0.001\,5}$，利用近似公式 $\sqrt[n]{1+x}\approx 1+\dfrac{1}{n}x$，取 $x=0.001\,5$，其值相对很小，所以 $\sqrt[3]{998.5}=10\,\sqrt[3]{1-0.001\,5}\approx 10\left(1-\dfrac{1}{3}\times 0.001\,5\right)=9.995$．

习　题　五

1. 求下列函数的微分：

(1) $y=\sqrt{2+x^2}$；

(2) $y=x^2\sin 2x$；

(3) $y=\dfrac{x^2}{\ln x}$；

(4) $y=\ln(\sin a^x)$；

(5) $y=\arctan\dfrac{1-x^2}{1+x^2}$；

(6) $y=f(\sin x)$，且 $f(u)$ 可导；

(7) $y=f(\mathrm{e}^{-x})$，且 $f(u)$ 可导；

(8) $y=f(\mathrm{e}^x)\mathrm{e}^{f(x)}$，其中 $f(u)$ 可导．

2. 已知 $y=\ln(1+\mathrm{e}^{10x})+\arctan \mathrm{e}^{5x}$，求 $\mathrm{d}y\big|_{\substack{x=0\\ \mathrm{d}x=0.1}}$．

3. 填入适当的函数，使下列等式成立：

(1) $2\cos 2x\,\mathrm{d}x=\mathrm{d}(\qquad)$；

(2) $\sec x\tan x\,\mathrm{d}x=\mathrm{d}(\qquad)$；

(3) $\sqrt{a+bx}\,dx=d($ $)$;   (4) $\dfrac{1}{x}\ln x\,dx=d($ $)$.

注意,本题是微分的逆运算问题,即:已知某函数的微分求该函数,而这样的函数并不唯一.

4. 由方程 $e^x\sin y-e^{-y}\cos x=0$ 确定函数 $y=y(x)$,求 dy.

5. 若对函数 $y=f(x)$ 有 $f'(x^2)=\dfrac{1}{x^2}$,求 dy.

6. 设函数 $y=f(x)$ 可微,求极限 $\lim\limits_{\Delta x\to 0}\dfrac{\Delta y-dy}{\Delta x}$.

7. 求下列各式的近似值:

(1) $\sin 29°$;   (2) $\sqrt[3]{1.02}$.

总 习 题 三

一、单项选择题

1. 函数在 x_0 连续是函数在 x_0 导数存在的(   ).

A. 充分条件   B. 必要条件

C. 充要条件   D. 既非充分也非必要条件

2. 函数在 x_0 可导,则由 $\lim\limits_{x\to 0}\dfrac{x}{f(x_0-2x)-f(x_0)}=\dfrac{1}{4}$,有 $f'(x_0)=($).

A. 4   B. -4 C. 2   D. -2

3. 设函数 $f(x)$ 在 $x=a$ 的一个邻域内有定义,则 $f(x)$ 在 $x=a$ 可导的充分条件是极限(   )存在.

A. $\lim\limits_{h\to +\infty}h\left[f\left(a+\dfrac{1}{h}\right)-f(a)\right]$ B. $\lim\limits_{h\to 0}\dfrac{f(a+2h)-f(a+h)}{h}$

C. $\lim\limits_{h\to 0}\dfrac{f(a+h)-f(a-h)}{2h}$ D. $\lim\limits_{h\to 0}\dfrac{f(a)-f(a-h)}{h}$

4. 设函数 $f(x)=\begin{cases}e^{-\frac{1}{x}}, & x\neq 0 \\ 0, & x=0,\end{cases}$ 则 $f(x)$ 在 $x=0$ 处(   ).

A. 左导数存在   B. 右导数不存在

C. $f'(0)=0$ D. 导数不存在

5. 函数 $f(x)$ 处处可导,且 $f'(0)=1$,$\forall x,h$,恒有 $f(x+h)=f(x)+f(h)+2xh$,则 $f'(x)=($).

A. 1   B. -1 C. $2x+1$ D. $1-2x$

6. 函数 $f(x)$ 在 $x=0$ 连续,且 $\lim\limits_{x\to 0}\dfrac{f(x)}{x}=1$,则 $dy|_{x=0}=($).

A. dx B. $-dx$ C. 1   D. -1

7. 若 $f(x)=-f(-x)$,且在 $(0,+\infty)$ 内 $f'(x)>0$,$f''(x)>0$,则在 $(-\infty,0)$ 内有(   )成立.

A. $f'(x)<0$,$f''(x)<0$ B. $f'(x)<0$,$f''(x)>0$

C. $f'(x)>0, f''(x)<0$ D. $f'(x)>0, f''(x)>0$

二、填空题

1. 设 $f(x)=\begin{cases}\dfrac{2}{x^2+1}, & x\leqslant 1,\\ ax+b, & x>1\end{cases}$ 在点 $x=1$ 可导,则 a 与 b 分别为 _____.

2. 若 $f(x)$ 是可导的偶函数,且 $f'(x_0)=a$,则 $f'(-x_0)=$ _____.

3. 已知 $\dfrac{\mathrm{d}}{\mathrm{d}x}\left[f\left(\dfrac{1}{x^2}\right)\right]=\dfrac{1}{x}$,则 $f'\left(\dfrac{1}{2}\right)=$ _____.

4. $\dfrac{\mathrm{d}}{\mathrm{d}x}[f(\ln x)]=x$,则 $f''(x)=$ _____.

5. 若 $f'(x)=x^2$,则 $\dfrac{\mathrm{d}}{\mathrm{d}x}[f(\sin x)]=$ _____.

6. 设函数 $f(x)$ 在 x_0 点可微,且 $f'(x_0)=2$,则 $\lim\limits_{\Delta x\to 0}\dfrac{\Delta y}{\mathrm{d}y}=$ _____.

7. 设 $f(x)=\sin\dfrac{x}{2}+\cos 2x$,则 $f^{(3)}(\pi)=$ _____.

三、计算与证明

1. 求下列函数的导数 $y'(x)$:

(1) $y=\dfrac{\arccos x}{x}-\ln\dfrac{1+\sqrt{1-x^2}}{x}$;   (2) $y=\lim\limits_{n\to\infty}\left(1-\dfrac{x^2}{n}\right)^n$;

(3) $\sqrt{x}+\sqrt{y}=\sqrt{a}$;   (4) $\arctan\dfrac{y}{x}=\ln\sqrt{x^2+y^2}$.

2. (1) 已知 $y=f(u), u=\dfrac{3x-2}{3x+2}$,且 $f'(x)=\arctan x^2$,求 $\dfrac{\mathrm{d}y}{\mathrm{d}x}\big|_{x=0}$.

(2) 设 $y=y(x)$ 由方程 $x\mathrm{e}^y+y\mathrm{e}^x=0$ 确定,求 $y'(0)$ 和 $y''(0)$.

(3) 若函数 $f(u)$ 有二阶导数,且 $f'(u)\neq 1$,设 $y=f(x+y)$,求 $\dfrac{\mathrm{d}^2 y}{\mathrm{d}x^2}$.

(4) 设 $y=f(x)$ 由方程组 $\begin{cases}x=t^2+2t\\ t^2-y+\sin y=0\end{cases}$ 确定,求 $\dfrac{\mathrm{d}y}{\mathrm{d}x}$ 和 $\dfrac{\mathrm{d}^2 y}{\mathrm{d}x^2}$.

3. 设曲线 $y=f(x)$ 与曲线 $y=\sin x$ 在原点相切,求极限 $\lim\limits_{n\to\infty}\sqrt{nf\left(\dfrac{2}{n}\right)}$.

4. 若函数 $y=f(x)(x>0)$ 在 x 点的增量 $\Delta y=\dfrac{\Delta x}{x}+o(\Delta x)$,且 $f(1)=1$,求函数 $f(x)$.

5. 设函数 $f(x)$ 在 $x=1$ 可微,且在 $x=0$ 的某邻域内满足
$$f(1+\sin x)-3f(1-\sin x)=2+8x+o(x),$$
求 $f'(1)$.

6. 讨论函数 $f(x)=\begin{cases}x^4\sin\dfrac{1}{x}, & x\neq 0,\\ 0, & x=0\end{cases}$ 在 $x=0$ 处存在几阶导数,各阶导数在 $x=0$ 处是否连续.

7. 求阿基米德螺线 $r=a\theta$ 在 $\theta=\dfrac{\pi}{2}$ 处的切线方程和法线方程.

8. (1) 设函数 $f(x)$ 可导,证明若 $f(x)$ 为奇(偶)函数,则 $f'(x)$ 为偶(奇)函数.

(2) 设函数 $f(x)$ 可导,证明若 $f(x)$ 周期为 T,则 $f'(x)$ 也是周期为 T 的函数.

9. 设函数 $f(x)$ 满足:(1) $f(x+y)=f(x)f(y)$, $\forall x,y\in\mathbf{R}$;(2) $f(x)=1+xg(x)$,而 $\lim\limits_{x\to 0}g(x)=1$. 证明 $f(x)$ 在 $\mathbf{R}$ 上处处可导,且 $f'(x)=f(x)$.

10. 设函数 $f(x)=\lim\limits_{n\to\infty}\dfrac{x^2\mathrm{e}^{n(x-1)}+ax+b}{\mathrm{e}^{n(x-1)}+1}$,试确定 a,b 使 $f(x)$ 连续、可导,并求 $f'(x)$.

11. 设函数 $y=\arctan x$,证明 $y^{(n)}(0)=\begin{cases}0, & n=2k,\\ (-1)^k(2k)!, & n=2k+1,\end{cases}$ $k=0,1,2,\cdots$.

12. 设有方程 $(1-x^2)\dfrac{\mathrm{d}^2 y}{\mathrm{d}x^2}-x\dfrac{\mathrm{d}y}{\mathrm{d}x}+a^2 y=0$,试证作变换 $x=\sin t$ 后,函数 y 满足

$$\frac{\mathrm{d}^2 y}{\mathrm{d}t^2}+a^2 y=0.$$

第四章　中值定理与导数的应用

本章首先介绍微分学的理论基础——微分中值定理,包括:罗尔(Rolle)定理、拉格朗日(Lagrange)中值定理、柯西(Cauchy)中值定理、泰勒(Taylor)中值定理,微分中值定理是微分学应用的桥梁.再进一步介绍如何利用导数工具研究函数的性态,如:求函数极限的罗必达法则,函数的增减、凹凸变化及函数图形的描绘等内容.

第一节　中　值　定　理

导数是研究函数的有力工具,但函数的导数是个局部性概念,仅反映了函数在一点附近的局部变化情况,为了利用导数研究函数在某个区间上整体的变化性态,需要建立函数在区间上的改变量与导数之间的关系,这就是本节将介绍的微分中值定理.

一、函数的极值及其必要条件

定义 1　函数 $f(x)$ 在 (a,b) 内有定义.若存在点 x_0 的某邻域 $U(x_0)$,使 $\forall x \in \mathring{U}(x_0)$,有 $f(x) < f(x_0)(f(x) > f(x_0))$,则称 $f(x_0)$ 是函数 $f(x)$ 的**极大值(极小值)**;x_0 称为函数在此邻域上的**极大值点(极小值点)**.

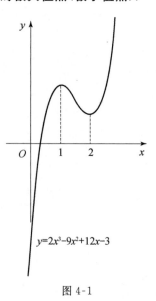

$y=2x^3-9x^2+12x-3$

图 4-1

函数的极大值与极小值统称为函数的**极值**,使函数取得极值的点统称为**极值点**.应特别注意函数的极大值和极小值的概念都是局部性的.

例如,直观上由函数 $f(x)=2x^3-9x^2+12x-3$ 的图形(见图 4-1)观察到,$f(1)=2$ 为函数的极大值,$f(2)=1$ 为函数的极小值,但并不是函数在定义域内的最大或最小值.

另外,我们注意到曲线在这些极值点处都有水平切线,这一事实抽象出来就是可导函数取得极值的必要条件,即下面的定理.

定理 1(费马(Fermat)定理)　设函数 $f(x)$ 在点 x_0 处可导,且在 x_0 处取得极值,则必有 $f'(x_0)=0$.

证　不妨设 x_0 是 $f(x)$ 的极大值点,因 $f(x)$ 在点 x_0 处可导,所以有 $f'(x_0)=f'_-(x_0)=f'_+(x_0)$.

当 $x < x_0$ 时,有 $\dfrac{f(x) - f(x_0)}{x - x_0} \geqslant 0$,因此,$f'_-(x_0) = \lim\limits_{x \to x_0^-} \dfrac{f(x) - f(x_0)}{x - x_0} \geqslant 0$;

当 $x > x_0$ 时,有 $\dfrac{f(x) - f(x_0)}{x - x_0} \leqslant 0$,因此,$f'_+(x_0) = \lim\limits_{x \to x_0^+} \dfrac{f(x) - f(x_0)}{x - x_0} \leqslant 0$;

所以 $f'(x_0) = 0$.

定义 2　使函数 $f(x)$ 导数为零的点称为函数的**驻点**.

由费马定理:可导函数 $f(x)$ 的极值点必定是它的驻点.但驻点不一定是极值点,这个问题我们之后讨论.

二、中值定理

1. 罗尔定理

首先我们观察满足一定条件的函数曲线的一种几何性质.

如图 4-2 所示,图中 $y = f(x)$ 在区间 $[a, b]$ 上是一条连续的曲线弧,除端点外每一点处处都有不垂直于 x 轴的切线(除端点外处处可导),且两端点的纵坐标相等.则我们看到曲线上必有至少一点,在该点的切线是水平的,或切线平行于连接 $A(a, f(a))$、$B(b, f(b))$ 两点的线段.这个几何性质正是下面的定理描述的.

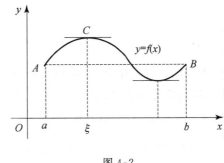

图 4-2

定理 1(罗尔(Rolle)定理)　设函数 $f(x) \in C[a, b]$,在开区间 (a, b) 内可导,且 $f(a) = f(b)$,则 $\exists \xi \in (a, b)$,使得 $f'(\xi) = 0$.

由费马定理,曲线在极值点处有水平切线,这就启发了我们证明这个定理的思路.

证　由于 $f(x) \in C[a, b]$,根据连续函数的性质,$f(x)$ 在 $[a, b]$ 上必取得它的最大值 M 和最小值 m.这两个最值有两种可能情况:

(1) $M = m$.这时 $f(x)$ 为常数,即 $f(x) = M$.由此有 $f'(x) = 0$,因此 (a, b) 内任意一点均可作为 ξ.

(2) $M > m$.因为 $f(a) = f(b)$,所以 M 和 m 这两个数中至少有一个不等于 $f(a)$.不妨设 $M \neq f(a)$,且 $f(\xi) = M, \xi \in (a, b)$.由费马定理

$$f'(\xi) = 0.$$

例 1　验证 $f(x) = x^2 - 2x - 3$ 在区间 $[-1, 3]$ 上罗尔定理的正确性.

解　显然,$f(x)$ 在 $[-1, 3]$ 上连续,在 $(-1, 3)$ 内可导,且满足 $f(-1) = 0, f(3) = 0$.而 $f'(x) = 2x - 2$,取 $\xi = \dfrac{1}{2} \in (-1, 3)$,则有 $f'(\xi) = 0$.因此罗尔定理正确.

应注意,对于一般的函数 $f(x)$,只要满足定理条件,则罗尔定理确定了 $f(x)$ 的导函数零点的存在性,但通常这样的零点并不容易求出.

例 2　不求导数,判断函数 $f(x) = (x + 1)(x - 2)(x - 3)$ 的导函数 $f'(x)$ 有几个零点,并指出这些零点所在的区间范围.

解　由于 $f(-1) = 0, f(2) = 0, f(3) = 0$,且 $f(x)$ 在 $[-1, 3]$ 上处处连续、可导,所以根据罗尔定理,$f(x)$ 在 $(-1, 2), (2, 3)$ 上分别存在 ξ_1, ξ_2,使 $f'(\xi_1) = 0, f'(\xi_2) = 0$,即 $f'(x)$ 至少有

两个零点.

又 $f'(x)$ 为二次多项式,最多有两个零点,故 $f'(x)$ 恰有两个零点,分别位于区间 $(-1,2)$, $(2,3)$ 内.

推论 对可导函数 $f(x)$,在方程 $f(x)=0$ 的两个实根之间,至少存在方程 $f'(x)=0$ 的一个实根.

例 3 设函数 $f(x)\in C[0,1]$,在 $(0,1)$ 内可导,且 $f(0)=1,f(1)=0$,证明 $\exists\xi\in(0,1)$ 使得 $f'(\xi)=-\dfrac{f(\xi)}{\xi}$.

分析 欲证 $f'(\xi)=-\dfrac{f(\xi)}{\xi}$,只要证 $\xi f'(\xi)+f(\xi)=0$,即 $[xf(x)]'|_{x=\xi}=0$,所以可构造函数 $g(x)=xf(x)$,并对此函数应用罗尔定理.

证明 令 $g(x)=xf(x)$,则 $g(x)$ 在 $[0,1]$ 上满足罗尔定理条件,于是 $\exists\xi\in(0,1)$ 使得 $[g(x)]'|_{x=\xi}=0$,即

$$\xi f'(\xi)+f(\xi)=0 \quad 或 \quad f'(\xi)=-\frac{f(\xi)}{\xi}.$$

由本题的证题思路,我们看到在利用中值定理证明某些关系式时,关键是引进一个新的函数,而如何构造此函数视具体问题而定,这种方法常称为构造函数法.

例 4 设函数 $f(x),g(x)$ 在 $[a,b]$ 上二阶可导,且 $g''(x)\neq0,f(a)=f(b)=g(a)=g(b)=0$. 证明:(1)在 (a,b) 内,$g(x)\neq0$;(2)$\exists\xi\in(a,b)$,使得 $\dfrac{f(\xi)}{g(\xi)}=\dfrac{f''(\xi)}{g''(\xi)}$.

证 (1)用反证法.

设 $\exists c\in(a,b)$,使得 $g(c)=0$,则对 $g(x)$ 分别在 $[a,c]$,$[c,b]$ 上用罗尔定理,$\exists\xi_1\in(a,c)$,$\xi_2\in(c,b)$,使得 $g'(\xi_1)=g'(\xi_2)=0$.

再在 $[\xi_1,\xi_2]$ 上对 $g'(\xi)$ 用罗尔定理可得,$\exists\xi_3\in(\xi_1\xi_2)$,使得 $g''(\xi_3)=0$. 这与题设 $g''(x)\neq0$ 矛盾,故 $g(x)\neq0$,$\forall x\in(a,b)$.

(2)利用构造函数法.

设 $F(x)=f(x)g'(x)-f'(x)g(x)$,易知 $F(x)\in C[a,b]$,且 $F(x)$ 在 (a,b) 可导,$F(a)=F(b)=0$,在 $[a,b]$ 上对 $F(x)$ 用罗尔定理可得,$\exists\xi\in(a,b)$,使得 $F'(\xi)=0$,而

$$F'(x)=f'(x)g'(x)+f(x)g''(x)-f''(x)g(x)-f'(x)g'(x)$$
$$=f(x)g''(x)-f''(x)g(x),$$

即

$$f(\xi)g''(\xi)-f''(\xi)g(\xi)=0.$$

又因为 $g(\xi)\neq0,g''(\xi)\neq0$,所以 $\exists\xi\in(a,b)$,使得 $\dfrac{f(\xi)}{g(\xi)}=\dfrac{f''(\xi)}{g''(\xi)}$.

2. 拉格朗日中值定理

罗尔定理中 $f(a)=f(b)$ 这个条件是相当特殊的. 如果把 $f(a)=f(b)$ 这个条件取消,但仍保留其余两个条件,结论会怎样呢? 从几何上分析,如果在图 4-2 中将曲线端点的其中一个(如 B 点)作变动,破坏 $f(a)=f(b)$ 这个条件,如图 4-3 所示,则 ξ 点的切线与曲线弧的两端点 A、B 的连线仍保持平行关系,而两端点连线的斜率为 $\dfrac{f(b)-f(a)}{b-a}$,因此这个几何性质可用数

学语言描述为：$\exists \xi \in (a,b)$ 使得 $\dfrac{f(b)-f(a)}{b-a}=f'(\xi)$. 这就是下面定理的几何意义.

定理 2（拉格朗日（Lagrange）中值定理） 如果函数 $f(x) \in C[a,b]$，在开区间 (a,b) 内可导，则 $\exists \xi \in (a,b)$，使得

$$f'(\xi)=\frac{f(b)-f(a)}{b-a}.$$

此公式称为拉格朗日中值公式.

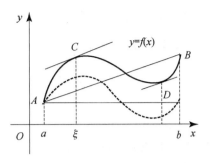

图 4-3

分析 利用构造函数法来证明. 要证 $f'(\xi)=\dfrac{f(b)-f(a)}{b-a}$，即 $f'(\xi)-\dfrac{f(b)-f(a)}{b-a}=0$，则可取 $F(x)=f(x)-\dfrac{f(b)-f(a)}{b-a}x$.

证 构造函数
$$F(x)=f(x)-\frac{f(b)-f(a)}{b-a}x.$$

容易验证函数 $F(x) \in C[a,b]$，在开区间 (a,b) 内可导，且 $F(a)=F(b)$，根据罗尔定理，$\exists \xi \in (a,b)$，使

$$F'(\xi)=0,$$

即
$$f'(\xi)-\frac{f(b)-f(a)}{b-a}=0,$$

移项即可.

显然，定理中公式对 $b<a$ 也成立.

拉格朗日中值定理表明函数 $f(x)$ 在整个区间 $[a,b]$ 上的平均变化率 $\dfrac{f(b)-f(a)}{b-a}$，一定等于函数在区间内部某点上的瞬时变化率.

推论 如果函数 $f(x)$ 在区间 I 上的导数恒为零，那么 $f(x)$ 在区间 I 上是一个常数.

证 $\forall x_1, x_2 \in I(x_1 < x_2)$，在 $[x_1, x_2]$ 上对函数 $f(x)$ 应用拉格朗日中值定理，$\exists \xi \in (x_1, x_2)$，使
$$f(x_2)-f(x_1)=f'(\xi)(x_2-x_1).$$

由已知 $f'(\xi)=0$，所以 $f(x_2)-f(x_1)=0$，即 $f(x_2)=f(x_1)$.

因 x_1, x_2 是 I 上任意两点，所以上面的等式表明 $f(x)$ 在 I 上的函数值总是相等的，即 $f(x)$ 在区间 I 上是一个常数.

例 5 证明在 $[-1,1]$ 上 $\arcsin x + \arccos x = \dfrac{\pi}{2}$.

证 设 $f(x)=\arcsin x + \arccos x, x \in [-1,1]$，则
$$f'(x)=\frac{1}{\sqrt{1-x^2}}+\left(\frac{-1}{\sqrt{1-x^2}}\right)=0 \quad (x \neq \pm 1),$$

由上推论，有 $f(x) \equiv C$. 取 $x=0$，得
$$f(0)=\arcsin 0 + \arccos 0 = \frac{\pi}{2}=C,$$

所以 $f(x)=\arcsin x + \arccos x = \dfrac{\pi}{2}, x \in (-1,1)$. 当 $x=\pm 1$ 时，等式仍成立，即在 $[-1,1]$ 上

$$\arcsin x + \arccos x = \frac{\pi}{2}.$$

例 6 设 $f(x)$ 在 $[a,b]$ 上为正值可导函数,证明 $\exists \xi \in (a,b)$,使得

$$\ln \frac{f(b)}{f(a)} = \frac{f'(\xi)}{f(\xi)}(b-a).$$

分析 要证的等式可以变形为 $\ln f(b) - \ln f(a) = \frac{f'(\xi)}{f(\xi)}(b-a)$,注意到 $[\ln f(x)]' = \frac{f'(x)}{f(x)}$,因此可设 $F(x) = \ln f(x)$.

证 构造函数 $F(x) = \ln f(x)$,则 $F(x)$ 在 $[a,b]$ 上连续,在 (a,b) 内可导,应用拉格朗日中值定理,$\exists \xi \in (a,b)$,使得 $F(b) - F(a) = F'(\xi)(b-a)$.

又因为

$$F'(x) = \frac{f'(x)}{f(x)},$$

所以

$$\ln f(b) - \ln f(a) = \frac{f'(\xi)}{f(\xi)}(b-a),$$

即

$$\ln \frac{f(b)}{f(a)} = \frac{f'(\xi)}{f(\xi)}(b-a).$$

例 7 证明不等式 $|\arctan a - \arctan b| \leqslant |a-b|$.

证明 不妨设 $a < b$,令 $f(x) = \arctan x, x \in [a,b]$,由于 $f(x)$ 在 $[a,b]$ 上连续,在 (a,b) 内可导,应用拉格朗日中值定理,得

$$f(b) - f(a) = f'(\xi)(b-a) \quad (a < \xi < b),$$

即

$$\arctan b - \arctan a = \frac{1}{1+\xi^2}(b-a),$$

所以

$$\left|\arctan a - \arctan b\right| = \frac{1}{1+\xi^2}|b-a| \leqslant |a-b|,$$

即

$$|\arctan a - \arctan b| \leqslant |a-b|.$$

拉格朗日中值定理有时也称为**微分中值定理**,它联系了函数在一区间上的函数值与其在此区间内一点上函数导数值之间的关系.正因为此,才使我们有可能用导数来研究函数的性质.因此,微分中值定理被认为是微分学中最重要的定理.拉格朗日定理中当 $f(a) = f(b)$ 时,即为罗尔定理.因此罗尔定理可看为拉格朗日中值定理的特殊情况.

拉格朗日定理还可表示为其他形式:

设 x、$x+\Delta x$ 为区间 $[a,b]$ 内两点,则拉格朗日中值公式还可写为

$$f(x+\Delta x) - f(x) = f'(x+\theta\Delta x)\Delta x \quad (0 < \theta < 1).$$

如果记 $f(x)$ 为 y,则上式又可写成

$$\Delta y = f'(x+\theta\Delta x)\Delta x \quad (0 < \theta < 1).$$

此式也叫做**有限增量公式**,它精确地表达了函数在一个区间上的增量与函数在这区间内某点处的导数之间的关系.因此,在有些问题中当自变量 x 取得有限增量 Δx 而需要函数增量的准确表达式时,拉格朗日中值定理就显出它的价值.

同时与微分的定义相比较,函数的微分 $\mathrm{d}y = f'(x)\Delta x$ 是函数的增量 Δy 的近似表达式,我们知道,以 $\mathrm{d}y$ 近似代替 Δy 所产生的误差只有当 $\Delta x \to 0$ 时才趋于零;而有限增量公式则表明 $f'(x+\theta\Delta x)\Delta x$ 是增量 Δy 的准确表达式.

例 8　设 $f(x) \in C(a,b)$，$f'(x)$ 在 (a,b) 内除 x_0 点外均存在，且 $\lim\limits_{x \to x_0^+} f'(x)$ 存在，证明 $f'_+(x_0) = \lim\limits_{x \to x_0^+} f'(x)$.

证　$\forall x \in (x_0,b)$，有 $f(x) \in C[x_0,x]$，在 (x_0,x) 内可导，由拉格朗日中值定理，$\exists \xi \in (x_0,x)$，使得

$$f(x) - f(x_0) = f'(\xi)(x - x_0),$$

故　　　　$f'_+(x_0) = \lim\limits_{x \to x_0^+} \dfrac{f(x) - f(x_0)}{x - x_0} = \lim\limits_{x \to x_0^+} f'(\xi) = \lim\limits_{\xi \to x_0^+} f'(\xi) = \lim\limits_{x \to x_0^+} f'(x).$

3. 柯西中值定理

如果连续曲线 $\overset{\frown}{AB}$ 由参数方程 $\begin{cases} X = F(x) \\ Y = f(x) \end{cases}$ $(a \leqslant x \leqslant b)$ 给出（见图 4-4），那么拉格朗日中值定理又表现为什么形式呢？

此时，曲线上任意一点 (X,Y) 处的切线的斜率 $\dfrac{\mathrm{d}y}{\mathrm{d}x} = \dfrac{f'(x)}{F'(x)}$，$A$ 点的坐标为 $(F(a),f(a))$，B 点的坐标为 $(F(b),f(b))$，所以弦 AB 的斜率为 $\dfrac{f(b)-f(a)}{F(b)-F(a)}$. 而曲线的几何性质不变，即在曲线上至少有一点 C，过这点的切线平行于两端点的弦 AB，可表示为 $\dfrac{f(b)-f(a)}{F(b)-F(a)} = \dfrac{f'(\xi)}{F'(\xi)}$，这里假定点 C 对应于参数 $x = \xi$. 于是有

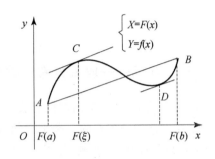

图 4-4

定理 3（柯西(Cauchy)中值定理）　设 $f(x),F(x) \in C[a,b]$，且均在 (a,b) 内可导，$F'(x) \neq 0$，则 $\exists \xi \in (a,b)$，使得

$$\frac{f(b)-f(a)}{F(b)-F(a)} = \frac{f'(\xi)}{F'(\xi)}.$$

证　首先注意到 $F(b) - F(a) \neq 0$. 这是由于 $F(x)$ 在 $[a,b]$ 上满足拉格朗日中值定理条件，所以有

$$F(b) - F(a) = F'(\eta)(b-a),$$

其中 $a < \eta < b$. 根据假定 $F'(\eta) \neq 0$，又 $b - a \neq 0$，所以 $F(b) - F(a) \neq 0$.

设　　　　$\varphi(x) = f(x) - \dfrac{f(b)-f(a)}{F(b)-F(a)} F(x),$

容易验证，$\varphi(x)$ 在 $[a,b]$ 上满足罗尔定理的条件，因此 $\exists \xi \in (a,b)$，使得 $\varphi'(\xi) = 0$，即

$$\frac{f(b)-f(a)}{F(b)-F(a)} = \frac{f'(\xi)}{F'(\xi)}.$$

注意到，如果取 $F(x) = x$，那么 $F(b) - F(a) = b - a$，$F'(\xi) = 1$，此时柯西中值定理可以写成

$$f(b) - f(a) = f'(\xi)(b-a) \quad (a < \xi < b),$$

这样就是拉格朗日中值定理了. 所以柯西中值定理可以看成拉格朗日中值定理的推广，柯西中值定理又叫广义微分中值定理.

例9 设 $f(x) \in C[a,b]$，在 (a,b) 内可导，且 $0 < a < b$. 证明 $\exists \xi_1, \xi_2 \in (a,b)$，使得

$$f'(\xi_1) = \frac{f'(\xi_2)}{2\xi_2}(a+b).$$

分析 只要证 $f'(\xi_1)(b-a) = \frac{f'(\xi_2)}{2\xi_2}(b^2-a^2)$. 因此等式的左端可对 $f(x)$ 在 $[a,b]$ 上用拉格朗日中值定理，右端可对 $f(x)$，x^2 在 $[a,b]$ 上用柯西中值定理.

证明 由已知 $f(x)$ 在 $[a,b]$ 区间满足拉格朗日中值定理条件，故 $\exists \xi_1 \in (a,b)$，使得

$$\frac{f(b)-f(a)}{b-a} = f'(\xi_1).$$

又 $f(x)$ 及 x^2 在 $[a,b]$ 区间满足柯西中值定理条件，故 $\exists \xi_2 \in (a,b)$，使得

$$\frac{f(b)-f(a)}{b^2-a^2} = \frac{f'(\xi_2)}{2\xi_2},$$

即

$$\frac{f(b)-f(a)}{b-a} = \frac{f'(\xi_2)}{2\xi_2}(b+a),$$

于是有

$$f'(\xi_1) = \frac{f'(\xi_2)}{2\xi_2}(a+b), \xi_1, \xi_2 \in (a,b).$$

三*、应用——收入分布问题(劳伦兹曲线)

表 4-1 是 1955 年美国国民总收入的分布情况，其中的次序是从低收入到高收入. 图 4-5 所示是经过该表中各点的一条平滑曲线，称为劳伦兹曲线，用 $r = f(p)$ 表示. 其中 p 表示人口比例，r 为相应的收入比例. 显然，$f(0) = 0$，$f(1) = 1$.

表 4-1　总收入分布情况

人口比例	收入比例
0	0
0.2	0.05
0.4	0.16
0.6	0.33
0.8	0.55
1.0	1.00

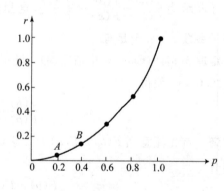

图 4-5

考虑点 $A(0.2, 0.05)$ 与点 $B(0.4, 0.16)$ 之间的那段曲线，我们看到在 0.2 与 0.4 之间(占人口总数的 20%)那部分人的总收入仅占全部收入的 $0.11 = 0.16 - 0.05 = 11\%$，即他们的收入低于平均收入(理想情况应当是 20% 的人应该享有全部收入的 20%)，此时，$\frac{0.11}{0.20} = 0.55$ 就可看做公平程度的一种度量，它等于连接点 A 与点 B 的割线的斜率. 位于 0.6 与 0.8 之间(也占 20%)的那部分人的情况稍好一些，他们得到全部收入的 $0.22 = 0.55 - 0.33 = 22\%$，此时公平程度为 $\frac{0.22}{0.20} = 1.1$. 上述公平程度可以分别看做区间 $[0.2, 0.4]$、$[0.6, 0.8]$ 上的平均公平程度，若令人口的百分比 $\Delta p \to 0$，则 $\frac{dr}{dp}$ 就是在 p 点的"瞬时"公平程度.

如果在劳伦兹曲线上有一点处的切线的斜率是 1,则此点的 p 值称为均匀分配系数(简称 ESC),用 ε 表示.例如,若 $\varepsilon=0.55$,就意味着 55% 的人的收入低于平均收入,45% 的人的收入高于平均收入.

我们可以认为劳伦兹曲线 $r=f(p)$ 是可导的,且它的切线的斜率是递增的.这就是说,从左到右,相同比例的人口的收入是递增的.如果 $r=f(p)=p$,则曲线的斜率处处为 1,即所有人的收入都是一样的;如果 $r=f(p)\neq p$,则由上述可知,$f'(p)$ 是 p 的一个严格增函数.此时若有 ε 使 $f'(p)=1$,则这样的 ε 只有一个.另一方面,由拉格朗日中值定理知存在一点 $\xi\in(0,1)$,使得

$$f'(\xi)=\frac{f(1)-f(0)}{1-0}=1$$

成立.故 ξ 就是要找的 ε.这样,我们就证明了劳伦兹曲线都有均匀分配系数,并且由此立刻可以知道收入低(高)于平均收入的人口比例.例如,设 $r=p^{\frac{3}{2}}$,则 $\dfrac{\mathrm{d}r}{\mathrm{d}p}=\dfrac{3}{2}p^{\frac{1}{2}}$,当 $p^{\frac{1}{2}}=\dfrac{3}{2}$ 即 $p=\dfrac{9}{4}\approx0.44$ 时,$\dfrac{\mathrm{d}r}{\mathrm{d}p}=1$,所以 $\varepsilon=0.44$.这说明有 44% 的人口的收入低于平均收入.

习　题　一

1. 试举例说明罗尔定理中的三个条件若有一条不满足,结论可能不成立.

2. 验证函数 $f(x)=3x^2+2x-1$ 在区间 $[-1,1]$ 上满足拉格朗日中值定理的条件,并求出定理中的 ξ.

3. 某帆船能在 12 小时内一次航行 110 海里.试解释为什么在航行过程中的某时刻帆船的速度一定超过 9 海里/小时.

4. 若 $f(x),g(x)$ 满足柯西中值定理条件,柯西中值定理可否如下证明:
因为 $f(x),g(x)$ 分别满足拉格朗日中值定理,所以有

$$\frac{f(b)-f(a)}{g(b)-g(a)}=\frac{f'(\xi)(b-a)}{g'(\xi)(b-a)}=\frac{f'(\xi)}{g'(\xi)},\xi\in(a,b).$$

5. (1) 若方程 $a_0x^n+a_1x^{n-1}+\cdots+a_{n-1}x=0$ 有一个正根 x_0,证明方程

$$a_0nx^{n-1}+a_1(n-1)x^{n-2}+\cdots+a_{n-1}=0$$

必有一个小于 x_0 的正根.

(2) 证明方程 $x^5+x-1=0$ 只有一个正根.

6. 证明 $\arctan x+\operatorname{arccot} x=\dfrac{\pi}{2}$.

7. 证明若函数 $f(x)$ 的导数为常数,则 $f(x)$ 是线性函数.

8. 若函数 $f(x)$ 在 $(-\infty,+\infty)$ 内满足 $f'(x)=f(x)$,且 $f(0)=1$,则 $f(x)=\mathrm{e}^x$.

9. 若函数 $f(x)$ 在 (a,b) 内具有二阶导数,且 $f(x_1)=f(x_2)=f(x_3)$,其中 $a<x_1<x_2<x_3<b$,证明在 (x_1,x_3) 内至少有一点 ξ,使得 $f''(\xi)=0$.

10. 证明下列不等式:

(1) 当 $x>0$ 时,$\dfrac{x}{1+x}<\ln(1+x)<x$;

(2) 当 $x>1$ 时,$e^x>ex$;

(3) $\dfrac{b-a}{b}<\ln\dfrac{b}{a}<\dfrac{b-a}{a}(0<a<b)$;

(4) 当 $\alpha>1$ 时,对任意实数 $a>b>0$,有 $\alpha b^{\alpha-1}(a-b)<a^\alpha-b^\alpha<\alpha a^{\alpha-1}(a-b)$.

11. 若函数 $f(x)\in C[-1,1]$,在 $(-1,1)$ 内可导,$f(0)=M(M>0)$,且 $|f'(x)|<M$. 在 $[-1,1]$ 上证明 $|f(x)|<2M$.

12. 若函数 $f(x)\in C[0,a]$,在 $(0,a)$ 内可导,$f(a)=0$,证明 $\exists\xi\in(0,a)$,使得 $f(\xi)+\xi f'(\xi)=0$.

第二节　洛必达法则

中值定理的一个重要应用就是给出了一类称为未定式极限的求法. 先来介绍什么是未定式.

观察下面两组例子:

(1) $\lim\limits_{x\to0}\dfrac{x^2}{x}=0$,$\lim\limits_{x\to0}\dfrac{x}{x^2}$ 不存在,$\lim\limits_{x\to0}\dfrac{\sin x}{x}=1$;

(2) $\lim\limits_{x\to\infty}\dfrac{x}{x^2}=0$,$\lim\limits_{x\to\infty}\dfrac{x^2}{x}$ 不存在,$\lim\limits_{x\to\infty}\dfrac{x^2+1}{x^2}=1$.

这两组极限的特点是分子、分母的极限都为 0 或 ∞,因为不满足极限四则运算法则的要求,都不能直接用极限运算法则计算,而这种极限有时存在,有时不存在,故将这种极限形式称为**未定式**.

在自变量的某种变化过程中,$\lim f(x)=0(\infty)$,$\lim g(x)=0(\infty)$,则称 $\lim\dfrac{f(x)}{g(x)}$ 为在自变量的该变化过程中的 $\dfrac{0}{0}$ 型($\dfrac{\infty}{\infty}$ 型)未定式,简记为 $\dfrac{0}{0}\left(\dfrac{\infty}{\infty}\right)$.

类似的未定式还有下面几种情形,分别是:

$$\infty-\infty,\quad 0\cdot\infty,\quad 0^0,\quad 1^\infty,\quad \infty^0.$$

下面我们以 $x\to a$ 时的情况为例,给出这类极限一种简单且重要的求法,对其他极限过程方法仍成立.

一、$\dfrac{0}{0}$、$\dfrac{\infty}{\infty}$ 型

定理 1($\dfrac{0}{0}$ 型)　设函数 $f(x)$ 及 $g(x)$ 满足

(1) $\lim\limits_{x\to a}f(x)=0$,$\lim\limits_{x\to a}g(x)=0$;

(2) $f(x)$ 及 $g(x)$ 在点 a 的某空心邻域 $\mathring{U}(a,\delta)$ 内可导,且 $g'(x)\neq0$;

(3) $\lim\limits_{x\to a}\dfrac{f'(x)}{g'(x)}$ 存在(或为无穷大).

则
$$\lim_{x\to a}\frac{f(x)}{g(x)}=\lim_{x\to a}\frac{f'(x)}{g'(x)}.$$

证　由条件(1),补充 $f(x)$、$g(x)$ 在点 a 的值,令 $f(a)=g(a)=0$,则 $f(x)$ 及 $g(x)$ 在

$U(a,\delta)$连续. 设 $x \in U(a,\delta)$，由条件(2)，$f(x)$ 及 $g(x)$ 在以 x 及 a 为端点的闭区间上连续，开区间上可导，利用柯西中值定理有

$$\frac{f(x)}{g(x)} = \frac{f(x)-f(a)}{g(x)-g(a)} = \frac{f'(\xi)}{g'(\xi)} \quad (\xi \text{ 在 } x \text{ 与 } a \text{ 之间}).$$

在上式两端取极限，注意到当 $x \to a$ 时，必有 $\xi \to a$，由条件(3)得

$$\lim_{x \to a} \frac{f(x)}{g(x)} = \lim_{\xi \to a} \frac{f'(\xi)}{g'(\xi)} = \lim_{x \to a} \frac{f'(x)}{g'(x)}.$$

定理 2$\left(\dfrac{\infty}{\infty}\text{型}\right)$　设函数 $f(x)$ 及 $g(x)$ 满足

(1) $\lim\limits_{x \to a} f(x) = \infty$，$\lim\limits_{x \to a} f(x) = \infty$；

(2) $f(x)$ 及 $g(x)$ 在点 a 的某空心邻域内可导，且 $g'(x) \neq 0$；

(3) $\lim\limits_{x \to a} \dfrac{f'(x)}{g'(x)}$ 存在(或为无穷大).

则

$$\lim_{x \to a} \frac{f(x)}{g(x)} = \lim_{x \to a} \frac{f'(x)}{g'(x)}.$$

证明略. 这种确定未定式极限的方法通称为**洛必达(L'Hospital)法则**.

例 1　求极限 $\lim\limits_{x \to 0} \dfrac{\tan x - x}{x - \sin x}$.

解　这是 $\dfrac{0}{0}$ 型的未定式，且满足定理 1 条件，用洛必达法则得

$$\lim_{x \to 0} \frac{\tan x - x}{x - \sin x} = \lim_{x \to 0} \frac{\sec^2 x - 1}{1 - \cos x}$$

由于上式右端仍为 $\dfrac{0}{0}$ 型，且满足定理 1 条件，再用洛必达法则得

$$\lim_{x \to 0} \frac{\tan x - x}{x - \sin x} = \lim_{x \to 0} \frac{2\sec^2 x \tan x}{\sin x} = 2 \lim_{x \to 0} \sec^3 x = 2.$$

例 2　求极限 $\lim\limits_{x \to 0^+} \dfrac{\ln \sin 3x}{\ln \sin x}$.

解　这是 $\dfrac{\infty}{\infty}$ 型的未定式，且满足定理 2 条件，应用洛必达法则得

$$\lim_{x \to 0^+} \frac{\ln \sin 3x}{\ln \sin x} = \lim_{x \to 0^+} \frac{(\ln \sin 3x)'}{(\ln \sin x)'} = \lim_{x \to 0^+} \frac{\dfrac{3\cos 3x}{\sin 3x}}{\dfrac{\cos x}{\sin x}}$$

$$= \lim_{x \to 0^+} \frac{3\sin x}{\sin 3x} = \lim_{x \to 0^+} \frac{3x}{3x} = 1.$$

此题中虽然 $\lim\limits_{x \to 0^+} \dfrac{3\sin x}{\sin 3x}$ 是 $\dfrac{0}{0}$ 型的未定式，但我们没有再用洛必达法则而是采用等价无穷小代换的方法求得极限. 洛必达法则经常与其他方法结合使用，请读者注意.

例 3　求极限 $\lim\limits_{x \to 0} \dfrac{\cos x - \sqrt{1+x}}{x^3}$.

解　$\lim\limits_{x \to 0} \dfrac{\cos x - \sqrt{1+x}}{x^3} = \lim\limits_{x \to 0} \dfrac{-\sin x - \dfrac{1}{2} \dfrac{1}{\sqrt{1+x}}}{3x^2} = \infty.$

例 4 求极限 $\lim\limits_{x\to+\infty}\dfrac{\ln x}{x^{\alpha}}(\alpha>0)$.

解 $\lim\limits_{x\to+\infty}\dfrac{\ln x}{x^{\alpha}}=\lim\limits_{x\to+\infty}\dfrac{\dfrac{1}{x}}{\alpha x^{\alpha-1}}=\lim\limits_{x\to+\infty}\dfrac{1}{\alpha x^{\alpha}}=0$.

例 5 求极限 $\lim\limits_{x\to+\infty}\dfrac{x^{\alpha}}{a^{x}}(\alpha>0,a>1)$.

解 这是 $\dfrac{\infty}{\infty}$ 型的未定式,用洛必达法则 $\lim\limits_{x\to+\infty}\dfrac{x^{\alpha}}{a^{x}}=\lim\limits_{x\to+\infty}\dfrac{\alpha x^{\alpha-1}}{a^{x}\ln a}$.

若 $0<\alpha\leqslant1$,上式右端极限为 0;

若 $\alpha>1$,上式右端仍是 $\dfrac{\infty}{\infty}$ 型的未定式,利用 $[\alpha]+1$ 次洛必达法则有

$$\lim\limits_{x\to+\infty}\frac{x^{\alpha}}{a^{x}}=\lim\limits_{x\to+\infty}\frac{\alpha(\alpha-1)x^{\alpha-2}}{a^{x}(\ln a)^{2}}=\cdots=\lim\limits_{x\to+\infty}\frac{\alpha(\alpha-1)(\alpha-2)\cdots(\alpha-[\alpha])x^{\alpha-[\alpha]-1}}{a^{x}(\ln a)^{[\alpha]+1}}=0.$$

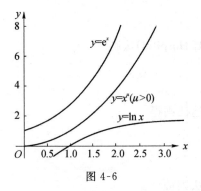

图 4-6

上两个例子表明:当 $x\to+\infty$ 时,$\ln x$,x^{α},a^{x} $(\alpha>0,a>1)$ 都是正无穷大,但趋于 $+\infty$ 的"快慢"程度是不同的(见图 4-6).在比较时,可直接利用这两个例子的结论.

二、其他未定式

其他五种未定式的极限均可化为 $\dfrac{0}{0}$ 或 $\dfrac{\infty}{\infty}$ 型,从而应用洛必达法则.

例 6 求极限 $\lim\limits_{x\to0}\left[\dfrac{1}{\ln(1+x)}-\dfrac{1}{x}\right]$.

解 这是 $\infty-\infty$ 型的未定式,可先对函数的表达式通分,再利用 $\ln(1+x)\sim x$,化为 $\dfrac{0}{0}$ 型的未定式,之后用洛必达法则

$$\lim\limits_{x\to0}\left[\frac{1}{\ln(1+x)}-\frac{1}{x}\right]=\lim\limits_{x\to0}\frac{x-\ln(1+x)}{x\ln(1+x)}=\lim\limits_{x\to0}\frac{x-\ln(1+x)}{x^{2}} \quad \left(\frac{0}{0}\text{型}\right)$$

$$=\lim\limits_{x\to0}\frac{1-\dfrac{1}{1+x}}{2x}=\lim\limits_{x\to0}\frac{1}{2(1+x)}=\frac{1}{2}.$$

例 7 求极限 $\lim\limits_{x\to1}(x-1)\tan\dfrac{\pi x}{2}$.

解 这是 $0\cdot\infty$ 型的未定式,可化为 $\dfrac{0}{0}$ 或 $\dfrac{\infty}{\infty}$ 的未定式

$$\lim\limits_{x\to1}(x-1)\tan\frac{\pi x}{2}=\lim\limits_{x\to1}\frac{x-1}{\cot\dfrac{\pi x}{2}} \quad \left(\frac{0}{0}\text{型}\right)$$

$$=\lim\limits_{x\to1}\frac{1}{-\csc^{2}\dfrac{\pi x}{2}\cdot\dfrac{\pi}{2}}=-\frac{2}{\pi}\lim\limits_{x\to1}\sin^{2}\frac{\pi x}{2}=-\frac{2}{\pi}.$$

例 8 求极限 $\lim\limits_{x \to \frac{\pi}{2}^+} (\tan x)^{\cos x}$.

解 这是 ∞^0 型的未定式. 函数是幂指函数, 可写为指数与对数函数的复合, 从而极限化为 $0 \cdot \infty$ 型的未定式

$$(\tan x)^{\cos x} = e^{\cos x \ln(\tan x)},$$

而

$$\lim_{x \to \frac{\pi}{2}^+} \cos x \ln \tan x = \lim_{x \to \frac{\pi}{2}^+} \frac{\ln \tan x}{\sec x}$$

$$= \lim_{x \to \frac{\pi}{2}^+} \frac{(\tan x)^{-1} \sec^2 x}{\sec x \tan x} = \lim_{x \to \frac{\pi}{2}^+} \frac{\sec x}{\tan^2 x} = \lim_{x \to \frac{\pi}{2}^+} \frac{\cos x}{\sin^2 x} = 0,$$

所以

$$\lim_{x \to \frac{\pi}{2}^+} (\tan x)^{\cos x} = e^0 = 1.$$

例 9 求极限 $\lim\limits_{x \to \infty} \left(\cos \dfrac{m}{x}\right)^x$ $(m \neq 0)$.

解 这是 1^∞ 型的未定式.

$$\lim_{x \to \infty} \left(\cos \frac{m}{x}\right)^x = \lim_{x \to \infty} e^{x \ln \cos \frac{m}{x}} = e^{\lim\limits_{x \to \infty} x \ln \cos \frac{m}{x}},$$

而

$$\lim_{x \to \infty} x \ln \cos \frac{m}{x} = \lim_{x \to \infty} \frac{\ln \cos \frac{m}{x}}{\frac{1}{x}} = \lim_{x \to \infty} \frac{-\tan \frac{m}{x} \cdot \frac{-m}{x^2}}{-\frac{1}{x^2}} = 0,$$

于是

$$\lim_{x \to \infty} \left(\cos \frac{m}{x}\right)^x = e^0 = 1.$$

例 10 求极限 $\lim\limits_{x \to 0^+} x^x$.

解 这是 0^0 型的未定式.

$$\lim_{x \to 0^+} x^x = \lim_{x \to 0^+} e^{x \ln x} = e^{\lim\limits_{x \to 0^+} x \ln x},$$

而

$$\lim_{x \to 0^+} x \ln x = \lim_{x \to 0^+} \frac{\ln x}{\frac{1}{x}} = \lim_{x \to 0^+} \frac{\frac{1}{x}}{-\frac{1}{x^2}} = \lim_{x \to 0^+} (-x) = 0,$$

于是

$$\lim_{x \to 0^+} x^x = e^0 = 1.$$

由此极限的结论, 一般地规定 $0^0 = 1$.

关于洛必达法则的使用还要强调以下两点:

(1) 在求未定式极限过程中, 每次使用洛必达法则时, 都应先结合其他求极限及函数初等变形的方法, 尽可能使函数化简, 从而最大限度地简化极限运算, 同时达到对各种求极限的方法运用自如的目的.

(2) 洛必达法则是求极限的充分条件, 若 $\lim\limits_{x \to a} \dfrac{f'(x)}{g'(x)}$ 不存在且不为 ∞, 不能说明原极限 $\lim\limits_{x \to a} \dfrac{f(x)}{g(x)}$ 不存在, 这时洛必达法则失效, 应改用其他方法求极限.

例 11 求极限 $\lim\limits_{x \to +\infty} \dfrac{x - \sin x}{x + \sin x}$.

解 这是 $\dfrac{\infty}{\infty}$ 型的未定式,利用洛必达法则有 $\lim\limits_{x\to+\infty}\dfrac{x-\sin x}{x+\sin x}=\lim\limits_{x\to+\infty}\dfrac{1-\cos x}{1+\cos x}$,极限不存在.

故求该极限不能使用洛必达法则,可改用下面的方法:

$$\lim_{x\to+\infty}\frac{x-\sin x}{x+\sin x}=\lim_{x\to+\infty}\frac{1-\dfrac{\sin x}{x}}{1+\dfrac{\sin x}{x}}=1.$$

可见,洛必达法则并不是对任意的未定式都能求出其极限.

习　题　二

1. 用洛必达法则求下列各极限:

(1) $\lim\limits_{x\to0}\dfrac{e^x-e^{-x}}{\sin x}$;

(2) $\lim\limits_{x\to a}\dfrac{\sin x-\sin a}{x-a}$;

(3) $\lim\limits_{x\to+\infty}\dfrac{\ln\ln x}{x}$;

(4) $\lim\limits_{x\to\frac{\pi}{2}}\dfrac{\tan x-5}{\sec x+4}$;

(5) $\lim\limits_{x\to1}\dfrac{x^3+\ln x-2}{e^x-e}$;

(6) $\lim\limits_{x\to0}\dfrac{e^x\sin x-x(1+x)}{x^3}$;

(7) $\lim\limits_{x\to0^+}\dfrac{\ln x}{\cot x}$;

(8) $\lim\limits_{x\to+\infty}\dfrac{(\ln x)^{10}}{x}$;

(9) $\lim\limits_{x\to+\infty}\dfrac{\ln(a+be^x)}{\sqrt{a+bx^2}}(a,b\neq0)$;

(10) $\lim\limits_{x\to0}\dfrac{2e^{2x}-e^x-3x-1}{\sin x(e^x-1)}$.

2. 求下列各极限:

(1) $\lim\limits_{x\to1^+}\left[\dfrac{2}{x^2-1}-\dfrac{1}{x-1}\right]$;

(2) $\lim\limits_{x\to1}\left(\dfrac{x}{x-1}-\dfrac{1}{\ln x}\right)$;

(3) $\lim\limits_{x\to\frac{\pi}{2}}(\sec x-\tan x)$;

(4) $\lim\limits_{x\to0^+}(\sin^2x)^{\frac{1}{\ln x}}$;

(5) $\lim\limits_{x\to\infty}(\cos\dfrac{2}{x})^x$;

(6) $\lim\limits_{x\to0^+}x^{\tan x}$;

(7) $\lim\limits_{x\to0^+}(\cot x)^{\frac{1}{\ln x}}$;

(8) $\lim\limits_{n\to\infty}(n\tan\dfrac{1}{n})^{n^2}$;

(9) $\lim\limits_{x\to0}\dfrac{x-\sin x}{x^2\sin x}$;

(10) $\lim\limits_{x\to0}\dfrac{x-x\cos x}{x-\sin x}$;

(11) $\lim\limits_{x\to0}\dfrac{\tan x-x}{x^2\sin x}$;

(12) $\lim\limits_{x\to+\infty}(\sqrt[3]{x^3+3x}-\sqrt{x^2-2x})$;

(13) $\lim\limits_{x\to0}x^2e^{\frac{1}{x^2}}$;

(14) $\lim\limits_{x\to0}\left(\dfrac{1}{x^2}-\dfrac{1}{\tan^2x}\right)$;

(15) $\lim\limits_{x\to\infty}x\left[(1+\dfrac{1}{x})^x-e\right]$;

(16) $\lim\limits_{n\to\infty}\left(\dfrac{\sqrt[n]{a}+\sqrt[n]{b}}{2}\right)^n$　$(a,b>0)$.

3. 验证极限 $\lim\limits_{x\to+\infty}\dfrac{e^x-e^{-x}}{e^x+e^{-x}}$ 存在,但不能用洛必达法则求出.

4. 若 $f(x)$ 有二阶导数,证明 $f''(x)=\lim\limits_{h\to0}\dfrac{f(x+h)-2f(x)+f(x-h)}{h^2}$.

5. 当 $x \to 0$ 时,若 $f(x) = e^x - (ax^2 + bx + c)$ 是比 x^2 高阶的无穷小,求常数 a, b, c.

6. 若 $f(x)$ 有二阶导数,且 $f(0) = 0$,$f'(0) = 1$,$f''(0) = 2$,求 $\lim\limits_{x \to 0} \dfrac{f(x) - x}{x^2}$.

7. 讨论函数 $f(x) = \begin{cases} \left[\dfrac{(1+x)^{\frac{1}{x}}}{e} \right]^{\frac{1}{x}}, & x > 0, \\ e^{-\frac{1}{2}}, & x \leqslant 0 \end{cases}$ 在 $x = 0$ 的连续性.

8. $\forall x > -1$,由中值定理,$\exists \theta \in (0, 1)$,使 $\ln(1+x) = \dfrac{x}{1+\theta x}$,求证 $\lim\limits_{x \to 0} \theta = \dfrac{1}{2}$.

第三节 泰 勒 公 式

对于一些比较复杂的函数,为了便于研究,往往希望用一些简单函数来近似表达.这种近似表达在数学上常称为逼近.这是数学中一种基本而又非常重要的思想.

回想在微分的概念中,我们有近似公式:$f(x) \approx f(x_0) + f'(x_0)(x - x_0)$,就是用一次多项式逼近函数的例子,从几何上看就是在 x_0 点附近用 x_0 点处的切线来代替曲线,其误差是 $o(x - x_0)$.这种近似的优点是形式简单、计算方便,缺点是精度不高,误差亦不能做精确的估计.为了改进这个公式,在一次多项式的基础上我们考虑是否可用高次多项式来逼近函数,即在 x_0 点附近用曲线代替函数.下面就来讨论这个问题.

设 n 次多项式为 $P_n(x) = a_0 + a_1(x - x_0) + a_2(x - x_0)^2 + \cdots + a_n(x - x_0)^n$,要想在 x_0 点附近逼近 $f(x)$,首先要求 $P_n(x_0) = f(x_0)$,且在 x_0 点有共同的切线,即 $P'_n(x_0) = f'(x_0)$,若要得到更精确的近似,两曲线在 x_0 点应有相同的弯曲程度,并且弯曲的方向(即凹凸性)应相同,这就要求二阶导数在 x_0 点相等,即 $P''_n(x_0) = f''(x_0)$.

由此,我们猜想,如果 $P_n(x)$ 与 $f(x)$ 在 x_0 点的高阶导数相同的越多,则近似的效果就越好,从而可设 $P_n^{(k)}(x_0) = f^{(k)}(x_0)$,$k = 0, 1, 2, \cdots, n$. 由这些条件首先来确定 $P_n(x)$ 的系数 a_k,$k = 0, 1, 2, \cdots, n$:

由 $P_n(x_0) = f(x_0)$,得 $a_0 = f(x_0)$;

对 $P_n(x)$ 求一阶导数,得 $P'_n(x) = a_1 + 2a_2(x - x_0) + \cdots + na_n(x - x_0)^{n-1}$,且 $P'_n(x_0) = a_1$,利用 $P'_n(x_0) = f'(x_0)$,得 $a_1 = f'(x_0)$.

一般地,对 $P_n(x)$ 求 k 阶导数,得

$P_n^{(k)}(x) = k! \, a_k + (k+1)k \cdots 2a_{k+1}(x - x_0) + \cdots + n(n-1) \cdots (n-k+1)a_n(x - x_0)^{n-k}$,

上式中令 $x = x_0$,并利用 $P_n^{(k)}(x_0) = f^{(k)}(x_0)$,得

$$a_k = \frac{f^{(k)}(x_0)}{k!}, \quad k = 0, 1, 2, \cdots n,$$

于是

$$P_n(x) = \sum_{k=0}^{n} \frac{f^{(k)}(x_0)}{k!}(x - x_0)^k.$$

那么,用 $P_n(x)$ 逼近 $f(x)$ 的误差是多少呢? 以下的泰勒(Taylor)中值定理回答了这个问题.

一、泰勒公式

定理1（带拉格朗日型余项的泰勒中值定理）　若函数 $f(x)$ 在含 x_0 的某个开区间 (a,b) 内具有直到 $(n+1)$ 阶的导数，则 $\forall x\in(a,b)$，有

$$f(x)=f(x_0)+\frac{f'(x_0)}{1!}(x-x_0)+\frac{f''(x_0)}{2!}(x-x_0)^2+\cdots+\frac{f^{(n)}(x_0)}{n!}(x-x_0)^n+R_n(x),$$

其中 $R_n(x)=\dfrac{f^{(n+1)}(\xi)}{(n+1)!}(x-x_0)^{n+1}$，这里 ξ 在 x_0 与 x 之间．

分析　记 $P_n(x)=\sum_{k=0}^{n}\dfrac{f^{(k)}(x_0)}{k!}(x-x_0)^k$，只要证明

$$R_n(x)=f(x)-P_n(x)=\frac{f^{(n+1)}(\xi)}{(n+1)!}(x-x_0)^{n+1},$$

或

$$\frac{R_n(x)}{(x-x_0)^{n+1}}=\frac{f^{(n+1)}(\xi)}{(n+1)!}.$$

证　设 $g(x)=(x-x_0)^{n+1}$，$R_n(x)=f(x)-P_n(x)$，则

$$g(x_0)=g'(x_0)=g''(x_0)=\cdots=g^{(n)}(x_0)=0,\quad g^{(n+1)}(x_0)=(n+1)!,$$

因 $f(x)$ 在 (a,b) 内具有直到 $n+1$ 阶导数，所以 $R_n(x)$ 在 (a,b) 内也具有直到 $n+1$ 阶导数，且

$$R(x_0)=R'(x_0)=R''(x_0)=\cdots=R^{(n)}(x_0)=0,\quad R^{(n+1)}(x)=f^{(n+1)}(x),$$

在以 x 与 x_0 为端点的区间上对 $R_n(x),g(x)$ 应用柯西中值定理，得

$$\frac{R_n(x)}{g(x)}=\frac{R_n(x)-R_n(x_0)}{g(x)-g(x_0)}=\frac{R_n'(\xi_1)}{g'(\xi_1)},\quad \xi_1\text{ 在 }x\text{ 与 }x_0\text{ 之间},$$

在以 ξ_1 与 x_0 为端点的区间上对 $R_n'(x),g'(x)$ 应用柯西中值定理，得

$$\frac{R_n'(\xi_1)}{g'(\xi_1)}=\frac{R_n'(\xi_1)-R_n'(x_0)}{g'(\xi_1)-g'(x_0)}=\frac{R_n''(\xi_2)}{g''(\xi_2)},\quad \xi_2\text{ 在 }\xi_1\text{ 与 }x_0\text{ 之间},$$

上述步骤进行 $n+1$ 次，得

$$\frac{R_n(x)}{g(x)}=\frac{R_n'(\xi_1)}{g'(\xi_1)}=\frac{R_n''(\xi_2)}{g''(\xi_2)}=\cdots=\frac{R_n^{(n)}(\xi_n)}{g^{(n)}(\xi_n)}=\frac{R_n^{(n)}(\xi_n)-R_n^{(n)}(x_0)}{g^{(n)}(\xi_n)-g^{(n)}(x_0)}=\frac{R_n^{(n+1)}(\xi)}{g^{(n+1)}(\xi)}=\frac{f^{(n+1)}(\xi)}{(n+1)!},$$

即

$$R_n(x)=\frac{f^{(n+1)}(\xi)}{(n+1)!}(x-x_0)^{n+1},$$

其中 ξ 在 ξ_n 与 x_0 之间，从而 ξ 在 x 与 x_0 之间．

$P_n(x)$ 称为 $f(x)$ 按 $(x-x_0)$ 的幂展开的 n 次近似多项式．定理1中公式本身称为 $f(x)$ 按 $(x-x_0)$ 的幂展开的 **n 阶泰勒公式**（简称泰勒公式），而 $R_n(x)$ 的表达式称为**拉格朗日型余项**．

特别地，当 $n=0$ 时，泰勒公式就是拉格朗日中值公式：

$$f(x)=f(x_0)+f'(\xi)(x-x_0)\qquad(\xi\text{ 在 }x_0\text{ 与 }x\text{ 之间}),$$

因此，泰勒中值定理是拉格朗日中值定理的推广．

在泰勒公式中，若取 $x_0=0$，则 ξ 在 0 与 x 之间，若令 $\xi=\theta x(0<\theta<1)$，这时泰勒公式为

$$f(x)=f(0)+f'(0)x+\frac{f''(0)}{2!}x^2+\cdots+\frac{f^{(n)}(0)}{n!}x^n+\frac{f^{(n+1)}(\theta x)}{(n+1)!}x^{n+1},\tag{4-1}$$

称为**带拉格朗日余项的麦克劳林（Maclaurin）公式**．

由泰勒中值定理可知，以多项式 $P_n(x)$ 逼近 $f(x)$ 时，其误差为 $|R_n(x)|$．如果对于某个固定的 n，当 $x\in(a,b)$ 时，总有 $|f^{(n+1)}(x)|\leqslant M$，则有估计式：

$$|R_n(x)| = \left| \frac{f^{(n+1)}(\xi)}{(n+1)!}(x-x_0)^{n+1} \right| \leqslant \frac{M}{(n+1)!}|(x-x_0)^{n+1}|.$$

从而有 $\lim\limits_{x \to x_0} \dfrac{R_n(x)}{(x-x_0)^n} = 0$，即当 $x \to x_0$ 时，$R_n(x) = o[(x-x_0)^n]$，所以在不需要余项的精确表达式时，泰勒公式又有如下形式：

$$f(x) = f(x_0) + \frac{f'(x_0)}{1!}(x-x_0) + \frac{f''(x_0)}{2!}(x-x_0)^2 + \cdots + \frac{f^{(n)}(x_0)}{n!}(x-x_0)^n + o[(x-x_0)^n],$$

其中余项 $o[(x-x_0)^n]$ 称为 **皮雅诺(Peano)余项**. 上公式称为 $f(x)$ **按 $(x-x_0)$ 的幂展开的带皮雅诺余项的 n 阶泰勒公式**. 这时 $f(x)$ 只要在 x_0 处有 n 阶导数即可.

定理 2（带皮雅诺余项的泰勒中值定理）　若函数 $f(x)$ 在 x_0 处有 n 阶导数，则

$$f(x) = \sum_{k=0}^{n} \frac{f^{(k)}(x_0)}{k!}(x-x_0)^k + o[(x-x_0)^n].$$

若取 $x_0 = 0$，则

$$f(x) = f(0) + f'(0)x + \frac{f''(0)}{2!}x^2 + \cdots + \frac{f^{(n)}(0)}{n!}x^n + o(x^n) \tag{4-2}$$

称为**带皮雅诺余项的麦克劳林公式**.

例 1　求函数 $y = e^{\sin x}$ 带皮雅诺余项的 2 阶麦克劳林公式.

解　因为
$$f(x) = e^{\sin x}, \quad f(0) = 1,$$
$$f'(x) = \cos x\, e^{\sin x}, f'(0) = 1,$$
$$f''(x) = e^{\sin x}(\cos^2 x - \sin x), f''(0) = 1,$$

所以
$$e^{\sin x} = f(0) + f'(0)x + \frac{f''(0)}{2!}x^2 + o(x^2)$$
$$= 1 + x + \frac{x^2}{2} + o(x^2).$$

例 2　设 $f(x) = e^x$，分别求它的带拉格朗日余项和皮雅诺余项的 n 阶麦克劳林公式.

解　因为对任意正整数 k，有 $f^{(k)}(x) = e^x$，所以
$$a_k = \frac{f^{(k)}(0)}{k!} = \frac{1}{k!},$$

而
$$f^{(n+1)}(x) = e^x, \quad f^{(n+1)}(\theta x) = e^{\theta x},$$

将这些值分别代入公式(4-1)及(4-2)，于是 e^x 的带拉格朗日余项及带皮雅诺余项的 n 阶麦克劳林公式分别为

$$e^x = 1 + \frac{x}{1!} + \frac{x^2}{2!} + \cdots + \frac{x^n}{n!} + \frac{e^{\theta x}}{(n+1)!}x^{n+1} \quad (0 < \theta < 1),$$

$$e^x = 1 + \frac{x}{1!} + \frac{x^2}{2!} + \cdots + \frac{x^n}{n!} + o(x^n).$$

由此，$e^x \approx 1 + \dfrac{x}{1!} + \dfrac{x^2}{2!} + \cdots + \dfrac{x^n}{n!}$，误差（设 $x > 0$）

$$|R_n(x)| = \left| \frac{e^{\theta x}}{(n+1)!}x^{n+1} \right| < \frac{e^x}{(n+1)!}x^{n+1}.$$

若取 $x = 1$，则 $e \approx 1 + \dfrac{1}{1!} + \dfrac{1}{2!} + \cdots + \dfrac{1}{n!}$，其误差 $R_n(1) < \dfrac{e}{(n+1)!} < \dfrac{3}{(n+1)!}$.

可见，当 $n \to \infty$ 时，$R_n(1) \to 0$，当 n 足够大时，误差可以任意小. 例如，若要求误差小于 10^{-5}，则可取 $n = 8$，此时 $R_n(1) < \dfrac{3}{9!} < 10^{-5}$，且 e 的近似值为

$$e \approx 1 + 1 + \frac{1}{2!} + \cdots + \frac{1}{8!} \approx 2.718\ 28.$$

例 3 设 $f(x) = \cos x$，求它的带拉格朗日余项的麦克劳林公式.

解 因为对任意正整数 k，有 $f^{(k)}(x) = \cos\left(x + \frac{k\pi}{2}\right)$，所以

$$f^{(k)}(0) = \cos \frac{k\pi}{2},$$

当 k 为奇数时，$f^{(k)}(0) = 0$；当 k 为偶数时，$f''(0) = -1$，$f^{(4)}(0) = 1$，$f^{(6)}(0) = -1$，$f^{(8)}(0) = 1$，$\cdots$；设 $k = 2n$，则

$$f^{(2n)}(0) = (-1)^n \quad (n = 1, 2, \cdots),$$

故

$$\cos x = 1 - \frac{x^2}{2!} + \frac{x^4}{4!} - \cdots + (-1)^n \frac{x^{2n}}{(2n)!} + R_{2n+1}(x).$$

其中

$$R_{2n+1}(x) = \frac{\cos^{(2n+2)}(\theta x)}{(2n+2)!} x^{2n+2} = \frac{\cos(\theta x + (n+1)\pi)}{(2n+2)!} x^{2n+2}, \quad 0 < \theta < 1.$$

它的带皮雅诺余项的麦克劳林公式为

$$\cos x = 1 - \frac{x^2}{2!} + \frac{x^4}{4!} - \cdots + (-1)^n \frac{x^{2n}}{(2n)!} + o(x^{2n+1}).$$

同理可求得 $\sin x$ 带拉格朗日余项和皮雅诺余项的麦克劳林公式为

$$\sin x = x - \frac{x^3}{3!} + \frac{x^5}{5!} - \cdots + (-1)^{n-1} \frac{x^{2n-1}}{(2n-1)!} + \frac{\sin\left(\theta x + \frac{2n+1}{2}\pi\right)}{(2n+1)!} x^{2n+1}, \quad 0 < \theta < 1,$$

$$\sin x = x - \frac{x^3}{3!} + \frac{x^5}{5!} - \cdots + (-1)^{n-1} \frac{x^{2n-1}}{(2n-1)!} + o(x^{2n}).$$

类似地，还可以得到常用的 $\ln(1+x)$，$(1+x)^\alpha$ 的带皮雅诺余项的麦克劳林公式为

$$\ln(1+x) = x - \frac{x^2}{2} + \frac{x^3}{3} - \cdots + (-1)^{n-1} \frac{x^n}{n} + o(x^n),$$

$$(1+x)^\alpha = 1 + \alpha x + \frac{\alpha(\alpha-1)}{2!} x^2 + \cdots + \frac{\alpha(\alpha-1)\cdots(\alpha-n+1)}{n!} x^n + o(x^n).$$

例 4 求函数 $f(x) = xe^{-x}$ 的带皮雅诺余项的 n 阶麦克劳林公式.

解 因为 $e^x = 1 + \frac{x}{1!} + \frac{x^2}{2!} + \cdots + \frac{x^{n-1}}{n-1!} + o(x^{n-1})$，所以

$$e^{-x} = 1 + \frac{(-x)}{1!} + \frac{(-x)^2}{2!} + \cdots + \frac{(-x)^{n-1}}{(n-1)!} + o(x^{n-1}),$$

于是

$$xe^{-x} = x\left[1 + \frac{(-x)}{1!} + \frac{(-x)^2}{2!} + \cdots + \frac{(-x)^{n-1}}{(n-1)!} + o(x^{n-1})\right]$$

$$= x - x^2 + \frac{x^3}{2!} - \frac{x^4}{3!} + \cdots + \frac{(-1)^{n-1} x^n}{(n-1)!} + o(x^n).$$

例 5 当 $x_0 = 4$ 时，求函数 $f(x) = \sqrt{x}$ 按 $x - 4$ 的幂展开的带皮雅诺余项的三阶泰勒公式.

解 因为 $f(x) = x^{\frac{1}{2}}$，$f'(x) = \frac{1}{2} x^{-\frac{1}{2}}$，$f''(x) = -\frac{1}{4} x^{-\frac{3}{2}}$，$f'''(x) = \frac{3}{8} x^{-\frac{5}{2}}$，

所以 $\sqrt{x} = f(4) + f'(4)(x-4) + \frac{f''(4)}{2!}(x-4)^2 + \frac{f'''(4)}{3!}(x-4)^3 + o[(x-4)^3]$

$$= 2 + \frac{1}{4}(x-4) - \frac{1}{64}(x-4)^2 + \frac{1}{512}(x-4)^3 + o[(x-4)^3].$$

二、泰勒公式的应用

泰勒公式的其他典型应用举例如下.

例 6　求极限 $I = \lim\limits_{x \to 0} \dfrac{\cos x - e^{-\frac{x^2}{2}}}{x^4}$.

分析　函数的分子是两种不同类型函数的差,而分母为幂函数,可利用带皮亚诺余项的泰勒公式将三角函数及指数函数都表示为多项式函数与余项的和,从而将极限化为有理函数与无穷小量的极限.

解　将 $\cos x, e^{-\frac{x^2}{2}}$ 分别展开为带皮雅诺余项的四阶麦克劳林公式:

$$\cos x = 1 - \frac{x^2}{2!} + \frac{x^4}{4!} + o(x^4),$$

$$e^{-\frac{x^2}{2}} = 1 + \left(-\frac{x^2}{2}\right) + \frac{1}{2!}\left(-\frac{x^2}{2}\right)^2 + o\left[\left(-\frac{x^2}{2}\right)^2\right] = 1 - \frac{x^2}{2} + \frac{x^4}{8} + o(x^4),$$

故

$$\cos x - e^{-\frac{x^2}{2}} = -\frac{1}{12}x^4 + o(x^4),$$

则极限

$$I = \lim_{x \to 0}\left[-\frac{1}{12} + \frac{o(x^4)}{x^4}\right] = -\frac{1}{12}.$$

例 7　设 $x \geqslant 0$ 时,$f(x)$ 的二阶导数存在且 $f''(x) < 0$,又 $f(0) > 0$,$f'(x) < 0$,证明当 $x > 0$ 时,$f(x)$ 有一个零点.

分析　泰勒公式给出了函数在 x, x_0 两点的函数值与 x_0 点的各阶导数值及余项的关系,所以当需要利用高阶导数研究函数的性质时,常常用到泰勒公式.

证　将 $f(x)$ 在 $x = 0$ 展开为带拉格朗日余项的一阶泰勒公式,有

$$f(x) = f(0) + f'(0)x + \frac{f''(\xi)}{2!}x^2, \quad \xi \text{ 在 } 0 \text{ 与 } x \text{ 之间},$$

取

$$x_0 = -\frac{f(0)}{f'(0)} > 0,$$

则

$$f(x_0) = f(0) + f'(0)\left[-\frac{f(0)}{f'(0)}\right] + \frac{f''(\xi_1)}{2!}\left[-\frac{f(0)}{f'(0)}\right]^2$$

$$= \frac{f''(\xi_1)}{2!}\left[\frac{f(0)}{f'(0)}\right]^2 < 0, \quad \xi_1 \text{ 在 } 0, x_0 \text{ 之间}.$$

而 $f(0) > 0$,由闭区间上连续函数的介值定理可知,$f(x)$ 在 $[0, x_0]$ 上存在一个零点,即当 $x > 0$ 时,$f(x)$ 有一个零点.

例 8　设 $f''(x) > 0$,当 $x \to 0$ 时,$f(x) \sim x$.证明当 $x \neq 0$ 时,$f(x) > x$.

证　将 $f(x)$ 在 0 点展开为带拉格朗日余项的一阶泰勒公式

$$f(x) = f(0) + f'(0)x + \frac{f''(\xi)}{2!}x^2, \quad \xi \text{ 在 } 0 \text{ 与 } x \text{ 之间},$$

又当 $x \to 0$ 时,$f(x) \sim x$,得 $f(0) = 0$,$f'(0) = 1$,所以

$$f(x) = x + \frac{f''(\xi)}{2!}x^2,$$

由于 $f''(x) > 0$,于是当 $x \neq 0$ 时,$f(x) > x$.

习 题 三

1. 求 $y = \arctan x$ 的带皮亚诺余项的三阶麦克劳林公式.

2. 按 $x-1$ 的乘幂形式改写多项式 $f(x) = x^4 + x^3 + x^2 + x + 1$.

3. 求 $f(x) = \ln x$ 按 $x-2$ 的幂展开的带皮亚诺余项的 n 阶麦克劳林公式.

4. 写出函数 $f(x) = x e^x$ 的带拉格朗日余项的 n 阶麦克劳林公式.

5. 求 $f(x) = \dfrac{1}{x}$ 按 $x+1$ 的幂展开的带拉格朗日余项的 n 阶泰勒公式.

6. 写出函数 $f(x) = e^{1-\frac{x^2}{2}}$ 的带皮亚诺余项的 $2n$ 阶麦克劳林公式.

7. 写出函数 $f(x) = \sin^2 x$ 的带皮亚诺余项的 $2n-1$ 阶麦克劳林公式.

8. 利用泰勒公式求极限：

(1) $\lim\limits_{x \to 0} \dfrac{\sin x - x\cos x}{\sin^3 x}$;　(2) $\lim\limits_{x \to 0} \dfrac{\cos x - e^{-\frac{x^2}{2}}}{x^2[x + \ln(1-x)]}$;　(3) $\lim\limits_{x \to \infty} \left[x - x^2 \ln\left(1 + \dfrac{1}{x}\right) \right]$.

9. 设函数 $f(x)$ 在区间 $[a,b]$ 上有二阶连续导数,证明 $\exists \xi \in (a,b)$,使得

$$f(a) + f(b) - 2f\left(\frac{a+b}{2}\right) = \frac{(b-a)^2}{4} f''(\xi).$$

10. 设函数 $f(x)$ 在区间 $[0,2]$ 上二阶可导, $f(0) \neq f(2)$,且 $|f''(x)| \leqslant M$,证明 $\forall x \in [0,2]$,有 $|f'(x)| \leqslant M$.

第四节　函数性态的研究

本节我们以导数为工具,介绍判断函数单调性、极值与最值,曲线的凹凸性等性态的一般性方法.

一、函数单调性判别法

我们从几何上观察:若函数 $y = f(x)$ 在 $[a,b]$ 上单调增加(单调减少),如图 4-7 所示,曲线上各点处的切线除个别点平行于 x 轴外,其他点处切线的斜率均为正(为负),即除个别点外均有 $y' = f'(x) > 0 (y' = f'(x) < 0)$. 由此可见,函数的单调性与导数的符号有着密切的联系.那么能否用导数的符号来判定函数的单调性呢? 下面的定理回答了这一问题.

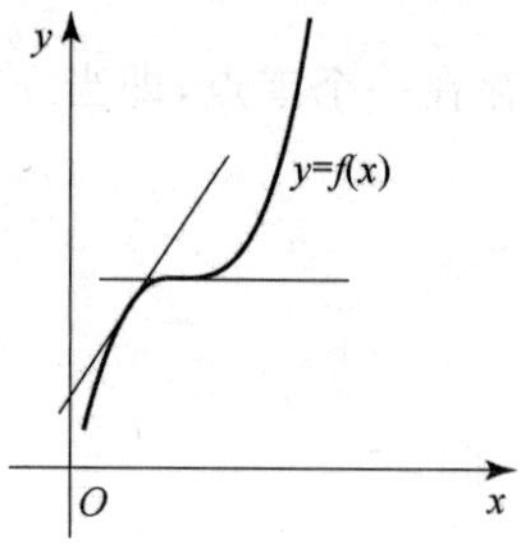

图 4-7

定理 1　设函数 $y = f(x) \in C[a,b]$,在 (a,b) 内可导,若在 (a,b) 内 $f'(x) \geqslant 0 (f'(x) \leqslant 0)$,且等号仅在有限个点处成立,则 $f(x)$ 在 $[a,b]$ 上单调增加(减少).

证　$\forall x_1, x_2 \in [a,b]$,且 $x_1 < x_2$,在 $[x_1, x_2]$ 上应用拉格朗日中值定理,得

$$f(x_2) - f(x_1) = f'(\xi)(x_2 - x_1) > 0 \quad (x_1 < \xi < x_2).$$

若 $\forall x \in (a,b)$ 都有 $f'(x) > 0$，从而 $f'(\xi) > 0$，于是 $f(x_1) < f(x_2)$，即函数 $y = f(x)$ 在 $[a,b]$ 上单调增加.

若 $f'(x)$ 在 (a,b) 内的某点 c 处为 0，而在其他点上 $f'(x) > 0$，则 $f(x)$ 在区间 $[a,c]$，$[c,b]$ 上单调增加，因此在 $[a,b]$ 上单调增加. 所以若 $f'(x) = 0$ 仅在有限个点处成立，$f(x)$ 在 $[a,b]$ 上仍是单调增加的.

把定理中的闭区间换成其他各种区间（包括无穷区间，此时要求在其任一子区间上满足定理条件），结论仍成立.

例1　讨论函数 $y = x^3$ 的单调性.

解　函数的定义域为 $(-\infty, +\infty)$.

又因为 $y' = 3x^2$，除 $x = 0$ 外，均有 $y' > 0$，从而函数在 $(-\infty, +\infty)$ 上单调增加.

例2　讨论函数 $y = xe^{-x}$ 的单调性.

解　函数的定义域为 $(-\infty, +\infty)$.

因 $y' = (1-x)e^{-x}$，所以当 $x < 1$ 时，$y' > 0$；当 $x > 1$ 时，$y' < 0$.

于是函数 $y = xe^{-x}$ 在 $(-\infty, 1]$ 上单调增加，在 $[1, +\infty)$ 上单调减少.

例3　讨论函数 $y = \sqrt[3]{x^2}$ 的单调性.

解　函数的定义域为 $(-\infty, +\infty)$.

$$y' = \frac{2}{3\sqrt[3]{x}} \quad (x \neq 0).$$

$x = 0$ 时，函数的导数不存在.

在 $(-\infty, 0)$ 内，$y' < 0$，因此函数在 $(-\infty, 0]$ 上单调减少；在 $(0, +\infty)$ 内，$y' > 0$，因此函数在 $[0, +\infty)$ 上单调增加.

从这几个例子可以看出，许多函数在它的定义区间上不是单调的，但通常函数可以在定义区间的各个部分区间上单调，这些区间称为函数的单调区间. 因此，若函数 $f(x)$ 在定义区间上连续，除去有限个导数不存在的点外导数均存在，则只要用使 $f'(x) = 0$ 的点（驻点）及 $f'(x)$ 不存在的点来划分函数 $f(x)$ 的定义区间，从而在各个区间上判定 $f'(x)$ 的符号，就可找出 $f(x)$ 的单调区间.

例4　求函数 $y = (x-1)\sqrt[3]{x^2}$ 的单调区间.

解　函数的定义域为 $(-\infty, +\infty)$. $x \neq 0$ 时，

$$y' = \sqrt[3]{x^2} + \frac{2}{3} \cdot \frac{x-1}{\sqrt[3]{x}} = \frac{5x-2}{3\sqrt[3]{x}},$$

令 $y' = 0$，得驻点 $x = \dfrac{2}{5}$. 又 $x = 0$ 为函数的不可导点.

分析列表见表 4-2.

表 4-2

x	$(-\infty, 0)$	0	$\left(0, \dfrac{2}{5}\right)$	$\dfrac{2}{5}$	$\left(\dfrac{2}{5}, +\infty\right)$
y'	$+$	不存在	$-$	0	$+$
y	↗		↘		↗

所以函数在$(-\infty,0],\left[\dfrac{2}{5},+\infty\right)$上单调增加,在$\left[0,\dfrac{2}{5}\right]$上单调减少,函数如图 4-8 所示.

例 5 证明当 $x>0$ 时,$\ln(1+x)>\dfrac{x}{1+x}$.

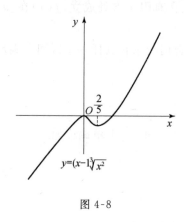

图 4-8

证 令 $f(x)=\ln(1+x)-\dfrac{x}{1+x}$,当 $x>0$ 时,$f(x)$ 显然连续且可导,且

$$f'(x)=\frac{1}{1+x}-\frac{1+x-x}{(1+x)^2}=\frac{x}{(1+x)^2},$$

可见 $f'(x)>0$,故 $f(x)$ 在 $[0,+\infty)$ 上单调增加,即 $\forall x\in(0,+\infty)$,$f(x)>f(0)$,又 $f(0)=0$,于是

$$\ln(1+x)-\frac{x}{1+x}>0,$$

即

$$\ln(1+x)>\frac{x}{1+x}.$$

例 6 设函数 $f_n(x)=x^n+x$,证明对任意自然数 n,方程 $f_n(x)=1$ 在 $\left[\dfrac{1}{2},1\right]$ 上有且仅有一个根.

证 设函数 $F_n(x)=x^n+x-1$,则 $F_n\left(\dfrac{1}{2}\right)=\left(\dfrac{1}{2}\right)^n+\dfrac{1}{2}-1$,$F_n(1)=1>0$,

当 $n=1$ 时,$x=\dfrac{1}{2}$ 为方程的一个根;

当 $n\neq 1$ 时,因 $F_n\left(\dfrac{1}{2}\right)=\left(\dfrac{1}{2}\right)^n+\dfrac{1}{2}-1<0$,$F_n(1)>0$,由闭区间上连续函数的介值定理 $\exists\xi\in\left(\dfrac{1}{2},1\right)$,使 $F_n(\xi)=0$,即 ξ 为方程的一个根.

又因为 $F'_n(x)=nx^{n-1}+1>0$,$x\in\left(\dfrac{1}{2},1\right)$,于是函数 $F_n(x)=x^n+x-1$ 在 $\left[\dfrac{1}{2},1\right]$ 上单调增加,故方程 $f_n(x)=1$ 在 $\left[\dfrac{1}{2},1\right]$ 上有且仅有一个根.

二、曲线的凹凸性与拐点

前面我们研究了函数的单调性,反映在图形上就是曲线的上升与下降.观察图 4-9 中的两条曲线弧,虽然它们都是上升的,但图形却有着显著的不同,弧段 $\overgroup{ACB}$ 是向上凸的曲线弧,而弧段 $\overgroup{ADB}$ 是向下凹的曲线弧,因此我们需要引入能够描述曲线弯曲方向的量——曲线的凹凸性.下面就来研究曲线的凹凸性及其判定法.

从几何上我们注意到,在有的曲线弧上,如果任取两点,则连接这两点间的弦总位于这两点间的弧段的上方,如图 4-10(a)所示,而有的曲线弧则正好相反,如图 4-10(b)所示.

曲线的这种性质就是曲线的凹凸性.因此曲线的凹凸性可以用连接曲线弧上任意两点的弦的中点与曲线弧上相应点(即具有相同横坐标的点)的位置关系来描述.

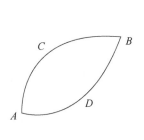

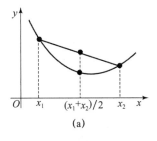

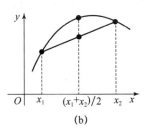

图 4-9　　　　　　　　　　　　　　　　图 4-10

定义 1　设 $f(x)$ 在区间 I 上连续,如果 $\forall x_1,x_2 \in I$,恒有

$$f\left(\frac{x_1+x_2}{2}\right) < \frac{f(x_1)+f(x_2)}{2},$$

则称 $f(x)$ 在 I 上的图形是凹的(或凹弧);如果恒有

$$f\left(\frac{x_1+x_2}{2}\right) > \frac{f(x_1)+f(x_2)}{2},$$

则称 $f(x)$ 在 I 上的图形是凸的(或凸弧).

定理 2　设 $f(x) \in C[a,b]$,且在 (a,b) 内具有一阶和二阶导数,那么

(1) 若在 (a,b) 内 $f''(x) > 0$,则 $f(x)$ 在 $[a,b]$ 上的图形是凹的;

(2) 若在 (a,b) 内 $f''(x) < 0$,则 $f(x)$ 在 $[a,b]$ 上的图形是凸的.

证　(1) $\forall x_1,x_2 \in [a,b]$,且 $x_1 < x_2$,记 $x_0 = \dfrac{x_1+x_2}{2}$,$x_2 - x_0 = x_0 - x_1 = h$.分别在 $[x_1,x_0]$ 与 $[x_0,x_2]$ 上应用拉格朗日中值定理:

$$f(x_0) - f(x_1) = f'(\xi_1)(x_0 - x_1),\xi_1 \in (x_1,x_0),$$
$$f(x_2) - f(x_0) = f'(\xi_2)(x_2 - x_0),\xi_2 \in (x_0,x_2),$$

两式相减,得　　　　$f(x_2) + f(x_1) - 2f(x_0) = [f'(\xi_2) - f'(\xi_1)]h,$

再在区间 $[\xi_1,\xi_2]$ 上对 $f'(x)$ 应用拉格朗日中值定理,得

$$f'(\xi_2) - f'(\xi_1) = f''(\xi)(\xi_2 - \xi_1),\xi \in (\xi_1,\xi_2).$$

因为 $f''(x) > 0$,所以 $f''(\xi) > 0$,而 $\xi_2 - \xi_1 > 0$,于是

$$f(x_2) + f(x_1) - 2f(x_0) > 0,$$

即　　　　　　　　　　$f\left(\frac{x_1+x_2}{2}\right) < \frac{f(x_1)+f(x_2)}{2},$

故 $f(x)$ 在 $[a,b]$ 上的图形是凹的.

类似可证明(2).

此定理对其他类型区间仍成立.

例 7　判断曲线 $y = x^3$ 的凹凸性.

解　函数的定义域为 $(-\infty,+\infty)$.因 $y' = 3x^2$,$y'' = 6x$,当 $x < 0$ 时,$y'' < 0$,所以曲线在 $(-\infty,0]$ 是凸的,当 $x > 0$ 时,$y'' > 0$,所以曲线在 $[0,+\infty)$ 是凹的.

一般地,若 $y = f(x)$ 在 x_0 连续,在点 $(x_0,f(x_0))$ 两侧曲线有不同的凹凸性,则称 $(x_0,f(x_0))$ 是曲线 $y = f(x)$ 的拐点.例如,在曲线 $y = x^3$ 上,$(0,0)$ 为此曲线的拐点.

例 8　求 $y = (x-1)\sqrt[3]{x^2}$ 的凹凸区间及拐点.

解　对于该函数已经讨论过它的单调性,现在讨论它的凹凸性与拐点.由于 $x \neq 0$ 时,

$$y' = \frac{5x-2}{3\sqrt[3]{x}}, \quad y'' = \frac{2(5x+1)}{9x\sqrt[3]{x}}.$$

令 $y'' = 0$,可得 $x = -\frac{1}{5}$,当 $x = 0$ 时,y'' 不存在. $-\frac{1}{5}$ 及 0 将函数的定义域 $(-\infty, +\infty)$ 分为三段区间,讨论见表 4-3:

表 4-3

x	$\left(-\infty, -\frac{1}{5}\right)$	$-\frac{1}{5}$	$\left(-\frac{1}{5}, 0\right)$	0	$(0, +\infty)$
y''	$-$	0	$+$	不存在	$+$
y	凸弧	拐点 $\left(-\frac{1}{5}, y\left(-\frac{1}{5}\right)\right)$	凹弧	非拐点	凹弧

所以曲线在 $\left(-\infty, -\frac{1}{5}\right]$ 上是凸的,在 $\left[-\frac{1}{5}, +\infty\right)$ 上是凹的.当 $x = -\frac{1}{5}$ 时,$y = -\frac{6}{5\sqrt[3]{25}}$,于是 $\left(-\frac{1}{5}, -\frac{6}{5\sqrt[3]{25}}\right)$ 为曲线的拐点.

三、函数极值的求法

本章第一节费马定理就是可导函数取得极值的必要条件.即

定理 3(必要条件)　设函数 $f(x)$ 在点 x_0 处可导,且在 x_0 处取得极值,则必有 $f'(x_0) = 0$.

换言之,可导函数 $f(x)$ 的极值点必定是它的驻点.但函数的驻点却不一定是极值点.例如,函数 $f(x) = x^3$ 在 $(-\infty, +\infty)$ 单调上升,因 $f'(0) = 0$,故 $x = 0$ 是函数的驻点,但 $x = 0$ 不是此函数的极值点.

此外,导数不存在的点也可能是函数的极值点.例如,$f(x) = |x|$ 在 $x = 0$ 的导数不存在,但 $f(0) = 0$ 为函数的极小值,0 为函数的极小值点(亦是最小值点).

驻点及导数不存在的点统称为**可疑极值点**.那么如何判断可疑极值点是否是极值点呢?

定理 4(第一充分条件)　设函数 $f(x)$ 在点 x_0 连续,且在 x_0 的某去心邻域 $\mathring{U}(x_0, \delta)$ 内可导.

(1) 若 $x_0 \in (x_0 - \delta, x_0)$ 时,$f'(x) > 0$;$x_0 \in (x_0, x_0 + \delta)$ 时,$f'(x) < 0$,则函数 $f(x)$ 在 x_0 处取得极大值;

(2) 若 $x_0 \in (x_0 - \delta, x_0)$ 时,$f'(x) < 0$;$x_0 \in (x_0, x_0 + \delta)$ 时,$f'(x) > 0$,则函数 $f(x)$ 在 x_0 处取得极小值;

(3) 若在此去心邻域内 $f'(x)$ 不变号,则函数 $f(x)$ 在 x_0 处没有极值.

例如在本节例 4 中,$x = 0$ 是函数的极大值点,$x = \frac{2}{5}$ 是函数的极小值点.

定理 5(第二充分条件)　设函数 $f(x)$ 在 x_0 处具有二阶导数且 $f'(x_0) = 0$,$f''(x_0) \neq 0$,则

(1) 当 $f''(x_0) < 0$ 时,函数 $f(x)$ 在 x_0 处取得极大值;

（2）当 $f''(x_0) > 0$ 时，函数 $f(x)$ 在 x_0 处取得极小值.

证 将 $f(x)$ 在 x_0 展开为带皮亚诺余项的二阶泰勒公式，有

$$f(x) - f(x_0) = f'(x_0)(x - x_0) + \frac{f''(x_0)}{2}(x - x_0)^2 + o[(x - x_0)^2]$$

$$= \frac{f''(x_0)}{2}(x - x_0)^2 + o[(x - x_0)^2].$$

可见在 x_0 的某邻域内，$f(x) - f(x_0)$ 符号由 $f''(x_0)$ 的符号决定. 当 $f''(x_0) < 0$ 时，$f(x) - f(x_0) < 0$，即 $f(x)$ 在 x_0 点处取得极大值；当 $f''(x_0) > 0$ 时，$f(x) - f(x_0) > 0$，即 $f(x)$ 在 x_0 点处取得极小值.

注意：如果 $f''(x_0) = 0$，定理 5 就不能应用，但仍可用一阶导数在驻点左右邻域内的符号或其他方法判别.

例 9 求 $y = \sin x + \cos x$ 在 $[0, 2\pi]$ 上的极值.

解 函数在 $[0, 2\pi]$ 上可导，且 $y' = \cos x - \sin x$.

令 $y' = 0$，求得驻点 $x_1 = \frac{\pi}{4}$，$x_2 = \frac{5\pi}{4}$，又 $y'' = -\sin x - \cos x$，且 $y''\left(\frac{\pi}{4}\right) < 0$，$y''\left(\frac{5\pi}{4}\right) > 0$，由第二充分条件知 $y\left(\frac{\pi}{4}\right) = \sqrt{2}$ 为函数的极大值，$y\left(\frac{5\pi}{4}\right) = -\sqrt{2}$ 为函数的极小值.

要提醒读者注意两个判别法的区别：第一充分条件是看可疑极值点 x_0 左右邻域内一阶导数 y' 是否变号；而第二充分条件是看驻点 x_0 二阶导数 $y''(x_0)$ 的符号.

四、函数的最值

在实际应用中，常常会遇到这样一类问题：在一定条件下，怎样使"盈利最多""用料最省""成本最低""效率最高"？这类问题在数学上常常可归结为一类数学模型——求某一函数（通称为目标函数）的最大值或最小值问题.

常见的有以下几种情况.

（1）若函数 $f(x)$ 在闭区间 $[a, b]$ 上连续，此时函数一定存在最值. 若函数在 (a, b) 内至多有有限个点导数为零或导数不存在，则最值一定在极值点或区间的端点处取得，所以可用以下步骤求最值：

① 求区间内部函数的可疑极值点；

② 计算可疑极值点处的函数值及区间端点处的函数值，并比较他们的大小，最大者即为 $f(x)$ 在 $[a, b]$ 上的最大值，最小者即为 $f(x)$ 在 $[a, b]$ 上的最小值.

（2）若 $f(x)$ 在一个区间（有限或无限，开或闭）内可导且只有一个驻点 x_0，并且这个驻点 x_0 是函数 $f(x)$ 的极值点，那么，当 $f(x_0)$ 是极大值时，$f(x_0)$ 就是 $f(x)$ 在该区间上的最大值；当 $f(x_0)$ 是极小值时，$f(x_0)$ 就是 $f(x)$ 在该区间上的最小值.

（3）在实际问题中，往往根据问题的性质可以断定可导函数 $f(x)$ 确有最大值或最小值，而且一定在定义区间内部取得. 这时如果 $f(x)$ 在定义区间内部只有一个驻点 x_0，则可以断定 $f(x_0)$ 就是所求函数的最大值或最小值.

下面举例说明最值模型的具体解法.

例 10 求 $f(x)=(x-1)\sqrt[3]{x^2}$ 在 $\left[-1,\dfrac{1}{2}\right]$ 上的最大值和最小值.

解 问题属于闭区间上求函数最值的情况.

在本节例 4 中得到 $f(x)$ 在所给区间内部的可疑极值点为 0 及 $\dfrac{2}{5}$，且

$$f(0)=0,\ f\left(\frac{2}{5}\right)=-\frac{3}{5}\sqrt[3]{\frac{4}{25}},$$

而函数在区间端点的函数值为 $f(-1)=-2,\ f\left(\dfrac{1}{2}\right)=-\dfrac{1}{4}\sqrt[3]{2}$，

比较可得 $f(x)$ 在 $\left[-1,\dfrac{1}{2}\right]$ 上的最大值为 $f(0)=0$，最小值为 $f(-1)=-2$.

例 11 用铁皮做成一个容积为 V_0 的无盖圆柱形盒子，问：怎样做才能使所用铁皮最少？

解 设圆柱形盒子底半径为 R，则高为 $\dfrac{V_0}{\pi R^2}$. 盒子的表面积为

$$S(R)=\pi R^2+2\pi R\,\frac{V_0}{\pi R^2}=\pi R^2+\frac{2V_0}{R},\quad R>0,$$

要求所用铁皮最少，就是盒子的表面积最少，即是求目标函数 $S(R)$ 在 $(0,+\infty)$ 上的最小值.

因 $S'=2\pi R-\dfrac{2V_0}{R^2}$，令 $S'=0$，得函数的唯一驻点 $R_0=\sqrt[3]{\dfrac{V_0}{\pi}}$. 又 $S''=2\pi+\dfrac{4V_0}{R^3}$，显然 $S''|_{R_0}>0$，所以 $R_0=\sqrt[3]{\dfrac{V_0}{\pi}}$ 是函数的极小值点，从而也是最小值点.

于是当盒子的底半径为 $R_0=\sqrt[3]{\dfrac{V_0}{\pi}}$（此时高为 $\sqrt[3]{\dfrac{V_0}{\pi}}$）时，所用铁皮最少.

例 12 某连锁经济型酒店有 50 套客房，当价格定为每天 180 元时，客房可全部订出. 所定价格每增加 10 元，就有一间客房订不出去，而订出的客房每天需 20 元的卫生维护等费用. 试问：当客房价格定为多少时，当日可获得最大收益？

解 设客房价格为每天 x 元，则订出的房间数为 $50-\dfrac{x-180}{10}$ 套，每天收益为函数

$$R(x)=(x-20)\left(50-\frac{x-180}{10}\right)=(x-20)\left(68-\frac{x}{10}\right),\quad x>0,$$

问题化为求此目标函数在 $(0,+\infty)$ 的最大值.

因 $R'(x)=\left(68-\dfrac{x}{10}\right)+(x-20)\left(-\dfrac{1}{10}\right)=70-\dfrac{x}{5}$，令 $R'(x)=0$，得唯一驻点 $x=350$. 由实际问题最大值一定存在，且一定在区间 $(0,+\infty)$ 内部取得，所以此驻点就是函数的最大值点. 于是当客房定价为 350 元时，当日可获得最大收益.

五、曲线的渐近线

定义 2 当函数曲线无限伸展时，若与一条直线的距离无限逼近，则这条直线称为该曲线的渐近线（渐进线与曲线可以相交）.

曲线的渐近线有以下三种.

(1) 水平渐近线:若 $\lim\limits_{x\to\infty}f(x)=A$,或仅 $\lim\limits_{x\to+\infty}f(x)=A$,或 $\lim\limits_{x\to-\infty}f(x)=A$,则称直线 $y=A$ 为曲线 $y=f(x)$ 的水平渐近线(见图 4-11).

(2) 铅直渐近线:若 $\lim\limits_{x\to x_0}f(x)=\infty$,或仅 $\lim\limits_{x\to x_0^+}f(x)=\infty$,或 $\lim\limits_{x\to x_0^-}f(x)=\infty$,则称直线 $x=x_0$ 为曲线 $y=f(x)$ 的铅直渐近线(见图 4-12).

(3) 斜渐近线:若 $\lim\limits_{x\to\infty}[f(x)-(ax+b)]=0$ 或 $\lim\limits_{x\to\pm\infty}[f(x)-(ax+b)]=0$,则称直线 $y=ax+b$ 为曲线 $y=f(x)$ 的斜渐近线(见图 4-13).

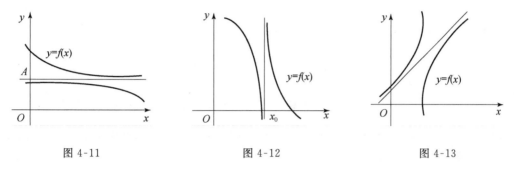

图 4-11　　　　　　图 4-12　　　　　　图 4-13

斜渐近线的求法如下:

设曲线的斜渐近线为 $y=ax+b$,则

$$a=\lim_{x\to\infty}\frac{f(x)}{x}(a\neq0),\quad b=\lim_{x\to\infty}[f(x)-ax].$$

当两个极限至少有一个不存在时,曲线不存在斜渐近线.

例 13　求曲线 $y=\dfrac{x^2}{x+1}$ 的渐近线.

解　因 $\lim\limits_{x\to-1}\dfrac{x^2}{x+1}=\infty$,所以直线 $x=-1$ 是曲线的铅直渐近线.又因为

$$\lim_{x\to\infty}\frac{f(x)}{x}=\lim_{x\to\infty}\frac{x^2}{x(x+1)}=1,$$

$$\lim_{x\to\infty}[f(x)-ax]=\lim_{x\to\infty}\left(\frac{x^2}{x+1}-x\right)=\lim_{x\to\infty}\frac{-x}{x+1}=-1,$$

所以,直线 $y=x-1$ 为曲线的斜渐近线.曲线无水平渐近线.如图 4-14.

例 14　作函数 $y=\dfrac{x}{1+x^2}$ 的图形.

解　(1) 该函数的定义域为 $(-\infty,+\infty)$,并为奇函数.

(2) $y'=\dfrac{1-x^2}{(1+x^2)^2}$,$y''=\dfrac{-2x(3-x^2)}{(1+x^2)^3}$,函数无不可导点;

令 $y'=0$,解得驻点 $x_{1,2}=\pm1$.再令 $y''=0$,解得 $x_3=0$,$x_{4,5}=\pm\sqrt{3}$.

(3) 讨论函数的单调性,凹凸性,极值点,拐点见表 4-4.

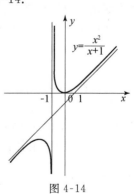

图 4-14

121

表 4-4

x	$(-\infty,$ $-\sqrt{3})$	$-\sqrt{3}$	$(-\sqrt{3},$ $-1)$	-1	$(-1,0)$	0	$(0,1)$	1	$(1,\sqrt{3})$	$\sqrt{3}$	$(\sqrt{3},$ $+\infty)$
$f'(x)$	$-$	$-$	$-$	0	$+$	$+$	$+$	0	$-$		$-$
$f''(x)$	$-$	0	$+$	$+$	$+$	0	$-$	$-$	$-$	0	$+$
$f(x)$	单调下降,凸	拐点 $(-\sqrt{3},$ $f(-\sqrt{3}))$	单调下降,凹	极小值 $f(-1)$	单调上升,凹	拐点 $(0,f(0))$	单调上升,凸	极大值 $f(1)$	单调下降,凸	拐点 $(\sqrt{3},$ $f(\sqrt{3}))$	单调下降,凹

函数的极小值为 $f(-1)=-\dfrac{1}{2}$,极大值为 $f(1)=\dfrac{1}{2}$,拐点有 3 个,分别为

$$\left(-\sqrt{3},-\frac{\sqrt{3}}{4}\right), \quad (0,0), \quad \left(\sqrt{3},\frac{\sqrt{3}}{4}\right).$$

(4) 因 $\lim\limits_{x\to\infty}\dfrac{x}{1+x^2}=0$,故曲线的水平渐近线为 $y=0$,曲线无垂直渐进线及斜渐进线.

由于 $f(x)$ 是奇函数,故可作出 $x\geqslant 0$ 部分的图形,然后利用对称性作出 $x<0$ 部分的图形.

(5) 作图,如图 4-15 所示.

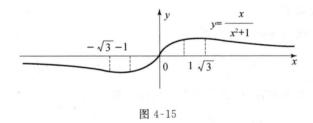

图 4-15

六*、经济学中的应用

1. 平均成本最小化的问题

设成本函数 $C=C(x)$(x 为产量),一个典型的成本函数的图形如图 4-16 所示,注意到在前一段区间上曲线是凸的,因而切线的斜率,也就是边际成本函数在此区间上单调下降.这反映了生产规模的效益.接着曲线上有一拐点,曲线随之变成凹的,边际成本函数呈递增态势.引起这种变化的原因可能是由于超时工作带来的高成本,或者是生产规模过大带来的低效性.

定义每单位产品所承担的成本费用为平均成本函数,即

$$\overline{C}(x)=\frac{C(x)}{x} \quad (x \text{ 为产量}).$$

注意到 $\dfrac{C(x)}{x}$ 正是图 4-16 曲线上纵坐标与横坐标之比,也正是曲线上一点与原点连线的斜率,据此可作出 $\overline{C}(x)$ 的图形(见图 4-17).易知 $\overline{C}(x)$ 在 $x=0$ 处无定义.说明生产数量为 0 时,不能讨论平均成本.图 4-17 所示整个曲线是凹的,故有唯一的极小值.又由

$$\overline{C}'(x)=\frac{xC'(x)-C(x)}{x^2}=0,$$

得
$$C'(x) = \frac{C(x)}{x},$$

即当边际成本等于平均成本时,平均成本达到最小.

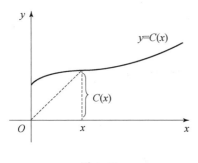

图 4-16　　　　　　　　　　　　　　　　　　　　图 4-17

例 15　设某厂生产某种产品,每月产量为 x 吨时,成本函数为
$$C(x) = \frac{1}{4}x^2 + 8x + 4\,900 \text{ 元},$$

求最低平均成本和相应产量的边际成本.

解　平均成本为
$$\overline{C}(x) = \frac{C(x)}{x} = \frac{1}{4}x + 8 + \frac{4\,900}{x}.$$

令 $\overline{C}'(x) = \frac{1}{4} - \frac{4\,900}{x^2} = 0$,解得唯一驻点 $x = 140$.

又 $\overline{C}''(140) = \frac{9\,800}{130^2} > 0$,故 $x = 140$ 是 $\overline{C}(x)$ 的极小值点,也是最小值点.因此,每月产量为 140 吨时,平均成本最低,其最低平均成本为
$$\overline{C}(140) = \frac{1}{4} \times 140 + 8 + \frac{4\,900}{140} = 78 \text{ 元},$$

边际成本函数为 $C'(x) = \frac{1}{2}x + 8$.故当产量为 140 吨时,边际成本为 $C'(140) = 78$ 元.

2. 存货成本的最小化问题

商业的零售商店关心存货成本.假定一个商店每年销售 360 台台式计算机,商店可能通过一次整批订购所有计算机来保证营业.但另一方面,店主将面临存储所有计算机所承担的持有成本(如保险、租用房屋、维护等).于是他可能分成几批较小的订货单,如 6 批,因而必须存储的最大数是 60.但是每次再订货,却要为价格、文书、送货、劳动力等支付成本.因此,似乎在持有成本和再订购成本之间存在一个平衡点.下面将看到微分学如何帮助我们确定这个平衡点.我们最小化下述函数:

总存货成本＝(年度持有成本)＋(年度再订货成本)

所谓批量 x 是指每个再订货期所订购货物的最大量.如果 x 是每期的订货量,则在那一段时间,现有存货量是在 0 到 x 台之间的某个整数.为了得到一个关于在该期间的每个时刻的现有存货量的表达式,可以采用平均量 $\frac{x}{2}$ 来表示该年度的相应时段的平均存货量.

如图 4-18 所示,如果批量是 360,则在前后两次订货之间的时段中,现有存货处在 0~360 台的某个位置.现存货物取平均存量为 180 台.如果批量是 180,则在前后两次订货之间的时

段中,现有存货处在 0～180 台的某个位置. 现存货物取平均存量为 90 台.

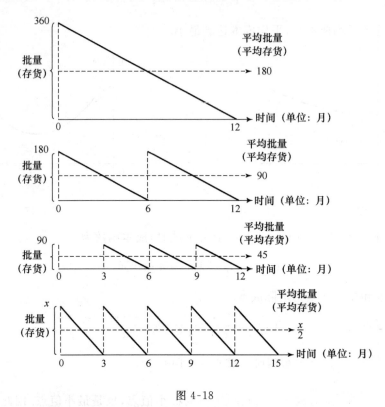

图 4-18

例 16 设某公司每年销售 360 台台式计算机. 库存一台一年的成本是 8 元. 为再订购,需付 10 元固定成本,以及每台计算机另加 8 元. 为最小化存货成本,公司每年应订购几次计算机? 每次批量是多少?

解 设 x 表示批量. 存货成本表示为

$$C(x) = (年度持有成本) + (年度再订货成本)$$

我们分别讨论年度持有成本和年度再订购成本.

现有平均存货量是 $x/2$,并且每台库存花费 8 元. 因而

$$年度持有成本 = (每台年度成本)(平均台数) = 8\frac{x}{2} = 4x,$$

已知 x 表示批量. 又假定每年再订购 n 次. 于是 $nx = 360, n = \frac{360}{x}$. 因而

$$年度再订购成本 = (每次订购成本)(再订购次数) = (10 + 8x)\frac{360}{x} = \frac{3\,600}{x} + 2\,880.$$

因此

$$C(x) = 4x + \frac{3\,600}{x} + 2\,880,$$

令

$$C'(x) = 4 - \frac{3\,600}{x^2} = 0,$$

解得驻点 $x = \pm 30$.

又

$$C''(x) = \frac{7\,200}{x^3} > 0,$$

因为在区间$[1,360]$内只有唯一驻点，即$x=30$. 所以在$x=30$处有最小值(见图4-19).

因此，为了最小化存货成本，公司应每年订货$\dfrac{360}{30}=12$次.

在这样一类问题中，当答案不是整数时又如何处理呢? 对于这些函数，可以考虑与答案最接近的两个整数，然后把它们代入$C(x)$，使$C(x)$较小的值就是其批量.

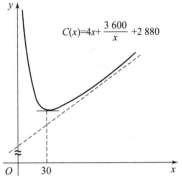

图 4-19

使总存货成本最小的批量常称为经济订购量. 在用上述方法来确定经济订购量时，要作三个假设. 首先，在全年中，每次发出订货单与接受货物之间的时间是一致的. 其次，产品的需求在全年是一样的，这对于季节性商品，如滑雪板、泳衣等商品，此假设可能不合理. 最后，所涉及的各种成本(如仓储、运输费用等)是不变的. 这在通货膨胀或通货紧缩期内，假设也不尽合理，虽然可以计算出这些成本，例如通过预测它们可能是多少或利用平均成本来计算. 尽管如此，上面所述的方法仍然是有用的，并且使我们能够利用微分学来分析一些看似很困难的问题.

3. 利润最大化问题

销售某商品的收入R，等于产品单位价格P乘以销售量x，即$R=Px$. 而销售利润L等于收入R减去成本C，即$L=R-C$.

例 17 某服装有限公司确定，为卖出x套服装，其单价应为$p=150-0.5x$，同时还确定，生产x套服装的总成本可表示成$C(x)=4\,000+0.25x^2$.

求:(1) 总收入$R(x)$;(2) 求总利润$L(x)$;(3) 为使利润最大化，公司必须生产并销售多少套服装? (4) 最大利润是多少? (5) 为实现这一最大利润，其服装的单价应定为多少?

解 (1) 总收入
$$R(x)=(服装套数)单价=xp=x(150-0.5x)=150x-0.5x^2.$$

(2) 总利润
$$L(x)=R(x)-C(x)=(150x-0.5x^2)-(4\,000+0.25x^2)$$
$$=-0.75x^2+150x-4\,000.$$

(3) 为求$L(x)$的最大值，先求
$$L'(x)=-1.5x+150.$$

令$L'(x)=0$，得$x=100$. 且$L''(x)=-1.5<0$，而只有唯一驻点，所以$L(100)$是最大值.

(4) 最大利润
$$L(100)=-0.75\times100^2+150\times100-4\,000=3\,500\ 元.$$

因此公司必须生产并销售100套服装来实现3 500元的最大利润.

(5) 实现最大利润所需单价
$$p=150-0.5\times100=100\ 元.$$

现在一般的考察总利润函数以及与它有关的函数. 图4-20所示展示了一个关于总成本函

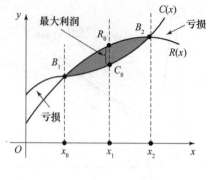

图 4-20

数与总收入函数的例子. 根据观察,可以估计最大利润可能是 $R(x)$ 与 $C(x)$ 之间的最宽距离,即 C_0R_0.

点 B_1 和 B_2 是盈亏平衡点.

图 4-21 展示了一个关于总利润函数的例子. 注意到当产量太低($<x_0$)时会出现亏损,这是因为高固定成本或高初始成本以及低收入所致. 当产量太高($>x_2$)时也会出现亏损,这是由于高边际成本和低边际利润所致(如图 4-22).

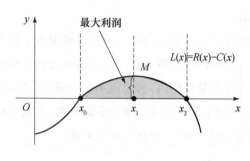

图 4-21

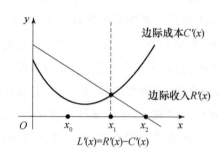

图 4-22

商业在 x_0 和 x_2 之间的每一个盈利之处运转. 注意最大利润出现在 $L(x)$ 的驻点 x_1 处. 如果假定对某一个区间(通常取 $[0,\infty)$)的所有 x,$L'(x)$ 都存在,则这个驻点出现在使得 $L'(x)=0$ 和 $L''(x)<0$ 的某个数 x 处. 因为 $L(x)=R(x)-C(x)$,由此可得

$$L'(x)=R'(x)-C'(x) \quad 和 \quad L''(x)=R''(x)-C''(x).$$

因此,最大利润出现在使得 $L'(x)=R'(x)-C'(x)=0$ 和 $L''(x)=R''(x)-C''(x)<0$ 的某个数 x 处.

综上所述,有下面的定理:

定理 5 当边际收入等于边际成本且边际收入的变化率小于边际成本的变化率,即

$$R'(x)=C'(x) 和 R''(x)<C''(x)$$

时,可实现最大利润.

例 18 某大学正试图为足球票定价. 如果每张票价为 6 元,则平均每场比赛有 7 万名观众. 每提高 1 元,就要从平均人数中失去 1 万名观众. 每名观众在让价上平均花费 1.5 元. 为使收入最大化,每张票价应定价多少? 按该票价,将有多少名观众观看比赛?

解 设每张票应提价的金额为 x(若为负值,则表示票价下跌). 首先把总收入表示成 x 的函数:

$$R(x)=(票价收益)+(让价收益)=(人数)(票价)-1.5(人数)$$
$$=(70\,000-10\,000x)(6+x)+1.5(70\,000-10\,000x)$$
$$=-10\,000x^2-5\,000x+52\,5000.$$

为求使 $R(x)$ 最大的 x,先求 $R'(x)$:

$$R'(x)=-20\,000x-5\,000,$$

令 $R'(x)=0$,解得 $x=-0.25$ 元.

注意到 $R''(x)=-20\,000<0$,因为这是唯一驻点,所以 $R(-0.25)$ 是最大值.

因此,为使收入最大化,球票定价应为 $6-0.25=5.75$ 元.

也就是说,下调后的票价将吸引更多的观众观看比赛,人数为

$$70\,000-10\,000\times(-0.25)=72\,500,$$

这将带来最大的收入.

习　题　四

1. 讨论下列函数的单调性:

(1) $y=e^x-x-1$;　　　　　　　　(2) $y=x-\ln(1+x^2)$;

(3) $y=x+\sin x\quad(0\leqslant x\leqslant 2\pi)$.

2. 求下列函数的单调区间:

(1) $y=\dfrac{1}{3}x^3-x^2-3x+1$;　　　(2) $y=2x+\dfrac{8}{x}\quad(x>0)$;

(3) $y=\dfrac{2}{3}x-\sqrt[3]{x^2}$;　　　　　　(4) $y=2x^2-\ln x$.

3. 证明下列不等式:

(1) 当 $x>0$ 时,$\ln(1+x)>x-\dfrac{1}{2}x^2$;　　(2) 当 $x\geqslant 0$ 时,$(1+x)\ln(1+x)-\arctan x\geqslant 0$;

(3) 当 $x>0$ 时,$1+\dfrac{1}{2}x>\sqrt{1+x}$;　　(4) 当 $0<x<1$ 时,$(1-x)e^{2x}<1+x$.

4. 证明函数 $y=\left(1+\dfrac{1}{x}\right)^x$ 在 $(-\infty,-1)$ 上单调增加.

5. 设函数 $f(x)$ 在 $[0,+\infty)$ 上有二阶导数,且 $f''(x)>0$,$f(0)=0$,证明函数 $g(x)=\dfrac{f(x)}{x}$ 在 $(0,+\infty)$ 上单调增加.

6. 证明方程 $x=\dfrac{1}{2}\sin x$ 有且仅有一个根.

7. 求下列函数的凹凸区间及拐点:

(1) $y=3x^4-4x^3+1$;　　　　　　(2) $y=x+\dfrac{1}{x}\quad(x>0)$;

(3) $y=x+\dfrac{x}{x^2-1}$;　　　　　　(4) $y=\ln(x^2+1)$;

(5) $y=(x+1)^4+e^x$;　　　　　　(6) $y=a^2-\sqrt[3]{x-b}$.

8. 利用函数图形的凹凸性,证明下列不等式:

(1) $\dfrac{e^x+e^y}{2}>e^{\frac{x+y}{2}}\quad(x\neq y)$;

(2) $\cos\dfrac{x+y}{2}>\dfrac{\cos x+\cos y}{2}$,　　$x,y\in\left(-\dfrac{\pi}{2},\dfrac{\pi}{2}\right),x\neq y$.

9. 问 a,b 为何值时,点 $(1,3)$ 是曲线 $y=ax^3+bx^2$ 的拐点.

10. 设曲线的参数方程为 $x=t^2,y=3t+t^2$,求该曲线的拐点.

11. 求下列函数的极值:

(1) $y=2x^3-6x^2-18x+7$;   (2) $y=x-\ln(1+x)$;

(3) $y=x+\sqrt{1-x}$;   (4) $y=(x-4)\sqrt[3]{(x+1)^2}$.

12. 求由方程 $x^2y^2+y=1(y>0)$ 确定的可导隐函数 $y=y(x)$ 的极值与极值点.

13. 问 a 为何值时,函数 $f(x)=a\sin x+\frac{1}{3}\sin 3x$ 在 $x=\frac{\pi}{3}$ 处有极值? 求出此极值,并说明是极大值还是极小值.

14. 设 $x_1=1,x_2=2$ 均为函数 $y=a\ln x+bx^2+3x$ 的极值点,求 a,b 的值.

15. 设曲线 $f(x)=ax^3+bx^2+cx+2$ 在 $x=1$ 处有极小值 0,且 $(0,2)$ 为其拐点,求 a,b,c 的值.

16. 设函数 $f(x)$ 在 $x=x_0$ 的某邻域内有三阶连续导数,如果 $f''(x_0)=0,f'''(x_0)\neq 0$,试问点 $(x_0,f(x_0))$ 是否为曲线 $y=f(x)$ 的拐点? 为什么?

17. 设函数 $f(x)$ 在 x_0 有 n 阶导数,且 $f'(x_0)=f''(x_0)=\cdots=f^{(n-1)}(x_0)=0,f^{(n)}(x_0)\neq 0$,证明:(1)当 n 为奇数时,$f(x)$ 在 x_0 不取得极值;(2)当 n 为偶数时,$f(x)$ 在 x_0 取得极值,且当 $f^{(n)}(x_0)<0$ 时,$f(x_0)$ 为极大值;当 $f^{(n)}(x_0)>0$ 时,$f(x_0)$ 为极小值.

18. 求下列函数的最大、最小值:

(1) $y=2x^3-3x^2,-1\leqslant x\leqslant 4$;   (2) $y=x+\sqrt{1-x},-5\leqslant x\leqslant 1$;

(3) $y=\ln(x^2+1),-1\leqslant x\leqslant 2$;   (4) $y=|x^2-3x+2|,-3\leqslant x\leqslant 4$.

19. 求函数 $f(x)=nx(1-x)^n$ 在区间 $[0,1]$ 上的最大值 $M(n)$,并求极限 $\lim\limits_{n\to\infty}M(n)$.

20. 求函数 $y=x^p+(1-x)^p(p>1)$ 在 $[0,1]$ 上的最值,并证明不等式

$$\frac{1}{2^{p-1}}\leqslant x^p+(1-x)^p\leqslant 1 \quad (x\in[0,1],p>1).$$

21. 某车间要盖一间长方形小屋,现有存砖只能砌 20 米的墙,问:围成怎样的长方形才能使小屋的面积最大?

22. 铁路线上点 AB 的距离为 100 km,工厂 C 距 A 处为 20 km,AC 垂直于 AB,为了运输需要,要在线 AB 上选定一点 D 向工厂修筑一条公路(如图 4-23 所示),已知铁路每公里货运的运费与公路上每公里货运的运费之比为 3:5,为了使货物从供应站 B 运到工厂 C 的运费最省,问:D 选在何处?

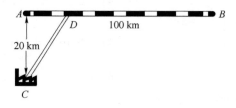

图 4-23

23. 在由直线 $y=0,x=8$ 与抛物线 $y=x^2$ 围成的曲边三角形的曲边上求一点,使该点的切线与两直角边围成的三角形面积最大.

24. 求直线 $x-y-2=0$ 与抛物线 $y=x^2$ 的最近距离.

25. （1）讨论方程 $\ln(x+1)=x-1$ 的实根的个数；

（2）研究方程 $e^x=kx$ 的实根个数，并指出实根所在区间.

26. 求曲线 $f(x)=\dfrac{2(x-2)(x+3)}{x-1}$ 的渐近线.

27. 利用导数描绘下列函数的图形：

（1）$y=x^4-4x^3+10$；　　　　　　　（2）$y=2+\dfrac{4(x+1)}{x^2}$；

（3）$y=\dfrac{1}{\sqrt{2\pi}}e^{-\frac{x^2}{2}}$.

28. 某家电厂生产一款新产品，经测算，为了卖出 x 台产品，其单价应为 $p=280-0.4x$，同时还确定，生产 x 台产品的总成本可以表示为 $C(x)=5\,000+0.6x^2$. 求：

（1）总收入 $R(x)$；

（2）总利润 $L(x)$；

（3）为使利润最大化，公司必须生产并销售多少台产品？

（4）最大利润是多少？

（5）为实现这一最大利润，其产品的单价应定为多少？

29. 一家银行的统计资料表明，存放在银行中的总存款量正比于银行付给存户利率的平方. 现假设银行可以用 12% 的利率再投资这笔钱，试问：为得到最大利润，银行支付给存户的利率应定为多少？

总 习 题 四

一、单项选择题

1. 设 $x\to0$ 时，$e^{\sin x}-e^x$ 与 x^n 是同阶无穷小，则 n 为（　　）.

A. 1　　　　　　B. 2　　　　　　C. 3　　　　　　D. 4

2. 设 $f(x)$ 在 $[0,1]$ 上有二阶导数，且 $f''(x)<0$，则 $f'(0)$，$f'(1)$，$f(1)-f(0)$ 的大小关系是（　　）.

A. $f'(1)>f'(0)>f(1)-f(0)$　　　　B. $f'(1)>f(1)-f(0)>f'(0)$

C. $f(1)-f(0)>f'(1)>f'(0)$　　　　D. $f'(0)>f(1)-f(0)>f'(1)$

3. 设 $f(x)$ 在 $[0,1]$ 上有二阶连续导数，且 $f'(0)=0$，$\lim\limits_{x\to0}\dfrac{f''(x)}{x^2}=1$，则下面结论成立的是（　　）.

A. $f(0)$ 是 $f(x)$ 的极大值　　　　B. $f(0)$ 是 $f(x)$ 的极小值

C. $f(0)$ 不是 $f(x)$ 的极小值　　　　D. 点 $(0,f(0))$ 是曲线 $y=f(x)$ 的拐点

4. 若定义在 $(-\infty,+\infty)$ 上的函数 $f(x)$ 满足 $f(x)=-f(-x)$，且在 $(0,+\infty)$ 内 $f'(x)>0$，$f''(x)>0$，则在 $(-\infty,0)$ 上（　　）.

A. $f'(x)<0$，$f''(x)<0$　　　　　　B. $f'(x)<0$，$f''(x)>0$

C. $f'(x)>0, f''(x)<0$ D. $f'(x)>0, f''(x)>0$.

5. 曲线 $y=e^{\frac{1}{x^2}}\arctan\dfrac{x^2+x+1}{(x-1)(x-2)}$ 的渐近线有( )条.

A. 1   B. 2   C. 3   D. 4

6. 若函数 $y=f(x)$ 的图形如图 4-24 所示,则其导数的大致图形为( ).

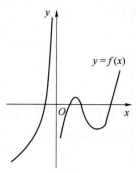

图 4-24

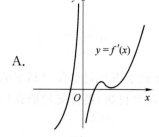

A.

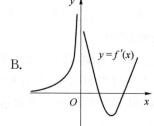

B.

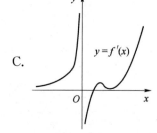

C.

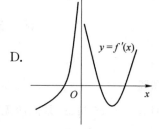

D.

二、填空题

1. 设 $\lim\limits_{x\to+\infty}f(x)=+\infty$, $\lim\limits_{x\to+\infty}g(x)=+\infty$,且 $\lim\limits_{x\to+\infty}\dfrac{f'(x)}{g'(x)}=k, (k>0)$,则 $\lim\limits_{x\to+\infty}\dfrac{\ln f(x)}{\ln g(x)}=$ _____.

2. 设函数 $f(x)=e^{-x^2}$,则 $f^{(n)}(0)=$ _____.

3. 设函数 $f(x)$ 在点 $x=0$ 处二阶可导,且 $\lim\limits_{x\to0}\dfrac{\cos x-1}{e^{f(x)}-1}=1$,则 $f(0)=$ _____, $f'(0)=$ _____, $f''(0)=$ _____.

4. 设 $y=f(x)$ 是方程 $y''-2y'+4y=0$ 的一个解.若 $f(x_0)>0, f'(x_0)=0$,则 $f(x)$ 在 x_0 取得极_____(大,小)值.

5. 曲线 $y=(x-1)^2(x-2)^2$ 有 _____个拐点.

6. 若连续曲线 $y=f(x)$ 的导函数如图 4-25 所示,则 $f(x)$ 有 _____个极大值,有 _____个极小值.

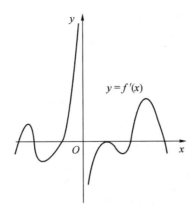

图 4-25

三、计算与证明题

1. 计算下列极限：

(1) $\lim\limits_{x\to 0}\left[\dfrac{\ln\sin 3x}{\ln\sin x}+\dfrac{x^2\sin\dfrac{1}{x}}{\sin x}\right]$；

(2) $\lim\limits_{x\to 1}x^{\frac{1}{1-x}}$；

(3) $\lim\limits_{x\to 0^+}\dfrac{\sqrt{1-\mathrm{e}^{-x}}-\sqrt{1-\cos x}}{\sqrt{\sin x}}$；

(4) $\lim\limits_{x\to\infty}\left[(x+2)\mathrm{e}^{\frac{1}{x}}-x\right]$；

(5) $\lim\limits_{x\to 0}\dfrac{x-\sin x}{\sin x-x\cos x}$；

(6) $\lim\limits_{x\to 0}\left(\dfrac{\sin x}{x}\right)^{\frac{6}{x^2}}$

(7) 设 $\lim\limits_{x\to\infty}f'(x)=k$，求 $\lim\limits_{x\to\infty}[f(x+a)-f(x)]$；

(8) $\lim\limits_{x\to 1}\left[\dfrac{m}{x^m-1}-\dfrac{n}{x^n-1}\right]$；

(9) $\lim\limits_{x\to\frac{\pi}{2}}(\tan x)^{2x-\pi}$；

(10) $\lim\limits_{x\to 1}\dfrac{x-x^x}{1-x+\ln x}$.

2. 设当 $x\to 0$ 时，ax^b 与 $\left(1-\dfrac{x}{\mathrm{e}^x-1}\right)\tan^3 x$ 为等价无穷小，求 a,b 的值.

3. 已知 $\lim\limits_{x\to 0}\left(\dfrac{\sin 3x}{x^3}+\dfrac{a}{x^2}+b\right)=0$，运用泰勒公式求极限的方法求 a,b 的值.

4. 求 $\sqrt{1+x}\cos x$ 的带皮雅诺余项的三阶麦克劳林公式.

5. 证明当 $x\geqslant 1$ 时，$2\arctan x+\arcsin\dfrac{2x}{1+x^2}$ 为一常数，并求此常数.

6. 若函数 $f(x)$ 在 $(a,+\infty)$ 内可导，且 $\lim\limits_{x\to+\infty}f(x)=A\neq 0$，证明 $\lim\limits_{x\to+\infty}f'(x)=0$.

7. 设函数 $f(x)$ 在 $[a,b]$ 上连续，在 (a,b) 内可导，

(1) 问 $F(x)=[f(x)-f(a)](b-x)$ 是否满足罗尔定理的条件？

(2) 证明 $\exists\xi_1\in(a,b)$，使 $f'(\xi_1)=\dfrac{f(\xi_1)-f(a)}{b-\xi_1}$；

(3) 证明 $\exists\xi_2\in(a,\xi_1)$，使 $f'(\xi_1)(b-\xi_1)=f'(\xi_2)(\xi_1-a)$.

8. 设 $0<a<b$，函数 $f(x)$ 在 $[a,b]$ 上连续，在 (a,b) 内可导，证明 $\exists\xi\in(a,b)$，使
$$2\xi[f(b)-f(a)]=(b-a)(b+a)f'(\xi).$$

9. 设函数 $f(x)$ 在 $[0,1]$ 上连续，$(0,1)$ 内可导，且 $f(0)=0,f\left(\dfrac{1}{2}\right)=1,f(1)=\dfrac{1}{2}$，证明：

(1) $\exists \xi \in (0,1)$ 使得 $f(\xi) = \xi$;

(2) $\forall k, \exists \eta \in (0,1)$ 使得 $f'(\eta) + k[f(\eta) - \eta] = 1$.

10. 证明下列不等式:

(1) 当 $b > a > e$ 时,$a^b > b^a$;

(2) 当 $b > a > 0$ 时,$\dfrac{b-a}{\sqrt{1+b^2}} < \ln \dfrac{\sqrt{1+a^2}-a}{\sqrt{1+b^2}-b} < \dfrac{b-a}{\sqrt{1+a^2}}$;

(3) 当 $x \in (0,1)$ 时,$(1+x)\ln^2(1+x) < x^2$;

(4) 当 $x \in (0,1)$ 时,$\dfrac{1}{\ln 2} - 1 < \dfrac{1}{\ln(1+x)} - \dfrac{1}{x} < \dfrac{1}{2}$.

11. 设函数 $f(x)$ 二阶可导,满足方程 $xf''(x) - 3xf'^2(x) = 1 - e^{-x}$,证明:

(1) 当 $f'(a) = 0(a \neq 0)$ 时,$x = a$ 是函数 $f(x)$ 的极小值点;

(2) 若函数 $f(x)$ 在 $x = 0$ 点取得极值,则 $f(0)$ 是极小值.

12. 在抛物线 $y = 1 - x^2(0 \leqslant x \leqslant 1)$ 上求一点,使该点的切线与两坐标轴围成的三角形面积最小,并求出面积的最小值.

13. 将正数 a 分成两个正数之和,使它们的倒数之和最小.

14. 求数列 $x_n = \dfrac{n^{10}}{2^n}$ 的最大项.

第五章 不定积分

前面我们已经学习了一元函数的微分运算,就是由给定函数求出它的导数或微分.但在许多实际问题中,往往还需要解决和导数或微分运算相反的问题,即已知函数的导函数或微分而要求出此函数,这种运算就叫求原函数,也就是求不定积分.这是积分学的基本问题之一.本章的主要内容是给出微分运算的逆运算——不定积分的概念,并研究不定积分的性质和计算方法.

我们在建立导数概念时,解决了这样的问题:若已知物体做直线运动时路程随时间变化的规律为 $s=s(t)$,那么在任一时刻物体运动的速度 $v(t)=\dfrac{\mathrm{d}s(t)}{\mathrm{d}t}$. 现在提出相反的问题:若已知物体运动的速度为 $v=v(t)$,而要求出其运动的规律 $s(t)$,这个问题就是在关系式 $\dfrac{\mathrm{d}s(t)}{\mathrm{d}t}=v(t)$ 中,当 $v(t)$ 为已知时,如何求出 $s(t)$.

再如,已知某曲线上任一点处的切线斜率为 $2x$,要求出这条曲线的方程.这个问题也就是要在关系式 $\dfrac{\mathrm{d}y}{\mathrm{d}x}=2x$ 中,求出曲线方程 $y=f(x)$.经济学上已知产品的边际成本函数 $C'(q)$,求生产该产品的成本函数 $C(q)$ 也是这类问题.

上述几个实际问题,都归结为在关系式 $F'(x)=f(x)$ 中,当 $f(x)$ 为已知时,如何求出 $F(x)$.为此我们引入原函数的概念.

1. 原函数及不定积分的概念

定义 1　在区间 I 上给定函数 $f(x)$,若存在 $F(x)$,使得

$$F'(x)=f(x) \quad 或 \quad \mathrm{d}[F(x)]=f(x)\mathrm{d}x, \quad x\in I,$$

则称函数 $F(x)$ 为 $f(x)$ 或 $f(x)\mathrm{d}x$ 在区间 I 上的**原函数**.

例如,因 $(\sin x)'=\cos x$,所以 $\sin x$ 是 $\cos x$ 的一个原函数.又如,$(\ln|x|)'=\dfrac{1}{x}$,所以 $\dfrac{1}{x}$ 是 $\ln|x|$ 的一个原函数.

那么,对任意函数 $f(x)$ 满足怎样的条件就存在原函数呢?关于原函数的存在性问题,我们给出下面的结论.

定理 1(原函数存在定理)　若函数 $f(x)$ 在区间 I 上连续,则 $f(x)$ 在 I 上存在原函数.证明将在下章给出.

又注意到,若 $F(x)$ 是 $f(x)$ 在区间 I 上的一个原函数,则对任何常数 C,显然有

$$[F(x)+C]' = f(x),$$

即 $F(x)+C$ 也是 $f(x)$ 的原函数. 这说明,如果 $f(x)$ 存在原函数,则 $f(x)$ 就有无限多个原函数. 进一步我们研究这些原函数之间的关系.

设 $G(x)$ 也是 $f(x)$ 的一个原函数,且 $F(x) \neq G(x)$,即 $\forall x \in I$,有

$$F'(x) = G'(x) = f(x),$$

于是 $$[G(x)-F(x)]' = 0,$$

所以 $$G(x)-F(x) = C_0 \quad (C_0 \text{ 为某个常数}),$$

这表明 $G(x)$ 与 $F(x)$ 只差一个常数,即函数 $f(x)$ 的任意两个原函数之间相差一个常数. 因此, 当 C 为任意的常数时,表达式

$$F(x)+C$$

就表示 $f(x)$ 的全体原函数.

定义 2 在区间 I 上,若 $F(x)$ 是函数 $f(x)$ 的一个原函数,则 $F(x)+C(C$ 为任意常数)称为 $f(x)$ 在区间 I 上的**不定积分**,记作 $\int f(x)\mathrm{d}x$,即

$$\int f(x)\mathrm{d}x = F(x)+C.$$

其中记号 $\int$ 称为**积分号**,$f(x)$ 称为**被积函数**,$f(x)\mathrm{d}x$ 称为**被积表达式**,x 称为**积分变量**.

由定义 2 可知,求函数 $f(x)$ 的不定积分,只需要求出 $f(x)$ 的一个原函数再加任意常数 C 即可. 在 $\int f(x)\mathrm{d}x$ 中的积分号 $\int$ 表示对函数 $f(x)$ 求原函数的运算,所以求函数不定积分的运算实质上就是求导数或微分运算的逆运算.

例 1 求 $\int x^3 \mathrm{d}x$.

解 因 $\left(\dfrac{x^4}{4}\right)' = x^3$,所以 $\dfrac{x^4}{4}$ 是 x^3 的一个原函数,于是

$$\int x^3 \mathrm{d}x = \frac{x^4}{4}+C.$$

例 2 设曲线上任一点的切线斜率都等于切点处横坐标的两倍,求曲线的方程;若曲线通过点 $(1,2)$,求此曲线方程.

解 设曲线方程为 $y=y(x)$,由题意知曲线在任一点处的导数 $y'=2x$. 因 $\int 2x\,\mathrm{d}x = x^2+C$, 所以所求曲线方程为 $y=x^2+C$,C 为任意常数.

若曲线通过点 $(1,2)$,就是在上述曲线族中找到经过点 $(1,2)$ 的那条曲线,所以有 $2=1^2+C$,得 $C=1$,于是所求曲线方程为 $y=x^2+1$.

函数 $f(x)$ 的原函数的图形称为 $f(x)$ 的**积分曲线**. 所以 $f(x)$ 的不定积分几何上就是一积分曲线族. 只要得到一条积分曲线,就可以通过沿 y 轴平移这条积分曲线而得到整个积分曲

线族. 此例的积分曲线族如图 5-1 所示.

2. 基本积分表

求已知函数不定积分的运算称为积分运算, 积分运算是微分运算的逆运算. 因此我们可以从导数公式得到相应的不定积分公式.

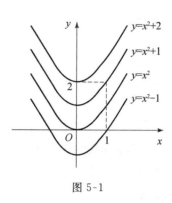

图 5-1

例如, 因为 $\left(\dfrac{x^{\mu+1}}{\mu+1}\right)' = x^\mu$, 所以 $\dfrac{x^{\mu+1}}{\mu+1}$ 是 x^μ 的一个原函数, 于是

$$\int x^\mu \, dx = \frac{x^{\mu+1}}{\mu+1} + C \quad (\mu \neq -1).$$

类似地, 可以得到其他积分公式. 下面我们把常用的、基本的积分公式列成一个表, 这个表通常叫做**基本积分表**.

(1) $\displaystyle\int k \, dx = kx + C$ （k 是常数）;   (2) $\displaystyle\int x^\mu \, dx = \frac{x^{\mu+1}}{\mu+1} + C$ （$\mu \neq -1$）;

(3) $\displaystyle\int \frac{dx}{x} = \ln|x| + C$;   (4) $\displaystyle\int \frac{dx}{1+x^2} = \arctan x + C$;

(5) $\displaystyle\int \frac{dx}{\sqrt{1-x^2}} = \arcsin x + C$;   (6) $\displaystyle\int \cos x \, dx = \sin x + C$;

(7) $\displaystyle\int \sin x \, dx = -\cos x + C$;   (8) $\displaystyle\int \frac{dx}{\cos^2 x} = \int \sec^2 x \, dx = \tan x + C$;

(9) $\displaystyle\int \frac{dx}{\sin^2 x} = \int \csc^2 x \, dx = -\cot x + C$;   (10) $\displaystyle\int \sec x \tan x \, dx = \sec x + C$;

(11) $\displaystyle\int \csc x \cot x \, dx = -\csc x + C$;   (12) $\displaystyle\int e^x \, dx = e^x + C$;

(13) $\displaystyle\int a^x \, dx = \frac{a^x}{\ln a} + C$;   (14) $\displaystyle\int \text{sh} \, x \, dx = \text{ch} \, x + C$;

(15) $\displaystyle\int \text{ch} \, x \, dx = \text{sh} \, x + C$.

以上 15 个基本积分公式, 是求不定积分的基础, 请读者熟记.

例 3 求不定积分 $\displaystyle\int \sqrt{x \sqrt{x \sqrt{x}}} \, dx$.

解 $\displaystyle\int \sqrt{x \sqrt{x \sqrt{x}}} \, dx = \int x^{\frac{1}{2}} \cdot x^{\frac{1}{4}} \cdot x^{\frac{1}{8}} \, dx = \int x^{\frac{7}{8}} \, dx = \frac{x^{\frac{7}{8}+1}}{\frac{7}{8}+1} + C = \frac{8}{15} x^{\frac{15}{8}} + C.$

例 4 求不定积分 $\displaystyle\int 2^x e^x \, dx$.

解 $\displaystyle\int 2^x e^x \, dx = \int (2e)^x \, dx = \frac{(2e)^x}{\ln(2e)} + C = \frac{2^x e^x}{1 + \ln 2} + C.$

3. 不定积分的性质

下面假设所涉不定积分均存在, 我们讨论不定积分的性质. 首先, 根据不定积分的定义, $\displaystyle\int f(x) \, dx$ 是 $f(x)$ 的原函数, 所以有

性质1
$$\frac{\mathrm{d}}{\mathrm{d}x}\left[\int f(x)\mathrm{d}x\right] = f(x) \quad \text{或} \quad \mathrm{d}\left[\int f(x)\mathrm{d}x\right] = f(x)\mathrm{d}x;$$

又由于 $f(x)$ 是 $f'(x)$ 的一个原函数,所以有

性质2
$$\int f'(x)\mathrm{d}x = f(x) + C \quad \text{或} \quad \int \mathrm{d}f(x) = f(x) + C.$$

上面两个性质表明,微分运算(以记号 d 表示)与积分运算(以记号 $\int$ 表示)是互逆的运算(在不记任意常数的意义下).

与导数的线性运算对应,有不定积分的线性运算法则:

性质3 $\int [\alpha f(x) + \beta g(x)]\mathrm{d}x = \alpha\int f(x)\mathrm{d}x + \beta\int g(x)\mathrm{d}x$,其中 α,β 为任意常数.

证 由不定积分的定义,只要证明等式两端求导后的函数相同即可.

$$\left\{\int [\alpha f(x) + \beta g(x)]\mathrm{d}x\right\}' = \alpha f(x) + \beta g(x),$$

$$\left[\alpha\int f(x)\mathrm{d}x + \beta\int g(x)\mathrm{d}x\right]' = \alpha\left[\int f(x)\mathrm{d}x\right]' + \beta\left[\int g(x)\mathrm{d}x\right]' = \alpha f(x) + \beta g(x),$$

所以
$$\int [\alpha f(x) + \beta g(x)]\mathrm{d}x = \alpha\int f(x)\mathrm{d}x + \beta\int g(x)\mathrm{d}x.$$

4. 简单积分法

利用基本积分表以及不定积分的性质,可以求出一些简单函数的不定积分,称为简单积分法.

例5 求不定积分 $\displaystyle\int \frac{(\sqrt{x}-1)^2}{x}\mathrm{d}x$.

解
$$\int \frac{(\sqrt{x}-1)^2}{x}\mathrm{d}x = \int \frac{x - 2\sqrt{x} + 1}{x}\mathrm{d}x = \int \left(1 - \frac{2}{\sqrt{x}} + \frac{1}{x}\right)\mathrm{d}x$$

$$= \int \mathrm{d}x - 2\int x^{-\frac{1}{2}}\mathrm{d}x + \int \frac{1}{x}\mathrm{d}x$$

$$= x - 4\sqrt{x} + \ln|x| + C.$$

注意 此例中三个不定积分的结果都应有一个任意常数,由于任意常数之和仍为任意常数,故实际上只需写一个任意常数即可.另外,检验不定积分结果是否正确,只要对结果求导,看它的导数是否等于被积函数.

例6 求不定积分 $\displaystyle\int \tan^2 x\mathrm{d}x$.

分析 基本积分表中没有这类不定积分,需先利用三角公式对被积函数变形,再求不定积分.

解
$$\int \tan^2 x\mathrm{d}x = \int (\sec^2 x - 1)\mathrm{d}x$$

$$= \int \sec^2 x\mathrm{d}x - \int \mathrm{d}x$$

$$= \tan x - x + C.$$

例7 求不定积分 $\displaystyle\int \frac{\mathrm{d}x}{\sin^2 x\cos^2 x}$.

解
$$\int \frac{\mathrm{d}x}{\sin^2 x \cos^2 x} = \int \frac{\sin^2 x + \cos^2 x}{\sin^2 x \cos^2 x} \mathrm{d}x$$
$$= \int \sec^2 \mathrm{d}x + \int \csc^2 x \mathrm{d}x$$
$$= \tan x - \cot x + C.$$

由以上的例子可以总结出简单积分法的一般步骤：

（1）观察不定积分与那一个基本积分公式相近；

（2）对被积函数做变形，并利用运算法则化为可用基本积分公式的不定积分；

（3）用基本积分公式求出各不定积分.

例 8 有一通过原点的曲线 $y = f(x)$，其上任一点 (x,y) 处的切线斜率为 $-2 + 2ax + 3x^2$，a 为常数，且知其拐点的横坐标为 $-\dfrac{1}{3}$，求此曲线方程.

解 由题意 $y' = -2 + 2ax + 3a^2$，故
$$y = \int (-2 + 2ax + 3x^2)\, \mathrm{d}x = -2x + ax^2 + x^3 + C,$$

因曲线通过原点，将 $x = 0, y = 0$ 代入上式，得 $C = 0$，又 $y'' = 2a + 6x$，而拐点的横坐标为 $-\dfrac{1}{3}$，故
$$y''|_{x=-1/3} = (2a + 6x)|_{x=-1/3} = 0,$$

得 $a = 1$，所以所求曲线方程为 $y = -2x + x^2 + x^3$.

习　题　一

1. 求下列不定积分：

（1）$\displaystyle\int x(3x+2)\mathrm{d}x$；

（2）$\displaystyle\int \frac{1-x^2}{1-x^4}\,\mathrm{d}x$；

（3）$\displaystyle\int (\sin x - 3\cos x)\mathrm{d}x$；

（4）$\displaystyle\int (3^x + 2^x)^2\,\mathrm{d}x$；

（5）$\displaystyle\int \frac{2+\cos^2 t}{\cos^2 t}\,\mathrm{d}t$；

（6）$\displaystyle\int \frac{3\cos 2x}{2\sin^2 x \cos^2 x}\,\mathrm{d}x$；

（7）$\displaystyle\int 3^x \mathrm{e}^x \mathrm{d}x$；

（8）$\displaystyle\int \frac{1}{1+\cos 2y}\,\mathrm{d}y$；

（9）$\displaystyle\int \frac{\sqrt{1+x^2}}{\sqrt{1-x^4}}\mathrm{d}x$；

（10）$\displaystyle\int \left(1-\frac{1}{x^2}\right)\sqrt{x\sqrt{x}}\,\mathrm{d}x$；

（11）$\displaystyle\int \frac{(x-\sqrt{x})(\sqrt{x}+1)}{\sqrt[3]{x}}\mathrm{d}x$；

（12）$\displaystyle\int \frac{\mathrm{e}^x(1+\mathrm{e}^x)}{\mathrm{e}^{-x}(\mathrm{e}^x + \mathrm{e}^{2x})}\mathrm{d}x$；

（13）$\displaystyle\int \frac{\sin x}{1+\sin x}\mathrm{d}x$；

（14）$\displaystyle\int \cot^2 x \mathrm{d}x$；

（15）$\displaystyle\int \frac{\mathrm{d}x}{x^4(1+x^2)}$；

（16）$\displaystyle\int \frac{1-x^2}{x^2+x^4}\mathrm{d}x$；

(17) $\int \dfrac{\sin^2 x(e^{-x}-1)+1}{e^{-x}\cos^2 x}dx$; 　　　　　(18) $\int \dfrac{x+1}{\sqrt[3]{x}+1}dx$.

2. 一曲线过点 $(1,0)$,且在任一点 $M(x,y)$ 处的切线斜率等于该点横坐标平方的倒数,求该曲线方程.

3. (1) 若函数 $f(x)$ 的一个原函数为 $\sin x - e^{-x}$,求 $\int f(x)dx$.

(2) 若 $f(x)$ 满足 $f'(x)=6x+\dfrac{1}{x^2}$,求 $\int f(x)dx$.

(3) 若函数 $f(x)$ 满足 $f'(\sqrt{x})=x+\dfrac{1}{x}$,求 $f(x)$.

4. 设 $\int f(x)dx=F(x)+C$,证明 $\int f(ax+b)dx=\dfrac{1}{a}F(ax+b)+C$.

5. 函数 $y=f(x)$ 的导函数 $y=f'(x)$ 的图像是一条二次抛物线,它开口向着 y 轴的正向,且与 x 轴相交于 $x=0$ 和 $x=2$,若 $f(x)$ 极大值为 4,极小值为 0,求 $f(x)$.

第二节　换元积分法

利用基本积分表与不定积分的性质,所能计算的不定积分是非常有限的.因此,有必要进一步来研究不定积分的求法.由微分运算与积分运算的互逆关系,我们可以把复合函数的微分法反过来用于求不定积分,利用中间变量的代换,得到复合函数的积分法,称为换元积分法,简称换元法.本节就来讨论两类换元法——第一类换元法和第二类换元法.

一、第一类换元法

设 $f(u)$ 具有原函数 $F(u)$,即 $\int f(u)du=F(u)+C$,又若 $u=\varphi(x)$ 可导,由复合函数微分法,$\{F[\varphi(x)]\}'=F'[\varphi(x)]\varphi'(x)=f[\varphi(x)]\varphi'(x)$,从而根据不定积分的定义可知

$$\int f[\varphi(x)]\varphi'(x)dx=F[\varphi(x)]+C.$$

利用这个公式,通过变量代换,引入中间变量 $u=\varphi(x)$ 简化被积函数,使之可用简单积分法计算的方法称为**第一(类)换元法**.

定理 1　设 $f(u)$ 具有原函数 $F(u)$,且 $u=\varphi(x)$ 可导,则有换元公式

$$\int f[\varphi(x)]\varphi'(x)dx=\left[\int f(u)du\right]_{u=\varphi(x)}=[F(u)+C]_{u=\varphi(x)}=F[\varphi(x)]+C.$$

需要注意的是,虽然 $\int f[\varphi(x)]\varphi'(x)dx$ 是一个整体记号,但如同导数记号 $\dfrac{dy}{dx}$ 中的 dx 及 dy 可看作微分一样,被积表达式中的 dx 也可当作自变量 x 的微分来对待,从而微分等式 $\varphi'(x)dx=d\varphi(x)$ 可方便地应用到被积表达式中来.因此,第一换元法的关键是凑出微分 $\varphi'(x)dx=d\varphi(x)$,又称为**凑微分法**.在具体计算过程中,代换 $u=\varphi(x)$ 可以不写出,而采用下面写法:

$$\int f(\varphi(x))\varphi'(x)dx=\int f(\varphi(x))d\varphi(x)=F[\varphi(x)]+C.$$

例 1　求不定积分 $\int \sin(3-2x)\mathrm{d}x$.

解　$\int \sin(3-2x)\mathrm{d}x = -\int \sin(3-2x)\dfrac{1}{2}(3-2x)'\mathrm{d}x$

$\qquad\qquad = -\dfrac{1}{2}\int \sin(3-2x)\mathrm{d}(3-2x) = \dfrac{1}{2}\cos(3-2x)+C.$

一般地,有 $\int f(ax+b)\mathrm{d}x = \dfrac{1}{a}\int f(ax+b)\mathrm{d}(ax+b)$,从而可进一步积分.

例 2　求下列不定积分:

(1) $\int \dfrac{x}{\sqrt{x^2+1}}\mathrm{d}x$; 　　(2) $\int \dfrac{\mathrm{e}^{2\sqrt{x}}}{\sqrt{x}}\mathrm{d}x$; 　　(3) $\int \sin^3 x\mathrm{d}x$.

解　(1) $\int \dfrac{x}{\sqrt{x^2+1}}\mathrm{d}x = \dfrac{1}{2}\int \dfrac{2x}{\sqrt{x^2+1}}\mathrm{d}x = \dfrac{1}{2}\int \dfrac{(x^2+1)'}{\sqrt{x^2+1}}\mathrm{d}x$

$\qquad\qquad = \dfrac{1}{2}\int \dfrac{1}{\sqrt{x^2+1}}\mathrm{d}(x^2+1)$

$\qquad\qquad = \sqrt{x^2+1}+C;$

(2) $\int \dfrac{\mathrm{e}^{2\sqrt{x}}}{\sqrt{x}}\mathrm{d}x = \int \mathrm{e}^{2\sqrt{x}}(2\sqrt{x})'\mathrm{d}x = \int \mathrm{e}^{2\sqrt{x}}\mathrm{d}(2\sqrt{x}) = \mathrm{e}^{2\sqrt{x}}+C;$

(3) $\int \sin^3 x\mathrm{d}x = \int \sin^2 x \cdot \sin x\mathrm{d}x = -\int (1-\cos^2 x)\mathrm{d}\cos x$

$\qquad\qquad = -\int \mathrm{d}\cos x + \int \cos^2 x\mathrm{d}\cos x$

$\qquad\qquad = -\cos x + \dfrac{1}{3}\cos^3 x + C.$

例 3　求下列不定积分:

(1) $\int \dfrac{\mathrm{d}x}{a^2+x^2}$,　$a\neq 0$; 　　　　(2) $\int \dfrac{\mathrm{d}x}{x^2+2x+3}$.

解　(1) $\int \dfrac{\mathrm{d}x}{a^2+x^2} = \int \dfrac{\mathrm{d}x}{a^2\left[1+\left(\dfrac{x}{a}\right)^2\right]}$

$\qquad\qquad = \dfrac{1}{a}\int \dfrac{\mathrm{d}\left(\dfrac{x}{a}\right)}{1+\left(\dfrac{x}{a}\right)^2} = \dfrac{1}{a}\arctan \dfrac{x}{a}+C.$

类似可得 $\qquad\qquad \int \dfrac{\mathrm{d}x}{\sqrt{a^2-x^2}} = \arcsin \dfrac{x}{a}+C.$

(2) $\int \dfrac{\mathrm{d}x}{x^2+2x+3} = \int \dfrac{\mathrm{d}x}{(x+1)^2+2} = \int \dfrac{\mathrm{d}(x+1)}{(x+1)^2+(\sqrt{2})^2}$

$\qquad\qquad = \dfrac{1}{\sqrt{2}}\arctan \dfrac{x+1}{\sqrt{2}}+C.$

例 4　求下列不定积分:

(1) $\int \dfrac{\mathrm{d}x}{a^2-x^2}$,　$a\neq 0$; 　　　　(2) $\int \dfrac{\mathrm{d}x}{\mathrm{e}^x+1}$.

解 (1) $\int \dfrac{\mathrm{d}x}{a^2-x^2} = \int \dfrac{\mathrm{d}x}{(a+x)(a-x)} = \dfrac{1}{2a}\int\left[\dfrac{1}{a+x}+\dfrac{1}{a-x}\right]\mathrm{d}x$

$\qquad = \dfrac{1}{2a}\int\dfrac{\mathrm{d}x}{a+x} + \dfrac{1}{2a}\int\dfrac{\mathrm{d}x}{a-x} = \dfrac{1}{2a}\int\dfrac{\mathrm{d}(a+x)}{a+x} - \dfrac{1}{2a}\int\dfrac{\mathrm{d}(a-x)}{a-x}$

$\qquad = \dfrac{1}{2a}\ln\left|\dfrac{a+x}{a-x}\right| + C.$

(2) 被积函数分子分母同时乘以 e^x,得

$$\int\dfrac{\mathrm{d}x}{e^x+1} = \int\dfrac{e^x\,\mathrm{d}x}{e^x(e^x+1)}$$

$$= \int\dfrac{\mathrm{d}e^x}{e^x(e^x+1)} = \int\left(\dfrac{1}{e^x}-\dfrac{1}{e^x+1}\right)\mathrm{d}e^x$$

$$= \int\dfrac{1}{e^x}\mathrm{d}e^x - \int\dfrac{1}{e^x+1}\,\mathrm{d}(e^x+1)$$

$$= \ln e^x - \ln(e^x+1) + C = \ln\left(\dfrac{e^x}{e^x+1}\right) + C.$$

若不定积分的被积函数中含有三角函数,在计算积分的过程中,往往要用到一些三角恒等式.

例5 求下列不定积分:

(1) $\int\sec x\,\mathrm{d}x$; $\qquad\qquad$ (2) $\int\sin 5x\cos 3x\,\mathrm{d}x.$

解 (1) $\int\sec x\,\mathrm{d}x = \int\dfrac{\mathrm{d}x}{\cos x} = \int\dfrac{\cos x}{\cos^2 x}\mathrm{d}x$

$\qquad = \int\dfrac{\mathrm{d}\sin x}{1-\sin^2 x} = \dfrac{1}{2}\ln\left|\dfrac{1+\sin x}{1-\sin x}\right| + C$

$\qquad = \dfrac{1}{2}\ln\left|\dfrac{1+\sin x}{\cos x}\right|^2 + C = \ln|\sec x + \tan x| + C.$

其中第四个等式利用了例4(1)的结果.

(2) $\int\sin 5x\cos 3x\,\mathrm{d}x = \dfrac{1}{2}\int(\sin 8x + \sin 2x)\mathrm{d}x$

$\qquad = \dfrac{1}{2}\left[\dfrac{1}{8}\int\sin 8x\,\mathrm{d}(8x) + \dfrac{1}{2}\int\sin 2x\,\mathrm{d}(2x)\right]$

$\qquad = -\dfrac{1}{16}\cos 8x - \dfrac{1}{4}\cos 2x + C.$

利用第一换元法求不定积分,一般比利用复合函数的求导法则求函数的导数要来得困难,因为其中需要一定的技巧,而且如何适当地凑出微分,并没有一般途径可循,因此要掌握换元法,除了要熟悉一些典型例子外,还要做一定量的练习.

二、第二类换元法

若将第一类换元法公式由右到左使用有

$$\left[\int f(u)\mathrm{d}u\right]_{u=\varphi(x)} = \int f(\varphi(x))\varphi'(x)\mathrm{d}x,$$

或写为

$$\int f(x)\mathrm{d}x = \int f(\psi(t))\psi'(t)\mathrm{d}t.$$

这个式子可看为将左式中积分变量 x 用 $x=\psi(t)$ 作换元而得到.

但这样做需要一定的条件. 首先, 等式右边的不定积分要存在, 即函数 $f(\psi(t))\psi'(t)$ 具有原函数; 其次, 由于 $\int f(x)\mathrm{d}x$ 是 x 的函数, 而 $\int f(\psi(t))\psi'(t)\mathrm{d}t$ 是 t 的函数, 因此必须用 $x=\psi(t)$ 的反函数 $t=\psi^{-1}(x)$ 代回, 化为 x 的函数. 为了保证这个反函数存在而且是单值可导的, 我们假定直接函数 $x=\psi(t)$ 在 t 的某一个区间(这区间和所考虑的 x 的积分区间相对应)上是单调的、可导的, 并且 $\psi'(t)\neq 0$. 归纳上述分析, 我们给出下面的定理.

定理 2 设 $x=\psi(t)$ 是单调的、可导的函数, 并且 $\psi'(t)\neq 0$. 又设 $f(\psi(t))\psi'(t)$ 具有原函数, 则有换元公式

$$\int f(x)\mathrm{d}x = \left[\int f(\psi(t))\psi'(t)\mathrm{d}t\right]_{t=\psi^{-1}(x)},$$

其中 $t=\psi^{-1}(x)$ 是 $x=\psi(t)$ 的反函数. 此积分方法称为**第二(类)换元法**. 请读者证明.

例 6 求不定积分 $\int \sqrt{a^2-x^2}\,\mathrm{d}x$　$(a>0)$.

分析 求这个积分的困难在于根式 $\sqrt{a^2-x^2}$, 可利用变换 $x=a\sin t$ 及三角公式 $\sin^2 t+\cos^2 t=1$ 来化去根式.

解 设 $x=a\sin t\left(-\dfrac{\pi}{2}<t<\dfrac{\pi}{2}\right)$, 则

$$\mathrm{d}x = a\cos t\,\mathrm{d}t,$$

于是

$$\int \sqrt{a^2-x^2}\,\mathrm{d}x = \int a\cos t\cdot a\cos t\,\mathrm{d}t = a^2\int \cos^2 t\,\mathrm{d}t$$

$$= a^2\int \frac{1+\cos 2t}{2}\mathrm{d}t = a^2\left(\frac{t}{2}+\frac{\sin 2t}{4}\right)+C,$$

将变量 t 返回原来的变量 x 时可采用辅助三角形法. 做法如下:

根据变换 $x=a\sin t$, 作直角三角形(见图 5-2), 有

$$\sin t=\frac{x}{a}, \quad \cos t=\frac{\sqrt{a^2-x^2}}{a},$$

从而　$\sin 2t=2\sin t\cos t=2\,\dfrac{x}{a}\,\dfrac{\sqrt{a^2-x^2}}{a}=\dfrac{2x\sqrt{a^2-x^2}}{a^2}$,

于是　$\int \sqrt{a^2-x^2}\,\mathrm{d}x=\dfrac{a^2}{2}\arcsin\dfrac{x}{a}+\dfrac{1}{2}x\sqrt{a^2-x^2}+C.$

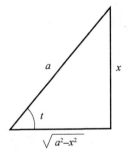

图 5-2

例 7 求不定积分 $\int \dfrac{\mathrm{d}x}{\sqrt{x^2+a^2}}$　$(a>0)$.

分析 可以利用变换 $x=a\tan t$ 及三角公式 $1+\tan^2 t=\sec^2 t$ 去掉根式.

解 设 $x=a\tan t\left(-\dfrac{\pi}{2}<t<\dfrac{\pi}{2}\right)$, 则 $\mathrm{d}x=a\sec^2 t\,\mathrm{d}t$, 于是

$$\int \frac{\mathrm{d}x}{\sqrt{x^2+a^2}} = \int \frac{a\sec^2 t}{a\sec t}\mathrm{d}t = \int \sec t\,\mathrm{d}t$$

利用例 5(1)的结果得

$$\int \frac{\mathrm{d}x}{\sqrt{x^2+a^2}} = \ln|\sec t + \tan t| + C_1,$$

根据变换 $\tan t = \dfrac{x}{a}$，作直角三角形(见图 5-3)，得 $\sec t = \dfrac{\sqrt{x^2+a^2}}{a}$，因此

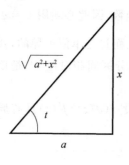

$$\int \frac{\mathrm{d}x}{\sqrt{x^2+a^2}} = \ln\left| \frac{x}{a} + \frac{\sqrt{x^2+a^2}}{a} \right| + C_1$$
$$= \ln\left| x + \sqrt{x^2+a^2} \right| + C.$$

其中 $C = \ln a + C_1$.

类似地，还可以求得

$$\int \frac{\mathrm{d}x}{\sqrt{x^2-a^2}} = \ln\left| x + \sqrt{x^2-a^2} \right| + C.$$

图 5-3

例 8　求不定积分 $\displaystyle\int \frac{\sqrt{a^2-x^2}}{x^4}\mathrm{d}x$　$(a>0)$.

解　令 $x = \dfrac{1}{t}$，则 $\mathrm{d}x = -\dfrac{1}{t^2}\mathrm{d}t$，于是

$$\int \frac{\sqrt{a^2-x^2}}{x^4}\mathrm{d}x = -\int t \sqrt{a^2t^2-1}\,\mathrm{d}t = -\frac{1}{2a^2}\int \sqrt{a^2t^2-1}\,\mathrm{d}(a^2t^2-1)$$
$$= -\frac{1}{2a^2} \cdot \frac{2}{3}(a^2t^2-1)^{\frac{3}{2}} + C$$
$$= -\frac{1}{3a^2} \frac{(a^2-x^2)^{\frac{3}{2}}}{x^3} + C.$$

这里的变换 $x = \dfrac{1}{t}$ 称为**倒代换**，利用它常可消去被积函数分母中的变量因子 x.

例 9　求不定积分 $\displaystyle\int \frac{\mathrm{d}x}{\sqrt{1+x}+2}$.

解　采用直接去根号的方法. 令 $t = \sqrt{1+x}$，则 $x = t^2-1$，$\mathrm{d}x = 2t\mathrm{d}t$，于是

$$\int \frac{\mathrm{d}x}{\sqrt{1+x}+2} = \int \frac{2t}{t+2}\mathrm{d}t = 2\int \left(1 - \frac{2}{t+2}\right)\mathrm{d}t$$
$$= 2(t - 2\ln|t+2|) + C$$
$$= 2\sqrt{1+x} - 4\ln(\sqrt{1+x}+2) + C.$$

例 10　求不定积分 $\displaystyle\int \frac{1}{\sqrt{x}(1+\sqrt[3]{x})}\mathrm{d}x$.

解　因为被积函数中出现了两个根式 $\sqrt{x}$ 与 $\sqrt[3]{x}$，为了能同时去掉这两个根式，可令 $x = t^6$，则 $\mathrm{d}x = 6t^5\mathrm{d}t$，

于是

$$\int \frac{1}{\sqrt{x}(1+\sqrt[3]{x})}\mathrm{d}x = \int \frac{6t^5}{t^3(1+t^2)}\mathrm{d}t$$
$$= 6\int \frac{t^2}{1+t^2}\mathrm{d}t = 6\int \left(1 - \frac{1}{1+t^2}\right)\mathrm{d}t$$
$$= 6(t - \arctan t) + C$$
$$= 6(\sqrt[6]{x} - \arctan \sqrt[6]{x}) + C.$$

从上面的例子可以看出,第二换元法常用的变量代换有以下几种.

(1) 三角代换

如果被积函数含有 $\sqrt{a^2-x^2}$,可以作代换 $x=a\sin t$ 化去根式;

如果被积函数含有 $\sqrt{x^2+a^2}$,可以作代换 $x=a\tan t$ 化去根式;

如果被积函数含有 $\sqrt{x^2-a^2}$,可以作代换 $x=a\sec t$ 化去根式.

(2) 倒代换

倒代换虽不能直接去根式,但可以使被积函数中幂函数的次数有效地减少,从而达到可用公式积分的目的.

(3) 直接去根式,通常要先将被积函数变形.

总之,在具体积分时,第二换元法的变换是相当灵活的,要分析被积函数的具体情况,选取尽可能使计算简捷的代换.

三、基本积分表的补充公式

在本节的例题中,有几个积分是以后经常会遇到的,所以它们通常也被当作公式使用(其中常数 $a>0$).

(16) $\displaystyle\int \tan x \, dx = -\ln|\cos x| + C$;

(17) $\displaystyle\int \cot x \, dx = \ln|\sin x| + C$;

(18) $\displaystyle\int \sec x \, dx = \ln|\sec x + \tan x| + C$;

(19) $\displaystyle\int \csc x \, dx = \ln|\csc x - \cot x| + C$;

(20) $\displaystyle\int \frac{dx}{a^2+x^2} = \frac{1}{a}\arctan\frac{x}{a} + C$;

(21) $\displaystyle\int \frac{dx}{x^2-a^2} = \frac{1}{2a}\ln\left|\frac{x-a}{x+a}\right| + C$;

(22) $\displaystyle\int \frac{dx}{\sqrt{a^2-x^2}} = \arcsin\frac{x}{a} + C$;

(23) $\displaystyle\int \frac{dx}{\sqrt{x^2+a^2}} = \ln\left|x+\sqrt{x^2+a^2}\right| + C$;

(24) $\displaystyle\int \frac{dx}{\sqrt{x^2-a^2}} = \ln\left|x+\sqrt{x^2-a^2}\right| + C$.

例 11 求不定积分 $\displaystyle\int \frac{dx}{\sqrt{1+x-x^2}}$.

解
$$\int \frac{dx}{\sqrt{1+x-x^2}} = \int \frac{d\left(x-\frac{1}{2}\right)}{\sqrt{\left(\frac{\sqrt{5}}{2}\right)^2 - \left(x-\frac{1}{2}\right)^2}},$$

利用公式(22)可得

$$\int \frac{\mathrm{d}x}{\sqrt{1+x-x^2}} = \arcsin \frac{2x-1}{\sqrt{5}} + C.$$

例 12 求不定积分 $\int \frac{\mathrm{d}x}{\sqrt{1+\mathrm{e}^x}}$.

解 令 $\sqrt{1+\mathrm{e}^x}=t$,则

$$x = \ln(t^2-1), \quad \mathrm{d}x = \frac{2t\mathrm{d}t}{t^2-1},$$

于是

$$\int \frac{\mathrm{d}x}{\sqrt{1+\mathrm{e}^x}} = \int \frac{2t}{t(t^2-1)}\mathrm{d}t = 2\int \frac{\mathrm{d}t}{t^2-1}$$

$$= \ln \left| \frac{t-1}{t+1} \right| + C = \ln \frac{\sqrt{1+\mathrm{e}^x}-1}{\sqrt{1+\mathrm{e}^x}+1} + C.$$

例 13 设 $F(x)$ 是 $f(x)$ 的原函数,当 $x \geqslant 0$ 时,$f(x)F(x) = \frac{x\mathrm{e}^x}{2(1+x)^2}$,又 $F(0)=1$,$F(x)>0$,求 $f(x)$.

解 由于 $F'(x)=f(x)$,有

$$F(x)F'(x) = \frac{x\mathrm{e}^x}{2(1+x)^2}.$$

于是 $$\int F(x)F'(x)\mathrm{d}x = \int F(x)\mathrm{d}F(x) = \int \frac{x\mathrm{e}^x}{2(1+x)^2}\mathrm{d}x = \frac{1}{2}\int \mathrm{d}\frac{\mathrm{e}^x}{1+x},$$

所以 $$F^2(x) = \frac{\mathrm{e}^x}{1+x} + C,$$

由 $F(0)=1$,$F(x)>0$,$F^2(0)=1+C$,得 $C=0$,所以

$$F(x) = \sqrt{\frac{\mathrm{e}^x}{1+x}},$$

故 $$f(x) = F'(x) = \left(\sqrt{\frac{\mathrm{e}^x}{1+x}} \right)' = \frac{x\mathrm{e}^{\frac{x}{2}}}{2(1+x)^{\frac{3}{2}}} \quad (x \geqslant 0).$$

习 题 二

1. 在下列各式中填上适当的数值,使得等式成立:

(1) $\sin(9-2x)\mathrm{d}x = \underline{\qquad} \mathrm{d}[\cos(9-2x)]$;

(2) $\dfrac{\mathrm{d}x}{1+5x^2} = \underline{\qquad} \mathrm{d}(\arctan\sqrt{5}x)$;

(3) $\int xf(x^2)\mathrm{d}x = \underline{\qquad} \int f(x^2)\mathrm{d}x^2$;

(4) $\int \dfrac{1}{\sqrt{x}}f(\sqrt{x})\mathrm{d}x = \underline{\qquad} \int f(\sqrt{x})\mathrm{d}\sqrt{x}$.

2. 利用第一换元法计算下列积分:

(1) $\int \cos(ax + b)\mathrm{d}x, \quad a \neq 0$;

(2) $\int \dfrac{1}{\sqrt[3]{2x+1}}\mathrm{d}x$;

(3) $\int \dfrac{1}{3 - 2x}\mathrm{d}x$;

(4) $\int x \sin x^2 \mathrm{d}x$;

(5) $\int x^3 \sqrt{x^4 + 1}\,\mathrm{d}x$;

(6) $\int \dfrac{1}{x \ln x}\mathrm{d}x$;

(7) $\int \dfrac{\mathrm{e}^{2\sqrt{x}}}{\sqrt{x}}\mathrm{d}x$;

(8) $\int \dfrac{\mathrm{e}^{\arcsin x}}{\sqrt{1 - x^2}}\mathrm{d}x$;

(9) $\int \dfrac{2x - 5}{x^2 - 5x + 7}\mathrm{d}x$;

(10) $\int \sin x \cos^3 x \mathrm{d}x$;

(11) $\int \sec x \tan^3 x \mathrm{d}x$;

(12) $\int \dfrac{1}{x^2} \mathrm{e}^{1 - \frac{1}{x}}\mathrm{d}x$;

(13) $\int \dfrac{\ln x}{x(\ln x - 1)}\mathrm{d}x$;

(14) $\int \sin 2x \cos 3x \mathrm{d}x$;

(15) $\int \dfrac{\sin x + \cos x}{\sqrt[3]{(\sin x - \cos x)^2}}\mathrm{d}x$;

(16) $\int \dfrac{\sin^3 x}{\cos^5 x}\mathrm{d}x$;

(17) $\int \dfrac{x - 4}{(x - 2)^3}\mathrm{d}x$;

(18) $\int \dfrac{x^3 + 1}{x^3 + x}\mathrm{d}x$;

(19) $\int \dfrac{1}{\sqrt{x} \sin^2 \sqrt{x}}\mathrm{d}x$;

(20) $\int \dfrac{\ln \tan x}{\sin x \cos x}\mathrm{d}x$;

(21) $\int \dfrac{\mathrm{d}x}{1 + \sin^2 x}$;

(22) $\int \dfrac{\sin x}{\sin x + \cos x}\mathrm{d}x$.

3. 利用第二换元法计算下列积分：

(1) $\int x^3 \sqrt{4 - x^2}\,\mathrm{d}x$;

(2) $\int \dfrac{1}{\sqrt{(x^2 + 1)^3}}\mathrm{d}x$;

(3) $\int \dfrac{1}{x\sqrt{x^2 + 1}}\mathrm{d}x$;

(4) $\int \dfrac{\sqrt{x^2 - 9}}{x}\mathrm{d}x$;

(5) $\int \dfrac{\mathrm{d}x}{x^2 \sqrt{1 + x^2}}$;

(6) $\int \dfrac{1}{1 + \sqrt{2x}}\mathrm{d}x$;

(7) $\int \dfrac{\mathrm{d}x}{x\sqrt{x^2 - 1}}$;

(8) $\int \dfrac{\sqrt{x}}{\sqrt[3]{x} + 1}\mathrm{d}x$;

(9) $\int \sqrt{1 + \mathrm{e}^x}\,\mathrm{d}x$;

(10) $\int \sqrt{\dfrac{x}{1 + x}}\dfrac{\mathrm{d}x}{x + 1}$.

4. 求下列不定积分：

(1) $\int \dfrac{1}{\sqrt{3 + 2x - x^2}}\mathrm{d}x$;

(2) $\int \dfrac{1}{5 + 4x + 4x^2}\mathrm{d}x$;

(3) $\int \dfrac{1 - x}{2 + 2x + x^2}\mathrm{d}x$;

(4) $\int \sqrt{\dfrac{1 - x}{1 + x}}\dfrac{\mathrm{d}x}{(1 - x)^2}$;

(5) $\int \dfrac{\mathrm{d}x}{\sqrt[3]{(x + 1)^2 (x - 1)^4}}$;

(6) $\int \dfrac{\cot x}{1 + \sin x}\mathrm{d}x$;

(7) $\displaystyle\int \frac{\mathrm{d}x}{(1+\mathrm{e}^x)^2}$;

(8) $\displaystyle\int \frac{\mathrm{d}x}{\mathrm{e}^{\frac{x}{2}}+\mathrm{e}^x}$;

(9) $\displaystyle\int \sqrt{\frac{x}{1-x\sqrt{x}}}\,\mathrm{d}x$;

(10) $\displaystyle\int \left\{\frac{f(x)}{f'(x)}-\frac{f^2(x)f''(x)}{[f'(x)]^2}\right\}\mathrm{d}x$.

5. (1) 设 $f'(\sin^2 x)=\cos 2x+\tan^2 x, 0<x<1$,求 $f(x)$.

(2) 设 $f'(x^2)=\dfrac{1}{x}(x>0)$,求 $f(x)$.

6. 设 $F(x)$ 是 $f(x)$ 的原函数且 $F(x)>0, F(0)=1$,当 $x\geqslant 0$ 时, $f(x)F(x)=\sin^2 2x$,试求 $f(x)$.

7. 设 $y=f(x)$ 在点 x 处的改变量 $\Delta y=\dfrac{x\Delta x}{\sqrt{1+x^2}}+o(\Delta x)$,且 $f(0)=1$,求 $f(x)$.

第三节 分部积分法

分部积分法是除换元法外的另一个非常常用又重要的积分法. 它与函数乘积的求导法则相对应.

设函数 $u=u(x)$ 及 $v=v(x)$ 具有连续导数. 由两个函数乘积的导数公式

$$(uv)'=u'v+uv',$$

移项,得

$$uv'=(uv)'-u'v,$$

对这个等式两边求不定积分,得

$$\int uv'\mathrm{d}x = uv - \int u'v\,\mathrm{d}x$$

为简便起见,也可写成下面的公式形式:

$$\int u\mathrm{d}v = uv - \int v\mathrm{d}u.$$

通常称此公式为**分部积分公式**,对应的积分法称为**分部积分法**. 公式的作用在于把左端不易求出的不定积分 $\int u\mathrm{d}v$,转化为右端易求出的不定积分 $\int v\mathrm{d}u$.

注意 在具体应用分部积分法时,恰当地选取 u 和 v 是解题的一个关键.

例 1 求不定积分 $\displaystyle\int x\mathrm{e}^x\mathrm{d}x$.

分析 被积函数为幂函数 x 与指数函数 e^x 的乘积,选择 $u=x, v=\mathrm{e}^x$,从而利用分部积分公式.

解
$$\int x\mathrm{e}^x\mathrm{d}x = \int x\mathrm{d}\mathrm{e}^x = x\mathrm{e}^x - \int \mathrm{e}^x\mathrm{d}x$$
$$= x\mathrm{e}^x - \mathrm{e}^x + C.$$

例 2 求不定积分 $\displaystyle\int x^2\sin x\mathrm{d}x$.

分析 被积函数为幂函数 x^2 与三角函数 $\sin x$ 的乘积,选择 $u=x^2, v=\cos x$.

解 $\displaystyle\int x^2\sin x\mathrm{d}x = -\int x^2\mathrm{d}\cos x = -\left(x^2\cos x - \int\cos x\mathrm{d}x^2\right)$

$$= -x^2\cos x + 2\int x\cos x\mathrm{d}x \quad (\text{对}\int x\cos x\mathrm{d}x\text{ 再次利用分部积分公式})$$

$$= -x^2\cos x + 2\int x\mathrm{d}\sin x$$

$$= -x^2\cos x + 2\left(x\sin x - \int\sin x\mathrm{d}x\right)$$

$$= -x^2\cos x + 2x\sin x + 2\cos x + C.$$

例 3 求不定积分 $\displaystyle\int\ln x\mathrm{d}x$.

分析 被积函数可视为 $1\cdot\ln x$,选择 $u=\ln x, v=x$,直接利用分部积分公式.

解 $$\int\ln x\mathrm{d}x = x\ln x - \int x\mathrm{d}\ln x$$

$$= x\ln x - \int x\,\frac{1}{x}\mathrm{d}x = x\ln x - x + C.$$

例 4 求不定积分 $\displaystyle\int x\arctan x\mathrm{d}x$.

解 $$\int x\arctan x\mathrm{d}x = \frac{1}{2}\int\arctan x\mathrm{d}x^2 = \frac{1}{2}\left[x^2\arctan x - \int x^2\,\frac{1}{x^2+1}\mathrm{d}x\right]$$

$$= \frac{1}{2}\left[x^2\arctan x - \int\left(1 - \frac{1}{x^2+1}\right)\mathrm{d}x\right]$$

$$= \frac{1}{2}(x^2\arctan x - x + \arctan x) + C.$$

例 5 求不定积分 $\displaystyle\int\mathrm{e}^{ax}\cos x\mathrm{d}x \quad (a\neq 0)$.

解 u、v 可以任意选取,两次应用分部积分公式,将出现"所求再现"的现象,移项即可.

$$\int\mathrm{e}^{ax}\cos x\mathrm{d}x = \int\mathrm{e}^{ax}\mathrm{d}\sin x$$

$$= \mathrm{e}^{ax}\sin x - a\int\mathrm{e}^{ax}\sin x\mathrm{d}x = \mathrm{e}^{ax}\sin x + a\int\mathrm{e}^{ax}\mathrm{d}\cos x$$

$$= \mathrm{e}^{ax}\sin x + a\left[\mathrm{e}^{ax}\cos x - \int\cos x\cdot a\mathrm{e}^{ax}\mathrm{d}x\right]$$

$$= \mathrm{e}^{ax}\sin x + a\mathrm{e}^{ax}\cos x - a^2\int\mathrm{e}^{ax}\cos x\mathrm{d}x$$

于是有 $$(1+a^2)\int\mathrm{e}^{ax}\cos x\mathrm{d}x = \mathrm{e}^{ax}(\sin x + a\cos x) + C_1,$$

故 $$\int\mathrm{e}^{ax}\cos x\mathrm{d}x = \frac{\mathrm{e}^{ax}}{a^2+1}(\sin x + a\cos x) + C.$$

其中 $C = \dfrac{C_1}{1+a^2}$.

从上述例题中不难看出以下两点.

(1) 若被积函数是两种不同类型函数的乘积,就可以考虑用分部积分法,并注意适当选取 u 和 v. 关于 u 和 v 的选取,一般地有:

若被积函数是幂函数与正(余)弦函数或指数函数的乘积,可设幂函数为 u. 这样用一次分部积分法就可以使幂函数的幂次降低一次. 这里假定指数是正整数.

若被积函数是幂函数和对数函数和反三角函数的乘积,就可设对数函数或反三角函数为 u.

(2) 在使用分部积分法时,经常出现所求积分再现的情况,一旦出现,往往产生三种结果:一是通过移项即可求得积分结果(如本节例 5);二是建立递推公式(如本节例 6);三是又回到原积分,且系数及符号完全相同,这时说明该积分不能用分部积分法求出.

例 6 求不定积分 $I_n = \displaystyle\int \frac{\mathrm{d}x}{(x^2+a^2)^n}$,$n$ 为正整数.

解 因为

$$I_{n-1} = \int \frac{\mathrm{d}x}{(x^2+a^2)^{n-1}} = \frac{x}{(x^2+a^2)^{n-1}} + 2(n-1)\int \frac{x^2\,\mathrm{d}x}{(x^2+a^2)^n}$$

$$= \frac{x}{(x^2+a^2)^{n-1}} + 2(n-1)\int \frac{x^2+a^2-a^2}{(x^2+a^2)^n}\mathrm{d}x$$

$$= \frac{x}{(x^2+a^2)^{n-1}} + 2(n-1)(I_{n-1}-a^2 I_n),$$

移项,得

$$I_n = \frac{1}{2a^2(n-1)}\left[\frac{x}{(x^2+a^2)^{n-1}} + (2n-3)I_{n-1}\right],$$

而

$$I_1 = \frac{1}{a}\arctan \frac{x}{a} + C,$$

则由上递推公式即可计算所有的 I_n.

例 7 已知 $\dfrac{\sin x}{x}$ 是 $f(x)$ 的一个原函数,求 $\displaystyle\int xf'(x)\mathrm{d}x$.

解 因为 $\dfrac{\sin x}{x}$ 是 $f(x)$ 的一个原函数,所以 $f(x) = \left(\dfrac{\sin x}{x}\right)' = \dfrac{x\cos x-\sin x}{x^2}$,于是

$$\int xf'(x)\mathrm{d}x = \int x\,\mathrm{d}f(x) = xf(x) - \int f(x)\mathrm{d}x$$

$$= x\,\frac{x\cos x-\sin x}{x^2} - \frac{\sin x}{x} + C = \cos x - \frac{2\sin x}{x} + C.$$

例 8 求不定积分 $\displaystyle\int \frac{x\mathrm{e}^x}{\sqrt{\mathrm{e}^x-2}}\mathrm{d}x \quad (x>1)$.

解 由于被积函数中出现无理函数形式,可先利用换元法去掉根式.

令 $\sqrt{\mathrm{e}^x-2}=t$,则

$$x=\ln(t^2+2), \quad \mathrm{d}x=\frac{2t}{t^2+2}\mathrm{d}t,$$

于是

$$\int \frac{x\mathrm{e}^x}{\sqrt{\mathrm{e}^x-2}}\mathrm{d}x = \int \frac{\ln(t^2+2)\cdot(t^2+2)}{t} \cdot \frac{2t}{t^2+2}\mathrm{d}t$$

$$= 2\int \ln(t^2+2)\mathrm{d}t \quad (\text{利用分部积分法})$$

$$= 2\left[t\ln(t^2+2) - \int t\,\frac{2t}{t^2+2}\mathrm{d}t\right]$$

$$= 2t\ln(t^2 + 2) - 4\int \frac{t^2 + 2 - 2}{t^2 + 2}\mathrm{d}t$$

$$= 2t\ln(t^2 + 2) - 4\int \left(1 - \frac{2}{t^2 + 2}\right)\mathrm{d}t$$

$$= 2t\ln(t^2 + 2) - 4t + \frac{8}{\sqrt{2}}\arctan\frac{t}{\sqrt{2}} + C$$

$$= 2x\sqrt{\mathrm{e}^x - 2} - 4\sqrt{\mathrm{e}^x - 2} + 4\sqrt{2}\arctan\sqrt{\frac{\mathrm{e}^x}{2} - 1} + C.$$

习　题　三

1. 计算下列不定积分:

(1) $\displaystyle\int x\sin 3x\,\mathrm{d}x$;

(2) $\displaystyle\int x^2\cos x\,\mathrm{d}x$;

(3) $\displaystyle\int x\mathrm{e}^{2x}\,\mathrm{d}x$;

(4) $\displaystyle\int x^3\mathrm{e}^{-x}\,\mathrm{d}x$;

(5) $\displaystyle\int x^2\ln x\,\mathrm{d}x$;

(6) $\displaystyle\int x^2\arctan x\,\mathrm{d}x$;

(7) $\displaystyle\int \arcsin x\,\mathrm{d}x$;

(8) $\displaystyle\int x^2\arccos x\,\mathrm{d}x$;

(9) $\displaystyle\int \mathrm{e}^x\cos x\,\mathrm{d}x$;

(10) $\displaystyle\int \cos(\ln x)\,\mathrm{d}x$;

(11) $\displaystyle\int x\sin(\ln x)\,\mathrm{d}x$;

(12) $\displaystyle\int \frac{\arcsin x}{x^2}\,\mathrm{d}x$;

(13) $\displaystyle\int \ln(x + \sqrt{1 + x^2})\,\mathrm{d}x$;

(14) $\displaystyle\int \arctan\sqrt{x}\,\mathrm{d}x$;

(15) $\displaystyle\int \ln\frac{1 + x}{1 - x}\,\mathrm{d}x$;

(16) $\displaystyle\int (x^2 + 3x + 1)\ln x\,\mathrm{d}x$;

(17) $\displaystyle\int \frac{\ln(\mathrm{e}^x + 1)}{\mathrm{e}^x}\,\mathrm{d}x$;

(18) $\displaystyle\int \sec^3 x\,\mathrm{d}x$;

(19) $\displaystyle\int (\arcsin x)^2\,\mathrm{d}x$;

(20) $\displaystyle\int \frac{x\cos x}{\sin^3 x}\,\mathrm{d}x$;

(21) $\displaystyle\int \frac{x\ln x}{(1 + x^2)^{3/2}}\,\mathrm{d}x$;

(22) $\displaystyle\int \frac{x\mathrm{e}^x}{(1 + x)^2}\,\mathrm{d}x$;

(23) $\displaystyle\int \frac{x^3\arccos x}{\sqrt{1 - x^2}}\,\mathrm{d}x$;

(24) $\displaystyle\int \frac{\arcsin\sqrt{x}}{\sqrt{1 - x}}\,\mathrm{d}x$.

2. 设 $I_n = \displaystyle\int \tan^n x\,\mathrm{d}x$,求证 $I_n = \dfrac{1}{n - 1}\tan^{n-1} x - I_{n-2}$,并求$\displaystyle\int \tan^5 x\,\mathrm{d}x$.

3. 已知 $\ln^2 x$ 是 $f(x)$ 的一个原函数,求不定积分$\displaystyle\int xf'(x)\,\mathrm{d}x$.

4. 设 $f(x)$ 有连续导数,$f''(\mathrm{e}^x) = \mathrm{e}^{2x} + x$,且 $f(1) = f'(1) = -\dfrac{2}{3}$,求 $f(x)$.

5. 设 $f(x)$ 是单调可导函数，$f^{-1}(x)$ 是 $f(x)$ 的反函数，且 $\int f(x)\mathrm{d}x = F(x) + C$，求 $\int f^{-1}(x)\mathrm{d}x$.

第四节　几种特殊类型函数的积分

本节我们介绍有理函数的积分及可化为有理函数的积分.

一、有理函数的积分

1. 有理函数及其性质

有理函数是指由两个多项式的商所表示的函数，即具有如下形式的函数：

$$\frac{P(x)}{Q(x)} = \frac{a_0 x^n + a_1 x^{n-1} + \cdots + a_{n-1} x + a_n}{b_0 x^m + b_1 x^{m-1} + \cdots + b_{m-1} x + b_m},$$

其中 m 和 n 都是非负整数；$a_0, a_1, \cdots, a_{n-1}, a_n$ 及 $b_0, b_1, \cdots, b_{m-1}, b_m$ 都是实数，并且 $a_0 \neq 0$，$b_0 \neq 0$. 并假定 $P(x)$ 与 $Q(x)$ 没有公因式. 当 $n < m$ 时，称该有理函数是有理真分式；当 $n \geqslant m$ 时，称该有理函数是有理假分式.

例如，$\dfrac{1}{x^2 + x + 1}$，$\dfrac{3x^2 - 2x + 3}{x^4 + 1}$ 为有理真分式；$\dfrac{x^3}{x^2 + x + 1}$，$\dfrac{3x^2 - 2x + 3}{x + 1}$ 为有理假分式.

有理函数有如下代数性质.

(1) 假分式可以用多项式的除法化为一个多项式和一个有理真分式之和的形式.

例如，$\dfrac{2x^4 - x^3 - x + 1}{x^3 - 1} = (2x - 1) + \dfrac{x}{x^3 - 1}$. 因此，有理函数的积分主要是有理真分式的积分.

(2) 有理真分式可化为下面四种形式的分式（称为简单分式或部分分式）的和：

$$\frac{A}{x-a}, \quad \frac{A}{(x-a)^n}, \quad \frac{Bx+C}{x^2 + px + q}, \quad \frac{Bx+C}{(x^2 + px + q)^n},$$

$n = 2, 3, 4, \cdots$，其中 A, B, C, a, p, q 为常数，且 $x^2 + px + q$ 为二次质因式.

有理真分式的分母中若有因式 $(x-a)^k$，则对应这项因式，分解后有下列 k 个简单分式之和：

$$\frac{A_1}{(x-a)^k} + \frac{A_2}{(x-a)^{k-1}} + \cdots + \frac{A_k}{x-a},$$

其中 $A_1, A_2, \cdots, A_n$ 都是待定常数. 特别地，若 $k = 1$，则分解后只有一项 $\dfrac{A}{x-a}$；若有理真分式分母中还有因式 $(x^2 + px + q)^k$，其中 $p^2 - 4q < 0$，则对应这项因式，分解后有下列 k 个简单分式之和：

$$\frac{M_1 x + N_1}{(x^2 + px + q)^k} + \frac{M_2 x + N_2}{(x^2 + px + q)^{k-1}} + \cdots + \frac{M_k x + N_k}{x^2 + px + q},$$

其中 $M_i, N_i, i=1,2,\cdots,k$ 都是待定常数. 特别地, 若 $k=1$, 则分解后只有一项 $\dfrac{Mx+N}{x^2+px+q}$.

例如, $\dfrac{x}{x^3-1}$ 是有理真分式, 将其分母因式分解有 $\dfrac{x}{x^3-1}=\dfrac{x}{(x-1)(x^2+x+1)}$, 因此分解为简单分式应有 $\dfrac{A}{x-1}+\dfrac{Bx+C}{x^2+x+1}$, 其中 A,B,C 为待定常数. 即

$$\frac{x}{x^3-1}=\frac{A}{x-1}+\frac{Bx+C}{x^2+x+1}.$$

下面求出待定常数. 将等式右端通分, 并比较等式两端得

$$x=A(x^2+x+1)+(Bx+C)(x-1),$$

分别令 $x=1, x=0, x=-1$, 得到

$$A=\frac{1}{3}, \quad C=\frac{1}{3}, \quad B=-\frac{1}{3},$$

于是

$$\frac{x}{x^3-1}=\frac{1}{3(x-1)}-\frac{x-1}{3(x^2+x+1)}.$$

2. 简单分式的积分

当有理函数分解为多项式及简单分式之和以后, 只出现多项式, $\dfrac{A}{(x-a)^n}$ 及 $\dfrac{Mx+N}{(x^2+px+q)^n}$ 等三类函数. 前两类函数的积分很简单, 对于积分 $\displaystyle\int\frac{Nx+N}{(x^2+px+q)^n}\mathrm{d}x$, 亦可以通过将分母中的二次质因式配方等方法积分出来, 下面通过一个例子来说明.

例 1　求不定积分 $\displaystyle\int\frac{2x^4-x^3-x+1}{x^3-1}\mathrm{d}x$.

解　由于 $\dfrac{2x^4-x^3-x+1}{x^3-1}=(2x-1)+\dfrac{x}{x^3-1}=(2x-1)+\dfrac{1}{3}\left[\dfrac{1}{x-1}-\dfrac{x-1}{x^2+x+1}\right]$,

所以　$\displaystyle\int\frac{2x^4-x^3-x+1}{x^3-1}\mathrm{d}x=\int(2x-1)\mathrm{d}x+\frac{1}{3}\int\left[\frac{1}{x-1}-\frac{x-1}{x^2+x+1}\right]\mathrm{d}x$,

而　$\displaystyle\int\frac{x-1}{x^2+x+1}\mathrm{d}x=\frac{1}{2}\int\frac{2x+1-3}{x^2+x+1}\mathrm{d}x=\frac{1}{2}\int\frac{2x+1}{x^2+x+1}\mathrm{d}x-\frac{3}{2}\int\frac{\mathrm{d}x}{x^2+x+1}$

$$=\frac{1}{2}\int\frac{\mathrm{d}(x^2+x+1)}{x^2+x+1}-\frac{3}{2}\int\frac{\mathrm{d}x}{\left(x+\frac{1}{2}\right)^2+\frac{3}{4}}$$

$$=\frac{1}{2}\ln|x^2+x+1|-\sqrt{3}\arctan\frac{2x+1}{\sqrt{3}}+C_1,$$

故　$\displaystyle\int\frac{2x^4-x^3-x+1}{x^3-1}\mathrm{d}x$

$$=x^2-x+\frac{1}{3}\ln|x-1|-\frac{1}{6}\ln|x^2+x+1|+\frac{1}{\sqrt{3}}\arctan\frac{2x+1}{\sqrt{3}}+C.$$

从这个例子我们看到, 一般地, 有理函数分解为多项式及简单分式之和以后, 各个部分都能积出, 且原函数都是初等函数. 因此, **有理函数的原函数都是初等函数**. 但应注意这种一般方法处理有理函数的积分虽然普遍适用, 但往往较繁, 故不应拘泥于上述方法. 对于一些简单有

理函数的积分,还可以观察被积函数的特点采用各种简化积分计算的方法.

例 2　求不定积分 $\displaystyle\int\frac{1}{x(x^3+2)}\mathrm{d}x$.

解　令 $x=\dfrac{1}{t}$,则 $\mathrm{d}x=-\dfrac{1}{t^2}\mathrm{d}t$,于是

$$\int\frac{1}{x(x^3+2)}\mathrm{d}x=\int\frac{-\dfrac{1}{t^2}\mathrm{d}t}{\dfrac{1}{t}\left(\dfrac{1}{t^3}+2\right)}=-\int\frac{t^2\mathrm{d}t}{2t^3+1}=-\frac{1}{3}\int\frac{\mathrm{d}t^3}{2t^3+1}$$

$$=-\frac{1}{6}\int\frac{\mathrm{d}(2t^3+1)}{2t^3+1}=-\frac{1}{6}\ln|2t^3+1|+C$$

$$=-\frac{1}{6}\ln\left|\frac{2}{x^3}+1\right|+C.$$

二、三角函数有理式的积分

1. 三角函数有理式

三角函数有理式是指由三角函数和常数经过有限次四则运算所构成的函数. 由于各种三角函数都可用 $\sin x$ 及 $\cos x$ 的有理式表示,故三角函数有理式也就是 $\sin x,\cos x$ 的有理式,记作 $R(\sin x,\cos x)$,其中 $R(u,v)$ 表示 u,v 两个变量的有理式. 例如, $\dfrac{1+\sin x}{\sin x(1+\cos x)}$, $\dfrac{1}{1+\sin x}$ 都是三角函数有理式.

积分 $\displaystyle\int R(\sin x,\cos x)\mathrm{d}x$ 可以通过变量代换化为有理函数的积分. 事实上,因为

$$\sin x=\frac{2\sin\dfrac{x}{2}\cos\dfrac{x}{2}}{\cos^2\dfrac{x}{2}+\sin^2\dfrac{x}{2}}=\frac{2\tan\dfrac{x}{2}}{1+\tan^2\dfrac{x}{2}},$$

$$\cos x=\frac{\cos^2\dfrac{x}{2}-\sin^2\dfrac{x}{2}}{\cos^2\dfrac{x}{2}+\sin^2\dfrac{x}{2}}=\frac{1-\tan^2\dfrac{x}{2}}{1+\tan^2\dfrac{x}{2}},$$

令 $\tan\dfrac{x}{2}=t$(称为**万能代换**),则

$$x=2\arctan t,\quad\mathrm{d}x=\frac{2}{1+t^2}\mathrm{d}t,$$

所以
$$\sin x=\frac{2t}{1+t^2},\quad\cos x=\frac{1-t^2}{1+t^2},$$

于是
$$\int R(\sin x,\cos x)\mathrm{d}x=\int R\left(\frac{2t}{1+t^2},\frac{1-t^2}{1+t^2}\right)\frac{2}{1+t^2}\mathrm{d}t.$$

上式右端积分是有理函数的积分. 因为有理函数是可以积出来的(通常把被积函数的原函数能用初等函数表示的积分称为积得出来的,否则称为积不出来),所以三角函数有理式也是可以

积出来的.

例 3 求不定积分 $\displaystyle\int \frac{1+\sin x}{\sin x(1+\cos x)}\mathrm{d}x$.

解 令 $\tan\dfrac{x}{2}=t$,则 $x=2\arctan x$,$\mathrm{d}x=\dfrac{2}{1+t^2}\mathrm{d}t$,$\sin x=\dfrac{2t}{1+t^2}$,$\cos x=\dfrac{1-t^2}{1+t^2}$,于是

$$\int \frac{1+\sin x}{\sin x(1+\cos x)}\mathrm{d}x = \int \frac{\left(1+\dfrac{2t}{1+t^2}\right)}{\dfrac{2t}{1+t^2}\left(1+\dfrac{1-t^2}{1+t^2}\right)}\cdot\frac{2}{1+t^2}\mathrm{d}t$$

$$= \frac{1}{2}\int\frac{1+t^2+2t}{t}\mathrm{d}t$$

$$= \frac{1}{2}\int\left(\frac{1}{t}+2+t\right)\mathrm{d}t$$

$$= \frac{1}{2}\left[\ln|t|+2t+\frac{1}{2}t^2\right]+C$$

$$= \frac{1}{2}\left[\ln\left|\tan\frac{x}{2}\right|+2\tan\frac{x}{2}+\frac{1}{2}\tan^2\frac{x}{2}\right]+C.$$

不过,用万能代换将三角函数有理式化出的有理函数的积分往往比较复杂,因此万能代换不一定是最简捷的方法,在解题中往往采用其他更简捷的积分方法.

例 4 求不定积分 $\displaystyle\int \frac{\mathrm{d}x}{1+\sin x}$.

解 **方法一** 用万能变换,令 $t=\tan\dfrac{x}{2}$,$\mathrm{d}x=\dfrac{2}{1+t^2}\mathrm{d}t$,$\sin x=\dfrac{2t}{1+t^2}$,于是

$$\int \frac{\mathrm{d}x}{1+\sin x} = \int\frac{2\mathrm{d}t}{(t+1)^2} = -\frac{2}{t+1}+C = -\frac{2}{\tan\dfrac{x}{2}+1}+C.$$

方法二 由于

$$\frac{1}{1+\sin x} = \frac{1-\sin x}{(1+\sin x)(1-\sin x)} = \frac{1-\sin x}{\cos^2 x},$$

所以

$$\int \frac{1}{1+\sin x}\mathrm{d}x = \int\frac{1-\sin x}{\cos^2 x}\mathrm{d}x = \int\frac{1}{\cos^2 x}\mathrm{d}x + \int\frac{\mathrm{d}\cos x}{\cos^2 x}$$

$$= \tan x - \frac{1}{\cos x}+C.$$

方法三

$$\int \frac{\mathrm{d}x}{1+\sin x} = \int\frac{\mathrm{d}x}{1+\cos\left(\dfrac{\pi}{2}-x\right)}$$

$$= \int\frac{\mathrm{d}x}{2\cos^2\left(\dfrac{\pi}{4}-\dfrac{x}{2}\right)} = -\int\frac{\mathrm{d}\left(\dfrac{\pi}{4}-\dfrac{x}{2}\right)}{\cos^2\left(\dfrac{\pi}{4}-\dfrac{x}{2}\right)}$$

$$= -\tan\left(\frac{\pi}{4}-\frac{x}{2}\right)+C.$$

本章我们介绍了不定积分的概念及计算积分的方法.我们注意到求函数的不定积分作为求函数导数的逆运算多数情况下比求导数运算复杂得多,也灵活得多,请读者多加练习,灵活应用所学各种积分方法和技巧.另外还有很多积分,即使被积函数很简单,原函数也无法用初

等函数表示. 例如：

$$\int \frac{\sin x}{x}dx, \quad \int \frac{\cos x}{x}dx, \quad \int \sqrt{\sin x}dx, \quad \int \frac{e^x}{x}dx,$$

$$\int \frac{dx}{\ln x}, \quad \int \sin x^2 dx, \quad \int e^{-x^2}dx, \quad \int \frac{1}{\sqrt{1+x^4}}dx \text{ 等.}$$

虽然这些积分的被积函数都是初等函数，它们在定义区间内是连续的，因此原函数一定存在，但原函数却不能用初等函数表示出来. 上述几个积分就是积不出来的典型.

习　题　四

1. 计算下列不定积分：

(1) $\int \frac{dx}{x^2+x-2}$；

(2) $\int \frac{x+3}{x^2-5x+6}dx$；

(3) $\int \frac{x-2}{x^2+2x+3}dx$；

(4) $\int \frac{x^3}{x+3}dx$；

(5) $\int \frac{x^2+1}{(x-1)(x+1)^2}dx$；

(6) $\int \frac{x^5+x^4-8}{x^3-x}dx$.

2. 计算下列不定积分：

(1) $\int \frac{dx}{3+\sin^2 x}$；

(2) $\int \frac{dx}{2+\sin x}$；

(3) $\int \frac{\sin^2 x}{\cos^3 x}dx$；

(4) $\int \frac{\cos x}{1+\sin x}dx$；

(5) $\int \frac{\sin^2 x}{1+\sin^2 x}dx$；

(6) $\int \frac{dx}{2\sin x-\cos x+5}$.

3. 若函数 $y=f(x)$ 在 x 点的增量 $\Delta y=\frac{1}{x}\sqrt{\frac{x}{1+x}}\Delta x+o(\Delta x)$，求 $f(x)$.

总　习　题　五

一、单项选择题

1. 下列等式中，正确的结果是（　　）.

A. $\int f'(x)dx = f(x)$

B. $\int df(x) = f(x)$

C. $\frac{d}{dx}\int f(x)dx = f(x)$

D. $d\int f(x)dx = f(x)$

2. 若 e^{-x} 是 $f(x)$ 的一个原函数，则 $\int x^2 f(\ln x)dx = （　　）$.

A. $-\frac{x^2}{2}+C$

B. $\frac{x^2}{2}+C$

C. $-x^2+C$

D. x^2+C

3. 设 $f'(e^x) = 1 + x$, 则 $f(x) = ($ $)$.

A. $x\ln x + C$ B. $x + \dfrac{x^2}{2} + C$

C. $1 + \ln x$ D. $x\ln x - x + C$

4. 设 $\displaystyle\int e^{-x} f(e^x) dx = \dfrac{1}{1 + e^{2x}} + C$, 则 $\displaystyle\int f(e^x) dx = ($ $)$.

A. $\dfrac{e^x}{1 + e^{2x}} + C$ B. $\dfrac{e^x}{1 + e^{2x}} - \arctan e^x + C$

C. $\dfrac{e^{2x}}{1 + e^{2x}} + C$ D. $\dfrac{e^{2x}}{1 + e^{2x}} - \ln(1 + e^{2x}) + C$

5. 设 $\displaystyle\int xf(x) dx = \arcsin x + C$, 则 $\displaystyle\int \dfrac{dx}{f(x)} = ($ $)$.

A. $-\dfrac{1}{3}\sqrt{(1-x^2)^3} + C$ B. $\dfrac{3}{4}\sqrt[3]{(1-x^2)^2} + C$

C. $-\dfrac{3}{4}\sqrt{(1-x^2)^3} + C$ D. $\dfrac{2}{3}\sqrt[3]{(1-x^2)^2} + C$

6. 若 $f'(\ln x) = \begin{cases} 1, & 0 < x \leqslant 1, \\ x, & x > 1, \end{cases}$ 则 $($ $)$.

A. $f(x) = \begin{cases} x + C, & 0 < x \leqslant 1, \\ e^x + C, & x > 1 \end{cases}$ B. $f(x) = \begin{cases} x + 1 + C, & 0 < x \leqslant 1, \\ e^x + C, & x > 1 \end{cases}$

C. $f(x) = \begin{cases} x + C, & x \leqslant 0, \\ e^x + C, & x > 0 \end{cases}$ D. $f(x) = \begin{cases} x + 1 + C, & x \leqslant 0, \\ e^x + C, & x > 0 \end{cases}$

二、填空题

1. 设 $F'(x) = f(x)$, 则 $\displaystyle\int \dfrac{1}{x^2} f\left(\dfrac{1}{x}\right) dx = $ _____.

2. $\displaystyle\int xf^2(x^2) f'(x^2) dx = $ _____.

3. 若 $\displaystyle\int xf'(x) dx = x^2\ln x + C$, 则 $f(x) = $ _____.

4. 设 $f(x)f'(x) = x, f(x) > 0$, 且 $f(1) = \sqrt{2}$, 则 $f(x) = $ _____.

5. $\displaystyle\int \dfrac{1 + f'(\sqrt{x})}{\sqrt{x}} dx = $ _____.

6. 设 $I_n = \displaystyle\int x(\ln x)^n dx$, n 为正整数, 则 I_n 与 I_{n-1} 的递推关系为 _____.

三、计算题

1. 求下列不定积分:

(1) $\displaystyle\int \dfrac{dx}{e^x - e^{-x}}$;   (2) $\displaystyle\int \dfrac{x^2 dx}{(1+x^2)^2}$;

(3) $\displaystyle\int \dfrac{dx}{x(1+x^4)}$;   (4) $\displaystyle\int \dfrac{x^2 + 2}{1 + x + x^2} dx$;

(5) $\displaystyle\int \sqrt{\dfrac{a+x}{a-x}} dx$;   (6) $\displaystyle\int \dfrac{x dx}{\sqrt{2x - x^2}}$;

(7) $\int \dfrac{\mathrm{d}x}{\sqrt{x}(1+x)}$;

(8) $\int \dfrac{\mathrm{d}x}{\sqrt{x+x\sqrt{x}}}$;

(9) $\int \dfrac{\mathrm{d}x}{x^2\sqrt{x^2-9}}$;

(10) $\int \dfrac{x^{11}}{x^8+3x^4+2}\mathrm{d}x$;

(11) $\int \dfrac{\sin x\cos x}{1+\sin^4 x}\mathrm{d}x$;

(12) $\int \dfrac{\ln \sin x}{\sin^2 x}\mathrm{d}x$;

(13) $\int \tan^4 x\,\mathrm{d}x$;

(14) $\int \dfrac{\mathrm{d}x}{\sin^4 x+\cos^4 x}$;

(15) $\int \dfrac{x+\sin x}{1+\cos x}\mathrm{d}x$;

(16) $\int \dfrac{\mathrm{d}x}{\sin 2x+2\cos x}$;

(17) $\int \dfrac{\sin x}{1+\sin x}\mathrm{d}x$;

(18) $\int \dfrac{1}{\sin^3 x\cos x}\mathrm{d}x$;

(19) $\int \dfrac{1}{a^2\sin^2 x+b^2\cos^2 x}\mathrm{d}x \quad (ab\neq 0)$;

(20) $\int \dfrac{\arctan x}{x^2(1+x^2)}\mathrm{d}x$;

(21) $\int x^3 \mathrm{e}^{x^2}\,\mathrm{d}x$;

(22) $\int \mathrm{e}^{\mathrm{e}^x+x}\,\mathrm{d}x$;

(23) $\int \mathrm{e}^{2x}(\tan x+1)^2\,\mathrm{d}x$;

(24) $\int \dfrac{x\mathrm{e}^x}{\sqrt{\mathrm{e}^x-1}}\mathrm{d}x$;

(25) $\int \ln(1+x^2)\,\mathrm{d}x$;

(26) $\int \dfrac{x\ln x}{(1+x^2)^2}\mathrm{d}x$;

(27) $\int \max\{1,x^2\}\,\mathrm{d}x$;

(28) $\int \dfrac{f'(x)-f(x)}{\mathrm{e}^x}\mathrm{d}x$.

2. 若 $f(\sin^2 x)=\dfrac{x}{\sin x}$，求 $\int \dfrac{\sqrt{x}}{\sqrt{1-x}}f(x)\mathrm{d}x$.

第六章　定积分及其应用

定积分是积分学中另外一个重要概念. 历史上定积分起源于求平面图形的面积和空间立体的体积等实际问题, 这些问题的解决最后都归结为计算具有特定结构的和式极限——定积分. 在 17 世纪中叶, 牛顿(Newton)和莱布尼茨(Leibniz)先后提出了定积分的概念, 并发现了积分与微分间的内在联系, 使得微分学和积分学联系在一起, 从而构成了微积分完整的理论体系, 同时还给出了计算定积分的 Newton-Leibniz 公式, 使得定积分成为研究实际问题的有力工具.

本章我们就先通过两个实例引入定积分的概念, 讨论其性质及计算方法, 最后给出定积分在几何和经济上的应用.

第一节　定积分的概念与性质

一、定积分的概念

1. 两个实例

问题 1　求曲边梯形的面积

实际应用中经常要计算各种平面图形的面积问题. 对于直线所围成图形(直边形)的面积, 例如三角形、多边形的面积, 在初等数学中已经学过其计算方法. 但对于如图 6-1 所示的这样类型的平面图形, 特点是所围图形的一条边为曲线, 其面积又如何计算呢? 下面我们就来讨论这个问题.

定义 1　设 $y=f(x)$ 是区间 $[a,b]$ 上的非负连续函数. 由直线 $x=a, x=b, x$ 轴及曲线 $y=f(x)$ 所围成的图形称为**曲边梯形**, 曲线弧 $y=f(x)$ 称为它的曲边.

大家知道, 由平面上任一闭曲线所围成的曲边形, 都可以用一些互相垂直的直线把它划分为若干个曲边梯形(图 6-2), 因此解决了曲边梯形的面积计算问题, 即可计算曲变形的面积. 那么如何计算曲边梯形的面积呢?

分析　我们知道, 矩形的高是不变的, 它的面积可按公式

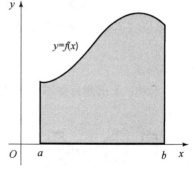

图 6-1

矩形面积＝高×底

来计算. 而曲边梯形在底边上各点处的高 $f(x)$ 在区间 $[a,b]$ 上是变动的,故它的面积不能直接按上述公式来计算. 然而由于曲边梯形的高 $f(x)$ 在区间 $[a,b]$ 上是连续变化的,在很小一段区间上它的值变化很小(如图 6-3 所示),可以近似地看成常数. 因此,如果把区间 $[a,b]$ 分割为许多小区间,在每个小区间上用其中某一点处的高来近似代替同一个小区间上的窄曲边梯形的变高,那么,每个窄曲边梯形就可近似地看成窄矩形. 我们就以所有这些窄矩形面积之和作为曲边梯形面积的近似值,当 $[a,b]$ 被分割得越细,所得到的近似值就越接近整个曲边梯形的面积. 若将区间 $[a,b]$ 无限细分下去,即每个小窄曲边梯形底边的长度都趋于零时,所有窄矩形面积之和的极限就规定为曲边梯形的面积.

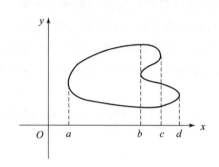

图 6-2   图 6-3

将以上对问题的解决方法归纳为下面的四步.

(1)分割:将曲边梯形分割为 n 个小曲边梯形. 在区间 $[a,b]$ 中任意插入 $n-1$ 个分点:
$$a=x_0<x_1<x_2<\cdots<x_{n-1}<x_n=b,$$
把 $[a,b]$ 分成 n 个小区间 $[x_0,x_1],[x_1,x_2],\cdots,[x_{n-1},x_n]$,每个小区间的长度记为
$$\Delta x_i=x_i-x_{i-1}(i=1,2,\cdots,n),$$
过各分点作平行于 y 轴的直线段,就把曲边梯形分成 n 个小曲边梯形.

(2)近似:用小矩形面积代替小曲边梯形面积,从而得到小曲边梯形面积的近似值. 在每个小区间 $[x_{i-1},x_i]$ 上任取一点 ξ_i,以 $[x_{i-1},x_i]$ 为底,$f(\xi_i)$ 为高的小矩形近似地替代第 i 个小曲边梯形 $(i=1,2,\cdots,n)$(以"直"代"曲"),则得第 i 个小曲边梯形面积
$$\Delta A_i\approx f(\xi_i)\Delta x_i,$$
如图 6-4 所示.

(3)求和:求出曲边梯形面积的近似值. 将 n 个小矩形面积之和作为所求曲边梯形面积 A 的近似值,即

$$A\approx f(\xi_1)\Delta x_1+f(\xi_2)\Delta x_2+\cdots+f(\xi_n)\Delta x_n$$
$$=\sum_{i=1}^{n}f(\xi_i)\Delta x_i.$$

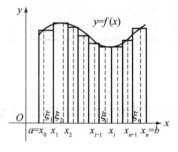

图 6-4

(4)取极限:为了保证所有小区间的长度都得无限小,我们要求小区间长度中的最大值趋于零,若记 $\lambda=\max\{\Delta x_1,\Delta x_2,\cdots,\Delta x_n\}$,则上述要求可表示为 $\lambda\to0$. 当

$\lambda \to 0$ 时,对上述和式取极限 $\lim\limits_{\lambda \to 0} \sum\limits_{i=1}^{n} f(\xi_i)\Delta x_i$,如果该极限存在,便称它为该曲边梯形的面积. 即

$$A = \lim_{\lambda \to 0} \sum_{i=1}^{n} f(\xi_i)\Delta x_i.$$

问题 2　求变速直线运动的路程

设某物体作直线运动,已知物体运动速度 $v=v(t)$ 是时间间隔 $[T_1,T_2]$ 上 t 的连续函数,且 $v(t)\geqslant 0$,要计算在这段时间内物体所经过的路程 s.

分析　我们知道,对于匀速直线运动,有公式

$$\text{路程} = \text{速度} \times \text{时间}.$$

而在问题 2 中,速度是随时间变化的变量,因此,所求路程 s 不能直接按上路程公式来计算. 注意到,物体运动的速度函数 $v=v(t)$ 是连续变化的,在很短一段时间内,速度的变化很小,因此,如果把时间间隔分小,在每一小段时间内,以匀速运动代替变速运动,那么就可算出每一小段路程的近似值;再将这些近似值求和,便得到整个路程的近似值;最后,通过对时间间隔的无限细分的极限过程,所有小段路程的近似值之和的极限,就是所求变速直线运动路程的精确值.

具体解决方法仍可归纳为如下四个步骤.

(1) 分割:在时间间隔 $[T_1,T_2]$ 内任意插入 $n-1$ 个分点:

$$T_1=t_0<t_1<t_2<\cdots<t_{n-1}<t_n=T_2,$$

把 $[T_1,T_2]$ 分成 n 个小时段 $[t_0,t_1],[t_1,t_2],\cdots,[t_{n-1},t_n]$,各小时段时间的长为 $\Delta t_i=t_i-t_{i-1}$,相应地,设在各段时间内物体经过的路程依次为 $\Delta s_i(i=1,2,\cdots,n)$.

(2) 近似:在时间间隔 $[t_{i-1},t_i]$ 上任取一个时刻 τ_i,以 τ_i 时的速度 $v(\tau_i)$ 来代替 $[t_{i-1},t_i]$ 上各个时刻的速度,得到部分路程 Δs_i 的近似值,即

$$\Delta s_i \approx v(\tau_i)\Delta t_i \quad (i=1,2,\cdots,n).$$

(3) 求和:这 n 段部分路程的近似值之和就是所求变速直线运动路程 s 的近似值,即

$$s \approx v(\tau_1)\Delta t_1 + v(\tau_2)\Delta t_2 + \cdots + v(\tau_n)\Delta t_n = \sum_{i=1}^{n} v(\tau_i)\Delta t_i.$$

(4) 取极限:记 $\lambda=\max\{\Delta t_1,\Delta t_2,\cdots,\Delta t_n\}$,当 $\lambda \to 0$ 时,取上述和式的极限

$$\lim_{\lambda \to 0} \sum_{i=1}^{n} v(\tau_i)\Delta t_i,$$

如果该极限存在,便称它为变速直线运动的路程. 即

$$s = \lim_{\lambda \to 0} \sum_{i=1}^{n} v(\tau_i)\Delta t_i.$$

结论　从上面两个例子可以看到:虽然所要计算的量,曲边梯形的面积 A 及变速直线运动的路程 s 的实际意义不同,前者是几何量,后者是物理量,但解决问题的思想方法和步骤却是一致的,概括起来就是"分割、近似、求和、取极限",所求量都归结为一个具有数学结构的和式极限:

$$\text{面积 } A = \lim_{\lambda \to 0} \sum_{i=1}^{n} f(\xi_i)\Delta x_i,$$

$$\text{路程 } s = \lim_{\lambda \to 0} \sum_{i=1}^{n} v(\tau_i)\Delta t_i.$$

抛开这些问题的具体意义,抓住它们在数量关系上共同的本质与特性加以概括,我们就可以抽象出下面定积分的数学模型.

2. 定积分的定义

定义 2 设 $f(x)$ 是定义在 $[a,b]$ 上的有界函数,在 $[a,b]$ 中任意插入 $n-1$ 个分点:

$$a = x_0 < x_1 < x_2 < \cdots < x_{n-1} < x_n = b,$$

将 $[a,b]$ 分成 n 个小区间 $[x_{i-1},x_i]$,$i=1,2,\cdots,n$,称为对区间 $[a,b]$ 的一个分法,记第 i 个区间的长度为 $\Delta x_i = x_i - x_{i-1}$,在每个小区间 $[x_{i-1},x_i]$ 上任取一点 $\xi_i (x_{i-1} \leqslant \xi_i \leqslant x_i)$,$i=1,2,\cdots,n$,称为在这分法下的一种取法,作和式

$$\sum_{i=1}^{n} f(\xi_i) \Delta x_i.$$

又记 $\lambda = \max\{\Delta x_1, \Delta x_2, \cdots, \Delta x_n\}$,若对任意分法及任意取法,极限 $\lim\limits_{\lambda \to 0} \sum\limits_{i=1}^{n} f(\xi_i) \Delta x_i$ 均存在且为同一个常数 I,则称 I 为函数 $f(x)$ 在区间 $[a,b]$ 上的**定积分**(简称积分),记作 $\int_a^b f(x) \mathrm{d}x$,即

$$\int_a^b f(x) \mathrm{d}x = \lim_{\lambda \to 0} \sum_{i=1}^{n} f(\xi_i) \Delta x_i,$$

其中 $f(x)$ 叫做**被积函数**,$f(x)\mathrm{d}x$ 叫做**被积表达式**,x 叫做**积分变量**,a 叫做**积分下限**,b 叫做**积分上限**,$[a,b]$ 叫做**积分区间**,和 $\sum\limits_{i=1}^{n} f(\xi_i) \Delta x_i$ 通常称为 $f(x)$ 的**积分和**.

如果 $f(x)$ 在 $[a,b]$ 上的定积分存在,我们就说 $f(x)$ 在 $[a,b]$ 上黎曼(Riemann)**可积**(简称可积),该定积分称为黎曼积分. 黎曼积分的核心思想就是试图通过无限逼近来确定这个积分值.

利用定积分的定义,前面所讨论的两个实际问题可以分别表述如下:曲线 $y = f(x) \geqslant 0$,x 轴及两条直线 $x=a$,$x=b$ 所围成的曲边梯形的面积 A 等于函数 $f(x)$ 在 $[a,b]$ 上的定积分,即

$$A = \int_a^b f(x) \mathrm{d}x.$$

物体以变速 $v = v(t) \geqslant 0$ 作直线运动,从时刻 $t = T_1$ 到时刻 $t = T_2$,该物体走过的路程 s 等于函数 $v(t)$ 在区间 $[T_1, T_2]$ 上的定积分,即

$$s = \int_{T_1}^{T_2} v(t) \mathrm{d}t.$$

关于定积分的定义,要注意以下几点.

(1) 只有对区间 $[a,b]$ 任意的分法及 ξ_i 任意的取法,定义中的和式极限 $\lim\limits_{\lambda \to 0} \sum\limits_{i=1}^{n} f(\xi_i) \Delta x_i$ 都存在且为同一值,相应的定积分 $\int_a^b f(x) \mathrm{d}x$ 才存在,即 $\int_a^b f(x) \mathrm{d}x$ 与区间 $[a,b]$ 的分法和 ξ_i 的取法无关. 换言之,若对区间的某两种不同分割或 ξ_i 的两种不同选取得到的和式趋于不同的数,或者存在一个和式不能趋于一个确定的数,那么 $f(x)$ 在 $[a,b]$ 上必不可积. 例如 Dirichlet 函数

$$D(x) = \begin{cases} 1, & x \text{ 为有理数}, \\ 0, & x \text{ 为无理数} \end{cases}$$

在区间[0,1]上不可积(留给读者证明). 另外,若只对某些分法、取法和式极限存在,并不能说明定积分存在. 但,如果已知 $f(x)$ 在[a,b]上可积,则可对[a,b]采用某些特殊的分法,ξ_i 也可选取某些特殊点来求得极限值 I.

(2) 若在[a,b]上的定积分存在,则定积分的值只与被积函数和积分区间有关,而与积分变量的记法无关. 即

$$\int_a^b f(x)\mathrm{d}x = \int_a^b f(t)\mathrm{d}t = \int_a^b f(u)\mathrm{d}u$$

表示同一实数.

(3) 定义中当所有子区间长度的最大值 $\lambda \to 0$ 时,必有分割成的子区间的个数 $n\to\infty$,但不能用 $n\to\infty$ 代替 $\lambda\to 0$,因为定义中对区间的分割是任意的,$n\to\infty$ 并不能保证 $\lambda\to 0$,如固定 $x_0=a$,$x_1=\dfrac{a+b}{2}$,其他分点都加在 $\left(\dfrac{a+b}{2},b\right]$ 之间,那么无论 n 取多大都不行.

关于定积分的存在性,可以不加证明地给出下面的定理:

定理 1 设 $f(x)$ 在[a,b]上连续,则 $f(x)$ 在[a,b]上可积.

定理 2 设 $f(x)$ 在[a,b]上有界,且只有有限个第一类间断点,则 $f(x)$ 在[a,b]上可积. 譬如,分段连续函数可积.

定理 3 设 $f(x)$ 在[a,b]上单调且有界,则 $f(x)$ 在[a,b]上可积.

上述讨论表明,为保证 $f(x)$ 在[a,b]上可积,直观上 $f(x)$ 在[a,b]上的函数值的变化不能"太快",至少使函数值发生急剧变化的点不能"太多". 也就是说,$f(x)$ 或者是[a,b]上的连续函数,或者是间断点"不太多"的函数.

例 1 利用定义计算定积分 $\int_0^1 x\mathrm{d}x$.

解 因为 $f(x)=x$ 在[0,1]连续,所以定积分 $\int_0^1 x\mathrm{d}x$ 存在. 不妨把区间[0,1]分成 n 等份,则分点为 $x_i=\dfrac{i}{n}$ $(i=1,2,\cdots,n-1)$,各小区间 $\left[\dfrac{i-1}{n},\dfrac{i}{n}\right]$ 长为 $\Delta x_i=\dfrac{1}{n}$ $(i=1,2,\cdots,n)$. 在各小区间上取区间的右端点为 ξ_i,即 $\xi_i=\dfrac{i}{n}$ $(i=1,2,\cdots,n)$,于是有

$$\sum_{i=1}^n f(\xi_i)\Delta x_i = \sum_{i=1}^n \xi_i \Delta x_i = \sum_{i=1}^n \frac{i}{n}\cdot\frac{1}{n} = \frac{1}{n^2}\cdot\frac{n(n+1)}{2},$$

当 $\lambda\to 0$,这里等价于 $n\to\infty$ 时,对上式取极限,由定积分的定义有

$$\int_0^1 x\mathrm{d}x = \lim_{\lambda\to 0}\sum_{i=1}^n f(\xi_i)\Delta x_i = \lim_{n\to\infty}\frac{1}{n^2}\cdot\frac{n(n+1)}{2} = \frac{1}{2}.$$

一般地,$f(x)$ 在[a,b]上可积,则

$$\int_a^b f(x)\mathrm{d}x = \lim_{n\to\infty}\sum_{i=1}^n f\left(a+i\frac{b-a}{n}\right)\cdot\frac{b-a}{n}.$$

例如 $f(x)\in C[0,1]$,

$$\int_0^1 f(x)\mathrm{d}x = \lim_{n\to\infty}\sum_{i=1}^n f\left(\frac{i}{n}\right)\frac{1}{n} = \lim_{n\to\infty}\frac{1}{n}\sum_{i=1}^n f\left(\frac{i}{n}\right).$$

例 2 将极限 $\lim\limits_{n\to\infty}\dfrac{1^p+2^p+\cdots+n^p}{n^{p+1}}$ $(p>0)$ 表示成定积分.

解 $\lim\limits_{n\to\infty}\dfrac{1^p+2^p+\cdots+n^p}{n^{p+1}}=\lim\limits_{n\to\infty}\dfrac{1}{n}\sum\limits_{i=1}^{n}\left(\dfrac{i}{n}\right)^p=\int_0^1 x^p\mathrm{d}x.$

3. 定积分的几何意义和物理意义

（1）几何意义

在 $[a,b]$ 上，若连续函数 $f(x)\geqslant0$ 时，我们已经知道，定积分 $\int_a^b f(x)\mathrm{d}x$ 在几何上表示由曲线 $y=f(x)$，两条直线 $x=a,x=b$ 与 x 轴所围成的曲边梯形的面积.同时请注意，在 $[a,b]$ 上，若 $f(x)\leqslant0$ 时，由曲线 $y=f(x)$，两条直线 $x=a,x=b$ 与 x 轴所围成的曲边梯形位于 x 轴的下方，定积分 $\int_a^b f(x)\mathrm{d}x$ 取负值，在几何上表示上述曲边梯形面积的负值.

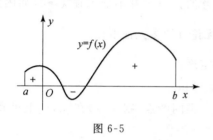

图 6-5

一般地，在 $[a,b]$ 上，若连续函数 $f(x)$ 既取得正值又取得负值时，函数 $f(x)$ 的图形某些部分在 x 轴的上方，而其他部分在 x 轴的下方（见图 6-5）.如果我们对在 x 轴上方的图形面积赋以正号，在 x 轴下方的图形面积赋以负号，则定积分 $\int_a^b f(x)\mathrm{d}x$ 的几何意义为：它是介于 x 轴，与曲线 $f(x)$ 以及两条直线 $x=a,x=b$ 之间的各部分图形面积的代数和.通俗地讲"可积可理解为可求面积".

例 3 利用定积分的几何意义计算 $\int_0^R \sqrt{R^2-x^2}\,\mathrm{d}x.$

解 由定积分的几何意义可知 $\int_0^R \sqrt{R^2-x^2}\,\mathrm{d}x$ 就是曲线 $y=\sqrt{R^2-x^2}$ 与 $y=0,x=0$ 在 $0\leqslant x\leqslant R$ 范围内所围成的四分之一圆的面积，因此

$$\int_0^R \sqrt{R^2-x^2}\,\mathrm{d}x=\frac{1}{4}\pi R^2.$$

（2）物理意义

如果赋予函数 $f(x)$ 不同的物理意义，则定积分 $\int_a^b f(x)\mathrm{d}x$ 就相应地有不同的物理意义.如设 $f(x)=v(x)$ 为变速直线运动的速度，则 $\int_a^b v(x)\mathrm{d}x$ 表示物体从时刻 a 运动到时刻 b 所经过的路程 s.

若 $f(x)=F(x)$ 为变力，则 $\int_a^b F(x)\mathrm{d}x$ 表示某物体在变力 $F(x)$ 作用下，沿变力方向做直线运动，物体由点 a 移动到点 b，变力 $F(x)$ 所做的功.

二、定积分的性质

定积分定义中的区间为有限闭区间 $[a,b]\ (a<b)$，也就是说积分下限小于积分上限.为了方便应用先作以下两点补充规定：

（1）当 $a=b$ 时，$\displaystyle\int_a^b f(x)\mathrm{d}x=0;$

（2）当 $a>b$ 时，$\displaystyle\int_a^b f(x)\mathrm{d}x=-\int_b^a f(x)\mathrm{d}x.$

下面讨论定积分的性质. 在下列各性质中积分上下限的大小, 如不特别指明, 均不加限制; 并假定各性质中所列出的定积分是存在的.

性质 1 $\int_a^b [\alpha f(x) \pm \beta g(x)] \mathrm{d}x = \alpha \int_a^b f(x) \mathrm{d}x \pm \beta \int_a^b g(x) \mathrm{d}x$ (α, β 是常数).

证 $\int_a^b [\alpha f(x) \pm \beta g(x)] \mathrm{d}x = \lim_{\lambda \to 0} \sum_{i=1}^n [\alpha f(\xi_i) \pm \beta g(\xi_i)] \Delta x_i$

$$= \alpha \lim_{\lambda \to 0} \sum_{i=1}^n f(\xi_i) \Delta x_i \pm \beta \lim_{\lambda \to 0} \sum_{i=1}^n g(\xi_i) \Delta x_i$$

$$= \alpha \int_a^b f(x) \mathrm{d}x \pm \beta \int_a^b g(x) \mathrm{d}x.$$

性质 2 $\int_a^b 1 \mathrm{d}x = \int_a^b \mathrm{d}x = b - a.$

证 $\int_a^b 1 \mathrm{d}x = \lim_{\lambda \to 0} \sum_{i=1}^n 1 \cdot \Delta x_i = \lim_{\lambda \to 0}(b - a) = b - a.$

性质 3(对积分区间的可加性) 设 $a < c < b$, 则

$$\int_a^b f(x) \mathrm{d}x = \int_a^c f(x) \mathrm{d}x + \int_c^b f(x) \mathrm{d}x.$$

证 因为函数 $f(x)$ 在区间 $[a, b]$ 上可积, 所以不论把 $[a, b]$ 怎样分割, 积分和的极限总是不变的. 因此, 我们在分区间时, 可以使 c 永远是个分点. 那么, $[a, b]$ 上的积分和等于 $[a, c]$ 上的积分和加 $[c, b]$ 上的积分和, 记为

$$\sum_{[a,b]} f(\xi_i) \Delta x_i = \sum_{[a,c]} f(\xi_i) \Delta x_i + \sum_{[c,b]} f(\xi_i) \Delta x_i.$$

令 $\lambda \to 0$, 上式两端同时取极限, 即得

$$\int_a^b f(x) \mathrm{d}x = \int_a^c f(x) \mathrm{d}x + \int_c^b f(x) \mathrm{d}x.$$

这个性质表明定积分对于积分区间具有可加性.

按定积分的补充规定, 可以证明: 不论 a, b, c 的相对位置如何, 总有

$$\int_a^b f(x) \mathrm{d}x = \int_a^c f(x) \mathrm{d}x + \int_c^b f(x) \mathrm{d}x$$

成立. 例如, 当 $a < b < c$ 时, 由于

$$\int_a^c f(x) \mathrm{d}x = \int_a^b f(x) \mathrm{d}x + \int_b^c f(x) \mathrm{d}x,$$

于是得

$$\int_a^b f(x) \mathrm{d}x = \int_a^c f(x) \mathrm{d}x - \int_b^c f(x) \mathrm{d}x$$

$$= \int_a^c f(x) \mathrm{d}x + \int_c^b f(x) \mathrm{d}x.$$

性质 4(保号性) 如果在区间 $[a, b]$ 上 $f(x) \geqslant 0$, 则

$$\int_a^b f(x) \mathrm{d}x \geqslant 0.$$

证 因为 $f(x) \geqslant 0$, 所以 $f(\xi_i) \geqslant 0 (i = 1, 2, \cdots, n)$, 又由于 $\Delta x_i \geqslant 0 (i = 1, 2, \cdots, n)$, 因此积分和 $\sum_{i=1}^n f(\xi_i) \Delta x_i \geqslant 0$, 令 $\lambda = \max\{\Delta x_1, \Delta x_2, \cdots, \Delta x_n\} \to 0$, 便得要证的不等式.

推论 1(保序性) 如果在区间 $[a, b]$ 上 $f(x) \leqslant g(x)$, 则

$$\int_a^b f(x)\mathrm{d}x \leqslant \int_a^b g(x)\mathrm{d}x. \quad (\text{积分不等式})$$

证 因为 $g(x)-f(x)\geqslant 0$，由性质 4 得

$$\int_a^b [g(x)-f(x)]\mathrm{d}x \geqslant 0,$$

再利用性质 1，便得要证的不等式.

例 4 不计算积分，比较 $\int_1^2 2\sqrt{x}\,\mathrm{d}x$ 与 $\int_1^2 \left(1+\dfrac{1}{x}\right)\mathrm{d}x$ 的大小.

解 令 $f(x)=2\sqrt{x}-1-\dfrac{1}{x}$，则

$$f'(x)=\frac{1}{\sqrt{x}}+\frac{1}{x^2},$$

显然，在区间 $[1,2]$ 上 $f'(x)>0$，从而 $f(x)$ 在 $[1,2]$ 上严格单调上升. 又 $f(1)=0$，所以 $f(x)>f(1)=0$，即 $2\sqrt{x}-1-\dfrac{1}{x}>0$，于是

$$\int_1^2 2\sqrt{x}\,\mathrm{d}x > \int_1^2 \left(1+\frac{1}{x}\right)\mathrm{d}x.$$

推论 2(绝对值可积性) 若函数 $f(x)$ 在 $[a,b]$ 上可积，则 $|f(x)|$ 在 $[a,b]$ 上亦可积，且有

$$\left|\int_a^b f(x)\mathrm{d}x\right| \leqslant \int_a^b |f(x)|\,\mathrm{d}x \quad (a<b).$$

证 只证推论中的不等式成立. 因为

$$-|f(x)| \leqslant f(x) \leqslant |f(x)|,$$

所以由推论 1 及性质 1 可得

$$-\int_a^b |f(x)|\,\mathrm{d}x \leqslant \int_a^b f(x)\mathrm{d}x \leqslant \int_a^b |f(x)|\,\mathrm{d}x,$$

即

$$\left|\int_a^b f(x)\mathrm{d}x\right| \leqslant \int_a^b |f(x)|\,\mathrm{d}x.$$

性质 5(估值不等式) 设 M 及 m 分别是函数 $f(x)$ 在 $[a,b]$ 上的最大值和最小值，则

$$m(b-a) \leqslant \int_a^b f(x)\mathrm{d}x \leqslant M(b-a).$$

证 因为 $m\leqslant f(x)\leqslant M$，所以由性质 4 的推论 1，得

$$\int_a^b m\,\mathrm{d}x \leqslant \int_a^b f(x)\mathrm{d}x \leqslant \int_a^b M\,\mathrm{d}x,$$

再由性质 1 及性质 2，即得所要证的不等式.

此性质常用来估计定积分积分值的范围.

例 5 估计定积分 $\int_{\frac{1}{2}}^1 x^4\,\mathrm{d}x$ 的值.

解 因在 $\left[\dfrac{1}{2},1\right]$ 上 $f'(x)=4x^3>0$，所以 $f(x)=x^4$ 在 $\left[\dfrac{1}{2},1\right]$ 上单调增加，于是被积函数的最小值为 $m=f\left(\dfrac{1}{2}\right)=\left(\dfrac{1}{2}\right)^4=\dfrac{1}{16}$，最大值为 $M=f(1)=1$. 由性质 5，得

$$\frac{1}{16}\left(1-\frac{1}{2}\right) \leqslant \int_{\frac{1}{2}}^1 x^4\,\mathrm{d}x \leqslant 1\cdot\left(1-\frac{1}{2}\right),$$

即
$$\frac{1}{32} \leqslant \int_{\frac{1}{2}}^{1} x^4 \mathrm{d}x \leqslant \frac{1}{2}.$$

性质 6（积分中值定理）　若函数 $f(x)$ 在闭区间 $[a,b]$ 上连续,则 $\exists \xi \in [a,b]$,使

$$\int_a^b f(x)\mathrm{d}x = f(\xi)(b-a) \quad (a \leqslant \xi \leqslant b),$$

这个公式称为**积分中值公式**.

证　把性质 6 中的不等式各除以 $b-a$,得

$$m \leqslant \frac{1}{b-a}\int_a^b f(x)\mathrm{d}x \leqslant M.$$

由闭区间上连续函数的介值定理,$\exists \xi \in [a,b]$,使得

$$f(\xi) = \frac{1}{b-a}\int_a^b f(x)\mathrm{d}x.$$

两端各乘以 $b-a$,即得所要证的等式.

注意　积分中值公式不论 $a<b$ 或 $a>b$ 都是成立的.

积分中值公式有如下几何解释:当 $f(x)$ 非负时,在区间 $[a,b]$ 上至少存在一个点 ξ,使得以区间 $[a,b]$ 为底边,以曲线 $y=f(x)$ 为曲边的曲边梯形的面积等于同一底边而高为 $f(\xi)$ 的一个矩形的面积（见图 6-6）. 因此 $f(\xi)$ 可视为 $f(x)$ 在区间 $[a,b]$ 上的平均高度,称 $\frac{1}{b-a}\int_a^b f(x)\mathrm{d}x$ 为 $f(x)$ 在区间 $[a,b]$ 上的平均值.

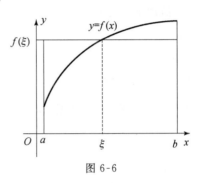

图 6-6

习　题　一

1. 判断下列论述是否正确,并说明理由:

(1) 如果积分 $\int_a^b f(x)\mathrm{d}x(a<b)$ 存在,则 $\int_a^b f(x)\mathrm{d}x = \lim\limits_{n\to\infty}\sum\limits_{i=1}^n f\left(a+\frac{(b-a)i}{n}\right)\cdot\frac{b-a}{n}$.

(2) 设函数 $f(x)$ 在 $[a,b]$ 连续,若在 $[a,b]$ 上改变被积函数 $f(x)$ 的有限个函数值,则 $\int_a^b f(x)\mathrm{d}x$ 发生改变.

(3) 设函数 $f(x)$ 在 $[-a,a]$ 上连续,利用定积分的几何意义,可以说明:当 $f(x)$ 为奇函数时,有 $\int_{-a}^a f(x)\mathrm{d}x = 0$;当 $f(x)$ 为偶函数时,有 $\int_{-a}^a f(x)\mathrm{d}x = 2\int_0^a f(x)\mathrm{d}x$.

(4) 设 $f(x)$ 和 $g(x)$ 在任一有限区间上可积,如果 $\int_a^b f(x)\mathrm{d}x = \int_a^b g(x)\mathrm{d}x$,那么 $f(x)=g(x)$.

(5) 利用定积分的中值定理能去掉积分号,同时该"中值" $f(\xi)$ 还是被积函数在积分区间上的平均值.

2. 用定积分的几何意义求下列积分值:

(1) $\int_{-R}^{R} \sqrt{R^2-x^2}\,\mathrm{d}x$; 　　　　(2) $\int_{-1}^{2} x\mathrm{d}x$; 　　　　(3) $\int_{-\pi}^{\pi} \sin x\mathrm{d}x$.

3. 在给定区间上用定积分表达下列和式极限:

(1) $\lim\limits_{n\to\infty}\sum\limits_{i=1}^{n} x_i\sin x_i\Delta x_i,\quad x\in[0,\pi]$;

(2) $\lim\limits_{n\to\infty}\sum\limits_{i=1}^{n}\dfrac{e^{t_i}}{1+t_i}\Delta t_i,\quad t\in[1,5]$;

(3) $\lim\limits_{\lambda\to 0}\sum\limits_{i=1}^{n}\sqrt{4-\xi_i^2}\,\Delta x_i$，$\lambda$ 是$[0,1]$上的分割的最小值,$x_{i-1}\leqslant\xi_i\leqslant x_i$.

4. 不计算积分,比较下列各组积分的大小:

(1) $\displaystyle\int_1^2\ln x\mathrm{d}x$ 与 $\displaystyle\int_1^2(\ln x)^2\mathrm{d}x$; 　　(2) $\displaystyle\int_1^2\sqrt{x}\mathrm{d}x$ 与 $\displaystyle\int_1^2\sqrt[3]{x}\mathrm{d}x$;

(3) $\displaystyle\int_0^1 e^x\mathrm{d}x$ 与 $\displaystyle\int_0^1 e^{x^2}\mathrm{d}x$; 　　(4) $\displaystyle\int_0^1(e^{x^2}-1)\mathrm{d}x$ 与 $\displaystyle\int_0^1 x^2\mathrm{d}x$.

5. 不计算积分,估计 $\displaystyle\int_0^{2\pi} x\sin x\mathrm{d}x$ 的正负.

6. 估计下列定积分的值:

(1) $\displaystyle\int_{\frac{1}{2}}^1 x^4\mathrm{d}x$; 　　(2) $\displaystyle\int_{\frac{\pi}{4}}^{\frac{5\pi}{4}}(1+\sin^2 x)\mathrm{d}x$;

(3) $\displaystyle\int_{\frac{\pi}{4}}^{\frac{\pi}{2}}\dfrac{\sin x}{x}\mathrm{d}x$; 　　(4) $\displaystyle\int_0^2 e^{x^2-x}\mathrm{d}x$.

7. 设 $f(x)$在$[a,b]$上连续,且 $f(x)\geqslant 0,f(x)$不恒为零,试证明

$$\int_a^b f(x)\mathrm{d}x > 0.$$

8. 证明下列不等式:

(1) $\dfrac{1}{2\sqrt{2}} < \displaystyle\int_0^1\dfrac{x}{\sqrt{1+x^n}}\mathrm{d}x < \dfrac{1}{2}$(其中 n 为正整数);

(2) $\dfrac{2}{e}\leqslant\displaystyle\int_0^2 e^{x(x-2)}\mathrm{d}x\leqslant 2$.

9. 用积分中值定理证明 $\lim\limits_{n\to\infty}\displaystyle\int_0^{\frac{1}{2}}\dfrac{x^n}{1+x}\mathrm{d}x = 0$.

10. 证明:(1) $\lim\limits_{n\to\infty}\displaystyle\int_0^{\frac{\pi}{3}}\sin^n x\mathrm{d}x = 0$;

(2) 设 $f(x)$在$[0,1]$上连续,则$\lim\limits_{n\to\infty}\displaystyle\int_0^1 f(\sqrt[n]{x})\mathrm{d}x = f(1)$.

11. 设 $f(x)$在$[a,b]$上连续,$g(x)$在$[a,b]$上可积且不变号.证明至少存在一点$\xi\in[a,b]$,使得$\displaystyle\int_a^b f(x)g(x)\mathrm{d}x = f(\xi)\int_a^b g(x)\mathrm{d}x$(**积分第一中值定理**).

12. 设 $f(x)$在$[a,b]$上连续,且单调递增.证明$\displaystyle\int_a^b xf(x)\mathrm{d}x\geqslant\dfrac{a+b}{2}\int_a^b f(x)\mathrm{d}x$.

13. 设 I 是一个开区间,$f(x)$在 I 内连续.设 $a<b\in I$,求证

$$\lim\limits_{\Delta x\to 0}\dfrac{1}{\Delta x}\int_a^b[f(x+\Delta x)-f(x)]\mathrm{d}x = f(b)-f(a).$$

第二节 微积分基本公式

在上节中,我们应用定积分定义计算了积分 $\int_0^1 x\mathrm{d}x$(例 1).从这个例子我们看到,被积函数虽然是简单的一次幂函数 $f(x)=x$,但直接按定义来计算它的定积分已经不是很容易的事了.如果被积函数是其他复杂的函数,其困难就更大.因此,我们必须寻求计算定积分的新方法.本节中我们就通过对积分上限的函数及其性质的研究,导出定积分的一般计算方法.

一、积分上限的函数及其导数

1. 实例

设一物体做直线运动.取此直线为 x 轴,运动方向为 x 轴的正方向,并取定原点及单位长度.设物体位移与时间的关系为 $s(t)$,速度为 $v(t)$,则物体在 $[t_1,t_2]$ 时段内经过的路程为

$$s = \int_{t_1}^{t_2} v(t)\mathrm{d}t.$$

另一方面,这段路程又可用 $s(t_2)-s(t_1)$ 表示.所以有等式

$$\int_{t_1}^{t_2} v(t)\mathrm{d}t = s(t_2) - s(t_1).$$

而 $s(t)$ 是 $v(t)$ 的一个原函数,换言之,如果抽去等式的物理意义,用数学概念来描述,以上等式表明积分 $\int_{t_1}^{t_2} v(t)\mathrm{d}t$ 等于被积函数的一个原函数在积分区间 $[t_1,t_2]$ 的增量.那么,这个结论是否具有普遍意义呢?下面就来具体讨论,首先引入一种新的函数的表示方法——积分上限的函数.

2. 积分上限的函数及其导数

我们知道定积分 $\int_a^b f(x)\mathrm{d}x$ 取决于被积函数 $f(x)$ 及积分区间 $[a,b]$,只要 $f(x)$ 及 a,b 确定了,定积分的值也就确定了.现假定函数 $f(x)$ 在区间 $[a,b]$ 上连续,且积分下限 a 是确定的,而让积分上限变动,即设 x 为区间 $[a,b]$ 上的一点,由于 $f(x)$ 在区间 $[a,x]$ 上连续,所以定积分 $\int_a^x f(x)\mathrm{d}x$ 存在.因为定积分与积分变量的记法无关,为了明确起见,可以把其中的积分变量 x 改用其他符号,如用 t 表示,则上面的定积分可写成

$$\int_a^x f(t)\mathrm{d}t.$$

如果积分上限 x 在区间 $[a,b]$ 上任意变动,则对于每一个取定的 x 值,定积分有一个对应值,所以它在 $[a,b]$ 上定义了一个函数,记作 $\Phi(x)$:

$$\Phi(x) = \int_a^x f(t)\mathrm{d}t \quad (a \leqslant x \leqslant b),$$

称为积分上限的函数.易知 $\Phi(x) \in C[a,b]$(留给读者证明).

当 $f(x) \geqslant 0$ 时,利用定积分的几何意义可以直观地看到积分上限的函数所表示的意义:

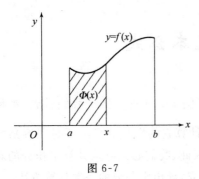

图 6-7

积分 $\int_a^x f(t)\mathrm{d}t$ 表示图 6-7 中阴影部分的面积.

函数 $\Phi(x)$ 具有以下重要性质.

定理 1（积分上限函数的求导法则） 如果函数 $f(x)$ 在区间 $[a,b]$ 上连续,则积分上限的函数 $\Phi(x)=\int_a^x f(t)\mathrm{d}t$ 在 $[a,b]$ 上可导,且导数为

$$\Phi'(x)=\frac{\mathrm{d}}{\mathrm{d}x}\int_a^x f(t)\mathrm{d}t=f(x)\quad(a\leqslant x\leqslant b).$$

证 因当 x 取得增量 Δx 时,$\Phi(x)$ 在 $x+\Delta x$ 处的函数值为

$$\Phi(x+\Delta x)=\int_a^{x+\Delta x}f(t)\mathrm{d}t,$$

由此得函数的增量

$$\begin{aligned}\Delta\Phi&=\Phi(x+\Delta x)-\Phi(x)\\&=\int_a^{x+\Delta x}f(t)\mathrm{d}t-\int_a^x f(t)\mathrm{d}t\\&=\int_a^x f(t)\mathrm{d}t+\int_x^{x+\Delta x}f(t)\mathrm{d}t-\int_a^x f(t)\mathrm{d}t\\&=\int_x^{x+\Delta x}f(t)\mathrm{d}t,\end{aligned}$$

应用积分中值定理,在 x 与 $x+\Delta x$ 之间存在 ξ,使得

$$\Delta\Phi=\int_x^{x+\Delta x}f(t)\mathrm{d}t=f(\xi)\Delta x.$$

将上式两端除以 Δx,有

$$\frac{\Delta\Phi}{\Delta x}=f(\xi).$$

令 $\Delta x\to0$,对上式两端取极限,$\Phi'(x)=\lim\limits_{\Delta x\to0}\dfrac{\Delta\Phi}{\Delta x}=\lim\limits_{\Delta x\to0}f(\xi).$

由于假设 $f(x)$ 在区间 $[a,b]$ 上连续,而 $\Delta x\to0$ 时,$\xi\to x$,因此 $\lim\limits_{\Delta x\to0}f(\xi)=f(x)$. 于是,

$$\Phi'(x)=f(x).$$

注意,若 $x=a$,取 $\Delta x>0$,即可证 $\Phi'_+(a)=f(a)$；若 $x=b$,取 $\Delta x<0$,可证 $\Phi'_-(b)=f(b)$.

这个定理指出了一个重要结论:连续函数 $f(x)$ 取变上限 x 的定积分然后求导,其结果还原为 $f(x)$ 本身. 联想到原函数的定义,定理 1 表明 $\Phi(x)$ 是连续函数 $f(x)$ 的一个原函数. 由此,我们得到如下原函数的存在定理.

定理 2 如果函数 $f(x)$ 在区间 $[a,b]$ 上连续,则函数 $\Phi(x)=\int_a^x f(t)\mathrm{d}t$ 是 $f(x)$ 在 $[a,b]$ 上的一个原函数.

定理 2 的重要意义在于:一方面肯定了连续函数的原函数是存在的,积分上限的函数就是它的一个原函数,解决了上一章第一节提出的问题. 另一方面初步地揭示了积分学中的原函数与定积分之间的联系,即连续函数不定积分与定积分的关系为

$$\int f(x)\mathrm{d}x=\int_a^x f(t)\mathrm{d}t+C\quad(C\text{ 为任意常数}).$$

因此，我们就有可能通过原函数来计算定积分.

例 1 求下列函数的导数：

(1) $\varphi(x) = \displaystyle\int_a^x \sin t \mathrm{d}t$；

(2) $\varphi(x) = \displaystyle\int_x^a \sin t \mathrm{d}t$；

(3) $\varphi(x) = \displaystyle\int_a^{x^2} \sin t \mathrm{d}t$；

(4) $\varphi(x) = \displaystyle\int_{2x}^{x^2} \sin t \mathrm{d}t$.

解 （1）直接利用积分上限函数的求导法则，有 $\varphi'(x) = \sin x$.

（2）因为
$$\varphi(x) = \int_x^a \sin t \mathrm{d}t = -\int_a^x \sin t \mathrm{d}t,$$

所以
$$\varphi'(x) = -\left(\int_a^x \sin t \mathrm{d}t\right)' = -\sin x.$$

（3）因为 $\varphi(x) = \displaystyle\int_a^{x^2} \sin t$，可视为 $g(u) = \displaystyle\int_a^u \sin t \mathrm{d}t$ 与 $u = x^2$ 的复合，所以，由复合函数求导法有

$$\frac{\mathrm{d}\varphi}{\mathrm{d}x} = \frac{\mathrm{d}g}{\mathrm{d}u} \cdot \frac{\mathrm{d}u}{\mathrm{d}x} = \sin u \cdot (2x) = 2x\sin x^2,$$

于是
$$\frac{\mathrm{d}\varphi}{\mathrm{d}x} = 2x\sin x^2.$$

利用此方法，可推出一般公式

$$\frac{\mathrm{d}}{\mathrm{d}x}\int_a^{\psi(x)} f(t)\mathrm{d}t = f[\psi(x)]\psi'(x).$$

（4）因为
$$\varphi(x) = \int_{2x}^{x^2} \sin t \mathrm{d}t = \int_{2x}^a \sin t \mathrm{d}t + \int_a^{x^2} \sin t \mathrm{d}t,$$

所以
$$\varphi'(x) = \left(\int_a^{x^2} \sin t \mathrm{d}t\right)' + \left(\int_{2x}^a \sin t \mathrm{d}t\right)' = (\sin x^2) \cdot (x^2)' - (\sin 2x) \cdot (2x)'$$
$$= 2x\sin x^2 - 2\sin 2x.$$

一般地有
$$\frac{\mathrm{d}}{\mathrm{d}x}\left(\int_{\varphi(x)}^{\psi(x)} f(t)\mathrm{d}t\right) = f[\psi(x)]\psi'(x) - f[\varphi(x)]\varphi'(x).$$

例 2 求极限 $\displaystyle\lim_{x\to 0}\frac{\displaystyle\int_{\cos x}^1 \mathrm{e}^{-t}\mathrm{d}t}{x^2}$.

解 此极限是 $\dfrac{0}{0}$ 型的未定式，根据积分上限函数的求导法则和罗必达法则，有

$$\lim_{x\to 0}\frac{\int_{\cos x}^1 \mathrm{e}^{-t}\mathrm{d}t}{x^2} = \lim_{x\to 0}\frac{-\int_1^{\cos x} \mathrm{e}^{-t}\mathrm{d}t}{x^2} = \lim_{x\to 0}\frac{-\mathrm{e}^{-\cos x} \cdot (\cos x)'}{2x} = \lim_{x\to 0}\frac{\mathrm{e}^{-\cos x}\sin x}{2x}$$
$$= \frac{1}{2}\lim_{x\to 0}\mathrm{e}^{-\cos x}\lim_{x\to 0}\frac{\sin x}{x} = \frac{1}{2}\mathrm{e}^{-1}.$$

例 3 设 $y = y(x)$ 是由方程 $\displaystyle\int_0^y \mathrm{e}^{-t^2} + \int_x^3 \sin\sqrt[3]{t}\mathrm{d}t = 0$ 所确定的函数，求 $\dfrac{\mathrm{d}y}{\mathrm{d}x}$.

解 利用隐函数求导法，y 视为 x 的函数，方程两边对 x 求导：

$$\left(\int_0^y \mathrm{e}^{-t^2}\right)' + \left(\int_0^{x^3} \sin\sqrt[3]{t}\mathrm{d}t\right)' = 0,$$

利用积分上限函数的求导法则，有

$$e^{-y^2} \cdot y' + \sin x \cdot 3x^2 = 0,$$

所以
$$\frac{\mathrm{d}y}{\mathrm{d}x} = -3x^2 e^{y^2} \sin x.$$

二、牛顿-莱布尼茨(Newton-Leibniz)公式

下面我们根据定理 2 来证明一个重要公式——牛顿 莱布尼茨公式,它给出了用原函数计算定积分的方法.

定理 3　设函数 $F(x)$ 是连续函数 $f(x)$ 在区间 $[a,b]$ 上的一个原函数,则

$$\int_a^b f(x)\mathrm{d}x = F(b) - F(a).$$

证　因函数 $F(x)$ 是函数 $f(x)$ 的一个原函数,又由定理 2,$\Phi(x) = \int_a^x f(t)\mathrm{d}t\,(a \leqslant x \leqslant b)$ 也是 $f(x)$ 的一个原函数. 而一个函数的任意两个原函数只相差一个常数,于是有

$$F(x) - \Phi(x) = C.$$

移项得
$$F(x) = \int_a^x f(t)\mathrm{d}t + C.$$

在上式中令 $x = a$,注意到 $\int_a^a f(t)\mathrm{d}t = 0$,可得 $C = F(a)$,故

$$F(x) = \int_a^x f(t)\mathrm{d}t + F(a),$$

令 $x = b$,移项即得

$$\int_a^b f(t)\mathrm{d}t = F(b) - F(a).$$

或
$$\int_a^b f(x)\mathrm{d}x = F(b) - F(a).$$

由上节定积分的补充规定(2)可知,此公式对 $a > b$ 的情形同样成立,这个公式称为**牛顿(Newton)-莱布尼茨(Leibniz)公式**.

为方便,以后把 $F(b) - F(a)$ 记成 $F(x)\big|_a^b$,因此牛顿-莱布尼茨公式又可写成如下形式:

$$\int_a^b f(t)\mathrm{d}t = F(x)\big|_a^b.$$

公式表明:一个连续函数在区间 $[a,b]$ 上的定积分等于它的任一个原函数在区间 $[a,b]$ 上的增量. 这就给定积分提供了一个有效而简便的计算方法,使定积分的计算问题转化为求不定积分问题.

我们知道,不定积分作为原函数的概念与定积分作为积分和的极限的概念是完全不相干的. 但是,牛顿、莱布尼茨发现了这两个概念之间存在着的深刻地内在联系,由此,巧妙地开辟了求定积分的新途径,使得积分学与微分学一起构成了变量数学的基础学科——微积分学,也使得微积分不仅有广泛的理论价值,更重要的有了实用价值. 因此,牛顿、莱布尼茨作为微积分的奠基人而载入科学史册. 通常又把牛顿-莱布尼茨公式叫做**微积分基本公式**.

下面看几个计算的例子.

例 4　计算下列定积分:

(1) $\displaystyle\int_{-4}^{-2} \frac{\mathrm{d}x}{x}$;　　　　　　　　　　(2) $\displaystyle\int_0^{2\pi} \sqrt{1 + \cos x}\,\mathrm{d}x$;

（3）$\displaystyle\int_0^1 t\,|\,t-x\,|\,\mathrm{d}t$；　　　　　　　　　　（4）$\displaystyle\int_{-2}^2 \max\{x,x^2\}\mathrm{d}x$.

解　（1）因 $\ln|x|$ 为 $\dfrac{1}{x}$ 的一个原函数，所以

$$\int_{-4}^{-2}\frac{\mathrm{d}x}{x} = \ln|x|\,\Big|_{-4}^{-2} = \ln 2 - \ln 4 = -\ln 2.$$

（2）$\displaystyle\int_0^{2\pi}\sqrt{1+\cos x}\,\mathrm{d}x = \int_0^{2\pi}\sqrt{2\cos^2\frac{x}{2}}\,\mathrm{d}x = \sqrt{2}\int_0^{2\pi}\Big|\cos\frac{x}{2}\Big|\,\mathrm{d}x$

$$= \sqrt{2}\Big[\int_0^{\pi}\cos\frac{x}{2}\mathrm{d}x + \int_{\pi}^{2\pi}\Big(-\cos\frac{x}{2}\Big)\mathrm{d}x\Big]$$

$$= \sqrt{2}\Big(2\sin\frac{x}{2}\,\Big|_0^{\pi} - 2\sin\frac{x}{2}\,\Big|_{\pi}^{2\pi}\Big) = 4\sqrt{2}.$$

（3）当 $x<0$ 时，$\displaystyle\int_0^1 t\,|\,t-x\,|\,\mathrm{d}t = \int_0^1 t(t-x)\mathrm{d}t = \frac{1}{3}-\frac{x}{2}$，

当 $0\leqslant x\leqslant 1$ 时，$\displaystyle\int_0^1 t\,|\,t-x\,|\,\mathrm{d}t = \int_0^x t(x-t)\mathrm{d}t + \int_x^1 t(t-x)\mathrm{d}t$

$$= \frac{1}{3}x^3 - \frac{1}{2}x + \frac{1}{3},$$

当 $x>1$ 时，$\displaystyle\int_0^1 t\,|\,t-x\,|\,\mathrm{d}t = \int_0^1 t(x-t)\mathrm{d}t = \frac{x}{2}-\frac{1}{3}$.

综上所述，$\displaystyle\int_0^1 t\,|\,t-x\,|\,\mathrm{d}t = \begin{cases} \dfrac{1}{3}-\dfrac{x}{2}, & x<0, \\[2mm] \dfrac{1}{3}x^3 - \dfrac{x}{2} + \dfrac{1}{3}, & 0<x\leqslant 1, \\[2mm] -\dfrac{1}{3}+\dfrac{x}{2}, & x>1. \end{cases}$

（4）因为　　　　　　　$\max\{x,x^2\} = \begin{cases} x^2, & x<0, \\ x, & 0\leqslant x\leqslant 1, \\ x^2, & x>1, \end{cases}$

所以　　　　　　$\displaystyle\int_{-2}^2 \max\{x,x^2\}\mathrm{d}x = \int_{-2}^0 x^2\,\mathrm{d}x + \int_0^1 x\,\mathrm{d}x + \int_1^2 x^2\,\mathrm{d}x = \frac{11}{2}.$

例 5　用定积分求极限 $\displaystyle\lim_{n\to\infty}\Big(\frac{1}{n+1}+\frac{1}{n+2}+\cdots+\frac{1}{2n}\Big)$.

分析　所给极限为和式极限形式，可与定积分定义形式相比较，找出定积分定义中的被积函数，积分区间及分割的小区间的长度（通常是等分区间），从而将数列极限化为定积分并计算.

解　因为　　$\dfrac{1}{n+1}+\dfrac{1}{n+2}+\cdots+\dfrac{1}{n+n} = \dfrac{1}{n}\left(\dfrac{1}{1+\dfrac{1}{n}}+\dfrac{1}{1+\dfrac{2}{n}}+\cdots+\dfrac{1}{1+\dfrac{n}{n}}\right)$

$$= \sum_{i=1}^n \frac{1}{n}\,\frac{1}{1+\dfrac{i}{n}},$$

将上和式看为函数 $\dfrac{1}{1+x}$ 在区间为 $[0,1]$ 上的积分和，其中分割的任意小区间的长度为 $\dfrac{1}{n}$（等分

区间),$\dfrac{i}{n}$ 为各小区间的右端点,而 $\dfrac{1}{1+x}$ 在 $[0,1]$ 上连续,从而在 $[0,1]$ 上可积,所以

$$\lim_{n\to\infty}\left(\dfrac{1}{n+1}+\dfrac{1}{n+2}+\cdots+\dfrac{1}{2n}\right)=\int_0^1\dfrac{1}{1+x}dx=\ln(1+x)\Big|_0^1=\ln 2.$$

例 6 某科技公司生产每件平板电脑的边际成本是

$$C'(x)=0.000\,3x^2-0.2x+50.$$

(1) 用和 $\displaystyle\sum_{i=1}^4 C'(\xi_i)\Delta x_i$ 计算生产 400 件产品的总成本的近似值;

(2) 用定积分计算生产 400 件产品的总成本 C.

解 (1) 由题意,可将区间 $[0,400]$ 等分为 4 个小区间,每个小区间的长 $\Delta x_i=100$(见图 6-8),并取每个小区间的左端点作为 ξ_i,则

$$\sum_{i=1}^4 C'(\xi_i)\Delta x_i=100[C'(0)+C'(100)+C'(200)+C'(300)]$$

$$=100\times(50+33+22+17)=12\,200\ 元.$$

(2) 所求总成本

$$C=\int_0^{400}C'(x)dx=(0.000\,1x^3-0.1x^2+50x)\Big|_0^{400}=10\,400\ 元.$$

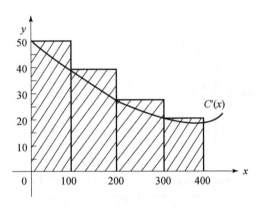

图 6-8

习 题 二

1. 指出下列表达式:

$$\int_a^b f(x)dx,\quad \int_a^b f(t)dt,\quad \int_a^x f(t)dt,\quad \int_a^x f(x)dx,\quad \int f(x)dx$$

的区别与联系.

2. 利用牛顿-莱布尼茨公式求下列定积分:

(1) $\displaystyle\int_0^1 x^3 dx$;

(2) $\displaystyle\int_0^1 (3x^3-x+1)dx$;

(3) $\displaystyle\int_0^{\sqrt{3}a}\dfrac{1}{x^2+a^2}dx$;

(4) $\displaystyle\int_0^1\dfrac{1}{\sqrt{4-x^2}}dx$;

(5) $\displaystyle\int_0^{\frac{\pi}{4}} \tan^2\theta \mathrm{d}\theta$;

(6) $\displaystyle\int_{-1}^1 \sqrt{x^2}\mathrm{d}x$;

(7) $\displaystyle\int_0^{2\pi} \sqrt{1-\cos 2x}\mathrm{d}x$;

(8) $\displaystyle\int_0^1 \left(\frac{2}{\sqrt{1-x^2}} - \frac{3}{1+x^2}\right)\mathrm{d}x$;

(9) 设 $f(x) = \begin{cases} x^2, & 0 \leqslant x \leqslant 1, \\ 2-x, & 1 < x \leqslant 3, \end{cases}$ 计算 $\displaystyle\int_0^3 f(x)\mathrm{d}x$;

(10) $\displaystyle\int_0^1 |x(2x-1)|\mathrm{d}x$.

3. 判断下列做法是否正确,并简述理由:

(1) $\displaystyle\int_{-1}^1 \frac{\mathrm{d}x}{x} = \ln|x| \,\big|_{-1}^1 = 0$;

(2) $\displaystyle\int_0^{2\pi} \sqrt{1-\sin^2 x}\mathrm{d}x = \int_0^{2\pi}\cos x\mathrm{d}x = \sin x \big|_0^{2\pi} = 0$;

(3) $\displaystyle\frac{\mathrm{d}}{\mathrm{d}x}\left(\int_0^{x^3}\sqrt{2t+1}\mathrm{d}t\right) = \sqrt{2x^3+1}$;

(4) $\displaystyle\int_0^{x^3}\left(\frac{\mathrm{d}}{\mathrm{d}t}\sqrt{2t+1}\right)\mathrm{d}t = \sqrt{8x^3+1}$;

(5) $\displaystyle\frac{\mathrm{d}}{\mathrm{d}x}\int_{\sin x}^2 \frac{1}{1+t^2}\mathrm{d}t = \frac{\cos x}{1+\sin^2 x}$.

4. 求下列函数的导数:

(1) $\displaystyle\int_0^\pi \sin x\mathrm{d}x$;

(2) $\displaystyle\int_0^x \frac{t\sin t}{1+\cos^2 t}\mathrm{d}t$;

(3) $\displaystyle\int_x^b \frac{1}{1+t^4}\mathrm{d}t$ (b 为常数);

(4) $\displaystyle\int_0^{x^2} \frac{t\sin t}{1+\cos^2 t}\mathrm{d}t$;

(5) $\displaystyle\int_0^{\sqrt{x}} \mathrm{e}^{t^2}\mathrm{d}t$;

(6) $\displaystyle\int_{x^2}^{\mathrm{e}^x} \ln x\mathrm{d}t$;

(7) $\displaystyle\int_{x^2}^{\mathrm{e}^x} \ln t\mathrm{d}t$;

(8) $\displaystyle\int_0^{x^2} \frac{x\sin t}{1+\cos^2 t}\mathrm{d}t$;

(9) $\displaystyle\int_{-x^2}^{x^2} \mathrm{e}^{-t^2}\mathrm{d}t$;

(10) $\displaystyle\int_0^x (x-t)\varphi(t)\mathrm{d}t$,其中 $\varphi(t)$ 为连续函数.

5. 求下列极限:

(1) $\displaystyle\lim_{x\to 0} \frac{\int_0^x (\mathrm{e}^t - \mathrm{e}^{-t})\mathrm{d}t}{1-\cos x}$;

(2) $\displaystyle\lim_{x\to 0} \frac{\int_{\cos x}^1 \mathrm{e}^{-t^2}\mathrm{d}t}{x^2}$;

(3) $\displaystyle\lim_{x\to 0^+} \frac{\int_0^x \ln\frac{1}{t+1}\mathrm{d}t}{\int_0^{x^2} \mathrm{e}^{\sqrt{t}}\mathrm{d}t}$;

(4) $\displaystyle\lim_{x\to 0} \frac{\int_0^x \frac{\sin t}{t}\mathrm{d}t}{x}$;

(5) $\displaystyle\lim_{n\to\infty}\left(\frac{1}{\sqrt{4n^2-1}} + \frac{1}{\sqrt{4n^2-2^2}} + \cdots + \frac{1}{\sqrt{4n^2-n^2}}\right)$;

(6) $\displaystyle\lim_{n\to\infty} \frac{\sqrt{n}}{n^2}(1+\sqrt{2}+\cdots+\sqrt{n})$;

(7) $\displaystyle\lim_{n\to\infty} \frac{\pi}{n}\left(\cos\frac{\pi}{4n} + \cos\frac{3\pi}{4n} + \cdots + \cos\frac{2n-1}{4n}\pi\right)$;

(8) $\lim\limits_{n\to\infty}\int_0^1 x^n\sqrt{2+x}\,dx$;   (9) $\lim\limits_{n\to\infty}\int_0^{\frac{\pi}{4}}\tan^n x\,dx$.

6. 若函数 $f(x)$ 可导,且 $f(0)=0$,$f'(0)=2$,求极限 $\lim\limits_{x\to 0}\dfrac{\displaystyle\int_0^x f(t)\,dt}{x^2}$.

7. 设 $f(x)=\begin{cases}1+2x, & x<0,\\ 1+e^x, & x\geqslant 0,\end{cases}$ 求:(1) $\displaystyle\int_{-1}^1 f(x)\,dx$;(2) $\displaystyle\int_{-1}^x f(x)\,dx$.

8. 设 $f(x)$ 在 $[0,1]$ 上连续,且 $f(x)<1$,又 $F(x)=(2x-1)-\displaystyle\int_0^x f(t)\,dt$,证明 $F(x)$ 在 $(0,1)$ 内只有一个零点.

9. 设 $f(x)=\begin{cases}x^2, & x\in[0,1),\\ 2-x, & x\in[1,2],\end{cases}$ 写出 $\varphi(x)=\displaystyle\int_0^x f(t)\,dt$ 在 $[0,2]$ 上的表达式,并讨论 $\varphi(x)$ 在 $[0,2]$ 上的连续性.

10. 设 $f(x)$ 在 $[0,+\infty)$ 上连续,$f(x)>0$,证明 $F(x)=\dfrac{\displaystyle\int_0^x t f(t)\,dt}{\displaystyle\int_0^x f(t)\,dt}$ 在 $(0,+\infty)$ 内严格单调递增.

11. 某商品从 0 时刻到 t 时刻的销售量为 $x(t)=kt$,$t\in[0,T]$,$k>0$. 欲在 T 时刻将数量为 A 的该商品售完,试求:

(1) t 时商品剩余量并确定 k 的值;

(2) 在时间段 $[0,T]$ 上的平均剩余量.

12. 已知某产品总产量的变化率是时间 t(单位:年)的函数 $f(t)=2t+5(t\geqslant 0)$,则第一个五年和第二个五年的总产量各是多少?

13. 已知生产某商品 x 单位时,边际收益为 $R'(x)=200-\dfrac{x}{50}$(元/单位),求生产 x 单位时的总收益 $R(x)$ 以及平均单位收益 $\bar{R}(x)$.

14. 设在 $[1,+\infty)$ 上,$0<f'(x)<\dfrac{1}{x^2}$. 证明 $\lim\limits_{n\to\infty}f(n)$ 存在.

15. 设 $f(x)$ 在 $[a,b]$ 上可导,$f'(x)\leqslant M$. 证明 $\displaystyle\int_a^b f(x)\,dx\leqslant \dfrac{1}{2}M(b-a)^2$.

第三节　定积分的换元法和分部积分法

由微积分基本公式,计算定积分 $\displaystyle\int_a^b f(x)\,dx$ 可归结为两步:(1) 利用不定积分将被积函数的原函数求出;(2) 算出原函数在积分上下限处对应的函数的增量. 但是,一般这样计算是计较烦琐的,本节我们结合求不定积分的换元法和分部积分法来寻找直接计算定积分的方法.

一、定积分的换元法

定理 1　设函数 $f(x)$ 在 $[a,b]$ 上连续,函数 $x=\varphi(t)$ 满足下列条件:

(1) $\varphi(\alpha)=a,\varphi(\beta)=b$；

(2) $\varphi(t)$ 在 $[\alpha,\beta]$ 或 $[\beta,\alpha]$ 上具有连续的导数，且 $a\leqslant\varphi(t)\leqslant b$，则

$$\int_a^b f(x)\mathrm{d}x = \int_\alpha^\beta f[\varphi(t)]\varphi'(t)\mathrm{d}t.$$

此公式称为定积分的**换元公式**.

证　由假设可以知道，上式两边的被积函数都是连续的，因此不仅上式两边的定积分都存在，而且被积函数的原函数也都存在.

设 $F(x)$ 是 $f(x)$ 的一个原函数，则

$$\int_a^b f(x)\mathrm{d}x = F(b) - F(a).$$

又因为 $\dfrac{\mathrm{d}}{\mathrm{d}x}\{F[\varphi(t)]\}=f(\varphi(t))\varphi'(t)$，这表明 $F[\varphi(t)]$ 是 $f(\varphi(t))\varphi'(t)$ 的一个原函数，所以

$$\int_\alpha^\beta f[\varphi(t)]\varphi'(t)\mathrm{d}t = F[\varphi(t)]\,\big|_\alpha^\beta = F[\varphi(\beta)] - F[\varphi(\alpha)] = F(b) - F(a).$$

于是

$$\int_a^b f(x)\mathrm{d}x = \int_\alpha^\beta f[\varphi(t)]\varphi'(t)\mathrm{d}t.$$

此换元公式表明，如果把 $\displaystyle\int_a^b f(x)\mathrm{d}x$ 中的 x 换成 $\varphi(t)$，则 $\mathrm{d}x$ 就换成 $\varphi'(t)\mathrm{d}t$，这正好是 $x=\varphi(t)$ 的微分 $\mathrm{d}x$. 可见，在定积分 $\displaystyle\int_a^b f(x)\mathrm{d}x$ 中的 $\mathrm{d}x$，本来是整个定积分记号中不可分割的一部分，但由上述定理，在一定条件下，它确实可以作为微分记号来对待.

应用换元公式时有两点值得注意：(1)用 $x=\varphi(t)$ 把原来变量 x 代换成新变量 t 时，积分限也要换成相应于新变量 t 的积分限；(2)求出 $f[\varphi(t)]\varphi'(t)$ 一个原函数(设为 $\Phi(t)$)后，不必像计算不定积分那样再要把 $\Phi(t)$ 变换成原来的变量 x，而只要在积分变量 t 的变化区间上计算 $\Phi(t)$ 的增量即可.

例 1　求定积分 $I = \displaystyle\int_0^1 \sqrt{1-x^2}\,\mathrm{d}x.$

解　设 $x=\sin t$，则 $\mathrm{d}x=\cos t\mathrm{d}t$. 当 $x=0$ 时，$t=0$；当 $x=1$ 时，$t=\dfrac{\pi}{2}$. 利用换元公式有

$$I = \int_0^{\frac{\pi}{2}} \sqrt{1-\sin^2 t}\cdot\cos t\mathrm{d}t = \int_0^{\frac{\pi}{2}} |\cos t|\cos t\mathrm{d}t$$

$$= \int_0^{\frac{\pi}{2}} \cos^2 t\mathrm{d}t = \frac{1}{2}\int_0^{\frac{\pi}{2}} (\cos 2t + 1)\mathrm{d}t$$

$$= \frac{1}{2}\left(t + \frac{1}{2}\sin 2t\right)\Big|_0^{\frac{\pi}{2}} = \frac{\pi}{4}.$$

例 2　求定积分 $\displaystyle\int_0^4 \dfrac{x+2}{\sqrt{2x+1}}\mathrm{d}x.$

解　设 $\sqrt{2x+1}=t$，则 $x=\dfrac{t^2-1}{2}$，$\mathrm{d}x=t\mathrm{d}t$，当 $x=0$ 时，$t=1$；当 $x=4$ 时，$t=3$，于是

$$\int_0^4 \frac{x+2}{\sqrt{2x+1}}\mathrm{d}x = \int_1^3 \frac{\frac{1}{2}(t^2-1)+2}{t}t\mathrm{d}t = \int_1^3 \left[\frac{1}{2}(t^2-1)+2\right]\mathrm{d}t$$

$$= \int_1^3 (t^2 + 3)\mathrm{d}t = \frac{1}{2}\left(\frac{1}{3}t^3 + 3t\right)\Big|_1^3 = \frac{22}{3}.$$

换元公式也可反过来使用,即有

$$\int_a^b f[\varphi(x)]\varphi'(x)\mathrm{d}x = \int_\alpha^\beta f(t)\mathrm{d}t,$$

这样,我们可用 $\varphi(x)=t$ 来引进新变量 t,而 $\alpha=\varphi(a),\beta=\varphi(b)$.

例3 求定积分 $I = \int_0^{\frac{\pi}{2}} \sin\varphi\cos^3\varphi\mathrm{d}\varphi$.

解 设 $t=\cos\varphi$,当 $\varphi=0$ 时,$t=1$;当 $\varphi=\frac{\pi}{2}$ 时,$t=0$,于是

$$I = -\int_0^{\frac{\pi}{2}}\cos^3\varphi\mathrm{d}\cos\varphi = -\int_1^0 t^3\mathrm{d}t = -\frac{1}{4}t^4\Big|_1^0 = \frac{1}{4}.$$

或写为

$$I = -\int_0^{\frac{\pi}{2}}\cos^3\varphi\mathrm{d}\cos\varphi = -\frac{1}{4}\cos^4\varphi\Big|_0^{\frac{\pi}{2}} = \frac{1}{4}.$$

注意,此时未引入新变量 t,即未做换元,则定积分的上下限不变.

例4 求定积分 $\int_0^\pi \sqrt{\sin^3 x - \sin^5 x}\,\mathrm{d}x$.

解 因为 $\sqrt{\sin^3 x - \sin^5 x} = \sqrt{\sin^3 x(1-\sin^2 x)} = \sin^{\frac{3}{2}}x|\cos x|$,所以

$$\begin{aligned}
\int_0^\pi \sqrt{\sin^3 x - \sin^5 x}\,\mathrm{d}x &= \int_0^\pi \sin^{\frac{3}{2}}x|\cos x|\mathrm{d}x \\
&= \int_0^{\frac{\pi}{2}}\sin^{\frac{3}{2}}x\cos x\mathrm{d}x + \int_{\frac{\pi}{2}}^\pi \sin^{\frac{3}{2}}x(-\cos x)\mathrm{d}x \\
&= \int_0^{\frac{\pi}{2}}\sin^{\frac{3}{2}}x\mathrm{d}\sin x - \int_{\frac{\pi}{2}}^\pi \sin^{\frac{3}{2}}x\mathrm{d}\sin x \\
&= \frac{2}{5}\sin^{\frac{5}{2}}x\Big|_0^{\frac{\pi}{2}} - \frac{2}{5}\sin^{\frac{5}{2}}x\Big|_{\frac{\pi}{2}}^\pi = \frac{4}{5}.
\end{aligned}$$

本题应注意 $\sqrt{1-\sin^2 x} = |\cos x|$,然后根据 x 的变化范围考虑把绝对值去掉,如不加绝对值,则计算会导致错误.

例5 证明:

(1) 若 $f(x)$ 是 $[-a,a]$ 上连续的偶函数,则

$$\int_{-a}^a f(x)\mathrm{d}x = 2\int_0^a f(x)\mathrm{d}x;$$

(2) 若 $f(x)$ 是 $[-a,a]$ 上连续的奇函数,则

$$\int_{-a}^a f(x)\mathrm{d}x = 0.$$

证 因为 $\int_{-a}^a f(x)\mathrm{d}x = \int_{-a}^0 f(x)\mathrm{d}x + \int_0^a f(x)\mathrm{d}x$,对积分 $\int_{-a}^0 f(x)\mathrm{d}x$ 作变换 $x=-t$,有 $\mathrm{d}x = -\mathrm{d}t$,于是

$$\int_{-a}^0 f(x)\mathrm{d}x = -\int_a^0 f(-t)\mathrm{d}t = \int_0^a f(-x)\mathrm{d}x,$$

故

$$\int_{-a}^a f(x)\mathrm{d}x = \int_0^a [f(x)+f(-x)]\mathrm{d}x.$$

(1) 若 $f(x)$ 为偶函数,则 $f(x)+f(-x)=2f(x)$,从而

$$\int_{-a}^{a} f(x)\mathrm{d}x = 2\int_{0}^{a} f(x)\mathrm{d}x.$$

（2）若 $f(x)$ 为奇函数,则 $f(x)+f(-x)=0$,从而

$$\int_{-a}^{a} f(x)\mathrm{d}x = 0.$$

例6 计算 $\int_{-\frac{1}{2}}^{\frac{1}{2}} \left(\dfrac{\sin x}{x^8+1} + x^2 \,|\,x\,|\right)\mathrm{d}x.$

解 注意到积分区间为对称区间,被积函数的第一项为奇函数,第二项为偶函数,于是

$$\int_{-\frac{1}{2}}^{\frac{1}{2}} \left(\frac{\sin x}{x^8+1} + x^2 \,|\,x\,|\right)\mathrm{d}x = 0 + 2\int_{0}^{\frac{1}{2}} x^3 \mathrm{d}x = \frac{1}{2}x^4 \Big|_{0}^{\frac{1}{2}} = \frac{1}{32}.$$

二、定积分的分部积分法

设函数 $u=u(x),v=v(x)$ 在区间 $[a,b]$ 上具有连续的导数,则有

$$(uv)' = u'v + uv',$$

等式两端分别在 $[a,b]$ 上求定积分,并注意到

$$\int_{a}^{b} (uv)' \mathrm{d}x = (uv)\,\big|_{a}^{b},$$

得

$$uv\,\big|_{a}^{b} = \int_{a}^{b} vu' \mathrm{d}x + \int_{a}^{b} v'u \mathrm{d}x.$$

移项,有

$$\int_{a}^{b} uv' \mathrm{d}x = (uv)\,\big|_{a}^{b} - \int_{a}^{b} vu' \mathrm{d}x,$$

或简写为

$$\int_{a}^{b} u \mathrm{d}v = (uv)\,\big|_{a}^{b} - \int_{a}^{b} v \mathrm{d}u.$$

这就是定积分的**分部积分公式**.

例7 求定积分 $\int_{1}^{e} x\ln x \mathrm{d}x.$

解
$$\int_{1}^{e} x\ln x \mathrm{d}x = \frac{1}{2}\int_{1}^{e} \ln x \mathrm{d}x^2 = \left(\frac{x^2}{2}\ln x\right)\Big|_{1}^{e} - \frac{1}{2}\int_{1}^{e} x^2 \mathrm{d}\ln x$$
$$= \frac{e^2}{2} - \frac{1}{2}\int_{1}^{e} x^2 \cdot \frac{1}{x} \mathrm{d}x = \frac{e^2}{2} - \frac{x^2}{4}\Big|_{1}^{e}$$
$$= \frac{e^2}{2} - \left(\frac{e^2}{4} - \frac{1}{4}\right) = \frac{1}{4}(e^2 + 1).$$

例8 求定积分 $\int_{0}^{\pi} e^x \sin x \mathrm{d}x.$

解
$$\int_{0}^{\pi} e^x \sin x \mathrm{d}x = -\int_{0}^{\pi} e^x \mathrm{d}\cos x = (-e^x \cos x)\,\big|_{0}^{\pi} + \int_{0}^{\pi} \cos x \mathrm{d}e^x$$
$$= e^\pi + 1 + \int_{0}^{\pi} e^x \cos x \mathrm{d}x.$$

对 $\int_{0}^{\pi} e^x \cos x \mathrm{d}x$ 再使用分部积分法:

$$\int_{0}^{\pi} e^x \cos x \mathrm{d}x = \int_{0}^{\pi} e^x \mathrm{d}\sin x = (e^x \sin x)\,\big|_{0}^{\pi} - \int_{0}^{\pi} \sin x \mathrm{d}e^x = -\int_{0}^{\pi} e^x \sin x \mathrm{d}x,$$

所以
$$\int_{0}^{\pi} e^x \sin x \mathrm{d}x = 1 + e^\pi - \int_{0}^{\pi} e^x \sin x \mathrm{d}x.$$

移项,得
$$\int_0^{\pi} e^x \sin x dx = \frac{1}{2}(1 + e^{\pi}).$$

例 9 求定积分 $\int_0^{1/2} \arcsin x dx$.

解
$$\int_0^{\frac{1}{2}} \arcsin x dx = (x \arcsin x) \Big|_0^{\frac{1}{2}} - \int_0^{\frac{1}{2}} x d \arcsin x$$

$$= \frac{1}{2} \cdot \frac{\pi}{6} - \int_0^{\frac{1}{2}} \frac{x}{\sqrt{1-x^2}} dx$$

$$= \frac{\pi}{12} + \frac{1}{2} \int_0^{\frac{1}{2}} \frac{1}{\sqrt{1-x^2}} d(1-x^2)$$

$$= \frac{\pi}{12} + \sqrt{1-x^2} \Big|_0^{\frac{1}{2}}$$

$$= \frac{\pi}{12} + \frac{\sqrt{3}}{2} - 1.$$

例 10 求定积分 $\int_0^{\frac{\pi}{2}} \sin^4 x dx$.

解
$$\int_0^{\frac{\pi}{2}} \sin^4 x dx = -\int_0^{\frac{\pi}{2}} \sin^3 x d\cos x = (-\sin^3 x \cos x) \Big|_0^{\frac{\pi}{2}} + \int_0^{\frac{\pi}{2}} \cos x d\sin^3 x$$

$$= 3 \int_0^{\frac{\pi}{2}} \sin^2 x \cos^2 x dx = 3 \int_0^{\frac{\pi}{2}} \sin^2 x (1 - \sin^2 x) dx,$$

所以
$$4 \int_0^{\frac{\pi}{2}} \sin^4 x dx = 3 \int_0^{\frac{\pi}{2}} \sin^2 x dx = 3 \int_0^{\frac{\pi}{2}} \frac{1-\cos 2x}{2} dx$$

$$= \frac{3}{8} \left(x - \frac{1}{2} \sin 2x \right) \Big|_0^{\frac{\pi}{2}} = \frac{3}{4} \pi,$$

于是
$$\int_0^{\frac{\pi}{2}} \sin^4 x dx = \frac{3}{16} \pi.$$

一般地有
$$I_n = \int_0^{\frac{\pi}{2}} \sin^n x dx = \int_0^{\frac{\pi}{2}} \cos^n x dx$$

$$= \begin{cases} \dfrac{n-1}{n} \cdot \dfrac{n-3}{n-2} \cdots \dfrac{3}{4} \cdot \dfrac{1}{2} \cdot \dfrac{\pi}{2} = \dfrac{(n-1)!!}{n!!} \cdot \dfrac{\pi}{2}, & n \text{ 为偶数}, \\ \dfrac{n-1}{n} \cdot \dfrac{n-3}{n-2} \cdots \dfrac{4}{5} \cdot \dfrac{2}{3} = \dfrac{(n-1)!!}{n!!}, & n \text{ 为奇数}, \end{cases}$$

利用这个公式计算定积分是非常方便的,例如:
$$\int_0^{\frac{\pi}{2}} \sin^4 x \cos^2 x dx = \int_0^{\frac{\pi}{2}} \sin^4 x (1 - \sin^2 x) dx = \int_0^{\frac{\pi}{2}} \sin^4 x - \int_0^{\frac{\pi}{2}} \sin^6 x dx$$

$$= \frac{3}{4} \cdot \frac{1}{2} \cdot \frac{\pi}{2} - \frac{5}{6} \cdot \frac{3}{4} \cdot \frac{1}{2} \cdot \frac{\pi}{2} = \frac{\pi}{32}.$$

例 11 求定积分 $\int_0^4 e^{\sqrt{x}} dx$.

解 令 $\sqrt{x} = t$,则 $x = t^2$, $dx = 2t dt$,当 $x = 0$ 时,$t = 0$;当 $x = 4$ 时,$t = 2$,于是
$$\int_0^4 e^{\sqrt{x}} dx = \int_0^2 e^t \cdot 2t dt = 2 \int_0^2 t de^t = 2 \left[(te^t) \Big|_0^2 - \int_0^2 e^t dt \right] = 2(e^2 + 1).$$

例 12　求定积分 $\int_0^{\ln 2} \sqrt{1 - e^{-2x}}\,dx$.

解　令 $e^{-x} = \sin t$，则 $x = -\ln \sin t$，$dx = -\dfrac{\cos t}{\sin t}\,dt$，当 $x = 0$ 时，$t = \dfrac{\pi}{2}$；当 $x = \ln 2$ 时，

$t = \dfrac{\pi}{6}$，于是

$$\int_0^{\ln 2} \sqrt{1 - e^{-2x}}\,dx = \int_{\frac{\pi}{2}}^{\frac{\pi}{6}} \cos t \left(-\frac{\cos t}{\sin t}\right)dt = \int_{\frac{\pi}{6}}^{\frac{\pi}{2}} \frac{1 - \sin^2 t}{\sin t}\,dt$$

$$= \int_{\frac{\pi}{6}}^{\frac{\pi}{2}} \left(\frac{1}{\sin t} - \sin t\right)dt$$

$$= \left(-\frac{1}{2}\ln \left|\frac{1 + \cos t}{1 - \cos t}\right| + \cos t\right)\Bigg|_{\frac{\pi}{6}}^{\frac{\pi}{2}} = \ln(2 + \sqrt{3}) - \frac{\sqrt{3}}{2}.$$

例 13　设 $f(x) = \begin{cases} 1 + x^2, & x \leqslant 0, \\ e^{-x}, & x > 0, \end{cases}$ 求定积分 $\int_1^3 f(x - 2)\,dx$.

解　令 $t = x - 2$，则

$$\int_1^3 f(x - 2)\,dx = \int_{-1}^1 f(t)\,dt = \int_{-1}^0 (1 + t^2)\,dt + \int_0^1 e^{-t}\,dt$$

$$= \frac{7}{3} - \frac{1}{e}.$$

习　题　三

1. 判断下列运算是否正确，并说明理由：

(1) 因为　$\int_{-1}^1 \dfrac{x}{\sqrt{1 + x^4}}\,dx = \int_{-1}^1 \dfrac{-t}{\sqrt{1 + t^4}}\,dt = -\int_{-1}^1 \dfrac{x}{\sqrt{1 + x^4}}\,dx$　（设 $x = \dfrac{1}{t}$），

所以　$\int_{-1}^1 \dfrac{x}{\sqrt{1 + x^4}}\,dx = 0.$

(2) 因为 $\dfrac{x}{\sqrt{1 + x^4}}$ 是奇函数，所以 $\int_{-2}^1 \dfrac{x}{\sqrt{1 + x^4}}\,dx = 0.$

(3) $\int_0^4 \dfrac{1}{1 + \sqrt{x}}\,dx = \int_0^4 \dfrac{2t}{1 + t}\,dt = \left[2\sqrt{x} - 2\ln(1 + \sqrt{x})\right]\Big|_0^4 = 4 - 2\ln 3$　（设 $t = \sqrt{x}$）.

2. 用定积分的换元法计算下列定积分：

(1) $\int_{\frac{\pi}{3}}^{\pi} \sin(x + \dfrac{\pi}{3})\,dx$；

(2) $\int_{-2}^1 \dfrac{dx}{11 - 5x}$；

(3) $\int_0^{\frac{\pi}{2}} \sin \varphi \cos^5 \varphi\,d\varphi$；

(4) $\int_0^{\pi} (1 - \sin^3 \theta)\,d\theta$；

(5) $\int_{\frac{\pi}{6}}^{\frac{\pi}{2}} \cos^2 x\,dx$；

(6) $\int_0^{\sqrt{2}} \sqrt{2 - x^2}\,dx$；

(7) $\int_0^a x^2 \sqrt{a^2 - x^2}\,dx$；

(8) $\int_1^{\sqrt{3}} \dfrac{dx}{x^2 \sqrt{1 + x^2}}$；

(9) $\displaystyle\int_0^3 x\sqrt{1+x}\,\mathrm{d}x$;

(10) $\displaystyle\int_{-2}^0 \frac{\mathrm{d}x}{x^2+2x+2}$;

(11) $\displaystyle\int_0^{\sqrt{2}a} \frac{x\,\mathrm{d}x}{\sqrt{3a^2-x^2}}$;

(12) $\displaystyle\int_{-\frac{\pi}{2}}^{\frac{\pi}{2}} \sqrt{\cos x-\cos^3 x}\,\mathrm{d}x$.

3. 用分部积分法计算下列定积分:

(1) $\displaystyle\int_0^1 x\mathrm{e}^{-x}\,\mathrm{d}x$;

(2) $\displaystyle\int_0^\pi x\cos x\,\mathrm{d}x$;

(3) $\displaystyle\int_1^2 x\log_2 x\,\mathrm{d}x$;

(4) $\displaystyle\int_{-\frac{\pi}{4}}^{\frac{\pi}{3}} \frac{x}{\sin^2 x}\,\mathrm{d}x$;

(5) $\displaystyle\int_0^1 x\ln(1+x^2)\,\mathrm{d}x$;

(6) $\displaystyle\int_0^1 x\arctan x\,\mathrm{d}x$;

(7) $\displaystyle\int_0^{\frac{\pi^2}{4}} \sin\sqrt{x}\,\mathrm{d}x$;

(8) $\displaystyle\int_{-\frac{1}{2}}^{\frac{1}{2}} \left[\frac{\sin x}{x^8+1}+\sqrt{\ln^2(1-x)}\right]\mathrm{d}x$.

4. 利用函数的奇偶性计算下列定积分:

(1) $\displaystyle\int_{-\pi}^\pi x\cos^4 x\,\mathrm{d}x$;

(2) $\displaystyle\int_{-5}^5 \frac{x^3\sin^2 x}{x^4+2x^2+1}\,\mathrm{d}x$;

(3) $\displaystyle\int_{-2}^2 \frac{x+|x|}{2+x^2}\,\mathrm{d}x$;

(4) $\displaystyle\int_{-1}^1 \frac{2x^2+x\cos x}{1+\sqrt{1-x^2}}\,\mathrm{d}x$.

5. 设 $f(x)$ 为连续函数,证明:

(1) $\displaystyle\int_0^{2a} f(x)\,\mathrm{d}x = \int_0^a \left[f(x)+f(2a-x)\right]\mathrm{d}x$;

(2) $\displaystyle\int_0^a x^3 f(x^2)\,\mathrm{d}x = \frac{1}{2}\int_0^{a^2} xf(x)\,\mathrm{d}x \quad (a>0)$;

(3) 又 $f(x)$ 是以 l 为周期的函数,a 为任意常数,则

$$\int_a^{a+l} f(x)\,\mathrm{d}x = \int_0^l f(x)\,\mathrm{d}x, \quad \int_a^{a+nl} f(x)\,\mathrm{d}x = n\int_0^l f(x)\,\mathrm{d}x, \quad n\in\mathbf{N}_+;$$

并由此计算 $\displaystyle\int_a^{a+2\pi} \sin x\,\mathrm{d}x$ 及 $\displaystyle\int_0^{n\pi} \sqrt{1+\sin 2x}\,\mathrm{d}x$.

6. 求定积分 $\displaystyle\int_0^{2\pi} (1+\sin x)\sin^4 x\,\mathrm{d}x$.

7. 设函数 $S(x)=\displaystyle\int_0^x |\cos t|\,\mathrm{d}t$.

(1) 当 n 为正整数,且 $n\pi\leqslant x<(n+1)\pi$ 时,证明 $2n\leqslant S(x)<2(n+1)$;

(2) 求 $\displaystyle\lim_{x\to+\infty} \frac{S(x)}{x}$.

8. 设 $f(x)=\displaystyle\int_0^{\sqrt{x}} \mathrm{e}^{-t^2}\,\mathrm{d}t$,$f(1)=0$,求 $\displaystyle\int_0^1 \frac{1}{\sqrt{x}}f(x)\,\mathrm{d}x$.

9. 计算 $\displaystyle\int_0^2 f(x-1)\,\mathrm{d}x$,其中 $f(x)=\begin{cases}\dfrac{1}{1+x}, & x\geqslant 0,\\[2mm] \dfrac{1}{1+\mathrm{e}^x}, & x<0.\end{cases}$

10. 若 $f''(x)$ 在 $[0,\pi]$ 上连续,$f(0)=2$,$f(\pi)=1$,证明

$$\int_0^\pi \left[f(x) + f''(x) \right] \sin x \, dx = 3.$$

11. 证明下列定积分公式(其中 m,n 为正整数)：

(1) $\displaystyle\int_{-\pi}^{\pi} \sin mx \sin nx \, dx = \begin{cases} 0, & m \ne n, \\ \pi, & m = n; \end{cases}$

(2) $\displaystyle\int_{-\pi}^{\pi} \cos mx \cos nx \, dx = \begin{cases} 0, & m \ne n, \\ \pi, & m = n; \end{cases}$

(3) $\displaystyle\int_{-\pi}^{\pi} \sin mx \cos nx \, dx = 0.$

12. 设 $f(x)$ 在 $[0,1]$ 上连续,证明：

(1) $\displaystyle\int_0^{\frac{\pi}{2}} f(\sin x) \, dx = \int_0^{\frac{\pi}{2}} f(\cos x) \, dx;$

(2) $\displaystyle\int_0^\pi x f(\sin x) \, dx = \frac{\pi}{2} \int_0^\pi f(\sin x) \, dx;$

并求定积分 $\displaystyle\int_0^\pi \frac{x \sin x}{1 + \cos^2 x} \, dx.$

第四节　广义积分

前面所讨论的定积分中都假定积分区间是有限区间且 $f(x)$ 在积分区间上有界. 但在一些实际问题中,我们常遇到积分区间为无穷区间,或者被积函数有无穷间断点的情况,它们已经不属于前面所定义的定积分了. 因此,我们有必要对定积分做如下两种推广：

(1) 将积分区间由有限区间推广为无穷区间(称为无穷限的广义积分)；

(2) 将在积分区间上有界的被积函数推广为无界函数(称为无界函数的广义积分或瑕积分).

广义积分亦称为反常积分,相应的前面所定义的定积分称为常义积分.

一、无穷限的广义积分(无穷积分)

定义 1　(1)设函数 $f(x)$ 在区间 $[a, +\infty)$ 上连续,取 $b > a$,如果极限

$$\lim_{b \to +\infty} \int_a^b f(x) \, dx$$

存在,则称此极限为函数 $f(x)$ 在无穷区间 $[a, +\infty)$ 上的广义积分,记作 $\displaystyle\int_a^{+\infty} f(x) \, dx$,即

$$\int_a^{+\infty} f(x) \, dx = \lim_{b \to +\infty} \int_a^b f(x) \, dx.$$

这时也称广义积分 $\displaystyle\int_a^{+\infty} f(x) \, dx$ **收敛**；如果上述极限不存在,则称广义积分 $\displaystyle\int_a^{+\infty} f(x) \, dx$ **发散**,这时记号 $\displaystyle\int_a^{+\infty} f(x) \, dx$ 就不再表示具体数值了.

(2) 设函数 $f(x)$ 在区间 $(-\infty, b]$ 上连续,取 $a < b$,如果极限

$$\lim_{a\to-\infty}\int_a^b f(x)\mathrm{d}x$$

存在,则称此极限为函数 $f(x)$ 在无穷区间 $(-\infty,b]$ 上的广义积分,记作 $\int_{-\infty}^b f(x)\mathrm{d}x$,即

$$\int_{-\infty}^b f(x)\mathrm{d}x = \lim_{a\to-\infty}\int_a^b f(x)\mathrm{d}x.$$

这时也称广义积分 $\int_{-\infty}^b f(x)\mathrm{d}x$ **收敛**;如果上述极限不存在,就称广义积分 $\int_{-\infty}^b f(x)\mathrm{d}x$ **发散**.

（3）设函数 $f(x)$ 在区间 $(-\infty,+\infty)$ 上连续,如果广义积分 $\int_{-\infty}^{a_0} f(x)\mathrm{d}x$ 和 $\int_{a_0}^{+\infty} f(x)\mathrm{d}x$ 都收敛,其中 a_0 为任意取定的实数,则称上述两广义积分之和为函数 $f(x)$ 在无穷区间 $(-\infty,+\infty)$ 上的广义积分,记作 $\int_{-\infty}^{+\infty} f(x)\mathrm{d}x$,即

$$\int_{-\infty}^{+\infty} f(x)\mathrm{d}x = \int_{-\infty}^{a_0} f(x)\mathrm{d}x + \int_{a_0}^{+\infty} f(x)\mathrm{d}x = \lim_{a\to-\infty}\int_a^0 f(x)\mathrm{d}x + \lim_{b\to+\infty}\int_0^b f(x)\mathrm{d}x.$$

这时也称广义积分 $\int_{-\infty}^{+\infty} f(x)\mathrm{d}x$ **收敛**;否则,若两个积分 $\int_{-\infty}^{a_0} f(x)\mathrm{d}x$,$\int_{a_0}^{+\infty} f(x)\mathrm{d}x$ 中至少有一个不存在,就称广义积分 $\int_{-\infty}^{+\infty} f(x)\mathrm{d}x$ **发散**.上述广义积分统称为**无穷限的广义积分**.

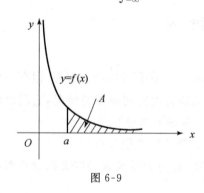

图 6-9

若 $f(x)\geqslant 0$,且 $\int_a^{+\infty} f(x)\mathrm{d}x$ 收敛,我们来分析广义积分 $\int_a^{+\infty} f(x)\mathrm{d}x$ 的几何意义.因为 $\int_a^b f(x)\mathrm{d}x$ 表示由曲线 $y=f(x)$ 与 x 轴和 $x=a$,$x=b$ 所围有界区域的面积,所以广义积分 $\int_a^{+\infty} f(x)\mathrm{d}x$ 表示由曲线 $y=f(x)$ 与 x 轴和 $x=a$ 所围无界区域的面积 A（见图6-9）.其他两种无穷限的广义积分有类似的几何意义.

例 1 求由曲线 $y=\dfrac{1}{x^2}$ 与直线 $x=1$ 及 x 轴所围区域的面积 A.

解 由广义积分的几何意义有

$$A = \int_1^{+\infty} y\,\mathrm{d}x = \int_1^{+\infty}\frac{1}{x^2}\mathrm{d}x = \lim_{b\to+\infty}\int_1^b \frac{1}{x^2}\mathrm{d}x = \lim_{b\to+\infty}\left(-\frac{1}{x}\right)\Big|_1^b$$

$$= \lim_{b\to+\infty}\left(1-\frac{1}{b}\right) = 1.$$

例 2 求由曲线 $y=\dfrac{1}{x}$ 与直线 $x=1$ 及 x 轴所围区域的面积 A.

解 由广义积分的几何意义,$A = \int_1^{+\infty}\dfrac{1}{x}\mathrm{d}x$,由于

$$\int_1^{+\infty}\frac{1}{x}\mathrm{d}x = \lim_{b\to+\infty}\int_1^b \frac{1}{x}\mathrm{d}x = \lim_{b\to+\infty}(\ln b - \ln 1) = +\infty,$$

因此所求面积不存在.

例 3 讨论广义积分 $\int_0^{+\infty}\sin x\,\mathrm{d}x$ 的敛散性.

解　$\displaystyle\int_0^{+\infty}\sin x\,\mathrm{d}x=\lim_{b\to+\infty}\int_0^b\sin x\,\mathrm{d}x=\lim_{b\to+\infty}(-\cos x)\,|_0^b=\lim_{b\to+\infty}(1-\cos b),$

因为 $\displaystyle\lim_{b\to+\infty}\cos b$ 不存在,所以广义积分 $\displaystyle\int_0^{+\infty}\sin x\,\mathrm{d}x$ 发散.

若 $F(x)$ 是 $f(x)$ 的一个原函数,引入记号

$$F(+\infty)=\lim_{x\to+\infty}F(x),\quad F(-\infty)=\lim_{x\to-\infty}F(x),$$

则广义积分可表示为

$$\int_a^{+\infty}f(x)\,\mathrm{d}x=F(x)\,\Big|_a^{+\infty}=F(+\infty)-F(a),$$

$$\int_{-\infty}^b f(x)\,\mathrm{d}x=F(x)\,\Big|_{-\infty}^b=F(b)-F(-\infty),$$

$$\int_{-\infty}^{+\infty}f(x)\,\mathrm{d}x=F(x)\,\Big|_{-\infty}^{+\infty}=\lim_{b\to+\infty}F(b)-\lim_{a\to+\infty}F(a).$$

例 4　证明广义积分 $\displaystyle\int_a^{+\infty}\frac{\mathrm{d}x}{x^p}(a>0)$,当 $p>1$ 时收敛,当 $p\leqslant 1$ 时发散.

证　当 $p=1$ 时,

$$\int_a^{+\infty}\frac{\mathrm{d}x}{x^p}=\int_a^{+\infty}\frac{\mathrm{d}x}{x}=\ln|x|\,\big|\,|_a^{+\infty}=+\infty.$$

当 $p\neq 1$ 时,

$$\int_a^{+\infty}\frac{\mathrm{d}x}{x^p}=\int_a^{+\infty}\frac{\mathrm{d}x}{x^p}=\frac{x^{1-p}}{1-p}\,\Big|_a^{+\infty}=\begin{cases}+\infty, & p<1,\\[2mm]\dfrac{a^{1-p}}{p-1}, & p>1.\end{cases}$$

因此,当 $p>1$ 时,该广义积分收敛,且收敛于 $\dfrac{a^{1-p}}{p-1}$;当 $p\leqslant 1$ 时,该广义积分发散.

例 5　判断广义积分 $\displaystyle\int_{-\infty}^{+\infty}\frac{\mathrm{d}x}{1+x^2}$ 的敛散性,若收敛,求其积分值.

解　由定义,　　　　$\displaystyle\int_{-\infty}^{+\infty}\frac{\mathrm{d}x}{1+x^2}=\int_{-\infty}^0\frac{\mathrm{d}x}{1+x^2}+\int_0^{+\infty}\frac{\mathrm{d}x}{1+x^2},$

因为　　　　　　　$\displaystyle\int_{-\infty}^0\frac{\mathrm{d}x}{1+x^2}=\arctan x\,|_{-\infty}^0=\frac{\pi}{2},$

同理　　　　　　　$\displaystyle\int_0^{+\infty}\frac{\mathrm{d}x}{1+x^2}=\frac{\pi}{2}.$

所以,所给广义积分收敛,且积分值为 π.

此积分的几何意义表示位于曲线 $y=\dfrac{1}{1+x^2}$ 下方,x 轴上方的图形的面积(见图 6-10).

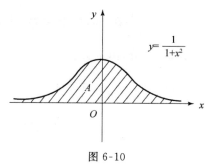

图 6-10

二、无界函数的广义积分(瑕积分)

现在我们把定积分推广到在积分区间上被积函数为无界函数的情形.

定义 2 (1)设函数 $f(x)$ 在 $(a,b]$ 上连续,而在点 a 的右邻域内无界(称 a 点为 $f(x)$ 的瑕点或奇点). 取 $\varepsilon>0$,如果极限 $\lim\limits_{\varepsilon\to 0^+}\int_{a+\varepsilon}^{b}f(x)\mathrm{d}x$ 存在,则称此极限为函数 $f(x)$ 在 $(a,b]$ 上的广义积分,仍然记作 $\int_a^b f(x)\mathrm{d}x$,即

$$\int_a^b f(x)\mathrm{d}x = \lim_{\varepsilon\to 0^+}\int_{a+\varepsilon}^{b}f(x)\mathrm{d}x.$$

这时也称广义积分 $\int_a^b f(x)\mathrm{d}x$ 收敛. 如果上述极限不存在,就称广义积分 $\int_a^b f(x)\mathrm{d}x$ 发散.

(2) 设函数 $f(x)$ 在 $[a,b)$ 上连续,而在点 b 的左邻域内无界(称 b 为 $f(x)$ 的瑕点或奇点). 取 $\varepsilon>0$,如果极限 $\lim\limits_{\varepsilon\to 0^+}\int_{a}^{b-\varepsilon}f(x)\mathrm{d}x$ 存在,则定义

$$\int_a^b f(x)\mathrm{d}x = \lim_{\varepsilon\to 0^+}\int_{a}^{b-\varepsilon}f(x)\mathrm{d}x,$$

称广义积分 $\int_a^b f(x)\mathrm{d}x$ 收敛;否则,称广义积分 $\int_a^b f(x)\mathrm{d}x$ 发散.

(3) 设函数 $f(x)$ 在 $[a,b]$ 上除点 $c(a<c<b)$ 外连续,而在点 c 的邻域内无界(称 c 为 $f(x)$ 的瑕点或奇点). 如果两个广义积分

$$\int_a^c f(x)\mathrm{d}x \quad 与 \quad \int_c^b f(x)\mathrm{d}x$$

都收敛,则定义

$$\int_a^b f(x)\mathrm{d}x = \int_a^c f(x)\mathrm{d}x + \int_c^b f(x)\mathrm{d}x$$

$$= \lim_{\varepsilon\to 0^+}\int_a^{c-\varepsilon}f(x)\mathrm{d}x + \lim_{\varepsilon'\to 0^+}\int_{c+\varepsilon'}^{b}f(x)\mathrm{d}x,$$

称广义积分 $\int_a^b f(x)\mathrm{d}x$ 收敛;否则,就称广义积分 $\int_a^b f(x)\mathrm{d}x$ 发散.

例 6 求由曲线 $y=\dfrac{1}{\sqrt{x}}$ 与直线 $x=1$,x 轴及 y 轴所围区域的面积 A.

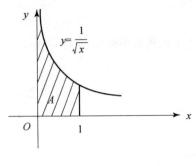

图 6-11

解 类似无穷限的广义积分的几何意义,有 $A=\int_0^1\dfrac{1}{\sqrt{x}}\mathrm{d}x$(见图 6-11),因为 $\lim\limits_{x\to 0^+}\dfrac{1}{\sqrt{x}}=+\infty$,所以 $\dfrac{1}{\sqrt{x}}$ 在 $(0,1]$ 上无界,故此积分为无界函数的广义积分,由定义有

$$A = \int_0^1\frac{1}{\sqrt{x}}\mathrm{d}x = \lim_{\varepsilon\to 0^+}\int_\varepsilon^1\frac{\mathrm{d}x}{\sqrt{x}} = \lim_{\varepsilon\to 0^+}2\sqrt{x}\,\big|_\varepsilon^1$$

$$= 2\lim_{\varepsilon\to 0^+}(1-\sqrt{\varepsilon}) = 2.$$

例 7　求广义积分 $\displaystyle\int_0^a \frac{\mathrm{d}x}{\sqrt{a^2-x^2}}$ $(a>0)$.

解　因为 $\displaystyle\lim_{x\to a^-}\frac{1}{\sqrt{a^2-x^2}}=+\infty$，所以 $\dfrac{1}{\sqrt{a^2-x^2}}$ 在 $[0,a)$ 上无界，故按无界函数广义积分的

定义有

$$\int_0^a \frac{\mathrm{d}x}{\sqrt{a^2-x^2}} = \lim_{\varepsilon\to 0^+}\int_0^{a-\varepsilon}\frac{\mathrm{d}x}{\sqrt{a^2-x^2}}$$

$$= \lim_{\varepsilon\to 0^+}\arcsin\frac{x}{a}\,\bigg|_0^{a-\varepsilon} = \lim_{\varepsilon\to 0^+}\arcsin\frac{a-\varepsilon}{a}$$

$$= \arcsin 1 = \frac{\pi}{2}.$$

例 8　讨论广义积分 $\displaystyle\int_a^b \frac{\mathrm{d}x}{(x-a)^p}$ 的敛散性，其中 $p>0$.

解　显然 a 为被积函数的瑕点.

当 $p=1$ 时，

$$\int_a^b \frac{\mathrm{d}x}{x-a} = \lim_{\varepsilon\to 0^+}\int_{a+\varepsilon}^b \frac{\mathrm{d}x}{x-a} = \lim_{\varepsilon\to 0^+}\left[\ln(b-a)-\ln\varepsilon\right]=+\infty,$$

此时广义积分发散.

当 $p\neq 1$ 时，

$$\int_a^b \frac{\mathrm{d}x}{(x-a)^p} = \lim_{\varepsilon\to 0^+}\frac{1}{1-p}(x-a)^{1-p}\,\big|_{a+\varepsilon}^b$$

$$= \frac{1}{1-p}\lim_{\varepsilon\to 0^+}\left[(b-a)^{1-p}-\varepsilon^{1-p}\right].$$

当 $p>1$ 时，由于 $\displaystyle\lim_{\varepsilon\to 0^+}\varepsilon^{1-p}=+\infty$，广义积分发散；$p<1$ 时，由于 $\displaystyle\lim_{\varepsilon\to 0^+}\varepsilon^{1-p}=0$，广义积分收

敛. 故当 $p\geq 1$ 时，广义积分发散；当 $p<1$ 时，广义积分收敛.

例 9　求广义积分 $\displaystyle\int_0^2 \frac{\mathrm{d}x}{\sqrt{x(2-x)}}$.

解　当 $x\to 0,x\to 2$ 时，$\dfrac{1}{\sqrt{x(2-x)}}\to\infty$，故该积分为无界函数的广义积分.

$$\int_0^2 \frac{\mathrm{d}x}{\sqrt{x(2-x)}} = \int_0^1 \frac{\mathrm{d}x}{\sqrt{x(2-x)}} + \int_1^2 \frac{\mathrm{d}x}{\sqrt{x(2-x)}}$$

$$= \lim_{\varepsilon_1\to 0^+}\int_{\varepsilon_1}^1 \frac{\mathrm{d}x}{\sqrt{x(2-x)}} + \lim_{\varepsilon_2\to 0^+}\int_1^{2-\varepsilon_2} \frac{\mathrm{d}x}{\sqrt{x(2-x)}}$$

$$= \lim_{\varepsilon_1\to 0^+}\int_{\varepsilon_1}^1 \frac{\mathrm{d}(x-1)}{\sqrt{1-(x-1)^2}} + \lim_{\varepsilon_2\to 0^+}\int_1^{2-\varepsilon_2} \frac{\mathrm{d}(x-1)}{\sqrt{1-(x-1)^2}}$$

$$= \lim_{\varepsilon_1\to 0^+}\arcsin(x-1)\,\big|_{\varepsilon_1}^1 + \lim_{\varepsilon_2\to 0^+}\arcsin(x-1)\,\big|_1^{2-\varepsilon_2}$$

$$= 2\arcsin 1 = \pi.$$

习 题 四

1. 判断下列运算是否正确,为什么?

(1) $\int_1^{+\infty} \dfrac{1}{x(x+1)}dx = \int_1^{+\infty}\left(\dfrac{1}{x}-\dfrac{1}{x+1}\right)dx = \ln\dfrac{x}{x+1}\Big|_1^{+\infty} = \ln 2$;

(2) $\int_{-1}^1 \dfrac{1}{x^2}dx = -\dfrac{1}{x}\Big|_{-1}^1 = -2$;

(3) 由于被积函数为奇函数,所以 $\int_{-\infty}^{+\infty}\dfrac{x}{\sqrt{1+x^2}}dx = 0$;

(4) $\int_0^{\pi}\dfrac{1}{1-\sin x}dx = \int_0^{\pi}\dfrac{1+\sin x}{\cos^2 x}dx = \int_0^{\pi}\sec^2 x dx - \int_0^{\pi}\dfrac{d\cos x}{\cos^2 x} = \dfrac{1+\sin x}{\cos x}\Big|_0^{\pi} = -2$;

(5) $\int_{-\infty}^{+\infty}\dfrac{2x}{1+x^2}dx = \lim_{a\to+\infty}\int_{-a}^a \dfrac{2x}{1+x^2}dx = \lim_{a\to+\infty}\ln(1+x^2)\big|_{-a}^a = 0$.

2. 判断下列广义积分的敛散性,若收敛,计算其值:

(1) $\int_0^{+\infty}\dfrac{1}{1+x^2}dx$;

(2) $\int_1^{+\infty}\dfrac{1}{\sqrt{x}}dx$;

(3) $\int_0^{+\infty}e^{-ax}dx\,(a>0)$;

(4) $\int_0^{+\infty}\dfrac{x}{1+x^2}dx$;

(5) $\int_{-\infty}^{+\infty}\dfrac{1}{x^2+2x+2}dx$;

(6) $\int_{-\infty}^0 xe^x dx$;

(7) $\int_{-1}^0 \dfrac{1}{1+x}dx$;

(8) $\int_0^1 \dfrac{x}{\sqrt{1-x^2}}dx$;

(9) $\int_0^1 \dfrac{1}{\sqrt{1-x}}dx$;

(10) $\int_1^2 \dfrac{x}{\sqrt{x-1}}dx$;

(11) $\int_1^e \dfrac{1}{x\sqrt{1-(\ln x)^2}}dx$;

(12) $\int_{-\frac{\pi}{4}}^{\frac{3\pi}{4}}\dfrac{1}{\cos^2 x}dx$.

3. 已知 $\int_0^{+\infty}\dfrac{\sin x}{x}dx = \dfrac{\pi}{2}$,证明 $\int_0^{+\infty}\dfrac{\sin^2 x}{x^2}dx = \dfrac{\pi}{2}$.

4. 当 k 为何值时,广义积分 $\int_2^{+\infty}\dfrac{dx}{x(\ln x)^k}$ 收敛?当 k 为何值时,广义积分 $\int_2^{+\infty}\dfrac{dx}{x(\ln x)^k}$ 发散?当 k 为何值时,该广义积分取得最小值?

5. 设函数 $f(x)$ 在 $(-\infty,+\infty)$ 上有界且导数连续,对任意 x 有 $|f(x)+f'(x)|\leqslant 1$,证明 $|f(x)|\leqslant 1$.

6. 讨论下列反常积分的敛散性:

(1) $\int_0^{+\infty}\dfrac{x^\alpha}{1+x^\beta}dx\quad(\beta>0)$;

(2) $\int_0^1 \dfrac{1}{\sqrt{1-x^4}}dx$;

(3) $\int_0^{+\infty}\dfrac{\ln(1+x)}{x^\beta}dx\quad(\beta>0)$;

(4) $\int_1^{+\infty}\dfrac{dx}{x^p\ln^q x}$.

7. 求广义积分 $\int_0^{+\infty}\dfrac{\ln x}{1+x^2}dx$ 的值.

第五节 定积分的应用

前几节我们从实际问题出发,抽象概括出了定积分的概念和计算方法,从中我们认识到定积分是求某种总量的数学模型. 进一步将这种模型应用到实际问题中,可以解决几何学、物理学、经济学、社会学等许多不同领域内的诸多问题,显示了定积分理论强大的生命力,同时由于这种广泛的应用也推动了积分学的发展. 本节首先介绍用定积分解决实际问题的基本思想和方法——微元法,然后着重用微元法处理定积分在几何学上的应用.

一、定积分的微元法

应用定积分解决实际问题,我们先要考虑两个问题:

(1) 实际问题中的所求量具备什么特征就可以归结为定积分这个模型解决;

(2) 若所求量可以归结为定积分,如何简捷地建立该所求量的定积分表达式.

为回答这两个问题,不妨回顾一下本章讨论过的曲边梯形的面积化为定积分的过程.

设 $f(x)$ 在区间 $[a,b]$ 上连续且 $f(x) \geqslant 0$,求以曲线 $y=f(x)$ 为曲边,底为区间 $[a,b]$ 的曲边梯形的面积 A. 首先,我们注意到,所求量(即面积 A)与区间 $[a,b]$ 有关,且在 $[a,b]$ 上是非均匀变化的量;其次,如果把区间 $[a,b]$ 分成许多部分区间,则所求量相应地被分成许多部分量(即 ΔA_i),而所求量等于所有部分量之和 $\left(\text{即 } A = \sum_{i=1}^{n} \Delta A_i\right)$,这一性质称为所求量对于区间 $[a,b]$ 具有可加性.

在求上述曲边梯形面积表达式时,我们通过分割、近似、求和、取极限四步,把这个面积 A 表示为定积分

$$A = \lim_{\lambda \to 0} \sum_{i=1}^{n} \Delta A_i = \lim_{\lambda \to 0} \sum_{i=1}^{n} f(\xi_i) \Delta x_i = \int_a^b f(x) \mathrm{d}x.$$

为了实用上的简便,我们对这四个步骤进行简化, 在分割小区间时,省略下标 i,记分割的任一小区间为 $[x, x+\mathrm{d}x]$,用 ΔA 表示 $[x, x+\mathrm{d}x]$ 上的窄曲边梯形的面积,这样

$$A = \sum \Delta A.$$

取 $[x, x+\mathrm{d}x]$ 的左端点 x 为 ξ,以点 x 处的函数值 $f(x)$ 为高,$\mathrm{d}x$ 为底的矩形的面积 $f(x)\mathrm{d}x$ 为 ΔA 的近似值(如图 6-12 阴影部分所示),即

$$\Delta A \approx f(x)\mathrm{d}x.$$

上式右端 $f(x)\mathrm{d}x$ 称为面积微元,记为 $\mathrm{d}A = f(x)\mathrm{d}x$, $x \in [a,b]$. 于是

$$A \approx \sum \mathrm{d}A = \sum f(x)\mathrm{d}x,$$

从而 $A = \lim \sum f(x)\mathrm{d}x = \int_a^b f(x)\mathrm{d}x.$

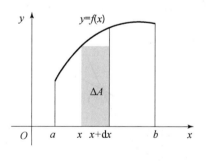

图 6-12

将上述方法一般化,如果某一实际问题中的所求量 U 符合下列条件:

(1) U 是一个与某变量如 x 的变化区间 $[a,b]$ 有关的量;

(2) U 对于区间 $[a,b]$ 具有可加性;

（3）部分量 ΔU_i 的近似值可表示为 $f(\xi_i)\Delta x_i$；

那么就可考虑用定积分来表达这个量 U. 通常写出这个量 U 的积分表达式的步骤是：

（1）根据问题的具体情况，选取一个变量例如 x 为积分变量，并确定它的变化区间 $[a,b]$；

（2）在分割的子区间 $[x,x+\mathrm{d}x]$ 上，求出部分量 ΔU 的近似值. 若 ΔU 能近似地表示为 $[a,b]$ 上的一个连续函数在 x 处的值 $f(x)$ 与 $\mathrm{d}x$ 的乘积，就把 $f(x)\mathrm{d}x$ 称为量 U 的微元且记作 $\mathrm{d}U$，即

$$\mathrm{d}U=f(x)\mathrm{d}x;$$

（3）写出所求量 U 的定积分表达式：

$$U=\int_a^b \mathrm{d}U=\int_a^b f(x)\mathrm{d}x.$$

这个方法通常称为**微元法**. 下面我们将应用这个方法来讨论几个几何上的问题.

二、平面图形的面积

1. 直角坐标情形

例 1　计算由两条抛物线 $y^2=x,y=x^2$ 所围成的图形的面积.

解　曲线所围图形如图 6-13 所示. 解方程 $\begin{cases} y^2=x \\ y=x^2 \end{cases}$ 求出两曲线的交点，得 $(0,0)$ 及 $(1,1)$.

取 x 为积分变量，则 $x\in[0,1]$；相应于此区间上任一小区间 $[x,x+\mathrm{d}x]$ 上的面积微元为 $\mathrm{d}A=(\sqrt{x}-x^2)\mathrm{d}x$，从而

$$A=\int_0^1(\sqrt{x}-x^2)\mathrm{d}x=\left(\frac{2}{3}x^{\frac{3}{2}}-\frac{x^3}{3}\right)\Big|_0^1=\frac{1}{3}.$$

例 2　求由抛物线 $y^2=2x$ 及直线 $y=x-4$ 所围成的面积.

解　曲线所围图形如图 6-14 所示. 解方程 $\begin{cases} y^2=2x \\ y=x-4 \end{cases}$ 求出两曲线的交点为 $(2,-2)$，$(8,4)$. 取 y 为积分变量，则 $y\in[-2,4]$. 因为在小区间 $[y,y+\mathrm{d}y]$ 上面积微元为

$$\mathrm{d}A=\left[(y+4)-\frac{y^2}{2}\right]\mathrm{d}x,$$

所以　　　　　　　　　　$$A=\int_{-2}^4\left[(y+4)-\frac{y^2}{2}\right]\mathrm{d}y=18.$$

此问题若选 x 为积分变量（见图 6-15），则 $x\in[0,8]$.

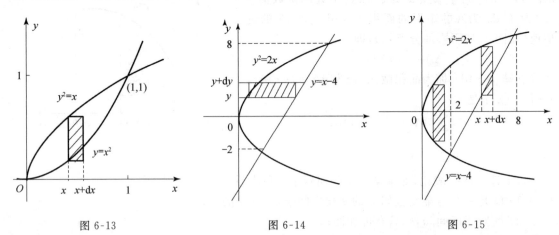

图 6-13　　　　　　　　　　　　图 6-14　　　　　　　　　　　　图 6-15

因当 $x \in [0,2]$ 时,面积微元为 $dA_1 = [\sqrt{2x} - (-\sqrt{2x})]dx$;当 $x \in [2,8]$ 时,面积微元为 $dA_2 = [\sqrt{2x} - (x-4)]dx$,所以,所求面积为

$$A = \int_0^2 (\sqrt{2x} + \sqrt{2x})dx + \int_2^8 [\sqrt{2x} - (x-4)]dx = 18.$$

可见,若选 x 为积分变量,由于在不同的 x 的变化区间内面积微元不同,需要分区间做定积分,计算较繁.所以,在使用微元法时,要根据具体问题,适当地选取积分变量,以便简化积分的计算.

一般地,如果一平面图形是由连续曲线 $y = f_1(x), y = f_2(x)$ 及直线 $x = a, x = b(a < b)$ 所围成,且 $f_2(x) \leqslant f_1(x)$,则此平面图形的面积为

$$A = \int_a^b [f_1(x) - f_2(x)]dx.$$

其中被积表达式 $[f_1(x) - f_2(x)]dx$ 就是在任一小区间 $[x, x+dx]$ 上以 $f_1(x) - f_2(x)$ 为高,以 dx 为底的窄矩形的面积,即面积微元

$$dA = [f_1(x) - f_2(x)]dx \quad (见图 6-16).$$

如果一平面图形是由连续曲线 $x_1 = \varphi(y), x_2 = \psi(y)$ 及直线 $y = c, y = d(c < d)$ 所围成,且 $\varphi(y) \leqslant \psi(y)$,则以 y 为积分变量,此平面图形的面积为

$$A = \int_c^d [\psi(y) - \varphi(y)]dy \quad (见图 6-17).$$

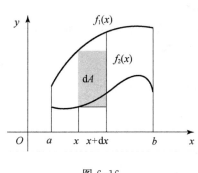

图 6-16

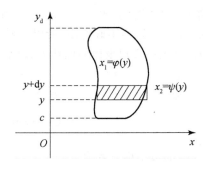

图 6-17

2. 极坐标情形

设由曲线 $r = \varphi(\theta)$ 及射线 $\theta = \alpha, \theta = \beta(\alpha < \beta)$ 围成一图形(称为曲边扇形),其中 $\varphi(\theta)$ 在 $[\alpha, \beta]$ 上连续,且 $\varphi(\theta) \geqslant 0$,现用微元法计算它的面积(见图 6-18).取极角 θ 为积分变量,则它的变化区间为 $[\alpha, \beta]$.在任一小区间 $[\theta, \theta + d\theta]$ 的窄曲边扇形的面积可以用半径为 $r = \varphi(\theta)$、中心角为 $d\theta$ 的圆扇形面积来近似代替,从而得到此窄曲边扇形面积的近似值,即曲边扇形的面积微元是

$$dA = \frac{1}{2}\varphi^2(\theta)d\theta.$$

于是所求曲边扇形的面积为

$$A = \int_\alpha^\beta \frac{1}{2}r^2(\theta)d\theta = \frac{1}{2}\int_\alpha^\beta \varphi^2(\theta)d\theta.$$

例 3　求心形线 $r = a(1 + \cos\theta)$ 所围成的图形的面积$(a > 0)$.

解　心形线所围成的图形见图 6-19.这个图形对称于极轴(为方便,画在直角坐标系中,其中 x 轴的正半轴就是极轴,下题类似)所在直线.因此所求图形的面积 A 是 x 轴以上部分

面积 A_1 的两倍，即

$$A = 2A_1 = 2 \cdot \frac{1}{2}\int_0^\pi r^2\,\mathrm{d}\theta = \int_0^\pi a^2(1+\cos\theta)^2\,\mathrm{d}\theta = a^2\int_0^\pi(1+2\cos\theta+\cos^2\theta)\,\mathrm{d}\theta$$

$$= a^2\int_0^\pi\left(1+2\cos\theta+\frac{1+\cos2\theta}{2}\right)\mathrm{d}\theta$$

$$= a^2\left(\frac{3\theta}{2}+2\sin\theta+\frac{1}{4}\sin2\theta\right)\Big|_0^\pi = \frac{3}{2}\pi a^2.$$

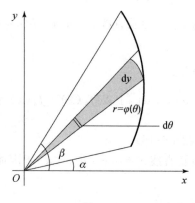

图 6-18

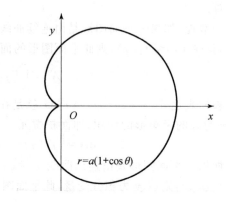

图 6-19

例 4　求曲线 $(x^2+y^2)^3 = x^4+y^4$ 所围成图形的面积.

解　因 y（或 x）不好解出，所以不易在直角坐标系下求图形的面积. 为此我们采用极坐标来计算. 首先把直角坐标的曲线方程化为极坐标的曲线方程

$$r^6 = r^4\cos^4\theta + r^4\sin^4\theta$$

或

$$r^2 = \cos^4\theta + \sin^4\theta = (\cos^2\theta+\sin^2\theta)^2 - 2\cos^2\theta\sin^2\theta$$

$$= 1 - \frac{1}{2}\sin^2 2\theta = \frac{3}{4} + \frac{1}{4}\cos4\theta.$$

所以，曲线的极坐标方程为 $\qquad r^2 = \dfrac{3}{4} + \dfrac{1}{4}\cos4\theta.$

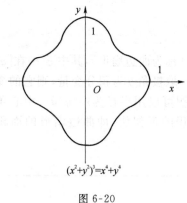

图 6-20

下面画出曲线的图形，因曲线对称于 x 轴及 y 轴，所以只要画出 $\theta\in\left[0,\dfrac{\pi}{2}\right]$ 的图形（见图 6-20）即可，于是所求面积为

$$A = 4 \cdot \frac{1}{2}\int_0^{\frac{\pi}{2}} r^2\,\mathrm{d}\theta$$

$$= 2\int_0^{\frac{\pi}{2}}\left(\frac{3}{4}+\frac{1}{4}\cos4\theta\right)\mathrm{d}\theta$$

$$= 2\left(\frac{3}{4}\theta+\frac{1}{16}\sin4\theta\right)\Big|_0^{\frac{\pi}{2}} = \frac{3}{4}\pi.$$

3. 参数方程情形

设曲边梯形的曲边是由参数方程 $x=\varphi(t)$，$y=\psi(t)$，$t\in[t_1,t_2]$ 给出且 $\varphi(t_1)=a$，$\varphi(t_2)=b$，则由该曲线与 $x=a$，$y=b$ 及 x 轴所围曲边梯形的面积为

$$A = \int_a^b y \, dx = \int_{t_1}^{t_2} \psi(t) \varphi'(t) \, dt.$$

其中第二个等式是利用了换元积分公式得到.

例 5　求椭圆 $\dfrac{x^2}{a^2} + \dfrac{y^2}{b^2} = 1$ 所围成图形的面积.

解　椭圆如图 6-21 所示. 由对称性可知此椭圆的面积等于第一象限内图形面积的 4 倍,因此,所求面积为

$$A = 4 \int_0^a y \, dx.$$

利用椭圆的参数方程

$$\begin{cases} x = a\cos\theta \\ y = b\sin\theta \end{cases} \quad 0 \leqslant \theta \leqslant 2\pi,$$

应用定积分换元积分公式,$x = 0$ 及 $x = a$ 时,对应 $t = \dfrac{\pi}{2}$ 及 $t = 0$,于是

$$A = 4\int_0^a y \, dx = 4 \int_{\frac{\pi}{2}}^0 b\sin\theta \cdot (-a\sin\theta) \, d\theta$$

$$= -4ab \int_{\frac{\pi}{4}}^0 \sin^2 t \, dt = (4ab) \cdot \frac{1}{2} \cdot \frac{\pi}{2} = \pi ab.$$

例 6　求星形线 $x = a\cos^3\theta, y = a\sin^3\theta, 0 \leqslant \theta \leqslant 2\pi$ 所围图形的面积.

解　星形线如图 6-22 所示. 利用对称性,可得图形的面积为第一象限内图形面积的 4 倍,即

$$A = 4\int_0^a y \, dx,$$

应用定积分换元法,$x = 0$ 及 $x = a$ 时,对应 $t = \dfrac{\pi}{2}$ 及 $t = 0$,于是

$$A = 4\int_0^a y \, dx = 4 \int_{\frac{\pi}{2}}^0 a\sin^3\theta \cdot 3a\cos^2\theta \cdot (-\sin\theta) \, d\theta$$

$$= 12a^2 \int_0^{\frac{\pi}{2}} \cos^2\theta \sin^4\theta \, d\theta$$

$$= 12a^2 \int_0^{\frac{\pi}{2}} (\sin^4\theta - \sin^6\theta) \, d\theta$$

$$= 12a^2 \left(\frac{3}{4} \cdot \frac{1}{2} \cdot \frac{\pi}{2} - \frac{5}{6} \cdot \frac{3}{4} \cdot \frac{1}{2} \cdot \frac{\pi}{2} \right) = \frac{3}{8}\pi a^2.$$

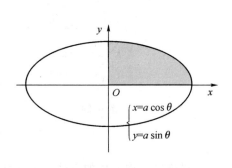

图 6-21

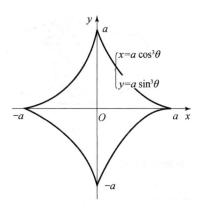

图 6-22

三、空间立体的体积

这里我们只考虑两种情况:一种是已知立体的平行截面面积,求此立体的体积;另一种是求旋转体的体积. 一般的几何体的体积将在重积分中给出.

1. 平行截面面积为已知的立体的体积

若立体上垂直于一定轴的各个截面的面积为已知,那么这个立体的体积可以用定积分来计算.

设所考虑的立体在过点 $x=a,x=b$ 且垂直于 x 轴的两个平面之间如图 6-23 所示,以 $A(x)$ 表示过点 x 且垂直于 x 轴的截面面积,并假定 $A(x)$ 连续. 取 x 为积分变量,则 $x\in[a,b]$;相应于 $[a,b]$ 上任一小区间 $[x,x+\mathrm{d}x]$ 的一薄片的体积,近似于底面积为 $A(x)$,高为 $\mathrm{d}x$ 的柱体的体积,即体积元素

$$\mathrm{d}V=A(x)\mathrm{d}x.$$

于是,所求立体的体积为

$$V=\int_a^b A(x)\mathrm{d}x.$$

例 7 一平面经过半径为 R 的圆柱体的底圆中心,并与底面交成角 α(见图 6-24). 计算这平面截圆柱体所得立体的体积.

解 首先建立坐标系. 取这平面与圆柱体的底面的交线为 x 轴,底面上过圆中心、且垂直于 x 轴的直线为 y 轴,则底圆的方程为 $x^2+y^2=R^2$. 取 x 为积分变量,则 $x\in[-R,R]$. 立体中过点 x 且垂直于 x 轴的截面是一个直角三角形. 它的两条直角边的长分别为 y 及 $y\tan\alpha$,即 $\sqrt{R^2-x^2}$ 及 $\sqrt{R^2-x^2}\tan\alpha$,所以

截面面积为 $A(x)=\dfrac{1}{2}(R^2-x^2)\tan\alpha$,于是所求立体的体积为

$$V=\int_{-R}^{R}A(x)\mathrm{d}x=\int_{-R}^{R}\frac{1}{2}(R^2-x^2)\tan\alpha\mathrm{d}x$$

$$=\frac{1}{2}\tan\alpha\left(R^2x-\frac{1}{3}x^3\right)\Bigg|_{-R}^{R}=\frac{2}{3}R^2\tan\alpha.$$

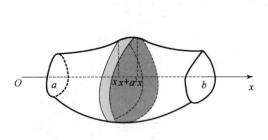

图 6-23

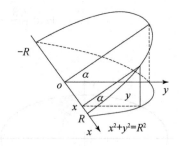

图 6-24

2. 旋转体的体积

所谓旋转体就是由一个平面图形绕这平面内一条直线旋转一周而成的立体. 这条直线叫做旋转轴. 例如圆柱,圆锥,圆台,球体可以分别看成由矩形绕它的一条边,直角三角形绕它的直角边,直角梯形绕它的直角腰,半圆绕它的直径旋转而成的立体,所以它们都是旋转体. 下

面我们来研究如何用定积分计算其体积.

（1）由连续曲线 $y=f(x)$，直线 $x=a$，$x=b$ 及 x 轴所围成的曲边梯形绕 x 轴旋转一周而成的立体（见图 6-25）. 求该旋转体的体积.

取横坐标 x 为积分变量，则 $x\in[a,b]$，在 $[a,b]$ 上任取一小区间 $[x,x+\mathrm{d}x]$，该小区间的窄曲边梯形绕 x 轴旋转而成的薄片的体积近似于以 $f(x)$ 为底，$\mathrm{d}x$ 为高的圆柱体的体积，即体积微元

$$\mathrm{d}V=\pi f^2(x)\mathrm{d}x.$$

于是所求旋转体的体积为

$$V=\int_a^b \pi f^2(x)\mathrm{d}x.$$

（2）设由连续曲线 $x=g(y)$，直线 $y=c$，$y=d$ 及 y 轴所围成的曲边梯形绕 y 轴旋转一周而成的立体如图 6-26 所示，求该旋转体的体积.

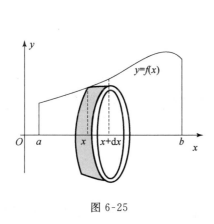

图 6-25　　　　　　　　图 6-26

取 y 为积分变量，则 $y\in[c,d]$，类似地，可知体积微元 $\mathrm{d}V=\pi g^2(y)\mathrm{d}y$，于是所求旋转体的体积为

$$V=\int_c^d \pi g^2(y)\mathrm{d}y.$$

例 8　计算由椭圆

$$\frac{x^2}{a^2}+\frac{y^2}{b^2}=1$$

所围成的图形绕 x 轴旋转而成的旋转体（称为旋转椭球体）的体积.

解　这个旋转椭球体可以看作是由半个椭圆

$$y=\frac{b}{a}\sqrt{a^2-x^2}$$

及 x 轴围成的图形绕 x 轴旋转而成的立体.

取 x 为积分变量，则 $x\in[-a,a]$. 在任一小区间 $[x,x+\mathrm{d}x]$ 内的薄片的体积，近似于底半径为 $\dfrac{b}{a}\sqrt{a^2-x^2}$、高为 $\mathrm{d}x$ 的圆柱体的体积（见图 6-27），即体积元素

$$\mathrm{d}V=\frac{\pi b^2}{a^2}(a^2-x^2)\mathrm{d}x.$$

于是所求旋转椭球体的体积为

$$V = \int_{-a}^{a} \pi \frac{b^2}{a^2}(a^2 - x^2)\,\mathrm{d}x$$

$$= \pi \frac{b^2}{a^2}\left(a^2 x - \frac{x^3}{3}\right)\Big|_{-a}^{a} = \frac{4}{3}\pi ab^2.$$

当 $a=b$ 时，旋转椭球体就成为半径为 a 的球体，它的体积为 $\frac{4}{3}\pi a^3$.

例 9 计算由摆线 $\begin{cases} x = a(t - \sin t) \\ y = a(1 - \cos t) \end{cases}$ 的一拱，直线 $y=0$ 所围成的图形（见图 6-28）分别绕 x 轴、y 轴旋转而成的旋转体的体积.

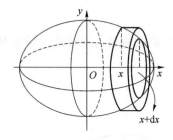

图 6-27

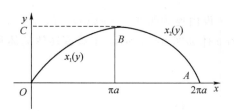

图 6-28

解 按旋转体的体积公式，所述图形绕 x 轴旋转而成的旋转体的体积为

$$V_x = \int_0^{2\pi a} \pi y^2(x)\,\mathrm{d}x = \pi \int_0^{2\pi} a^2(1 - \cos t)^2 \cdot a(1 - \cos a)\,\mathrm{d}t$$

$$= \pi a^3 \int_0^{2\pi}(1 - 3\cos t + 3\cos^2 t - \cos^3 t)\,\mathrm{d}t$$

$$= 5\pi^2 a^3.$$

所述图形绕 y 轴旋转而成的旋转体的体积可看成图 6-28 中曲边梯形 $OABC$ 与曲边梯形 OBC 分别绕 y 轴旋转而成的旋转体的体积之差. 因此所求的体积为

$$V_y = \int_0^{2\pi a} \pi x_2^2(y)\,\mathrm{d}y - \int_0^{2\pi a} \pi x_1^2(y)\,\mathrm{d}y$$

$$= \pi \int_{2\pi}^{\pi} a^2(t - \sin t)^2 \cdot a\sin t\,\mathrm{d}t - \pi \int_0^{\pi} a^2(t - \sin t)^2 \cdot a\sin t\,\mathrm{d}t$$

$$= -\pi a^3 \int_0^{2\pi}(t - \sin t)^2 \sin t\,\mathrm{d}t$$

$$= 6\pi^3 a^3.$$

四、平面曲线的弧长

我们已经知道，圆的周长可以利用圆的内接正多边形的周长当边数无限增多时的极限来确定. 下面用类似的方法建立平面连续曲线弧长的概念，并应用定积分来计算它的长度.

设 A, B 是光滑曲线弧上的两个端点（见图 6-29）. 在弧 $\overset{\frown}{AB}$ 上任取分点

$$A = M_0, M_1, \cdots, M_{i-1}, M_i, \cdots, M_{n-1}, M_n = B,$$

并依次连接相邻的分点得一内接折线. 当上述内接折线分点的数目无限增加，且最大弦长趋于 0 时，如果此折线的长 $\sum_{i=1}^{n} |M_{i-1}M_i|$ 的极限存在，则称此极限为曲线弧 $\overset{\frown}{AB}$ 的弧长，并称此曲线弧 $\overset{\frown}{AB}$ 是可求长的.

下面利用定积分的微元法并对曲线弧的方程为直角坐标方程、参数方程、极坐标方程三种情形来推出弧长的计算公式.

1. 直角坐标情形

设曲线弧由直角坐标方程 $y=f(x),a{\leqslant}x{\leqslant}b$ 给出,其中 $f(x)$ 在 $[a,b]$ 上具有一阶连续导数,求此曲线弧(见图 6-30)的长度.

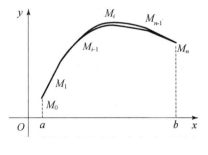

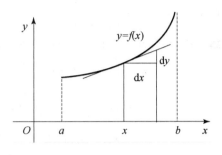

图 6-29 图 6-30

取 x 为积分变量,$x\in[a,b]$. 在 $[a,b]$ 上任取小区间 $[x,x+\mathrm{d}x]$,在这小区间上的一段弧的长度,可以用该曲线在点 $(x,f(x))$ 处的切线上相应的一小段的长度来代替. 而切线上相应的这小段的长度为

$$\sqrt{(\mathrm{d}x)^2+(\mathrm{d}y)^2}=\sqrt{1+y'^2}\mathrm{d}x,$$

从而得弧长微元(即弧微分)

$$\mathrm{d}s=\sqrt{1+y'^2}\mathrm{d}x.$$

于是所求的弧长为

$$s=\int_a^b\sqrt{1+y'^2}\mathrm{d}x.$$

例 10 计算曲线 $y=\dfrac{2}{3}x^{3/2}$ 上相应于 x 从 a 到 $b(b>a>0)$ 的一段弧(见图 6-31)的长度.

解 $y'=x^{1/2}$,从而弧长微元

$$\mathrm{d}s=\sqrt{1+y'^2}\mathrm{d}x=\sqrt{1+(x^{1/2})^2}\mathrm{d}x=\sqrt{1+x}\mathrm{d}x,$$

因此,所求弧长为

$$s=\int_a^b\sqrt{1+x}\mathrm{d}x=\frac{2}{3}(1+x)^{\frac{3}{2}}\Big|_a^b$$

$$=\frac{2}{3}\big[(1+b)^{3/2}-(1+a)^{3/2}\big].$$

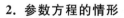

2. 参数方程的情形

设曲线弧的参数方程为

$$\begin{cases}x=\varphi(t)\\y=\psi(t)\end{cases}(\alpha\leqslant t\leqslant\beta),$$

图 6-31

其中 $\varphi(t),\psi(t)$ 在 $[\alpha,\beta]$ 上具有一阶连续导数,曲线上两个端点 A,B 所对应 t 的值分别是 α 与 β. 求此曲线弧的长度.

利用微元法,相应于 $[\alpha,\beta]$ 上的任一小区间 $[t,t+\mathrm{d}t]$ 的小弧段的弧长微元为

$$ds = \sqrt{(dx)^2 + (dy)^2} = \sqrt{\varphi'^2(t)(dt)^2 + \psi'^2(t)(dt)^2}$$
$$= \sqrt{\varphi'^2(t) + \psi'^2(t)}dt.$$

于是所求弧长为

$$s = \int_\alpha^\beta \sqrt{\varphi'^2(t) + \psi'^2(t)}dt.$$

例 11 计算摆线 $\begin{cases} x = a(\theta - \sin\theta) \\ y = a(1 - \cos\theta) \end{cases}$ 的一拱 $0 \leqslant \theta \leqslant 2\pi$（见图 6-28）的长度.

解 由公式，$x' = a(1 - \cos\theta)$，$y' = a\sin\theta$，于是

$$s = \int_0^{2\pi} \sqrt{x'^2(\theta) + y'^2(\theta)}d\theta = \int_0^{2\pi} \sqrt{a^2(1 - \cos\theta)^2 + a^2\sin^2\theta}d\theta$$

$$= a\int_0^{2\pi} \sqrt{2(1 - \cos\theta)}d\theta = 2a\int_0^{2\pi} \left|\sin\frac{\theta}{2}\right|d\theta$$

$$= 2a\left(-2\cos\frac{\theta}{2}\right)\Big|_0^{2\pi} = 8a.$$

例 12 求星型线 $\begin{cases} x = a\cos^3 t \\ y = a\sin^3 t \end{cases}$ $(0 \leqslant \theta \leqslant 2\pi)$（见图 6-22）的弧长.

解 由曲线的对称性，曲线的弧长为第一象限曲线弧长 s_1 的 4 倍，在第一象限内曲线对应参数 $t \in \left[0, \dfrac{\pi}{2}\right]$，所以整个曲线的弧长为

$$s = 4s_1 = 4\int_0^{\pi/2} \sqrt{9a^2\cos^4 t\sin^2 t + 9a^2\sin^4 t\cos^2 t}dt$$

$$= 12a\int_0^{\pi/2} \sqrt{\sin^2 t\cos^2 t(\cos^2 t + \sin^2 t)}dt$$

$$= 12a\int_0^{\pi/2} \sin t\cos t\,dt = 12a \cdot \frac{1}{2}\sin^2 t\Big|_0^{\frac{\pi}{2}} = 6a.$$

3. 极坐标情形

设曲线弧由极坐标方程 $r = r(\theta)(\alpha \leqslant \theta \leqslant \beta)$ 给出，其中 $r(\theta)$ 在 $[\alpha, \beta]$ 上具有一阶连续导数，求这曲线弧的长度.

由直角坐标系与极坐标的关系可得曲线弧的参数方程

$$\begin{cases} x = r(\theta)\cos\theta \\ y = r(\theta)\sin\theta \end{cases} (\alpha \leqslant \theta \leqslant \beta),$$

于是，弧长微元为

$$ds = \sqrt{x'^2(\theta) + y'^2(\theta)}d\theta = \sqrt{r'^2(\theta)\cos^2\theta + r^2(\theta)\sin^2\theta + r'^2(\theta)\sin^2\theta + r^2(\theta)\cos^2\theta}d\theta$$
$$= \sqrt{r^2(\theta) + r'^2(\theta)}d\theta,$$

从而所求弧长为

$$s = \int_\alpha^\beta \sqrt{r^2(\theta) + r'^2(\theta)}d\theta.$$

例 13 求阿基米德螺线 $r = a\theta(a > 0)$ 相应于 θ 从 0 到 2π 一段（见图 6-32）的弧长.

解 弧长微元为

$$ds = \sqrt{a^2\theta^2 + a^2}d\theta = a\sqrt{1 + \theta^2}d\theta,$$

于是所求弧长为

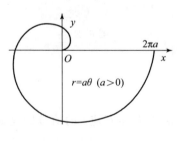

图 6-32

$$s = a \int_0^{2\pi} \sqrt{1+\theta^2} \, d\theta = a \left(\frac{\theta}{2} \sqrt{\theta^2+1} + \frac{1}{2} \ln(\theta + \sqrt{\theta^2+1}) \right) \Big|_0^{2\pi}$$

$$= \frac{a}{2} \left[2\pi \sqrt{1+4\pi^2} + \ln(2\pi + \sqrt{1+4\pi^2}) \right].$$

其中积分利用了公式 $\int \sqrt{x^2+a^2} \, d\theta = \frac{x}{2} \sqrt{x^2+a^2} + \frac{a^2}{2} \ln(x + \sqrt{x^2+a^2}) + C.$

例 14 求心形线 $r = a(1+\cos\theta)$ $(a > 0)$ (见图 6-19) 的全长.

解 利用心形线的对称性,

$$s = 2 \int_0^{\pi} \sqrt{r^2(\theta) + r'^2(\theta)} \, d\theta$$

$$= 2 \int_0^{\pi} \sqrt{a^2(1+\cos\theta)^2 + a^2 \sin^2\theta} \, d\theta$$

$$= 2 \int_0^{\pi} a \sqrt{1 + 2\cos\theta + \cos^2\theta + \sin^2\theta} \, d\theta$$

$$= 2a \int_0^{\pi} \sqrt{2 + 2\cos\theta} \, d\theta$$

$$= 2a \int_0^{\pi} \sqrt{4\cos^2 \frac{\theta}{2}} \, d\theta$$

$$= 4a \int_0^{\pi} \cos \frac{\theta}{2} \, d\theta = 8a.$$

五*、积分在经济分析中的应用

1. 由边际函数求原经济函数

我们已经知道,对一已知经济函数 $F(x)$,它的边际函数就是它的导函数 $F'(x)$. 作为导数(或微分)的逆运算,若对已知的边际函数 $F'(x)$ 求不定积分,则可求得原经济函数

$$F(x) = \int F'(x) \, dx,$$

其中的常数 C 可由经济函数的具体条件确定.

也可利用牛顿-莱布尼茨公式

$$\int_0^x F'(x) \, dx = F(x) - F(0),$$

求得原经济函数

$$F(x) = \int_0^x F'(x) \, dx + F(0),$$

并可求出原经济函数从 a 到 b 的变动值(或增量)

$$\Delta F = F(b) - F(a) = \int_a^b F'(x) \, dx.$$

例如,设某产品的边际收入为 $R'(x)$,边际成本为 $C'(x)$,则总收入为

$$R(x) = \int_0^x R'(t) \, dt,$$

其中 $\qquad\qquad\qquad\qquad\qquad R(0) = 0.$

总成本为 $\qquad\qquad\qquad\qquad C(x) = \int_0^x C'(t) \, dt + C_0,$

其中 $C_0 = C(0)$ 为固定成本.

边际利润为 $$L'(x) = R'(x) - C'(x),$$

则总利润为

$$L(x) = R(x) - C(x) = \int_0^x R'(t)\mathrm{d}t - \left[\int_0^x C'(t)\mathrm{d}t + C_0\right] = \int_0^x [R'(t) - C'(t)]\mathrm{d}t - C_0,$$

或 $$L(x) = \int_0^x L'(t)\mathrm{d}t - C_0,$$

其中 $\int_0^x L'(x)\mathrm{d}t$ 称为产销量为 x 时的毛利,毛利减去固定成本即为纯利.

例 1 已知某产品的边际收入为 $R'(x) = 25 - 2x$,边际成本为 $C'(x) = 13 - 4x$,固定成本 $C_0 = 10$,求当 $x = 5$ 时的毛利和纯利.

解 因为边际利润为

$$L'(x) = R'(x) - C'(x) = (25 - 2x) - (13 - 4x) = 12 + 2x,$$

所以,当 $x = 5$ 时的毛利为

$$\left[\int_0^x L'(t)\mathrm{d}t\right]_{x=5} = \int_0^5 (12 + 2t)\mathrm{d}t = (12t + t^2)\Big|_0^5 = 85.$$

当 $x = 5$ 时的纯利为

$$L(x) = \left[\int_0^x L'(t)\mathrm{d}t\right]_{x=5} - C_0 = 85 - 10 = 75.$$

例 2 设某产品的边际收入为

$$R'(x) = 9 - x \text{ 万元/万台},$$

边际成本为 $$C'(x) = 4 + \frac{x}{4} \text{ 万元/万台},$$

其中产量 x 以万元为单位. 试求:

(1) 当产量由 4 万元增加到 5 万元时,利润的变化量是多少?

(2) 当产量为多少时利润最大?

(3) 已知固定成本为 1 万元,总成本和利润分别是多少?

解 (1)首先求出边际利润

$$L'(x) = R'(x) - C'(x) = (9 - x) - \left(4 + \frac{x}{4}\right) = 5 - \frac{5}{4}x,$$

由增量公式,有

$$\Delta L = L(5) - L(4) = \int_4^5 L'(t)\mathrm{d}t = \int_4^5 \left(5 - \frac{5}{4}t\right)\mathrm{d}t = -\frac{5}{8} \text{ 万元}.$$

这表明在 4 万台的基础上再生产 1 万台,利润不但未增加,反而减少了.

(2) 令 $L'(x) = 0$,解得唯一驻点 $x = 4$(万台),即产量为 4 万台时利润最大.

(3) 总成本为 $C(x) = \int_0^x C'(t)\mathrm{d}t + C_0 = \int_0^x \left(4 + \frac{t}{4}\right)\mathrm{d}t + 1 = \frac{x^2}{8} + 4x + 1.$

总利润为 $$L(x) = \int_0^x L'(t)\mathrm{d}t - C_0 = \int_0^x \left(5 - \frac{5}{4}t\right)\mathrm{d}t - 1 = 5x - \frac{5}{8}x^2 - 1.$$

2. 资本现值与投资问题

设有 P 元货币,若按年利率 r 做连续复利计算,由第一章知,t 年后的价值为 $P\mathrm{e}^{rt}$ 元,反之,若 t 年后要有货币 P 元,若按连续复利计算,现在应有 $P\mathrm{e}^{-rt}$ 元,称此为资本现值.

我们设在时间区间 $[0,T]$ 时刻的单位时间收入为 $f(t)$，称此为收入率,若按年利率 r 做连续复利计算,则在时间区间 $[t,t+\Delta t]$ 内收入的现值为 $f(t)\mathrm{e}^{-rt}\mathrm{d}t$. 按照定积分微元法,则在 $[0,T]$ 内得到的总收入现值为 $y=\int_0^T f(t)\mathrm{e}^{-rt}\mathrm{d}t$. 若收入率 $f(t)=a(a$ 为常数),称其为均匀收入率,如果年利率 r 也为常数,则总收入现值为 $y=\int_0^T a\mathrm{e}^{-rt}\mathrm{d}t=a\cdot\dfrac{-1}{r}\left[\mathrm{e}^{-rt}\right]\Big|_0^T=\dfrac{a}{r}(1-\mathrm{e}^{-rT})$.

例 3 现给予某企业一笔投资 A,经测算,该企业在 T 年中可以按每年 a 元的均匀收入率获得收入,若年利率为 r,试求:

(1) 该投资的纯收入贴现值;(2) 收回该笔投资的时间.

解 (1)因收入率为 a,年利率为 r,故投资后的 T 年中获得的总收入现值为

$$y=\int_0^T a\mathrm{e}^{-rt}\mathrm{d}t=\frac{a}{r}(1-\mathrm{e}^{-rT}),$$

从而,投资所获得的纯收入的贴现值为

$$R=y-A=\frac{a}{r}(1-\mathrm{e}^{-rT})-A.$$

(2) 收回投资,即为总收入的现值等于投资,故有

$$\frac{a}{r}(1-\mathrm{e}^{-rT})=A,$$

由此解得

$$T=\frac{1}{r}\ln\frac{a}{a-Ar},$$

即收回该笔投资的时间为

$$T=\frac{1}{r}\ln\frac{a}{a-Ar}.$$

例如,若投资 $A=800$ 万元,年利率为 5%,设在 20 年中的均匀收入率 $a=200$ 万元/年,则总收入的现值为

$$y=\frac{200}{0.05}(1-\mathrm{e}^{-0.05\times20})=4\,000(1-\mathrm{e}^{-1})\approx2\,528.5\ \text{万元}.$$

投资所获得的纯收入为

$$R=y-A=2\,528.5-800=1\,728.5\ \text{万元},$$

投资回收期为

$$T=\frac{1}{0.05}\ln\frac{200}{200-800\times0.05}20\ln1.25\approx4.46\ \text{年}.$$

由此可知,该投资在 20 年中可得纯利润 $1\,728.5$ 万元,投资回收期为 4.46 年.

习 题 五

1. 求下列各图中阴影部分的面积(见图 6-33):

2. 求下列各平面图形的面积:

(1) 由抛物线 $y=x^2-1$ 与 $y=7-x^2$ 所围成的图形;

(2) 由抛物线 $\sqrt{y}=x$ 与直线 $y=-x,y=1$ 所围成的图形;

(3) 阿基米德螺线 $r=a\theta(a>0)$ 上相应于 θ 从 0 到 2π 的一段弧与极轴所围成的图形;

(4) 由双纽线 $r^2=4\sin2\theta$ 所围成的图形的内部;

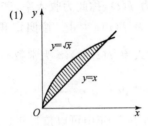

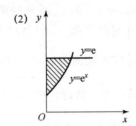

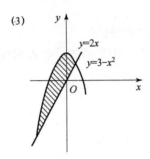

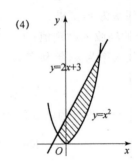

图 6-33

(5) 由椭圆周 $x=4\cos t, y=9\sin t$ 所围的内部；

(6) 由摆线 $\begin{cases} x=a(t-\sin t) \\ y=a(1-\cos t) \end{cases}$ 的一拱，与 x 轴所围成的图形.

3. 求心形线 $r=1-\cos\theta$ 所围成图形与圆 $r=\cos\theta$ 的公共部分（见图 6-34）的面积.

4. 求星形线 $x=a\cos^3 t, y=a\sin^3 t, 0 \leqslant t \leqslant 2\pi$ 与圆周 $x=a\cos t, y=a\sin t$ 所围成图形的面积.

5. 求由三叶玫瑰线 $r=a\sin 3\theta(0 \leqslant \theta \leqslant 2\pi)$ 所围图形（见图 6-35）的面积.

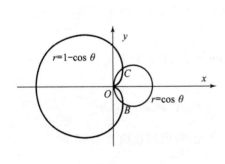

图 6-34

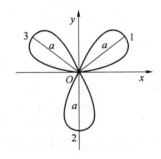

图 6-35

6. 设直线 $y=ax(0<a<1)$ 与抛物线 $y=x^2$ 围成图形面积记为 A，由直线 $y=ax(0<a<1)$、抛物线 $y=x^2$ 及直线 $x=1$ 围成图形面积记为 B.

(1) 求 a 值，使 $A+B$ 最小；

(2) 求 $A+B$ 取最小值时对应的图形绕 x 轴旋转一周所得的旋转体体积 V.

7. 已知塔高为 80 米，离它的顶点 x 米处的水平截面是边长为 $\dfrac{1}{400}(x+40)^2$ 米的正方形，求塔的体积（见图 6-36）.

8. 一立体的底面是一半径为 5 的圆，已知垂直于底面的一条固定直径的截面都是等边三角形，求此立体的体积（见图 6-37）.

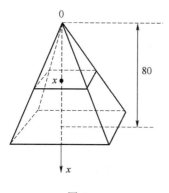

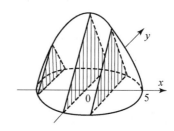

图 6-36　　　　　　　　　　　　　　　　　　图 6-37

9. 求下列各平面图形绕指定坐标轴一周所产生旋转体的体积:

(1) 由曲线 $y=\sin x, 0 \leqslant x \leqslant \dfrac{\pi}{2}$，$x=1$ 与 $x=0$ 所围成的平面图形,分别绕 x 轴，y 轴旋转;

(2) 由椭圆 $\dfrac{x^2}{a^2}+\dfrac{y^2}{b^2}=1$ 所围成的平面图形,绕 y 轴旋转;

(3) 由圆形区域 $(x-a)^2+y^2 \leqslant r^2 (0<r<a)$，绕 y 轴旋转;

(4) 由曲线 $y=x^2$，$y=2-x^2$ 所围成的平面图形,分别绕 x 轴，y 轴旋转;

(5) 由曲线 $y=x^2$，$y=x$ 及 $y=2x$ 所围成的平面图形,绕 x 轴旋转;

(6) 由在区间 $\left[0, \dfrac{\pi}{4}\right]$ 上定义的两条曲线 $y=\sin$，$y=\cos x$ 及 y 轴所围的图形,分别绕 x 轴，y 轴旋转.

10. 计算下列平面曲线的弧长:

(1) 曲线 $x=\dfrac{1}{4}y^2-\dfrac{1}{2}\ln y$，从 $y=1$ 到 $y=e$ 的部分;

(2) 曲线 $x=t^2$，$y=t^3$，从 $t=1$ 到 $t=2$ 的部分;

(3) 曲线 $r=\theta^2$ 由 $\theta=0$ 到 $\theta=\dfrac{\pi}{2}$ 的部分;

(4) 抛物线 $y=\dfrac{1}{2}x^2$ 被圆 $x^2+y^2=3$ 所截下的有限部分.

11. 在摆线 $x=a(t-\sin t)$，$y=a(1-\cos t)$ 上,求分摆线第一拱成 1:3 的点的坐标.

12. 求曲线 $y=\ln x (2 \leqslant x \leqslant 6)$ 的一条切线,使得该切线与直线 $x=2$，$x=6$ 及曲线 $y=\ln x$ 所围成的图形的面积 A 最小.

总 习 题 六

一、填空题

1. 若函数 $f(x)$ 连续,设 $F(x)=\displaystyle\int_a^b f(x+t)\mathrm{d}t$，则 $F'(x)=$ _____.

2. 设函数 $f(x)$ 连续,且 $f(x)=x+2\displaystyle\int_0^1 f(t)\mathrm{d}t$，　则 $f(x)=$ _____.

3. 定积分 $\displaystyle\int_0^{100\pi} \sqrt{\sin^2 x}\,\mathrm{d}x = $ _____.

4. 设 $\displaystyle\lim_{x\to\infty}\left(\frac{1+x}{x}\right)^{ax} = \int_{-\infty}^a t\mathrm{e}^t\,\mathrm{d}t$，则 $a = $ _____.

5. 曲线 $\displaystyle\int_{-\frac{\pi}{2}}^x \sqrt{\cos x}\,\mathrm{d}x$ 的全长等于 _____.

6. $\displaystyle\int_0^{-\frac{\pi}{2}}\left(\int_{\frac{\pi}{2}}^x \frac{\sin t}{t}\,\mathrm{d}t\right)\mathrm{d}x = $ _____（设当 $t=0$ 时 $\frac{\sin t}{t}$ 的值为1）.

7. 设 $y = y(x)$ 是方程 $\displaystyle\int_0^y \mathrm{e}^{-t^2}\,\mathrm{d}t + \int_0^{x^3} \sin^3\sqrt[3]{t}\,\mathrm{d}t = 0$ 所确定的函数，则 $\dfrac{\mathrm{d}y}{\mathrm{d}x} = $ _____.

8. 极限 $\displaystyle\lim_{n\to\infty}\frac{1+2^p+\cdots+n^p}{n^{p+1}}\,(p>0) = $ _____；

$$\lim_{n\to\infty}\frac{1}{n}\left(\sqrt{1+\cos\frac{\pi}{n}}+\sqrt{1+\cos\frac{2\pi}{n}}+\cdots+\sqrt{1+\cos\pi}\right) = \underline{\qquad}.$$

9. 位于曲线 $y = x\mathrm{e}^{-x}\,(0\leqslant x<+\infty)$ 下方，x 轴上方的无界图形的面积是_____.

10. 设曲线的极坐标方程为 $\rho = \mathrm{e}^{a\theta}\,(a>0)$，则该曲线上相应于 θ 从 0 变到 2π 的一段弧与极轴所围成的图形的面积是_____.

11. 曲线 $y = 3-|x^2-1|$ 与 x 轴围成的封闭图形绕直线 $y=3$ 旋转所得旋转体的体积是_____.

12. 设函数 $f(x) = \dfrac{1}{1+x^2} + x^3\displaystyle\int_0^1 f(x)\,\mathrm{d}x$，则 $\displaystyle\int_0^1 f(x)\,\mathrm{d}x = $ _____.

二、单项选择题

1. 在下列式子中，不正确的是（　　）.

A. $\dfrac{\mathrm{d}}{\mathrm{d}x}\displaystyle\int_a^b f(x)\,\mathrm{d}x = 0$　　　　　　　B. $\dfrac{\mathrm{d}}{\mathrm{d}x}\displaystyle\int_a^b f(x)\,\mathrm{d}x = f(x)$

C. $\dfrac{\mathrm{d}}{\mathrm{d}b}\displaystyle\int_a^b f(x)\,\mathrm{d}x = f(b)$　　　　　D. $\dfrac{\mathrm{d}}{\mathrm{d}a}\displaystyle\int_a^b f(x)\,\mathrm{d}x = -f(a)$

2. 设函数 $f(x)$ 连续，$I = t\displaystyle\int_0^{\frac{s}{t}} f(tx)\,\mathrm{d}x$，其中 $s>0,t>0$，则 I 的值（　　）.

A. 依赖于 s 和 t　　　　　　　　　B. 依赖于 s 和 t 及 x

C. 依赖于 t 及 x 不依赖于 s　　　　D. 依赖于 s，不依赖于 t

3. 下列广义积分发散的是（　　）.

A. $\displaystyle\int_{-1}^1 \frac{\mathrm{d}x}{x^2}$　　　　　　　　　　B. $\displaystyle\int_{-1}^1 \frac{\mathrm{d}x}{\sqrt{1-x^2}}$

C. $\displaystyle\int_0^{+\infty} x\mathrm{e}^{-x^2}\,\mathrm{d}x$　　　　　　　D. $\displaystyle\int_e^{+\infty} \frac{\mathrm{d}x}{x\ln^2 x}$

4. 设 $y = f(x)$ 在 $[a,b]$ 区间上满足 $f'(x)<0,f''(x)>0$，设

$$A_1 = \int_a^b f(x)\,\mathrm{d}x,\quad A_2 = \int_a^b f(a)\,\mathrm{d}x,\quad A_3 = \frac{b-a}{2}[f(a)+f(b)],$$

则 A_1,A_2,A_3 的大小关系是（　　）.

A. $A_1\leqslant A_2\leqslant A_3$　　　　　　　B. $A_1\leqslant A_3\leqslant A_2$

C. $A_3\leqslant A_2\leqslant A_1$　　　　　　　D. $A_2\leqslant A_3\leqslant A_1$

5. $M = \int_{-\frac{\pi}{2}}^{\frac{\pi}{2}} \frac{\sin x}{1+x^2} \cos^4 x \, dx$，$N = \int_{-\frac{\pi}{2}}^{\frac{\pi}{2}} (\sin^3 x + \cos^4 x) \, dx$，$P = \int_{-\frac{\pi}{2}}^{\frac{\pi}{2}} (x^2 \sin^3 x - \cos^4 x) \, dx$，则有（　　）.

A. $N < P < M$ 　　　　　　　　 B. $M < P < N$

C. $N < M < P$ 　　　　　　　　 D. $P < M < N$

6. 由曲线 $y^2 = x^2 - x^4$ 所围成平面图形的面积为（　　）.

A. $\dfrac{1}{3}$ 　　　　 B. $\dfrac{1}{2}$ 　　　　 C. $\dfrac{4}{3}$ 　　　　 D. $\dfrac{2}{3}$

7. 由曲线 $xy = a(a>0)$ 与直线 $x = a$，$x = 2a$ 及 x 轴所围成平面图形绕 y 轴旋转所得旋转体的体积为（　　）.

A. $3\pi a^2$ 　　　　 B. πa^2 　　　　 C. $2\pi a^2$ 　　　　 D. $\dfrac{3}{4}\pi a^2$

三、计算与证明题

1. 计算下列定积分：

(1) $\int_0^1 x(1-x^4)^{\frac{3}{2}} \, dx$；　　　　　　　　 (2) $\int_0^1 \frac{\ln(1+x)}{(2-x)^2} \, dx$；

(3) $\int_0^\pi \sqrt{1-\sin x} \, dx$；　　　　　　　　 (4) $\int_0^{\frac{\pi}{4}} \frac{x}{1+\cos 2x} \, dx$；

(5) $\int_0^a \frac{1}{x + \sqrt{a^2 - x^2}} \, dx$；　　　　　 (6) $\int_0^{\frac{\pi}{2}} \frac{x + \sin x}{1 + \cos x} \, dx$；

(7) $\int_{\frac{1}{e}}^e |\ln x| \, dx$；　　　　　　　　 (8) $\int_0^1 (1-x^2)^{\frac{n}{2}} \, dx$（$n$ 为自然数）；

(9) 设 $f(x) = \int_0^x \frac{\sin t}{\pi - t} \, dt$，计算 $\int_0^\pi f(x) \, dx$；

(10) 设 $f(x) = \int_0^{\sqrt{x}} e^{-t^2} \, dt$，$f(1) = 0$，求 $\int_0^1 \frac{1}{\sqrt{x}} f(x) \, dx$.

2. 计算下列广义积分：

(1) $\int_3^{+\infty} \frac{1}{(x-1)^4 \sqrt{x^2 - 2x}} \, dx$；　　　 (2) $\int_0^1 \frac{x^3}{\sqrt{1-x^2}} \, dx$；

(3) $\int_0^{+\infty} \frac{1}{1+x^3} \, dx$.

3. 证明当 $x = 0$ 时，函数 $f(x) = \int_0^x t e^{-t^2} \, dt$ 取得极小值.

4. 设 $F(x) = \int_0^{x^2} e^{-t^2} \, dt$，试求：

(1) $F(x)$ 的极值；

(2) 曲线 $y = F(x)$ 的拐点的横坐标；

(3) $\int_{-2}^3 x^2 F'(x) \, dx$ 的值.

5. 设 $f(x)$ 在 $[0,1]$ 上连续，且 $f(x) < 1$，又 $F(x) = (2x-1) - \int_0^x f(t) \, dt$，证明 $F(x)$ 在 $(0,1)$ 内只有一个零点.

6. (1) 计算 $\int_0^1 x^2 f''(2x) \, dx$，其中 $f(2) = \frac{1}{2}$，$f'(2) = 0$，$\int_0^2 f(x) \, dx = 1$；

(2) 已知广义积分 $\int_0^{+\infty} \dfrac{\sin x}{x} \mathrm{d}x = \dfrac{\pi}{2}$，求广义积分 $\int_0^{+\infty} \dfrac{\sin^2 x}{x^2} \mathrm{d}x$；

(3) 已知函数 $f(x)$ 在区间 $[a,b]$ 上连续，且

$$\varphi(x) = \int_a^x f(t)\mathrm{d}t, \quad x \in [a,b],$$

计算 $\int \varphi(x) f(x) \mathrm{d}x$；

(4) 求 a,b,c 的值，使得 $\lim\limits_{x \to 0^+} \dfrac{ax - \sin x}{\displaystyle\int_b^x \dfrac{\ln(1+t^3)}{t}\mathrm{d}t} = c$，其中 $c \neq 0$.

7. 设曲线 $y = 1 - x^2$、x 轴和 y 轴所围成的区域被曲线 $y = ax^2 (a > 0)$ 分为面积相等的两部分，求 a 的值.

8. 圆 $r = 1$ 与心形线 $r = 1 + \sin\theta$ 所围成的平面图形公共部分的面积.

9. 设抛物线 $y^2 = 4x$ 与 $y^2 = 8x - 4$ 围成的平面图形为 D：(1) 求 D 的面积；(2) 求平面图形 D 分别绕 x 轴，y 轴旋转所得旋转体的体积.

10. 求曲线 $y = \ln(1 - x^2)$ 相应于 $0 \leqslant x \leqslant \dfrac{1}{2}$ 的一段弧的长度.

11. 设抛物线 $y = ax^2 + bx + c$ 通过点 $(0,0)$，$y \geqslant 0$，试确定 a,b,c 的值，使抛物线 $y = ax^2 + bx + c$ 与直线 $x = 1$，$y = 0$ 所围图形的面积为 $\dfrac{4}{9}$，且使该图形绕 x 轴旋转一周而成的旋转体的体积最小.

12. 设非负函数 $f(x)$ 在 $[0,1]$ 上满足 $\left[\dfrac{f(x)}{x}\right]' = \dfrac{3}{2}a$，曲线 $y = f(x)$ 与直线 $x = 1$ 及坐标轴所围图形面积为 2：

(1) 求 $f(x)$；

(2) a 为何值时，所围图形绕 x 轴一周所得旋转体体积最小？

13. 在抛物线 $y = -x^2 + 1$ 上找一点 $P(x_1, y_1)$，其中 $x_1 \neq 0$，过点 P 作抛物线的切线，使此切线与抛物线及两坐标轴所围成的面积最小.

14. 设函数 $f(x)$ 在 $[0,1]$ 上连续且递减，证明 当 $0 < \lambda < 1$ 时，$\int_0^\lambda f(x)\mathrm{d}x \geqslant \lambda \int_0^1 f(x)\mathrm{d}x$.

15. 设函数 $f(x)$ 在 $[0,a]$ 上连续，且 $f''(x) \geqslant 0$，证明 $\int_0^a f(x)\mathrm{d}x \geqslant af\left(\dfrac{a}{2}\right)$.

16. 过坐标原点作曲线 $y = \ln x$ 的切线，设该切线与曲线 $y = \ln x$ 及 x 轴围成平面图形 D：

(1) 求 D 的面积 A；

(2) 求 D 绕直线 $x = e$ 旋转一周所得旋转体的体积.

17. 某产品的总成本 C(万元)的变化率(边际成本)$C' = 1$，总收益 R(万元)的变化率(边际收益)为生产量 x(百个)的函数 $R'(x) = 5 - x$.

(1) 求生产量等于多少时，总利润 $L = R - C$ 最大？

(2) 从利润最大的生产量又生产了 100 台，总利润减少了多少？

18. 已知某商场出售电视机的边际利润函数为 $L'(x) = 250 - \dfrac{x}{40}(x \geqslant 0)$，试求：

(1) 售出 40 台电视机的利润；

（2）售出 60 台时，前 30 台与后 30 台的平均利润各是多少？

19. 求定积分 $\int_0^\pi \dfrac{\mathrm{d}x}{1+\sin^2 x}$.

20. 曲线 $a^2 y = x^2 (0 < a < 1)$ 将边长为 1 的正方形分成左右两部分，分别记为 A、B.

（1）分别求 A 绕 y 轴旋转一周与 B 绕 x 轴旋转一周所得的两旋转体的体积 V_A, V_B.

（2）当 a 取何值时，$V_A = V_B$？

（3）当 a 取何值时，$V_A + V_B$ 取得最小值？

21. 设 $f(x)$ 是周期为 T 的连续函数，证明

$$\lim_{x \to +\infty} \frac{1}{x} \int_0^x f(t)\mathrm{d}t = \frac{1}{T} \int_0^T f(t)\mathrm{d}t.$$

22. 设 $f(x)$ 在 $[a,b]$ 上导函数连续，且 $f(a) = f(b) = 0$. 证明

$$\left| \int_a^b f(x)\mathrm{d}x \right| \leqslant \frac{(b-a)^2}{4} \max_{x \in [a,b]} \left| f'(x) \right|.$$

第七章 微分方程和差分方程

人们在研究自然科学、工程技术及经济学等许多问题时，常常需要求出所研究量之间的函数关系，如研究物体的冷却过程，需要确定它的温度如何随时间而变化；在经济学中，为了发展经济、增加生产，需要考虑增加投资、雇佣更多的劳动力，因此，为了恰当地调节投资增长和劳动力增长的关系，必须了解生产量、劳动力和投资等变量之间的变化规律等．但在实际问题中，往往很难直接得到所研究变量之间的函数关系，却比较容易建立起这些变量与它们的导数或微分之间的关系，从而得到一个关于未知函数的导数或微分的方程，即微分方程．微分方程研究的变量基本上属于连续变化的类型，但在经济学和管理科学或其他实际问题，如银行中定期存款按所设定的时间等间隔计息、国家财政预算按年制定、兔子数量增长（Fibonacci 数列）等，变量是以定义在整数集上的数列形式变化的，称这类变量为离散型变量．差分方程是最常见的一种离散型数学模型，来源于递推关系，是包含未知函数及其差分的等式，差分和差分方程分别可以看作是连续函数的导数和微分方程的离散化．由于计算机技术的飞速发展，对连续的数学模型，数值计算其解也需要离散化，即变成差分方程求解，因此差分方程是微分方程进行数值计算的一种途径，与微分方程模型相比，更容易被实际部门的人员理解和接受．

微分方程和差分方程建立以后，对它进行研究，找到指定未知量之间的函数关系，这就是解微分方程和解差分方程．由于许许多多的实际问题的研究都可归结为微分方程或差分方程的求解问题，所以它们是数学联系实际，并应用于实际的重要途径和桥梁．微分方程和差分方程不仅仅只应用于几何学、力学、物理学、化学、数论、概率论、网络、组合分析、控制，它在生命科学、医学、心理学、遗传学及经济学等方面都有着广泛的应用，是各个学科进行科学研究强有力的工具．

本章主要介绍微分方程的一些基本概念和几种常用的微分方程的解法，并介绍差分方程的一些基本概念及线性差分方程解的一般理论．

第一节 微分方程的基本概念

一、引例

例 1 一曲线通过点 $(1,2)$，且在该曲线上任一点 $M(x,y)$ 处的切线的斜率为 $2x$，求这曲线的方程．

解 设所求曲线为 $y=y(x)$，由已知可得 $\dfrac{\mathrm{d}y}{\mathrm{d}x}=2x$，其中 $x=1$ 时，$y=2$，所以积分得

$$y = \int 2x \mathrm{d}x,$$

即
$$y = x^2 + C.$$

又 $x=1$ 时,$y=2$,代入上式求得 $C=1$,于是所求曲线方程为 $y=x^2+1$.

例 2　某日某人驾车在正午时分离开 A 处并沿直线驾驶于下午 3 点 20 分到达 B 处,他从静止开始一路均匀加速,到达 B 处时,速度为 60 km/h,求 A 到 B 有多远?

解　因为加速度为常数,所以速度是时间的线性函数,即可设 $\dfrac{\mathrm{d}s}{\mathrm{d}t}=at+b$,积分得

$$s = \frac{1}{2}at^2 + bt + c,$$

此式是满足 $\dfrac{\mathrm{d}s}{\mathrm{d}t}=at+b$ 的函数的一般表达式. 又,该问题的其他信息有 $s(0)=0$,$s'(0)=0$,$s'(3\frac{1}{3})=60$,因而可求出 $c=0$,$b=0$,$a=18$,所以路程函数为 $s=9t^2$,于是 A 到 B 的距离为

$$s\left(3\frac{1}{3}\right) = 9\left(\frac{10}{3}\right)^2 = 100 \text{ km}.$$

例 3　质量为 m 的物体以初速度 v_0 自高为 H 处自由下落,求物体下落的距离 h 与时间 t 的函数关系(设物体下落时不计空气的阻力).

解　设变量 h 的正方向与速度及物体下落加速度的正方向一致,取作垂直向下,原点 O 距地面为 H,它正是物体的初始位置,经过 t 秒后下落距离 h 与 t 的函数关系为 $h=h(t)$.

由牛顿第二定律得到 $h(t)$ 所满足的关系式为

$$m\frac{\mathrm{d}^2 h(t)}{\mathrm{d}t^2} = mg \quad (g \text{ 为重力加速度}),$$

即
$$\frac{\mathrm{d}^2 h(t)}{\mathrm{d}t^2} = g, \tag{7-1}$$

且有以下两个条件:

$$h(t)\big|_{t=0} = 0, \quad \frac{\mathrm{d}h(t)}{\mathrm{d}t}\big|_{t=0} = v_0, \tag{7-2}$$

式(7-1)两边对 t 求不定积分,得

$$\frac{\mathrm{d}h(t)}{\mathrm{d}t} = gt + C_1,$$

再积分一次得

$$h(t) = \frac{1}{2}gt^2 + C_1 t + C_2. \tag{7-3}$$

式(7-3)表示满足式(7-1)的一般表示式. 为了确定该实际问题的函数关系 $h=h(t)$,将式(7-2)代入式(7-3),求得 $C_1=v_0$,$C_2=0$,于是得到物体经过 t 秒后下落的距离为

$$h(t) = \frac{1}{2}gt^2 + v_0 t.$$

此模型就是物理学中自由落体运动的数学模型.

例 4　若某商品在时刻 t 的售价为 P,社会对该商品的需求量和供给量分别是 P 的函数 $Q(P)$,$S(P)$,则在时刻 t 的价格 $P(t)$ 对于 t 的变化率可认为与该商品在同一时刻的超额需求量 $Q(P)-S(P)$ 成正比,即有

$$\frac{\mathrm{d}P}{\mathrm{d}t} = k[Q(P) - S(P)] \quad (k>0),$$

在 $Q(P),S(P)$ 确定的条件下,可解出价格 $P(t)$ 与时间 t 的函数关系. 此模型称为商品的价格调整模型.

二、微分方程的基本概念

定义 1 含有未知函数的导数或微分的方程,称为**微分方程**.

在微分方程中,若未知函数只有一个自变量,称为常微分方程;未知函数含有两个以上自变量的,称为偏微分方程. 微分方程有时也简称方程. 本章只讨论常微分方程. 例如

$$y'=2x, \quad y''+xy=0, \quad (\sin x)y'+2y+x=0, \quad (1+x^2)\mathrm{d}y+xy\mathrm{d}y=0$$

都是微分方程.

定义 2 微分方程中所含未知函数导数(或微分)的最高阶数,称为该**微分方程的阶**.

例如,方程 $(\sin x)y'+2y+x=0,(1+x^2)\mathrm{d}y+xy\mathrm{d}x=0$ 是一阶微分方程;方程 $y''+3y'+4y=0$ 是二阶微分方程;方程 $x^3y'''+x^2y''-4xy'=3x^2$ 是三阶微分方程.

一般地,n 阶微分方程的形式为 $F(x,y,y',\cdots,y^{(n)})=0$. 这里需要注意,在此方程中 $y^{(n)}$ 是必须出现的,而 $x,y,y',\cdots,y^{(n-1)}$ 等变量则可以不出现. 例如 n 阶微分方程 $y^{(n)}+1=0$ 中,除 $y^{(n)}$ 外,其他变量都没有出现. 通常称二阶或二阶以上的微分方程为高阶微分方程.

定义 3 若函数 $y=f(x)$ 代入微分方程中能使该方程变为恒等式,则函数 $y=f(x)$ 为该**微分方程的解**. 确切地说,设函数 $y=f(x)$ 在区间 I 上有 n 阶连续导数,如果在区间 I 上,

$$F[x,f(x),f'(x),\cdots,f^{(n)}(x)]\equiv 0,$$

那么函数 $y=f(x)$ 就叫做此微分方程在区间 I 上的解. n 阶微分方程含有 n 个相互独立的任意常数的解称为该微分方程的通解或一般解. 这里"相互独立"的任意常数的个数是指,在通解表达式中通过对表达式的重新整理,不能出现常数个数的减少. 例如,设 $ax+by+c=0$ 是某微分方程的解,但这里的三个任意常数不是相互独立的,因为若设 $b\neq 0$,则可改写为 $y=c_1x+c_2$,其中 $c_1=-\dfrac{a}{b},c_2=-\dfrac{c}{b}$,因此实际上只有两个任意常数. 例如,将函数 $y=x^2$ 代入方程 $y'=2x$,得恒等式 $2x\equiv 2x$,故 $y=x^2$ 是方程 $y'=2x$ 的一个解,而 $y=\displaystyle\int 2x\mathrm{d}x=x^2+C$ 是方程 $y'=2x$ 的通解.

由于通解中含有任意常数,所以它还不能完全确定地反映事物的规律性. 要完全确定地反映客观事物的规律性,必须要确定通解中任意常数的值. 因此,要根据问题的实际情况,提出确定这些常数的条件,称为**初始条件**.

设微分方程中的未知函数为 $y=y(x)$,如果微分方程是一阶的,其一般形式为 $F(x,y,y')=0$,通解形如 $\varphi(x,y,C)=0$,含有一个任意常数 C,通常用来确定任意常数的初始条件是 $x=x_0$ 时,$y=y_0$,写为 $y|_{x=x_0}=y_0$,或 $y(x_0)=y_0$,其中 x_0,y_0 都是给定的值;如果微分方程是二阶的,一般形式为 $F(x,y,y',y'')=0$,通解形如 $\varphi(x,y,C_1,C_2)=0$,含有两个任意常数 C_1,C_2,通常用来确定任意常数的条件是:$x=x_0$ 时,$y=y_0$,$y'=y_0'$,写为 $y|_{x=x_0}=y_0$,$y'|_{x=x_0}=y_0'$,或 $y(x_0)=y_0$,$y'(x_0)=y_0'$,其中 x_0,y_0 和 y_0' 都是给定的值. n 阶微分方程的通解含有 n 个任意常数,初始条件一般为

$$y|_{x=x_0}=y_0, \quad y'|_{x=x_0}=y_0',\cdots,y^{(n-1)}|_{x=x_0}=y_0^{(n-1)}.$$

确定了通解中任意常数以后得到的解,称为**微分方程的特解**. 比如,要求方程 $y'=2x$ 满足当 $x=0$ 时,$y=2$ 时的解,则这种条件:$y|_{x=0}=2$,就是初始条件. 这时把 $x=0,y=2$ 代入通解中,得 $2=0^2+C,C=2$. 于是 $y=x^2+2$ 就是微分方程 $y'=2x$ 满足初始条件 $y|_{x=0}=2$ 的特解.

带有初始条件的微分方程又称为微分方程的**初值问题**. 其解的图形是一条曲线,称为微分方程的**积分曲线**. 求微分方程解的过程,称为**解微分方程**.

例如,求微分方程 $y'=f(x,y)$ 满足初始条件 $y|_{x=x_0}=y_0$ 的特解这样的问题,叫做一阶微分方程的初值问题,记作

$$\begin{cases} y'=f(x,y), \\ y|_{x=x_0}=y_0. \end{cases}$$

其几何意义,就是求微分方程通过点 (x_0,y_0) 的积分曲线. 二阶微分方程的初值问题

$$\begin{cases} y''=f(x,y,y'), \\ y|_{x=x_0}=y_0, \quad y'|_{x=x_0}=y_0'. \end{cases}$$

其几何意义,是求微分方程通过点 (x_0,y_0) 且在该点处的切线斜率为 y_0' 的积分曲线.

例 1　验证 $y=\dfrac{1}{x+C}$ 是微分方程 $y'+y^2=0$ 的通解,并问 $y=0$ 是否为方程的解?

证　将 $y'=-\dfrac{1}{(x+C)^2}$ 代入微分方程,得

$$-\frac{1}{(x+C)^2}+\left(\frac{1}{x+C}\right)^2\equiv 0.$$

故 $y=\dfrac{1}{x+C}$ 是所给一阶方程的解,且含有一个任意常数,因此是方程的通解.

又 $y=0$ 亦满足方程,因此也是方程的解,但无论 C 取什么值都不能从 $y=\dfrac{1}{x+C}$ 中得到此解. 不包含在微分方程通解内的解称为**奇解**. 因而 $y=0$ 是方程的奇解.

例 2　验证 $x^2+y^2=C$ 是微分方程 $y'=-\dfrac{x}{y}$ 的通解.

解　$x^2+y^2=C$ 的两边对 x 求导,得

$$2x+2y\,y'=0,$$

即

$$y'=-\frac{x}{y},$$

可见 $x^2+y^2=C$ 确定的隐函数满足微分方程 $y'=-\dfrac{x}{y}$,且含有一个任意常数,因此是所给方程的通解.

例 3　验证当 $k\neq 0$ 时,函数 $x=C_1\cos kt+C_2\sin kt$ 是微分方程 $\dfrac{d^2x}{dt^2}+k^2x=0$ 的解,并求满足初始条件 $x|_{t=0}=1,\dfrac{dx}{dt}|_{t=0}=0$ 的特解.

解　由于

$$\frac{dx}{dt}=-kC_1\sin kt+kC_2\cos kt, \quad \frac{d^2x}{dt^2}=-k^2C_1\cos kt-k^2C_2\sin kt,$$

将 $\dfrac{d^2x}{dt^2}$ 和 x 的表达式代入原方程,得

$$-k^2(C_1\cos kt+C_2\sin kt)+k^2(C_1\cos kt+C_2\sin kt)\equiv 0,$$

故 $x=C_1\cos kt+C_2\sin kt$ 是原方程的解.

将初始条件 $x|_{t=0}=1,\dfrac{dx}{dt}|_{t=0}=0$ 代入解的表达式,得 $C_1=1,C_2=0$,于是所求特解为

$$x=\cos kt.$$

习 题 一

1. 指出下列微分方程的阶数：

(1) $xy'^2-2yy'+x=0$；

(2) $xy''+2y'+x^2y=0$；

(3) $xy'''+2y''+x^2y=0$；

(4) $(7x-6y)dx+(x+y)dy=0$；

(5) $L\dfrac{d^2Q}{dt^2}+R\dfrac{dQ}{dt}+\dfrac{Q}{C}=0$；

(6) $\dfrac{d\rho}{d\theta}+\rho=\sin^2\theta$.

2. 验证 $y=C_1\ln x+C_2\ln x^2$ 是微分方程为 $x^2y''+xy'=0$ 的解，它是否是该方程的通解？

3. $y=Cx+\dfrac{1}{C}$ 是微分方程 $x(y')^2-yy'+1=0$ 的通解，并求满足初始条件 $y|_{x=0}=2$ 的特解.

4. 设函数 $y=(1+x)^2u(x)$ 是方程 $y'-\dfrac{2}{x+1}y=(1+x)^3$ 的通解，求 $u(x)$.

5. 分别求以函数(1) $y=Cx^2+x$，(2) $x^2+Cy^2=1$ 为通解的微分方程.

6. 设曲线 $y=y(x)$ 上每点 (x,y) 处的切线在 y 轴上的截距为 $2xy^2$，且曲线过点 $(1,2)$，试建立此曲线满足的微分方程.

7. 已知某种群的增长速度与当时该种群的数量 x 成正比，如果在 t_0 时刻该种群有数量 x_0，写出 t 时刻该种群数量 $x(t)$ 满足的微分方程，并给出初始条件.

8. 21 世纪初，物理学家卢瑟福等人证明，某些"放射性"元素(例如铀)的原子是不稳定的，并且在一段时间内有一定比例的原子自然衰变而形成新元素的原子. 由原子物理学知道，铀的衰变速度与当时未衰变的原子的含量 N 成正比. 已知 $t=0$ 时铀的含量为 N_0，求在衰变过程中铀含量 $N(t)$ 满足的微分方程($N(t)$ 表示时间 t 时放射性物质具有的原子数).

9. 质量为 m 的物体以初速为零自高处垂直落下，受到的空气阻力与物体速度的平方成正比，比例系数为 k，求物体的运动规律(设路程与时间的关系为 $S(t)$)满足的微分方程.

10. 对一阶方程 $y'=2x$，求：

(1) 方程的通解；

(2) 过点 $(1,4)$ 的积分曲线，并画出其图形；

(3) 求出与直线 $y=2x+3$ 相切的积分曲线，并画出其图形.

11. 求连续函数 $f(x)$，使它满足 $\displaystyle\int_0^1 f(tx)dt=f(x)+x\sin x$.

12. 将积分方程 $2\displaystyle\int_1^x tf(t)dt=x^2f(x)+x\,(x>0)$ 转化为微分方程，给出初始条件，并求函数 $f(x)$(其中 $f(x)$ 是连续函数).

第二节 一阶微分方程

微分方程发展的古典时期，即从 17 世纪后期，牛顿(Newton)和莱布尼茨(Leibniz)发明微积分以后直到 18 世纪末，研究的主题是：尽可能设法把当时遇到的一些类型的微分方程的求解问题化为积分(求原函数)的问题,这类方法,习惯上称为微分方程的初等解法. 它的处理对象主要是几类一阶微分方程或几类特殊的高阶方程(可通过逐步降低方程的阶数,最后可化成一阶方程的方程). 本节我们就来考虑几种常见的一阶微分方程的初等解法.

一阶微分方程的一般形式为 $F(x,y,y')=0$,若由这个方程可以解出 y',则上方程变为 $y'=f(x,y)$,又若 $f(x,y)=-\dfrac{P(x,y)}{Q(x,y)}$ $(Q(x,y)\neq 0)$,则方程可化为如下的对称形式:

$$P(x,y)\mathrm{d}x+Q(x,y)\mathrm{d}y=0.$$

此方程变量 x 与 y 对称,它既可看作是以 x 为自变量,y 为未知函数的方程

$$\frac{\mathrm{d}y}{\mathrm{d}x}=-\frac{P(x,y)}{Q(x,y)} \quad (Q(x,y)\neq 0),$$

也可看作是以 y 为自变量,x 为未知函数的方程

$$\frac{\mathrm{d}x}{\mathrm{d}y}=-\frac{Q(x,y)}{P(x,y)} \quad (P(x,y)\neq 0).$$

特别地,若方程 $P(x,y)\mathrm{d}x+Q(x,y)\mathrm{d}y=0$ 中,$P(x,y)$ 只与 x 有关,$Q(x,y)$ 只与 y 有关,就是下面要考察的可分离变量的微分方程.

一、可分离变量的微分方程

1. 标准型　如果一个一阶微分方程可以写成

$$f(x)\mathrm{d}x=g(y)\mathrm{d}y$$

的形式,即可将微分方程写成一端只含 y 的函数和 $\mathrm{d}y$,另一端只含 x 的函数和 $\mathrm{d}x$,则称该方程为**可分离变量的微分方程**.

分析　假定上方程中的函数 $g(y)$ 和 $f(x)$ 是连续的. 设 $y=\varphi(x)$ 是方程的解,将它代入方程中得到恒等式

$$g[\varphi(x)]\varphi'(x)\mathrm{d}x\equiv f(x)\mathrm{d}x.$$

将上式两端积分,并由 $y=\varphi(x)$ 引进变量 y,得

$$\int g(y)\mathrm{d}y=\int f(x)\mathrm{d}x.$$

设 $G(y)$ 及 $F(x)$ 依次为 $g(y)$ 及 $f(x)$ 的原函数,于是有

$$G(y)=F(x)+C.$$

因此,原方程的解满足上关系式. 反之,若 $y=\varphi(x)$ 是由关系式 $G(y)=F(x)+C$ 所确定的隐函数,那么在 $g(y)\neq 0$ 的条件下,$y=\varphi(x)$ 也是方程的解. 事实上,关系式 $G(y)=F(x)+C$ 两边对 x 求导,由隐函数的求导法可知,当 $g(y)\neq 0$ 时,$G'(y)y'=F'(x)$,即 $g(y)\mathrm{d}y=f(x)\mathrm{d}x$,这就表明函数 $y=\varphi(x)$ 满足微分方程. 于是由 $G(y)=F(x)+C$ 所确定的隐函数是原微分方程的通解,$G(y)=F(x)+C$ 称为方程的隐式通解.

2. 解法

由上述分析,对于可分离变量的微分方程

$$g(y)\mathrm{d}y=f(x)\mathrm{d}x,$$

方程两边分别对变量 x,y 做不定积分,得到的函数方程即为原微分方程的通解.

例 1　求微分方程 $\dfrac{\mathrm{d}y}{\mathrm{d}x}=-\dfrac{2y}{100+x}$ 的通解.

解 （1）首先判断方程的类型. 所给方程是可分离变量的方程.

（2）化为相应类型的标准型. 化为可分离变量方程的标准型（称为分离变量），得

$$\frac{\mathrm{d}y}{2y}=-\frac{\mathrm{d}x}{100+x},$$

（3）按求解方法求通解. 上式两边分别对变量 x,y 做不定积分

$$\int\frac{\mathrm{d}y}{2y}=-\int\frac{\mathrm{d}x}{100+x},$$

即

$$\frac{1}{2}\ln\,y=-\ln(100+x)+C_1,$$

或

$$\ln\,y=\ln(100+x)^{-2}+2C_1.$$

若记任意常数 $2C_1$ 为 $\ln C$，则有

$$\ln\,y=\ln(100+x)^{-2}+\ln C=\ln\frac{C}{(100+x)^2}.$$

故得方程的通解为

$$y=\frac{C}{(100+x)^2}\quad（C\text{ 为任意常数}）.$$

需要注意的是，在做不定积分时，由于

$$\int\frac{\mathrm{d}y}{2y}=\frac{1}{2}\ln|\,y\,|\,(y\neq0),\quad\int\frac{\mathrm{d}x}{100+x}=\ln|\,100+x\,|,$$

因此严格做法有

$$\frac{1}{2}\ln|\,y\,|=-\ln|\,100+x\,|+C_1,$$

或

$$\ln\left|\frac{y}{(100+x)^{-2}}\right|=2C_1,$$

即

$$\left|\frac{y}{(100+x)^{-2}}\right|=\mathrm{e}^{2C_1},$$

或

$$\frac{y}{(100+x)^{-2}}=\pm\mathrm{e}^{2C_1},$$

即

$$y=\pm\frac{\mathrm{e}^{2C_1}}{(100+x)^2}.$$

令 $\pm\mathrm{e}^{2C_1}=C\,(C\neq0)$，又 $y=0$ 亦是方程的解，令 $C=0$，则 $y=\dfrac{C}{(100+x)^2}$ 包含了此解. 于是得到相同形式的通解

$$y=\frac{C}{(100+x)^2}\quad（C\text{ 为任意常数}）.$$

故在解微分方程做不定积分时，为解法的简洁而直接写为 $\int\dfrac{\mathrm{d}x}{x}=\ln x$.

例 2 求微分方程的特解 $\begin{cases}\mathrm{d}x+xy\mathrm{d}y=y^2\mathrm{d}x+y\mathrm{d}y,\\y(0)=2.\end{cases}$

解 方程属于可分离变量的微分方程.

（1）先求微分方程的通解.

设 $y^2-1\neq0$，$x-1\neq0$，分离变量，得

$$\frac{\mathrm{d}x}{1-x}=\frac{y}{1-y^2}\mathrm{d}y.$$

两边做不定积分,得

$$-\ln(1-x)=-\frac{1}{2}\ln(1-y^2)-\ln C,$$

化简,得方程的通解为

$$(1-x)^2=C(1-y^2)\quad(C\text{ 为任意常数}).$$

（2）确定通解中的常数,求特解.

在通解$(1-x)^2=C(1-y^2)$中,代入初始条件得

$$(1-0)^2=C(1-2^2),$$

解出

$$C=-\frac{1}{3}.$$

于是该初值问题的解为

$$(1-x)^2=-\frac{1}{3}(1-y^2).$$

注意　在用分离变量法解变量可分离方程$\dfrac{\mathrm{d}y}{\mathrm{d}x}=\varphi(x)\psi(y)$的过程中,我们在假定$\psi(y)\neq0$的前提下,用它除方程的两边,得到的通解不包含$\psi(y)=0$的特解.但是有时如果我们扩大任意常数$C$的取值范围,则方程丢失的解仍包含在通解中.如例2中,我们得到的通解中的任意常数$C\neq0$,但这样方程就失去特解$y=\pm1$,而如果允许$C=0$,则$y=\pm1$仍包含在通解$(1-x)^2=C(1-y^2)$中.

例3　求微分方程的$y'=(x+y+1)^2$通解.

分析　方程不属于可分离变量的微分方程,但可以通过变量代换化为可分离变量的方程.

解　令$u(x)=x+y+1$,则$u'=1+y'$,代入方程,得

$$u'=1+u^2,$$

此方程属于可分离变量的微分方程.

分离变量,得

$$\frac{\mathrm{d}u}{1+u^2}=\mathrm{d}x,$$

两边积分,得

$$\arctan u=x+C,$$

并将$u=x+y+1$代回,于是原方程的通解为

$$\arctan(x+y+1)=x+C\quad(C\text{ 为任意常数}).$$

二、齐次微分方程——可化为分离变量的微分方程

1. 标准型　若一阶微分方程可写为

$$\frac{\mathrm{d}y}{\mathrm{d}x}=\varphi\left(\frac{y}{x}\right)$$

形式,则称该方程为**齐次方程**.

例如,方程$(xy-y^2)\mathrm{d}x-(x^2-2xy)\mathrm{d}y=0$是齐次方程,因为原方程可化为

$$\frac{\mathrm{d}y}{\mathrm{d}x}=\frac{xy-y^2}{x^2-2xy}=\frac{\dfrac{y}{x}-\left(\dfrac{y}{x}\right)^2}{1-2\left(\dfrac{y}{x}\right)}.$$

2. 解法 在齐次方程

$$\frac{dy}{dx} = \varphi\left(\frac{y}{x}\right) \tag{7-4}$$

中,做变换 $u = \frac{y}{x}$,则 $y = ux$,$\frac{dy}{dx} = u + x\frac{du}{dx}$,代入方程(7-4),得方程

$$u + x\frac{du}{dx} = \varphi(u),$$

或

$$x\frac{du}{dx} = \varphi(u) - u,$$

此为可分离变量的方程. 分离变量,得

$$\frac{du}{\varphi(u) - u} = \frac{dx}{x},$$

两端积分,得

$$\int \frac{du}{\varphi(u) - u} = \int \frac{dx}{x},$$

求出积分后,再用 $\frac{y}{x}$ 代替 u,便可得所给齐次方程的通解.

例 4 求方程 $(xy - y^2)dy - y^2 dx = 0$ 的通解.

解 原方程可化为

$$y' = \frac{y^2}{xy - y^2} = \frac{\left(\frac{y}{x}\right)^2}{\left(\frac{y}{x} - 1\right)},$$

此为齐次方程.

令 $u = \frac{y}{x}$,即 $y = xu$,则 $y' = u + xu'$. 代入上方程,得

$$u + x\frac{du}{dx} = \frac{u^2}{u-1},$$

化简得

$$x\frac{du}{dx} = \frac{u}{u-1},$$

为可分离变量的方程. 分离变量,两边积分得

$$\ln x = u - \ln u + \ln C,$$

或

$$xu = Ce^u.$$

将 $u = \frac{y}{x}$ 代入上式,得原方程的通解为

$$y = Ce^{\frac{y}{x}} \quad (C \text{ 为任意常数}).$$

例 5 某公司 t 年净资产有 $W(t)$(百万元),并且资产本身以每年 5% 的速度连续增长,同时该公司每年要以 30(百万元)的数额连续支付职工工资.

(1) 给出描述净资产 $W(t)$ 所满足的微分方程;

(2) 假设初始净资产为 W_0,求解方程;

(3) 讨论在 $W_0 = 500, 600, 700$(百万元)三种情况下,$W(t)$ 的变化特点.

解 (1) 由于

净资产增长速度＝资产本身增长速度－职工工资支付速度,

于是 $W(t)$ 满足的微分方程为

$$\frac{\mathrm{d}W}{\mathrm{d}t}=0.05W-30.$$

（2）化为求解初值问题：

$$\frac{\mathrm{d}W}{\mathrm{d}t}=0.05W-30,\quad W\big|_{t=0}=W_0.$$

方程 $\dfrac{\mathrm{d}W}{\mathrm{d}t}=0.05W-30$ 为可分离变量的方程,分离变量,得

$$\frac{\mathrm{d}W}{W-600}=0.05\mathrm{d}t,$$

两边积分,得 $\qquad\qquad \ln(W-600)=0.05t+\ln C,$

从而 $\qquad\qquad\qquad W-600=Ce^{0.05t},$

于是方程的通解为

$$W(t)=Ce^{0.05t}+600,$$

又由初始条件 $W\big|_{t=0}=W_0$,知 $C=W_0-600$,所以方程的解为

$$W(t)=(W_0-600)e^{0.05t}+600.$$

（3）由解的表达式可知,当 $W_0=500$（百万元）时,净资产单调减少,公司将在第 36 年破产,当 $W_0=600$（百万元）时,公司收支平衡,资产将保持在 600（百万元）,当 $W_0=700$（百万元）时,公司净资产将按指数不断增长.

习　题　二

1. 判别下列微分方程的类型,并求出其通解或特解：

（1） $y'+\dfrac{1}{y^2}e^{y^3+x}=0$；

（2） $y'=y^2\sec^2 x$；

（3） $\dfrac{\mathrm{d}y}{\mathrm{d}x}=2xy$；

（4） $\begin{cases}(x+xy^2)\mathrm{d}x-(x^2y+y)\mathrm{d}y=0,\\ y(0)=3;\end{cases}$

（5） $\dfrac{\mathrm{d}y}{\mathrm{d}x}=\dfrac{x^2+y^2}{xy}$；

（6） $x\mathrm{d}y=(y+xe^{\frac{y}{x}})\mathrm{d}x$；

（7） $\begin{cases}xy'+x\tan\dfrac{y}{x}=y,\\ y(1)=\dfrac{\pi}{2};\end{cases}$

（8） $\begin{cases}y'=\dfrac{y}{x}+\dfrac{x}{y},\\ y(1)=2.\end{cases}$

2. 用适当的变量代换求下列微分方程的通解：

（1） $(x+y)^2\dfrac{\mathrm{d}y}{\mathrm{d}x}=k^2$　（k 为常数）；

（2） $\dfrac{\mathrm{d}y}{\mathrm{d}x}=\cos(x-y)$；

（3） $y'=\sqrt{x-y+1}$；

(4) $(x+y)\mathrm{d}x+(3x+3y-4)\mathrm{d}y=0$.

3. 设一条曲线 $y=y(x)$，其上一点 (x,y) 处的切线垂直于此点与原点的连线，求这条曲线所满足的微分方程，若曲线过 $(0,1)$ 点，求此曲线方程.

4. 设 $f(x)$ 具有连续导数，且满足方程 $f(x)=\int_0^x \mathrm{e}^{-f(t)}\mathrm{d}t$，求 $f(x)$.

5. 将温度为 $100\ ℃$ 的开水冲入热水瓶，且塞紧塞子后放在温度为 $20\ ℃$ 的室内，24 小时后，瓶内热水温度降为 $50\ ℃$，问冲入开水 12 小时后热水瓶内热水的温度为多少度（设瓶内热水冷却的速度与水的温度和温差之差成正比）？

6. 某商品的需求量 x 对价格 p 的弹性为 $\eta=-3p^3$，市场对该产品的最大需求量为 1 万件，求需求函数.

7. （减肥问题）假定某人每天的饮食可产生 A 焦耳热量，用于基本新陈代谢每天所消耗的热量为 B 焦耳，用于锻炼所消耗的热量为 C 焦耳/天/千克. 为简单计，假定增加（或减少）体重所需热量全由脂肪提供，脂肪的含热量为 D 焦耳/千克. 求此人体重随时间的变化规律.

8. （疾病的传播问题）假设一个患者在单位时间内传染他人的数量与他可能接触的易患者的数量成正比，比例常数为 β（标志患者的传染能力，如病毒毒性的强弱、环境条件等）. 现在有一载有 800 人的轮船在深海航行，其中一人患病，12 小时后发现另有 2 人被传染. 有关防止疫苗要经过 60 小时后才能运到并发生效用. 问：若不采取有效隔离措施，在疫苗生效前，将有多少人被感染？

第三节　一阶线性微分方程

一、一阶线性微分方程

1. 标准型　方程

$$\frac{\mathrm{d}y}{\mathrm{d}x}+P(x)y=Q(x) \tag{7-5}$$

称为**一阶线性微分方程**.

如果 $Q(x)\equiv 0$，则上方程为 $\dfrac{\mathrm{d}y}{\mathrm{d}x}+P(x)y=0$，称为**一阶齐次线性微分方程**；如果 $Q(x)$ 不恒等于零，则方程称为**一阶非齐次线性微分方程**.

例如方程 $\dfrac{\mathrm{d}y}{\mathrm{d}x}-\dfrac{2y}{x+1}=(x+1)^{\frac{5}{2}}$，$x\mathrm{d}y=(-y+\sin x)\mathrm{d}x$，$\dfrac{\mathrm{d}y}{\mathrm{d}x}-\dfrac{y}{x}=0$ 均为一阶线性方程，其中前两个方程为一阶非齐次线性方程，他们对应的齐次线性方程分别为 $\dfrac{\mathrm{d}y}{\mathrm{d}x}-\dfrac{2y}{x+1}=0$，$\dfrac{\mathrm{d}y}{\mathrm{d}x}+\dfrac{y}{x}=0$. 第三个方程为一阶齐次线性方程.

2. 一阶线性方程的解法

第一步：先求方程 (7-5) 对应的齐次线性方程 $\dfrac{\mathrm{d}y}{\mathrm{d}x}+P(x)y=0$ 的通解.

方程 $\dfrac{\mathrm{d}y}{\mathrm{d}x}+P(x)y=0$ 亦可视为是可分离变量的微分方程,分离变量,得

$$\frac{\mathrm{d}y}{y}=-P(x)\mathrm{d}x,$$

两端积分,得

$$\ln y=-\int P(x)\mathrm{d}x+\ln C,$$

于是 $y=C\mathrm{e}^{-\int P(x)\mathrm{d}x}$ 为对应的齐次线性方程的通解.

第二步:求非齐次线性方程(7-5)的通解.

设 $y(x)$ 是非齐次线性方程(7-5)的一个解,下面来分析它与 $\mathrm{e}^{-\int P(x)\mathrm{d}x}$ 具有什么样的关系. 为此,将 $y(x)$ 与 $\mathrm{e}^{-\int P(x)\mathrm{d}x}$ 相比较,二者之比只有两种可能:要么恒为常数,要么是 x 的函数. 若二者之比恒为常数,这时有 $y(x)=C\mathrm{e}^{-\int P(x)\mathrm{d}x}$. 但由上面的讨论知 $C\mathrm{e}^{-\int P(x)\mathrm{d}x}$ 是式(7-5)对应的齐次方程的通解,因而当函数 $Q(x)$ 不恒为零时,它不是式(7-5)的解. 于是二者之比只能是 x 的函数. 设非齐次线性方程(7-5)具有 $y=u(x)\mathrm{e}^{-\int P(x)\mathrm{d}x}$ 形式的解,其中 $u(x)$ 为待定函数. 这个形式可以看做是将对应的齐次线性方程的通解中的 C 换成 x 的未知函数 $u(x)$ 而得到,因此这种方法称为**常数变易法**. 下面求待定函数 $u(x)$.

由于
$$\frac{\mathrm{d}y}{\mathrm{d}x}=u'\mathrm{e}^{-\int P(x)\mathrm{d}x}-uP(x)\mathrm{e}^{-\int P(x)\mathrm{d}x},$$

代入方程(7-5)得

$$u'\mathrm{e}^{-\int P(x)\mathrm{d}x}-uP(x)\mathrm{e}^{-\int P(x)\mathrm{d}x}+P(x)u\mathrm{e}^{-\int P(x)\mathrm{d}x}=Q(x),$$

即
$$u'=Q(x)\,\mathrm{e}^{\int P(x)\mathrm{d}x},$$

两端积分,得
$$u=\int Q(x)\mathrm{e}^{\int P(x)\mathrm{d}x}\mathrm{d}x+C.$$

于是 $y=\mathrm{e}^{-\int P(x)\mathrm{d}x}\left(\int Q(x)\mathrm{e}^{\int P(x)\mathrm{d}x}\mathrm{d}x+C\right)$ 为非齐次线性方程(7-5)的解,且为通解.

第三步:分析非齐次线性方程通解的结构.

由于
$$y=\mathrm{e}^{-\int P(x)\mathrm{d}x}\left(\int Q(x)\mathrm{e}^{\int P(x)\mathrm{d}x}\mathrm{d}x+C\right)=C\mathrm{e}^{-\int P(x)\mathrm{d}x}+\mathrm{e}^{-\int P(x)\mathrm{d}x}\int Q(x)\mathrm{e}^{\int P(x)\mathrm{d}x}\mathrm{d}x,$$

注意到,上式右端第一项是对应的齐次线性方程的通解,第二项是非齐次线性方程的一个特解(在式(7-5)的通解中取 $C=0$ 便得到这个特解). 所以我们得到一个重要结论,**一阶非齐次线性方程的通解等于对应的齐次方程的通解与非齐次方程的一个特解之和**.

例 1 求方程 $x\mathrm{d}y=(-y+\sin x)\mathrm{d}x$ 的通解.

解 将所给方程变形为

$$\frac{\mathrm{d}y}{\mathrm{d}x}+\frac{y}{x}=\frac{\sin x}{x},$$

此为一阶非齐次线性方程,其中

$$P(x)=\frac{1}{x},\quad Q(x)=\frac{\sin x}{x}.$$

由通解公式,有

$$y = \mathrm{e}^{-\int \frac{1}{x}\mathrm{d}x}\left[\int \frac{\sin x}{x}\mathrm{e}^{\int \frac{1}{x}\mathrm{d}x}\mathrm{d}x + C\right]$$

$$= \mathrm{e}^{-\ln x}\left[\int \frac{\sin x}{x}\mathrm{e}^{\ln x}\mathrm{d}x + C\right]$$

$$= \frac{1}{x}\left(\int \sin x\mathrm{d}x + C\right)$$

$$= \frac{1}{x}(-\cos x + C),$$

于是,所求通解为

$$y = \frac{1}{x}(-\cos x + C).$$

例 2 求方程 $(x + y^2)\dfrac{\mathrm{d}y}{\mathrm{d}x} = y$ 且满足条件 $y|_{x=3} = 1$ 的特解.

分析 所给方程是 y 的非线性方程,若将原方程改写为

$$\frac{\mathrm{d}x}{\mathrm{d}y} = \frac{x}{y} + y,$$

或

$$\frac{\mathrm{d}x}{\mathrm{d}y} - \frac{1}{y}x = y,$$

就是一个以 x 为未知函数的一阶非齐次线性方程,代入相应通解公式

$$x = \mathrm{e}^{-\int P(y)\mathrm{d}y}\left[\int Q(y)\mathrm{e}^{\int P(y)\mathrm{d}y}\mathrm{d}y + C\right]$$

即可求得通解.

解 将方程变形为 $\qquad \dfrac{\mathrm{d}x}{\mathrm{d}y} - \dfrac{1}{y}x = y,$

这是一阶非齐次线性方程,且 $P(y) = -\dfrac{1}{y}, Q(y) = y$,则方程的通解为

$$x = \mathrm{e}^{-\int P(y)\mathrm{d}y}\left[\int Q(y)\mathrm{e}^{\int P(y)\mathrm{d}y}\mathrm{d}y + C\right]$$

$$= \mathrm{e}^{-\int -\frac{1}{y}\mathrm{d}y}\left[\int y\mathrm{e}^{\int -\frac{1}{y}\mathrm{d}y}\mathrm{d}y + C\right]$$

$$= \mathrm{e}^{\ln y}\left[\int y\mathrm{e}^{-\ln y}\mathrm{d}y + C\right]$$

$$= y(y + C).$$

将初始条件 $y|_{x=3} = 1$ 代入,得到 $C = 2$,于是所求特解为

$$x = 2y + y^2.$$

例 3 求方程 $\cos y\dfrac{\mathrm{d}y}{\mathrm{d}x} - \sin y = \mathrm{e}^x$ 的通解.

解 原方程可化为 $\qquad \dfrac{\mathrm{d}\sin y}{\mathrm{d}x} - \sin y = \mathrm{e}^x,$

令 $u = \sin y$,得 $\dfrac{\mathrm{d}u}{\mathrm{d}x} - u = \mathrm{e}^x$,此为一阶非齐次线性方程,$P(x) = -1, Q(x) = \mathrm{e}^x$. 代入通解公式,求得其通解为

$$u = \mathrm{e}^{-\int (-1)\mathrm{d}x}\left[\int \mathrm{e}^x\mathrm{e}^{\int (-1)\mathrm{d}x}\mathrm{d}x + C\right] = \mathrm{e}^x(x + C),$$

于是原方程的通解为

$$\sin y = e^x (x+C).$$

例 4　设函数 $\varphi(x)$ 连续,且满足等式

$$\int_0^1 \varphi(tx)\,\mathrm{d}t = n\varphi(x),$$

其中 n 是非零实数,求 $\varphi(x)$.

解　令 $u=tx$,$\mathrm{d}u=x\mathrm{d}t$. $t=0$ 时,$u=0$;$t=1$ 时,$u=x$,由定积分的换元法,等式左端 $\int_0^1 \varphi(tx)\,\mathrm{d}t = \dfrac{1}{x}\int_0^x \varphi(u)\,\mathrm{d}u$,故所给等式变形为

$$\int_0^x \varphi(u)\,\mathrm{d}u = nx\varphi(x),$$

上式两边对 x 求导,得到

$$\varphi(x) = n[\varphi(x) + x\varphi'(x)],$$

即

$$nx\varphi'(x) + (n-1)\varphi(x) = 0,$$

或

$$\varphi'(x) + \frac{n-1}{nx}\varphi(x) = 0,$$

当 $n=1$ 时,上方程变为 $\varphi'(x)=0$,得到 $\varphi(x)=C$;

当 $n\neq 1$ 时,上方程为关于未知函数 $\varphi(x)$ 的齐次线性方程,于是其通解为

$$\varphi(x) = Ce^{-\int \frac{n-1}{nx}\mathrm{d}x} = Cx^{\frac{1-n}{n}}.$$

二、伯努利方程

1. 标准型　方程

$$\frac{\mathrm{d}y}{\mathrm{d}x} + P(x)y = Q(x)y^n \quad (n\neq 0,1)$$

称为**伯努利(Bernoulli)方程**(当 $n=0$ 或 $n=1$ 时,此方程为非齐次或齐次线性方程).

2. 伯努利方程的解法

注意到伯努利方程不是线性的. 将方程变形,以 y^n 除上方程的两端,得

$$y^{-n}\frac{\mathrm{d}y}{\mathrm{d}x} + P(x)y^{1-n} = Q(x).$$

容易看出,上式左端第一项与 $\dfrac{\mathrm{d}}{\mathrm{d}y}(y^{1-n})$ 只差一个常数因子 $1-n$,因此有

$$\frac{1}{1-n}\frac{\mathrm{d}y^{1-n}}{\mathrm{d}x} + P(x)y^{1-n} = Q(x),$$

做代换,设 $z=y^{1-n}$,则上方程化为

$$\frac{\mathrm{d}z}{\mathrm{d}x} + (1-n)P(x)z = (1-n)Q(x),$$

此方程为一阶线性方程,求出这方程的通解后,以 y^{1-n} 代 z,便得到伯努利方程的通解.

由此可见,利用变量代换,将一个微分方程化为已知可求解的方程的标准型,是解微分方程最常用的方法.

例 5　求方程 $x\dfrac{\mathrm{d}y}{\mathrm{d}x} + y = 2\sqrt{xy}$ 的通解.

解　此方程为 $n=\dfrac{1}{2}$ 时的伯努利方程,用 $\sqrt{y}$ 除上式两边得

$$\frac{x}{\sqrt{y}}\frac{\mathrm{d}y}{\mathrm{d}x}+\sqrt{y}=2\sqrt{x},$$

即
$$2x\frac{\mathrm{d}\sqrt{y}}{\mathrm{d}x}+\sqrt{y}=2\sqrt{x} \quad 或 \quad \frac{\mathrm{d}\sqrt{y}}{\mathrm{d}x}+\frac{\sqrt{y}}{2x}=\frac{1}{\sqrt{x}}.$$

此方程为关于未知函数$\sqrt{y}$的一阶线性方程,由通解公式,得

$$\sqrt{y}=\mathrm{e}^{-\int\frac{1}{2x}\mathrm{d}x}\left[\int\frac{1}{\sqrt{x}}\mathrm{e}^{\int\frac{1}{2x}\mathrm{d}x}\mathrm{d}x+C\right]=\mathrm{e}^{-\frac{1}{2}\ln x}\left(\int\frac{1}{\sqrt{x}}\mathrm{e}^{\ln\sqrt{x}}\mathrm{d}x+C\right)=\frac{1}{\sqrt{x}}(x+C),$$

即 $y=\frac{1}{x}(x+C)^2$ 为原方程的通解.

例6(如何确定商品价格的浮动规律) 设某种商品的供给量为Q_1与需求量Q_2是只依赖于价格P的线性函数,并假定在时间t时价格$P(t)$的变化率与这时的过剩需求量成正比. 试确定这种商品的价格随时间t的变化规律.

解 设
$$Q_1=-a+bP, \tag{7-6}$$
$$Q_2=c-dP, \tag{7-7}$$

其中a,b,c,d都是已知的正常数.式(7-6)表明供给量Q_1是价格P的递增函数;式(7-7)表明供给量Q_2是价格P的递减函数.

当供给量与需求量相等时,由式(7-6)与式(7-7)求出平衡价格为

$$\overline{P}=\frac{a+c}{b+d}.$$

容易看出,当供给量小于需求量,即$Q_1<Q_2$时,价格将上涨. 这样市场价格就随时间的变化而围绕平衡价格$\overline{P}$上下波动,因而可以设想价格P是时间t的函数$P=P(t)$. 由已知,$P(t)$的变化率与Q_2-Q_1成正比,即有

$$\frac{\mathrm{d}P}{\mathrm{d}t}=\alpha(Q_2-Q_1),$$

其中α是正常数,将式(7-6)、(7-7)代入上式得

$$\frac{\mathrm{d}P}{\mathrm{d}t}+kP=h, \tag{7-8}$$

其中$k=\alpha(b+d),h=\alpha(a+c)$,都是正常数.

式(7-8)是一个一阶线性方程. 由通解公式,求解如下:

$$P=\mathrm{e}^{-\int k\mathrm{d}t}\left[\int h\mathrm{e}^{\int k\mathrm{d}t}\mathrm{d}t+C\right]=\mathrm{e}^{-kt}(\frac{h}{k}\mathrm{e}^{kt}+C)=C\mathrm{e}^{-kt}+\overline{P}.$$

若已知初始价格$P(0)=P_0$,则方程(7-8)的特解为

$$P=(P_0-\overline{P})\mathrm{e}^{-kt}+\overline{P},$$

即为商品价格随时间的变化规律.

习 题 三

1. 判别下列微分方程的类型,并分别求出其通解或特解:

(1) $\frac{\mathrm{d}y}{\mathrm{d}x}-\frac{y}{x}=x^2$;

(2) $\frac{\mathrm{d}y}{\mathrm{d}x}-\frac{2y}{x+1}=(x+1)^{\frac{5}{2}}$;

(3) $\begin{cases} \mathrm{d}x = (8 - 3x)\mathrm{d}y, \\ \quad x(2) = 0; \end{cases}$

(4) $\begin{cases} (y^3 + x)\mathrm{d}y = y\mathrm{d}x, \\ \quad y(1) = 1; \end{cases}$

(5) $\dfrac{\mathrm{d}y}{\mathrm{d}x} - \dfrac{4}{x}y = x^2\sqrt{y}$;

(6) $y' = \dfrac{y^2 + x^3}{2xy}$;

(7) $(5x^2 y^3 - 2x)y' + y = 0$;

(8) $\begin{cases} xy\mathrm{d}y = (2y^2 - x^4)\mathrm{d}x, \\ \quad y(1) = 1; \end{cases}$

(9) $\dfrac{\mathrm{d}y}{\mathrm{d}x} = \dfrac{1}{x\sin^2(xy)} - \dfrac{y}{x}$;

(10) $y' + f'(x)y = f(x)f'(x)$;

(11) $(x+1)\dfrac{\mathrm{d}y}{\mathrm{d}x} - ny = \mathrm{e}^x (x+1)^{n+1}$;

(12) $\dfrac{\mathrm{d}y}{\mathrm{d}x} = 6\dfrac{y}{x} - xy^2$;

(13) $\begin{cases} \dfrac{\mathrm{d}y}{\mathrm{d}x} = \dfrac{y}{2x - y^2}, \\ \quad y(1) = 1. \end{cases}$

2. 已知微分方程 $y' + p(x)y = x\sin x$ 有一个特解 $y = -x\cos x$,求此方程的通解.

3. 曲线上每点 (x,y) 处的切线在 y 轴上的截距为 $2xy^2$,且曲线过点 $(1,2)$,求此曲线方程.

4. 已知 $f(x)$ 为可微函数,且 $f(x) = 1 + \displaystyle\int_0^x [\sin t\cos t - f(t)\cos t]\mathrm{d}t$,求 $f(x)$.

5. 若 $y_1(x)$,$y_2(x)$ 是线性方程 $\dfrac{\mathrm{d}y}{\mathrm{d}x} + P(x)y = Q(x)$ 的两个不同解,证明 $C[y_1(x) - y_2(x)]$ 是相应齐次线性微分方程 $\dfrac{\mathrm{d}y}{\mathrm{d}x} + P(x)y = 0$ 的解,并求非齐次线性微分方程 $\dfrac{\mathrm{d}y}{\mathrm{d}x} + P(x)y = Q(x)$ 的通解.

6. 已知 $\displaystyle\int_0^1 f(ax)\mathrm{d}a = \dfrac{1}{2}f(x) + 1$,求 $f(x)$ 满足的微分方程并解此方程.

7. 设 $f(x)$ 是定义在 $(0, +\infty)$ 上的连续函数,已知 $f(1) = 3$,$\forall x, y \in (0, +\infty)$,$\displaystyle\int_1^{xy} f(t)\mathrm{d}t = y\int_1^x f(t)\mathrm{d}t + x\int_1^y f(t)\mathrm{d}t$,求函数 $f(x)$.

8. 若曲线 $y = y(x)$ 上任一点 $M(x,y)$ 处的切线与 x 轴的交点 P 之间的线段 MP 的长度等于切线在 x 轴上的截距,求该曲线方程.

第四节　可降阶的高阶微分方程

我们知道在实际问题中还大量存在着高阶微分方程. 对于某些高阶微分方程,可以通过降阶的方法来求解,其基本思路是通过变量代换,把高阶方程化为较低阶的方程,从而可以利用已知的方法求解.

本节我们介绍三种容易降阶的高阶微分方程的求解方法.

一、类型 1

1. $y^{(n)} = f(x)$ 型的微分方程

微分方程的特点:$y^{(n)} = f(x)$ 的右端仅含有自变量 x.

2. 解法

只要把 $y^{(n-1)}$ 作为新的未知函数,那么上方程就是新未知函数的一阶微分方程. 两边积分,得到一个 $n-1$ 阶的微分方程:

$$y^{(n-1)} = \int f(x)\mathrm{d}x + C_1.$$

同理可得

$$y^{(n-2)} = \int \left[\int f(x) + C_1\right]\mathrm{d}x + C_2.$$

依此法继续进行,接连积分 n 次,便得方程的含有 n 个任意常数的通解.

例 1 求解微分方程 $\begin{cases} y''' = \mathrm{e}^x, \\ y(0) = y'(0) = y''(0) = 1. \end{cases}$

解 将所给方程逐次积分三次,得到

$$y'' = \int \mathrm{e}^x \mathrm{d}x = \mathrm{e}^x + C_1,$$

$$y' = \int (\mathrm{e}^x + C_1)\mathrm{d}x = \mathrm{e}^x + C_1 x + C_2,$$

$$y = \int (\mathrm{e}^x + C_1 x + C_2)\mathrm{d}x = \mathrm{e}^x + \frac{1}{2}C_1 x^2 + C_2 x + C_3.$$

再由初值条件知,$1 = 1 + C_3$,$1 = 1 + C_2$,$1 = 1 + C_1$,解得 $C_1 = C_2 = C_3 = 0$.

故方程的解为 $y = \mathrm{e}^x$.

例 2 求方程 $xy^{(5)} - y^{(4)} = 0$ 的通解.

分析 此方程不含 $y,y',y'',y^{(3)}$,可设 $y^{(4)} = P(x)$,将方程化为一个一阶微分方程.

解 设 $y^{(4)} = P(x)$,$y^{(5)} = P'(x)$,代入原方程得 $xP' - P = 0(P \neq 0)$,解此齐次线性方程,得 $P = C_1 x$,即 $y^{(4)} = C_1 x$,两端积分,得 $y''' = \frac{1}{2}C_1 x^2 + C_2$,再逐次积分三次,得

$$y = \frac{C_1}{120}x^5 + \frac{C_2}{6}x^3 + \frac{C_3}{2}x^2 + C_4 x + C_5,$$

于是,原方程的通解为

$$y = d_1 x^5 + d_2 x^3 + d_3 x^2 + d_4 x + d_5,$$

其中 $d_1 = \frac{C_1}{120}$,$d_2 = \frac{C_2}{6}$,$d_3 = \frac{C_3}{2}$,$d_4 = C_4$,$d_4 = C_5$.

例 3 质量为 m 的质点受力 F 的作用,沿 OX 轴作直线运动. 设力 F 只与时间 t 有关,并设当 $t = 0$ 时,$F(0) = 1$,力 F 随时间的增大均匀地减小,直到 $t = T$ 时,$F(T) = 0$. 如果开始时质点位于原点,且初速度为零,求这质点运动的规律.

解 设 $x = x(t)$ 表示时刻 t 时质点的位置,由牛顿第二定律,质点运动满足方程

$$m\frac{\mathrm{d}^2 x}{\mathrm{d}t^2} = F(t).$$

由题设 $F(t) = kt + b$,将 $F(0) = 1$ 代入得到 $b = 1$,再将 $F(T) = 0$ 代入得到 $0 = kT + 1$,解得 $k = -\frac{1}{T}$,故得到 $F(t)$ 的表示式为

$$F(t) = 1 - \frac{t}{T}.$$

于是原方程可以写成

$$\frac{\mathrm{d}^2 x}{\mathrm{d}t^2} = \frac{1}{m}\left(1 - \frac{t}{T}\right),$$

其初始条件为

$$x\big|_{t=0} = 0, \quad \frac{\mathrm{d}x}{\mathrm{d}t}\Big|_{t=0} = 0.$$

将方程连续积分两次,得到

$$x = -\frac{t^3}{6mT} + \frac{1}{2m}t^2 + C_1 t + C_2.$$

利用初始条件易求得 $C_1 = 0, C_2 = 0$,于是求得质点的运动规律为

$$x = -\frac{t^3}{6mT} + \frac{t^2}{2m}, \quad 0 \leqslant t \leqslant T.$$

二、类型 2

1. $y'' = f(x, y')$ 型的微分方程

微分方程的特点:方程 $y'' = f(x, y')$ 的右端不显含未知函数 y.

2. 解法

若设 $y' = P(x)$,则

$$y'' = \frac{\mathrm{d}P}{\mathrm{d}x} = P',$$

而方程就化为

$$P' = f(x, P).$$

这是一个关于变量 x, P 的一阶微分方程. 设其通解为

$$P = \varphi(x, C_1),$$

注意到 $P = \dfrac{\mathrm{d}y}{\mathrm{d}x}$,因此又得到一个一阶微分方程

$$\frac{\mathrm{d}y}{\mathrm{d}x} = \varphi(x, C_1).$$

对它进行积分,便得原方程的通解

$$y = \int \varphi(x, C_1)\,\mathrm{d}x + C_2.$$

例 4　求方程 $xy'' + y' = 4x$ 的通解.

解　方程不显含 y,因而所给方程属于类型 2.

令 $y' = P(x)$,故 $y'' = P'$,代入原方程得到

$$xP' + P = 4x,$$

或

$$P' + \frac{1}{x}P = 4.$$

此方程是关于 P 的一阶线性方程,其通解为

$$P = \mathrm{e}^{-\int \frac{1}{x}\mathrm{d}x}\left(\int 4\mathrm{e}^{\int \frac{1}{x}\mathrm{d}x}\,\mathrm{d}x + C_1\right) = \frac{C_1}{x} + 2x.$$

再由方程 $y' = P = \dfrac{C_1}{x} + 2x$,积分后得到原方程的通解为

$$y = C_1 \ln x + x^2 + C_2.$$

例 5 求初值问题 $\begin{cases} xy'' - y'\ln y' + y'\ln x = 0, \\ y|_{x=1} = 2, y'|_{x=1} = e^2 \end{cases}$ 的解.

解 方程不显含 y，令 $y' = P$，有 $y'' = P'$，代入原方程，化为

$$xP' - P\ln P + P\ln x = 0,$$

或

$$\frac{dP}{dx} = \frac{P}{x}\ln\frac{P}{x},$$

这是齐次方程. 令 $u = \frac{P}{x}$，则 $\frac{dP}{dx} = u + x\frac{du}{dx}$，从而

$$u + x\frac{du}{dx} = u\ln u,$$

或

$$x\frac{du}{dx} = u(\ln u - 1),$$

分离变量得

$$\frac{du}{u(\ln u - 1)} = \frac{dx}{x},$$

积分得

$$\ln(\ln u - 1) = \ln x + \ln C_1,$$

或 $\ln u - 1 = C_1 x, \quad u = e^{C_1 x + 1},$

又 $u = \frac{P}{x}$，代入得

$$P = xe^{C_1 x + 1},$$

由初始条件 $y'|_{x=1} = e^2$ 得 $C_1 = 1$，所以 $P = y' = xe^{x+1}$，再积分得

$$y = \int xe^{x+1}dx = (x-1)e^{x+1} + C_2,$$

由初始条件 $y|_{x+1} = 2$，得 $C_2 = 2$，于是所求初值问题的解为

$$y = (x-1)e^{x+1} + 2.$$

注意，在解高阶微分方程的初值问题时，一般为减少计算量，一出现任意常数就要及时利用初始条件确定其值.

三、类型 3

1. 标准型 $y'' = f(y, y')$ 型的微分方程

微分方程的特点：方程 $y'' = f(y, y')$ 中的右端项不显含自变量 x.

2. 解法

令 $y' = P(y)$，并利用复合函数的求导法则把 y'' 化为对 y 的导数，即

$$y'' = \frac{dP(y)}{dx} = \frac{dP}{dy} \cdot \frac{dy}{dx} = P\frac{dP}{dy},$$

这样，方程就化为

$$P\frac{dP}{dy} = f(y, P).$$

这是一个关于变量 P, y 的一阶微分方程. 若可求得其通解

$$P = \varphi(y, C_1),$$

则 $y' = \varphi(y, C_1)$，此为可分离变量的方程，分离变量并积分，便得原方程的通解

$$\int \frac{dy}{\varphi(y, C_1)} = x + C_2.$$

例 6　求方程 $yy''-y'^2=0$ 的通解.

解　此方程是不显含自变量 x 的 $y''=f(y,y')$ 型的二阶方程.

令 $y'=P$,则 $y''=P\dfrac{\mathrm{d}P}{\mathrm{d}y}$,代入原方程得

$$Py\frac{\mathrm{d}P}{\mathrm{d}y}-P^2=0,$$

即

$$P\left(y\frac{\mathrm{d}P}{\mathrm{d}y}-P\right)=0.$$

当 $P=0$ 时,解得 $y=C$. 当 $P\neq0$ 时,由 $y\dfrac{\mathrm{d}P}{\mathrm{d}y}-P=0$,分离变量,得

$$\frac{\mathrm{d}P}{P}=\frac{\mathrm{d}y}{y},$$

两边积分解得 $P=C_1y$,即 $\dfrac{\mathrm{d}y}{\mathrm{d}x}=C_1y$,分离变量并积分,得原方程的通解为

$$y=C_2\mathrm{e}^{C_1x}\quad(C_1,C_2\text{ 为任意常数}).$$

此时,解 $y=C$ 也包含在其中.

习　题　四

1. 判别下列微分方程的类型,并分别求出其通解或特解:

(1) $\begin{cases}y''=\mathrm{e}^{2x}-\cos x,\\ y(0)=0,y'(0)=1;\end{cases}$
(2) $\begin{cases}y'''=6-\dfrac{1}{x^2},\\ y(1)=1,y'(1)=3,y(1)=7;\end{cases}$

(3) $y'''=(y'')^2$;
(4) $\begin{cases}y''=y'+x,\\ y(0)=1,y'(0)=0;\end{cases}$

(5) $y''=\dfrac{1}{x}y'+x\mathrm{e}^x$;
(6) $\begin{cases}y''=(y')^2+1,\\ y(0)=1,y'(0)=0;\end{cases}$

(7) $yy''-y'^2=0$;
(8) $y''=\dfrac{2y-1}{y^2+1}(y')^2$;

(9) $\begin{cases}(1+x^2)y''=2xy',\\ y(0)=1,y'(0)=3;\end{cases}$
(10) $xy''-y'\ln\dfrac{y'}{x}=0$.

2. 求微分方程 $xy''+x(y')^2=y'$ 的通解.

3. 求微分方程 $y''+(y')^2=1$ 满足初始条件 $y|_{x=0}=y'|_{x=0}=0$ 的特解.

4. 设函数 $y=y(x)$ 在区间 $[0,+\infty)$ 上具有连续的导数,并且满足关系式

$$y(x)=-1+x+2\int_0^x(x-t)y(t)y'(t)\mathrm{d}t,$$

求 $y(x)$.

第五节　高阶线性微分方程

在微分方程的研究中,高阶线性微分方程的理论和求解方法是非常重要的一部分内容,有

很多非常完美、漂亮的结果,并且这些研究方法已成为研究非线性微分方程的基础.

在本章第三节中,我们已经研究了一阶线性方程,并利用常数变易法得到了通解,而此通解又具有明显的结构特征.本节中我们以二阶线性微分方程为例,讨论二阶线性微分方程解的结构,并研究一类特殊的二阶线性方程——二阶常系数线性方程通解的求法.

一、二阶线性方程解的结构

形如 $y''+P(x)y'+Q(x)y=f(x)$(其中 $p(x)$,$q(x)$,$f(x)$ 均为定义在区间 $[a,b]$ 上的已知函数)的方程称为**二阶线性微分方程**,$f(x)$ 称为方程的自由项.

若 $f(x)\equiv 0$,即 $y''+P(x)y'+Q(x)y=0$ 称为二阶齐次线性方程;若 $f(x)$ 不恒为 0,则方程称为二阶非齐次线性方程.若在二阶非齐次线性方程 $y''+P(x)y'+Q(x)y=f(x)$ 中,令 $f(x)=0$ 而得到的齐次方程 $y''+P(x)y'+Q(x)y=0$,称为该非齐次方程所对应的齐次方程.

1. 二阶齐次线性方程解的结构

二阶齐次线性方程标准型为

$$y''+P(x)y'+Q(x)y=0, \tag{7-9}$$

现讨论其通解的结构.

定理 1 如果函数 $y_1(x)$ 与 $y_2(x)$ 是方程(7-9)的两个解,那么

$$y=C_1 y_1(x)+C_2 y_2(x)$$

也是方程(7-9)的解,其中 C_1,C_2 是任意常数.

证 将 $y=C_1 y_1(x)+C_2 y_2(x)$ 代入式(7-9)左端,得

$$(C_1 y_1''+C_2 y_2'')+P(x)(C_1 y_1'+C_2 y_2')+Q(x)(C_1 y_1+C_2 y_2)$$
$$=C_1[y_1''+P(x)y_1'+Q(x)y_1]+C_2[y_2''+P(x)y_2'+Q(x)y_2].$$

由于 $y_1(x)$ 与 $y_2(x)$ 是方程(7-9)的解,上式右端方括号中的表达式都恒等于零,因而整个式子恒等于零,所以 $y=C_1 y_1(x)+C_2 y_2(x)$ 是方程(7-9)的解.

齐次线性方程的这个性质称为**解的叠加原理**.

叠加起来的解 $y=C_1 y_1(x)+C_2 y_2(x)$ 从形式上看含有 C_1 与 C_2 两个任意常数,但它不一定是式(7-9)的通解.例如,假设 $y_1(x)$ 是式(7-9)的一个解,则显然 $y_2(x)=2y_1(x)$ 也是式(7-9)的解.这时 $y=C_1 y_1(x)+C_2 y_2(x)=C y_1(x)$,其中 $C=C_1+2C_2$.因此 y 不是式(7-9)的通解.那么在什么情况下 $y=C_1 y_1(x)+C_2 y_2(x)$ 才是方程(7-9)的通解呢?要解决这个问题,我们引入一个新的概念——函数的线性相关与线性无关.

定义 1 设 $y_1(x)$,$y_2(x)$ 为定义在区间 I 上的两个函数.如果存在两个不全为零的常数 k_1,k_2,使得

$$k_1 y_1(x)+k_2 y_2(x)\equiv 0, \quad \forall x\in I$$

成立,则称这两个函数在区间 I 上线性相关;否则称这两个函数在区间 I 上线性无关.

应用上述概念,对于两个函数它们线性相关与否,只要看它们的比是否恒为常数:如果比为常数,那么它们就线性相关;否则就无关.例如,函数 $1,\cos^2 x$ 在整个数轴上是线性无关的,因为 $\frac{\cos^2 x}{1}=\cos^2 x$ 不恒是常数.而两函数 $\sin 2x,3\sin x\cos x$ 在整个数轴上是线性相关的,因为 $\frac{\sin 2x}{3\sin x\cos x}=\frac{2}{3}$.

定理 2 若 $y_1(x)$ 与 $y_2(x)$ 是方程(7-9)的两个线性无关的特解,那么

$$y = C_1 y_1(x) + C_2 y_2(x) \quad (C_1, C_2 \text{ 是任意常数})$$

就是方程(7-9)的通解.

例如,方程 $y'' + y = 0$ 是二阶齐次线性方程(这里 $P(x) \equiv 0, Q(x) \equiv 1$). 容易验证, $y_1 = \cos x$ 与 $y_2 = \sin x$ 是所给方程的两个解,且 $\dfrac{y_2}{y_1} = \dfrac{\sin x}{\cos x} = \tan x$ 不恒等于常数,即它们是线性无关的. 因此方程 $y'' + y = 0$ 的通解为

$$y = C_1 \cos x + C_2 \sin x \quad (C_1, C_2 \text{ 是任意常数}).$$

又如,方程 $(x-1)y'' - xy' + y = 0$ 也是二阶齐次线性方程(这里 $P(x) = -\dfrac{x}{x-1}, Q(x) = \dfrac{1}{x-1}$),容易验证 $y_1 = x, y_2 = e^x$ 是所给方程的两个解,且 $\dfrac{y_2}{y_1} = \dfrac{e^x}{x}$ 不恒等于常数,即它们是线性无关的. 因此方程的通解为

$$y = C_1 x + C_2 e^x \quad (C_1, C_2 \text{ 是任意常数}).$$

例 1　函数 $y_1(x)$ 与 $y_2(x)$ 是方程 $y'' + P(x)y' + Q(x)y = 0$ 的两个非零特解,证明由 $y_1(x)$ 和 $y_2(x)$ 能构成该方程的通解的充分条件为 $y_1(x)y_2'(x) - y_2(x)y_1'(x) \neq 0$.

证　由已知 $y_1(x)y_2'(x) - y_2(x)y_1'(x) \neq 0$,从而 $\dfrac{y_1'(x)y_2(x) - y_2'(x)y_1(x)}{[y_2(x)]^2} \neq 0$,即 $\left[\dfrac{y_1(x)}{y_2(x)}\right]' \neq 0$,所以 $\dfrac{y_1(x)}{y_2(x)} \neq k$(常数),于是 $y_1(x)$ 和 $y_2(x)$ 二者线性无关. 由定理 2 可知,这两个函数能构成方程 $y'' + P(x)y' + Q(x)y = 0$ 的通解.

若已知齐次线性方程(7-9)的一个非零特解 $y_1(x)$,则可以用如下方法求出另一个与 $y_1(x)$ 线性无关的特解 $y_2(x)$.

令 $y_2 = u(x)y_1$,代入式(7-9),得

$$y_1 u'' + [2y_1' + P(x)y_1]u' + [y_1'' + P(x)y_1' + Q(x)y_1]u = 0,$$

即 $y_1 u'' + (2y_1' + P(x)y_1)u' = 0$,

令 $v = u'$,则有

$$y_1 v' + (2y_1' + P(x)y_1)v = 0,$$

它是一阶可分离变量的方程,解得

$$v = \frac{1}{y_1^2} e^{-\int P(x)dx},$$

所以

$$u = \int \frac{1}{y_1^2} e^{-\int P(x)dx}dx,$$

从而有

$$y_2 = y_1 \int \frac{1}{y_1^2} e^{-\int P(x)dx}dx,$$

且

$$\frac{y_2}{y_1} = \int \frac{1}{y_1^2} e^{-\int P(x)dx}dx \neq \text{常数},$$

可知 $y_1(x)$ 和 $y_2(x)$ 是线性无关的. 此时,齐次方程(7-9)的通解为

$$y = C_1 y_1 + C_2 y_1 \int \frac{1}{y_1^2} e^{-\int P(x)dx}dx.$$

定理 3　设 $y_1(x)$ 是方程(7-9)的一个非零特解,则

$$y_2(x) = y_1(x) \int \frac{1}{y_1^2(x)} e^{-\int p(x)dx}dx$$

是该方程的一个与 $y_1(x)$ 无关的特解. 以上公式称为**刘维尔(Liouville)公式.**

例 2 设有二阶线性方程 $x^2 y'' + xy' - y = 0$，试用观察法先求一个特解，再用 Liouville 公式求另一个与之线性无关的特解.

解 由于方程的系数是 x 的多项式，可能具有多项式形式的特解，经观察知 $y_1 = x$ 是它的一个特解. 方程化为齐次线性方程的标准型为

$$y'' + \frac{y'}{x} - \frac{y}{x^2} = 0.$$

于是将 $P(x) = \frac{1}{x}$，$y_1 = x$ 代入 Liouville 公式，得到

$$y_2 = x \int \frac{1}{x^2} e^{-\int \frac{1}{x} dx} dx = x \int \frac{1}{x^2} e^{-\ln x} dx$$

$$= x \int \frac{1}{x^3} dx = -\frac{1}{2x}.$$

另外，因为 $\frac{1}{x}$ 与 $-\frac{1}{2x}$ 线性相关，且都满足方程，故可选一个与 $y_1 = x$ 线性无关的简单的特解，可取 $y_2 = \frac{1}{x}$.

2. 二阶非齐次线性方程解的结构

下面讨论二阶非齐次线性方程

$$\frac{d^2 y}{dx^2} + P(x) \frac{dy}{dx} + Q(x) y = f(x) \tag{7-10}$$

通解的结构.

我们已经知道，一阶非齐次线性微分方程的通解由两部分构成：一部分是对应的齐次方程的通解；另一部分是非齐次方程本身的一个特解. 实际上，不仅一阶非齐次线性微分方程的通解具有这样的结构，二阶及更高阶的非齐次线性微分方程的通解也具有同样的结构.

定理 4 设 $y^*(x)$ 是二阶非齐次线性方程(7-10)的一个特解，$Y(x)$ 是与(7-10)对应的齐次方程的通解，则

$$y(x) = Y(x) + y^*(x)$$

是方程(7-10)的通解.

证 将 $y(x)$ 代入方程(7-10)的左端，得

$$(Y'' + y^{*''}) + P(x)(Y' + y^{*'}) + Q(x)(Y + y^*)$$
$$= [Y'' + P(x)Y' + Q(x)Y] + [y^{*''} + P(x)y^{*'} + Q(x)y^*],$$

由于 Y 是齐次方程的通解，y^* 是方程(7-10)的解，可知第一个括号内表达式恒等于零，第二个恒等于 $f(x)$. 这样 $y = Y + y^*$ 是方程(7-10)的解.

又由于对应的齐次方程的通解为 $Y = C_1 y_1 + C_2 y_2$ 中含有两个任意常数 C_1, C_2，从而 $y = Y + y^*$ 就是二阶非齐次线性方程(7-10)的通解.

例如，方程 $y'' + y = x^2$ 是二阶非齐次线性微分方程. 已知 $Y = C_1 \cos x + C_2 \sin x$ 是对应的齐次方程 $y'' + y = 0$ 的通解；又容易验证 $y^* = x^2 - 2$ 是 $y'' + y = x^2$ 的一个特解. 因此

$$y = C_1 \cos x + C_2 \sin x + x^2 - 2$$

是所给方程的通解.

非齐次线性微分方程的自由项 $f(x)$ 有时比较复杂，此时特解可用下述定理来帮助求出.

定理 5　设非齐次线性方程(7-10)的右端 $f(x)$ 是几个函数之和,如

$$y'' + P(x)y' + Q(x)y = f_1(x) + f_2(x),\tag{7-11}$$

而 $y_1^*(x)$ 与 $y_2^*(x)$ 分别是方程

$$y'' + P(x)y' + Q(x)y = f_1(x)$$

与

$$y'' + P(x)y' + Q(x)y = f_2(x)$$

的特解,则 $y_1^*(x) + y_2^*(x)$ 就是方程(7-11)的特解.

证　将 $y = y_1^* + y_2^*$ 代入方程(7-11)的左端,得

$$(y_1^* + y_2^*)'' + P(x)(y_1^* + y_2^*)' + Q(x)(y_1^* + y_2^*)$$
$$= [y_1^{*''} + P(x)y_1^{*'} + Q(x)y_1^*] + [y_2^{*''} + P(x)y_2^{*'} + Q(x)y_2^*]$$
$$= f_1(x) + f_2(x).$$

因此 $y_1^* + y_2^*$ 是方程(7-11)的一个特解.

这一定理通常称为非齐次线性微分方程**解的叠加原理**.

例 3　设某二阶线性非齐次方程有三个特解:$\sin x, \cos x, \mathrm{e}^x$,试写出该方程的通解.

解　易知,$y_1 = \sin x$ 与 $y_2 = \cos x$ 的差 $y_1 - y_2$ 及 $y_1 = \sin x$ 与 $y_3 = \mathrm{e}^x$ 的差 $y_1 - y_3$ 均满足对应的齐次方程,即 $y_1 - y_2, y_1 - y_3$ 均是对应齐次方程的特解. 下面证明 $y_1 - y_2$ 与 $y_1 - y_3$ 线性无关. 因为有

$$\frac{y_1 - y_3}{y_1 - y_2} = \frac{\sin x - \mathrm{e}^x}{\sin x - \cos x} \neq 常数,$$

故 $y_1 - y_2$ 与 $y_1 - y_3$ 在 $(-\infty, +\infty)$ 上线性无关,从而齐次方程的通解为

$$Y = C_1(y_1 - y_2) + C_2(y_1 - y_3) \quad (C_1, C_2 是任意常数).$$

再取非齐次方程的一个特解为 $y^* = y_1$,于是非齐次方程的通解为

$$y = C_1(\sin x - \cos x) + C_2(\sin x - \mathrm{e}^x) + \sin x \quad (C_1, C_2 是任意常数).$$

二、推广

方程

$$y^{(n)} + a_1(x)y^{(n-1)} + \cdots + a_{n-1}(x)y' + a_n(x)y = f(x)\tag{7-12}$$

称为 n 阶非齐次线性微分方程,其中 $a_i(x)(i = 1, 2, \cdots, n)$,$f(x)$ 均为定义在区间 I 上的已知函数,当 $f(x) = 0$ 时,方程

$$y^{(n)} + a_1(x)y^{(n-1)} + \cdots + a_{n-1}(x)y' + a_n(x)y = 0\tag{7-13}$$

称为 n 阶齐次线性微分方程.

定理 6　设函数 $y_1(x), y_2(x), \cdots, y_k(x)$ 为齐次方程(7-13)的 k 个解,则

$$y = C_1 y_1(x) + C_2 y_2(x) + \cdots + C_k y_k(x)$$

也是方程(7-13)的解,其中 $C_1, C_2, \cdots, C_k$ 为任意常数.

特别地,当 $k = n$ 时,齐次方程(7-13)有解

$$y = C_1 y_1(x) + C_2 y_2(x) + \cdots + C_n y_n(x).$$

定义 2　设 $y_1(x), y_2(x), \cdots, y_k(x)$ 为定义在区间 I 上的 k 个函数,如果存在不全为 0 的常数 $C_1, C_2, \cdots, C_k$,使得

$$C_1 y_1(x) + C_2 y_2(x) + \cdots + C_k y_k(x) \equiv 0, \quad \forall x \in I$$

成立,则称这 k 个函数在区间 I 上**线性相关**;否则称这 k 个函数在区间 I 上**线性无关**.

例如,函数 $1, \sin^2 x, \cos^2 x$ 在整个数轴上是线性相关的. 因为取 $C_1 = 1, C_2 = C_3 = -1$,

就有 $1-\sin^2 x-\cos^2 x\equiv 0$. 又如，函数 $1,x,x^2$ 在任意区间 (a,b) 上是线性无关的. 因为如果 C_1,C_2,C_3 不全为零，那么在该区间内至多有两个 x 值使 $C_1+C_2 x+C_3 x^2=0$，从而要使 $C_1+C_2 x+C_3 x^2\equiv 0$，则 C_1,C_2,C_3 必全为零.

定理 7　设函数 $y_1(x),y_2(x),\cdots,y_n(x)$ 为方程 (7-13) 的 n 个线性无关解，则其通解为
$$y=C_1 y_1(x)+C_2 y_2(x)+\cdots+C_n y_n(x),$$
其中 $C_1,C_2,\cdots,C_n$ 为任意常数.

推论　方程 (7-13) 的线性无关解的最大个数等于 n，即 n 阶齐次线性微分方程的所有解构成一个 n 维线性空间. 方程 (7-13) 的一组 n 个线性无关解称为方程的一个基本解组，容易看出，基本解组不唯一.

定理 8　设 $\tilde{y}(x)$ 为 n 阶非齐次线性方程 (7-12) 的一个解，$y^*(x)$ 为对应齐次方程的一个解，则 $y(x)=y^*(x)+\tilde{y}(x)$ 仍为所给非齐次线性方程的解.

定理 9　n 阶非齐次线性方程 (7-12) 的任意两个解之差必为对应齐次线性方程的解.

定理 10　设 $y^*(x)$ 是 n 阶非齐次线性方程 (7-12) 的一个特解，$Y(x)$ 是与之对应的齐次方程的通解，则
$$y(x)=Y(x)+y^*(x)$$
是该 n 阶非齐次线性微分方程的通解.

三、二阶常系数线性方程的解法

二阶常系数非齐次线性微分方程的标准形式为
$$y''+py'+qy=f(x),$$
其中 p,q 是常数.

由定理 4 可知，求二阶常系数非齐次线性微分方程的通解，归结为求对应的齐次方程
$$y''+py'+qy=0 \tag{7-14}$$
的通解和非齐次方程本身的一个特解. 下面就来研究如何求得这些解.

1. 二阶常系数齐次线性微分方程的通解

由前面讨论可知，要找 $y''+py'+qy=0$ 的通解，可先求出它的两个解 y_1,y_2，如果 $\dfrac{y_2}{y_1}$ 不恒等于常数，即 y_1 与 y_2 线性无关，那么 $y=C_1 y_1+C_2 y_2$ 就是方程的通解. 那么，如何找到这两个特解呢？由定理 3，我们只需估计其一个非零特解，再用 Liouville 公式求得另一个线性无关特解即可.

根据方程 (7-14) 为常系数这个特点，以及指数函数及其导数的性质，我们尝试设特解形式为 $y=e^{rx}$（r 为待定常数），将 $y=e^{rx}$ 求导，得到
$$y'=re^{rx},\quad y''=r^2 e^{rx},$$
把 y,y' 和 y'' 代入齐次线性方程 (7-14) 得
$$(r^2+pr+q)e^{rx}=0,$$
由于 $e^{rx}\neq 0$，所以有
$$r^2+pr+q=0, \tag{7-15}$$
由此可见，只要 r 满足代数方程 (7-15)，函数 $y=e^{rx}$ 就是微分方程 $y''+py'+qy=0$ 的解. 我们把代数方程 (7-15) 称为方程 $y''+py'+qy=0$ 的特征方程，特征方程的根称为特征根.

特征方程(7-15)是一个二次代数方程,其中 r^2, r 的系数及常数项恰好依次是微分方程中 y'', y' 及 y 的系数.

特征方程(7-15)的两个特征根 r_1, r_2 可以用公式

$$r_{1,2} = \frac{-p \pm \sqrt{p^2 - 4q}}{2}$$

求出. 它们有以下三种不同的情形.

(1) 当 $p^2 - 4q > 0$ 时, r_1, r_2 是两个不相等的实根:

$$r_1 = \frac{-p + \sqrt{p^2 - 4q}}{2}, \quad r_2 = \frac{-p - \sqrt{p^2 - 4q}}{2}.$$

(2) 当 $p^2 - 4q = 0$ 时, r_1, r_2 是两个相等的实根:

$$r_1 = r_2 = -\frac{p}{2}.$$

(3) 当 $p^2 - 4q < 0$ 时, r_1, r_2 是一对共轭复根:

$$r_1 = \alpha + \mathrm{i}\beta, \quad r_2 = \alpha - \mathrm{i}\beta,$$

其中 $\alpha = -\dfrac{p}{2}$, $\beta = \dfrac{\sqrt{4q - p^2}}{2}$.

相应地, 方程 $y'' + py' + qy = 0$ 的通解也就有三种不同的情形. 分别讨论如下.

(1) 特征方程有两个不相等的实特征根: $r_1 \neq r_2$.

由上面的讨论知道, $y_1 = \mathrm{e}^{r_1 x}$, $y_2 = \mathrm{e}^{r_2 x}$ 是微分方程的两个解, 并且 $\dfrac{y_2}{y_1} = \dfrac{\mathrm{e}^{r_1 x}}{\mathrm{e}^{r_2 x}} = \mathrm{e}^{(r_2 - r_1)x}$ 不是常数, 因此微分方程的通解为

$$y = C_1 \mathrm{e}^{r_1 x} + C_2 \mathrm{e}^{r_2 x} \quad (C_1, C_2 \text{ 是任意常数}).$$

(2) 特征方程有两个相等的实特征根: $r_1 = r_2$.

这时, 只得到微分方程的一个解 $y_1 = \mathrm{e}^{r_1 x}$, 其中 $r_1 = -\dfrac{p}{2}$. 由 Liouville 公式

$$y_2(x) = y_1(x) \int \frac{1}{y_1^2(x)} \mathrm{e}^{-\int p(x)\mathrm{d}x} \mathrm{d}x$$

$$= \mathrm{e}^{r_1 x} \int \frac{1}{\mathrm{e}^{2r_1 x}} \mathrm{e}^{-\int p\mathrm{d}x} \mathrm{d}x = \mathrm{e}^{r_1 x} \int \frac{1}{\mathrm{e}^{2r_1 x}} \mathrm{e}^{-px} \mathrm{d}x = \mathrm{e}^{r_1 x} \int \mathrm{e}^{-(p + 2r_1)x} \mathrm{d}x = x\mathrm{e}^{r_1 x} + C,$$

取 $C = 0$, 由此得到方程的另一个线性无关解

$$y_2 = x\mathrm{e}^{r_1 x},$$

从而微分方程的通解为

$$y = C_1 \mathrm{e}^{r_1 x} + C_2 x\mathrm{e}^{r_1 x},$$

即

$$y = (C_1 + C_2 x)\, \mathrm{e}^{r_1 x} \quad (C_1, C_2 \text{ 是任意常数}).$$

(3) 特征方程有一对共轭复特征根: $r_1 = \alpha + \mathrm{i}\beta$, $r_2 = \alpha - \mathrm{i}\beta$ $(\beta \neq 0)$.

这时, $y_1 = \mathrm{e}^{(\alpha + \mathrm{i}\beta)x}$, $y_2 = \mathrm{e}^{(\alpha - \mathrm{i}\beta)x}$ 是微分方程的两个解, 但它们是复值函数形式. 为了得出实值函数形式的解, 我们先利用 Euler 公式 $\mathrm{e}^{\mathrm{i}\theta} = \cos\theta + \mathrm{i}\sin\theta$, 把 y_1, y_2 改写为

$$y_1 = \mathrm{e}^{(\alpha + \mathrm{i}\beta)x} = \mathrm{e}^{\alpha x} \cdot \mathrm{e}^{\mathrm{i}\beta x} = \mathrm{e}^{\alpha x}(\cos\beta x + \mathrm{i}\sin\beta x),$$

$$y_2 = \mathrm{e}^{(\alpha - \mathrm{i}\beta)x} = \mathrm{e}^{\alpha x} \cdot \mathrm{e}^{-\mathrm{i}\beta x} = \mathrm{e}^{\alpha x}(\cos\beta x - \mathrm{i}\sin\beta x).$$

由于复值函数 y_1 与 y_2 之间成共轭关系, 因此, 取它们的和除以 2 就得到它们的实部; 取它们的差除以 2i 就得到它们的虚部. 由齐次线性方程解的叠加原理, 实值函数

$$\overline{y}_1 = \frac{1}{2}(y_1 + y_2) = e^{\alpha x} \cos \beta x,$$

$$\overline{y}_2 = \frac{1}{2i}(y_1 - y_2) = e^{\alpha x} \sin \beta x$$

还是微分方程的解，且 $\dfrac{\overline{y}_1}{\overline{y}_2} = \dfrac{e^{\alpha x} \cos \beta x}{e^{\alpha x} \sin \beta x} = \cot \beta x$ 不是常数，所以微分方程的通解为

$$y = e^{\alpha x}(C_1 \cos \beta x + C_2 \sin \beta x).$$

综上所述，求二阶常系数齐次线性微分方程

$$y'' + py' + qy = 0.$$

通解的步骤如下：

第一步：写出微分方程的特征方程

$$r^2 + pr + q = 0.$$

第二步：求出特征方程的两个特征根 r_1, r_2.

第三步：根据特征方程的特征根的不同情形，按照表 7-1 写出微分方程的通解：

表 7-1

特征方程 $r^2 + pr + q = 0$ 的特征根 r_1, r_2	方程 $y'' + py' + qy = 0$ 通解中对应项
两个不相等的实根 r_1, r_2	$e^{r_1 x}, e^{r_2 x}$；通解 $y = C_1 e^{r_1 x} + C_2 e^{r_2 x}$
相等的实根 $r_1 = r_2$	$e^{r_1 x}, x e^{r_1 x}$；通解 $y = C_1 e^{r_1 x} + C_2 x e^{r_1 x}$
一对共轭复根 $r_{1,2} = \alpha \pm i\beta$	$e^{\alpha x} \cos \beta x, e^{\alpha x} \sin \beta x$； 通解 $y = e^{\alpha x}(C_1 \cos \beta x + C_2 \sin \beta x)$

例 4　求方程 $y'' - 3y' + 2y = 0$ 的通解.

解　方程为二阶常系数齐次线性方程.

该方程的特征方程为 $r^2 - 3r + 2 = 0$，解得两个特征根为 $r_1 = 1, r_2 = 2$，所以原方程的通解为

$$y = C_1 e^x + C_2 e^{2x}.$$

例 5　求方程 $y'' + 2y' + y = 0$ 的通解.

解　方程为二阶常系数齐次线性方程.

特征方程为 $r^2 + 2r + 1 = 0$，有重特征根 $r = -1$，故得到方程的通解为

$$y = (C_1 + C_2 x) e^{-x}.$$

例 6　求方程 $y'' - 2y' + 3y = 0$ 的通解.

解　方程为二阶常系数齐次线性方程.

特征方程为 $r^2 - 2r + 3 = 0$，有共轭复特征根 $r = 1 \pm \sqrt{2}i$，故 $\alpha = 1, \beta = \sqrt{2}$，因此方程的通解为

$$y = e^x(C_1 \cos \sqrt{2}x + C_2 \sin \sqrt{2}x).$$

2. 推广[*]

上面讨论的二阶常系数齐次线性微分方程所用的方法以及方程的通解的形式，可推广到 n 阶常系数齐次线性微分方程.

n 阶常系数齐次线性微分方程的标准形式是

$$y^{(n)} + p_1 y^{(n-1)} + p_2 y^{(n-2)} + \cdots + p_{n-1} y' + p_n y = 0,$$

其中 $p_1, p_2, \cdots, p_{n-1}, p_n$ 都是常数.

其特征方程为 $\qquad r^n + p_1 r^{n-1} + p_2 r^{n-2} + \cdots + p_{n-1} r + p_n = 0.$

根据特征方程的特征根,可以写出其对应的微分方程的解如表 7-2 所示.

表 7-2

特征方程的特征根	微分方程通解中的对应项
(1) 单实根 r	e^{rx}
(2) 一对单复根 $r_{1,2} = \alpha \pm i\beta$	$e^{\alpha x}\cos\beta x, e^{\alpha x}\sin\beta x$
(3) k 重实根 r	k 项:$e^{rx}, e^{rx}x, \cdots, e^{rx}x^{k-1}$
(4) 一对 k 重复根 $r_{1,2} = \alpha \pm i\beta$	$2k$ 项:$e^{\alpha x}\cos\beta, e^{\alpha x}x\cos\beta, \cdots, e^{\alpha x}x^{k-1}\cos\beta$ $e^{\alpha x}\sin\beta, e^{\alpha x}x\sin\beta, \cdots, e^{\alpha x}x^{k-1}\sin\beta$

从代数学知道,n 次代数方程在复数范围内有 n 个根. 而特征方程的每一个特征根都对应着通解中的一项 $y_i(i=1,2,\cdots,n)$. 这些项的线性组合就得到 n 阶常系数方程的通解:
$$y = C_1 y_1 + C_2 y_2 + \cdots + C_n y_n.$$

例 7　求方程 $y^{(5)} - y^{(4)} + y^{(3)} - y'' = 0$ 的通解.

解　特征方程为 $\qquad r^5 - r^4 + r^3 - r^2 = 0,$

或 $\qquad\qquad\qquad\qquad r^2(r^3 - r^2 + r - 1) = 0,$

即 $\qquad\qquad\qquad\qquad r^2(r-1)(r^2+1) = 0.$

它有五个特征根:$r=0$(二重根),$1, \pm i$,得到对应五个线性无关的特解为
$$e^{0x}, \quad xe^{0x}, \quad e^x, \quad e^{0x}\cos x, \quad e^{0x}\sin x,$$
即 $1, x, e^x, \cos x, \sin x$,于是得方程的通解为
$$y = C_1 + C_2 x + C_3 e^x + C_4\cos x + C_5\sin x.$$

例 8　求方程 $y^{(4)} + 2y'' + y = 0$ 的通解.

解　特征方程为 $r^4 + 2r^2 + 1 = 0$,特征根 $r = \pm i$(二重),得到对应四个线性无关的特解:
$e^{0x}\cos x, xe^{0x}\cos x, e^{0x}\sin x, xe^{0x}\sin x$,即 $\cos x, x\cos x, \sin x, x\sin x$. 于是方程的通解为
$$y = (C_1 + C_2 x)\cos x + (C_3 + C_4 x)\sin x.$$

例 9　求方程 $y^{(3)} + y = 0$ 的通解.

解　特征方程为 $r^3 + 1 = 0$,特征根 $r_1 = -1$,$r_{2,3} = \dfrac{1 \pm \sqrt{3}i}{2}$,得到对应三个线性无关的特解:

$e^{-x}, e^{\frac{1}{2}x}\cos\dfrac{\sqrt{3}}{2}x, e^{\frac{1}{2}x}\sin\dfrac{\sqrt{3}}{2}x$,于是方程的通解为
$$y = C_1 e^{-x} + e^{\frac{x}{2}}\left(C_2\cos\dfrac{\sqrt{3}}{2}x + C_3\sin\dfrac{\sqrt{3}}{2}x\right).$$

3. 二阶常系数非齐次线性方程的解法

我们已经解决了常系数齐次线性方程通解的问题,由线性方程解的结构理论,若要得到二阶常系数非齐次线性方程的通解,只需求非齐次线性方程的一个特解. 我们仅以自由项 $f(x)$ 的两种常见的情形进行讨论.

(1) $f(x) = P_m(x)e^{\alpha x}$,其中 α 是常数,$P_m(x)$ 是 x 的一个 m 次多项式,

$$P_m(x) = a_0 x^m + a_1 x^{m-1} + \cdots + a_{m-1} x + a_m;$$

(2) $f(x) = [A_{m_1}(x)\cos\beta x + B_{m_2}(x)\sin\beta x]\mathrm{e}^{\alpha x}$，其中 $A_{m_1}(x)$ 是 x 的一个 m_1 次多项式，$B_{m_2}(x)$ 是 x 的一个 m_2 次多项式，α,β 为常数，且 $\beta \neq 0$.

1. $f(x) = P_m(x)\mathrm{e}^{\alpha x}$ 型

我们知道，方程 $y'' + py' + qy = P_m(x)\mathrm{e}^{\alpha x}$ 的特解 y^* 是使其成为恒等式的函数. 怎样的函数能使之成为恒等式呢？因为方程式右端 $f(x)$ 是多项式 $P_m(x)$ 与指数函数 $\mathrm{e}^{\alpha x}$ 的乘积，而多项式与指数函数乘积的导数仍然是同一类型，因此，我们推测 $y^* = Q(x)\mathrm{e}^{\alpha x}$（其中 $Q(x)$ 是某个多项式）可能是方程的特解. 把 $y^*,y^{*'}$ 及 $y^{*''}$ 代入方程，然后考虑能否选取适当的多项式 $Q(x)$，使 $y^* = Q(x)\mathrm{e}^{\alpha x}$ 满足方程. 计算如下：

$$y^* = Q(x)\mathrm{e}^{\alpha x},$$
$$y^{*'} = \mathrm{e}^{\alpha x}[\alpha Q(x) + Q'(x)],$$
$$y^{*''} = \mathrm{e}^{\alpha x}[\alpha^2 Q(x) + 2\alpha Q'(x) + Q''(x)],$$

代入方程并消去 $\mathrm{e}^{\alpha x}$，得

$$Q''(x) + (2\alpha + p)Q'(x) + (\alpha^2 + p\alpha + q)Q(x) = P_m(x). \tag{7-16}$$

(1) 如果 α 不是特征方程 $r^2 + pr + q = 0$ 的根，即 $\alpha^2 + p\alpha + q \neq 0$，由于 $P_m(x)$ 是一个 m 次多项式，要使式(7-16)的两端相等，那么可令 $Q(x)$ 为另一个 m 次多项式 $Q_m(x)$：

$$Q_m(x) = b_0 x^m + b_1 x^{m-1} + \cdots + b_{m-1} x + b_m,$$

代入式(7-16)，比较等式两端 x 同次幂的系数，就得到以 $b_0,b_1,\cdots,b_m$ 作为待定常数的 $m+1$ 个方程的联立方程组，从而可以定出这些 $b_i(i=0,1,\cdots,m)$，并得到所求的特解 $y^* = Q_m(x)\mathrm{e}^{\alpha x}$.

(2) 如果 α 是特征方程 $r^2 + pr + q = 0$ 的单根，即 $\alpha^2 + p\alpha + q = 0$，但 $2\alpha + p \neq 0$，要使式(7-16)的两端相等，那么 $Q'(x)$ 必须是 m 次多项式，从而 $Q(x)$ 应为 $m+1$ 次多项式. 此时可令

$$Q(x) = x Q_m(x),$$

并用(1)中同样的方法来确定 $Q_m(x)$ 中的系数，从而求得特解 $y^* = x Q_m(x)\mathrm{e}^{\alpha x}$.

(3) 如果 α 是特征方程 $r^2 + pr + q = 0$ 的重根，即 $\alpha^2 + p\alpha + q = 0$，且 $2\alpha + p = 0$，要使式(7-16)的两端相等，那么 $Q''(x)$ 必须是 m 次多项式，从而 $Q(x)$ 应为 $m+2$ 次多项式. 此时可令

$$Q(x) = x^2 Q_m(x),$$

并用(1)中同样的方法来确定 $Q_m(x)$ 中的系数，从而求得特解 $y^* = x^2 Q_m(x)\mathrm{e}^{\alpha x}$.

综上所述，我们有如下结论：

如果自由项 $f(x) = P_m(x)\mathrm{e}^{\alpha x}$，则二阶常系数非齐次线性微分方程具有形如

$$y^* = x^k Q_m(x)\mathrm{e}^{\alpha x}$$

的特解，其中 $Q_m(x)$ 是与 $P_m(x)$ 同次(m 次)的多项式，而 k 按 α 不是特征方程的根，是特征方程的单根或重根依次取 $0,1,2$.

例 10 求方程 $y'' + 4y = \dfrac{1}{2}x$ 的通解.

解 方程是二阶常系数非齐次线性方程，且自由项 $f(x) = \dfrac{1}{2}x,\alpha = 0,P_m(x) = \dfrac{1}{2}x$ 为一次多项式.

(1) 先求对应齐次方程的通解.

对应齐次方程为 $y''+4y=0$，因此特征方程为 $r^2+4=0$，解得特征根 $r_{1,2}=\pm 2\mathrm{i}$，于是对应的齐次方程的通解为

$$Y=C_1\cos 2x+C_2\sin 2x.$$

（2）求非齐次线性方程的特解.

由于 $\alpha=0$ 不是特征方程的根，特解形式 $y^*=x^k Q_m(x)\mathrm{e}^{\alpha x}$ 中 k 应取 0，而 $m=1$，所以应设原方程的特解为 $y^*=ax+b$，则 $(y^*)'=a$，$(y^*)''=0$，代入所给非齐次线性方程，得

$$4ax+4b=\frac{1}{2}x,$$

从而 $\begin{cases}4a=\dfrac{1}{2},\\ 4b=0,\end{cases}$ 解得 $\begin{cases}a=\dfrac{1}{8},\\ b=0,\end{cases}$ 所以原方程的特解为 $y^*=\dfrac{1}{8}x.$

（3）写出非齐次线性方程的通解.

于是，原方程的通解为 $y=Y+y^*=C_1\cos 2x+C_2\sin 2x+\dfrac{1}{8}x.$

例 11　设出下列方程特解的形式：

（1）$y''+y=3\mathrm{e}^x$；

（2）$y''-2y'+y=x^2\mathrm{e}^x$；

（3）$y''-y=2x\mathrm{e}^x$.

解　三个方程均是二阶常系数非齐次线性方程.

（1）自由项 $f(x)=3\mathrm{e}^x$，$\alpha=1$，$P_m(x)=3$.

对应齐次方程的特征方程为 $r^2+1=0$. 显然 $\alpha=1$ 不是特征方程的根. 又 $P_m(x)=3$ 是一零次多项式，所以特解形式 $y^*=x^k Q_m(x)\mathrm{e}^{\alpha x}$ 中 k 应取 0，$m=0$，于是应设特解形式为

$$y^*=a\mathrm{e}^x\quad(a\text{ 是待定常数}).$$

（2）自由项 $f(x)=x^2\mathrm{e}^x$，$\lambda=1$，$P_m(x)=x^2$.

对应齐次方程的特征方程为 $r^2-2r+1=0$. $\alpha=1$ 是它的重根，又 $P_m(x)=x^2$ 为二次多项式，因而特解形式 $y^*=x^k Q_m(x)\mathrm{e}^{\alpha x}$ 中 $m=2$，k 应取 2，于是应设特解形式为

$$y^*=x^2(ax^2+bx+c)\mathrm{e}^x\quad(a,b,c\text{ 是待定常数}).$$

（3）自由项 $f(x)=2x\mathrm{e}^x$，$\alpha=1$，$P_m(x)=2x$.

对应齐次方程的特征方程为 $r^2-1=0$. $\alpha=1$ 是它的单根，又 $P_m(x)=2x$ 为一次多项式，故 $m=1$，k 应取 1，于是应设特解形式为

$$y^*=x(ax+b)\mathrm{e}^x.$$

例 12　求方程 $y''-2y'+y=x\mathrm{e}^x-\mathrm{e}^x$ 满足 $y|_{x=1}=y'|_{x=1}=1$ 的特解.

解　对应齐次方程的特征方程为 $r^2-2r+1=0$，解得特征根 $r_1=r_2=1$，于是对应的齐次方程的通解为

$$Y=(C_1+C_2 x)\mathrm{e}^x.$$

非齐次方程中的自由项 $f(x)=(x-1)\mathrm{e}^x$，$\alpha=1$ 是特征方程的重根，所以应设非齐次方程的特解为 $y^*=x^2(ax+b)\mathrm{e}^x$，则

$$(y^*)'=[ax^3+(3a+b)x^2+2bx]\mathrm{e}^x$$

$$(y^*)''=[ax^3+(6a+b)x^2+(6a+4b)x+2b]\mathrm{e}^x$$

将 y^*，$(y^*)'$，$(y^*)''$ 代入原方程比较系数得

$$a = \frac{1}{6}, \quad b = -\frac{1}{2},$$

所以原方程的一个特解为

$$y^* = \frac{x^3}{6}e^x - \frac{x^2}{2}e^x,$$

于是,原方程的通解为

$$y = (C_1 + C_2 x)e^x + \frac{x^3}{6}e^x - \frac{x^2}{2}e^x,$$

又

$$y' = \left[(C_1 + C_2) + (C_2 - 1)x + \frac{x^3}{6} \right]e^x,$$

由初始条件 $y(1)=1, y'(1)=1$,得

$$\left(C_1 + C_2 - \frac{1}{3} \right)e = 1, \quad \left(C_1 + 2C_2 - \frac{5}{6} \right)e = 1,$$

即

$$\begin{cases} C_1 + C_2 = \dfrac{1}{e} + \dfrac{1}{3}, \\ C_1 + 2C_2 = \dfrac{1}{e} + \dfrac{5}{6}, \end{cases}$$

解得

$$\begin{cases} C_1 = \dfrac{2}{e} - \dfrac{1}{6}, \\ C_2 = \dfrac{1}{2} - \dfrac{1}{e}. \end{cases}$$

所以原方程满足初始条件的特解为

$$y = \left[\frac{2}{e} - \frac{1}{6} + \left(\frac{1}{2} - \frac{1}{e} \right)x \right]e^x + \frac{x^3}{6}e^x - \frac{x^2}{2}e^x.$$

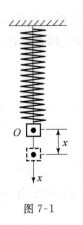

图 7-1

例 13 设有一个弹簧,它的一端固定在墙壁上,另一端系有质量为 m 的物体. 当物体处于静止状态时,作用在物体上的重力与弹性恢复力大小相等、方向相反. 这个位置就是物体的平衡位置. 如图 7-1 所示,取 x 轴铅直向下,物体的平衡位置取为坐标原点 O. 若物体受外力的作用沿 x 轴运动,一旦物体离开平衡位置,则它在弹簧的弹性恢复力和介质阻力等的作用下,在平衡位置附近沿 x 作直线运动,其位置 x 随时间 t 变化. 分别就(1)无介质阻力,(2)有介质阻力,(3)有介质阻力且还受到外力 $F(t) = F_0 \sin \omega_0 t$ 这三种情况,求物体的位置函数 $x = x(t)$ 满足的微分方程,并确定(1)、(2)情况下,物体的运动规律 $x = x(t)$.

解 根据虎克定律,弹簧恢复力与物体离开平衡位置的位移成正比:$f_1 = -kx$,其中 $k > 0$ 为弹性系数,符号表示弹性恢复力与物体移动方向相反,在不考虑介质阻力的情况下,由牛顿第二定律可得

$$m\frac{d^2 x}{dt^2} = -kx, \quad \text{或} \quad m\frac{d^2 x}{dt^2} + kx = 0,$$

此方程称为无阻尼自由振动的微分方程,它是一个二阶常系数齐次线性微分方程.

如果物体在运动过程中还受到介质（如空气、油等）的阻力作用,设介质阻力与物体运动的速度成正比,且阻力的方向与运动的方向相反,则介质阻力为 $f_2 = -c\dfrac{dx}{dt}$,其中 $c > 0$ 为阻尼系数,从而物体运动的方程为

$$m\frac{\mathrm{d}^2 x}{\mathrm{d}t^2}=-kx-c\frac{\mathrm{d}x}{\mathrm{d}t}\quad\text{或}\quad m\frac{\mathrm{d}^2 x}{\mathrm{d}t^2}+c\frac{\mathrm{d}x}{\mathrm{d}t}+kx=0,$$

此方程称为有阻尼的自由振动方程,它也是一个二阶常系数齐次线性微分方程.

如果物体在振动过程中除了受到弹性恢复力和介质阻力外,还受到周期性的外界干扰力 $F(t)=F_0\sin\omega_0 t$ 的作用,那么物体运动方程为

$$m\frac{\mathrm{d}^2 x}{\mathrm{d}t^2}=-kx-c\frac{\mathrm{d}x}{\mathrm{d}t}+F_0\sin\omega_0 t\quad\text{或}\quad m\frac{\mathrm{d}^2 x}{\mathrm{d}t^2}+c\frac{\mathrm{d}x}{\mathrm{d}t}+kx=F_0\sin\omega_0 t,$$

此方程称为有阻尼的强迫振动方程,它是一个二阶常系数非齐次线性微分方程.

下面就三种情形分别讨论物体运动方程的解.

1. 无阻尼的自由振动

无阻尼的自由振动方程为 $m\dfrac{\mathrm{d}^2 x}{\mathrm{d}t^2}+kx=0$,它的特征方程为 $mr^2+k=0$,特征方程的根为

$r=\pm\omega\mathrm{i}$,其中 $\omega=\sqrt{\dfrac{k}{m}}$,故方程的通解为

$$x(t)=C_1\cos\omega t+C_2\sin\omega t=A\sin(\omega t+\varphi),$$

如图 7-2 所示.

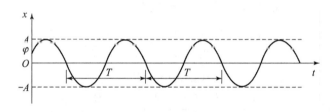

图 7-2

这个函数反映的运动就是简谐振动,它的振幅为 A,初始相位为 ϕ,周期为 $T=\dfrac{2\pi}{\omega}$,ω 称为系统的固有频率,它完全由振动系统本身所确定.

2. 有阻尼的自由振动

有阻尼的自由振动方程为 $m\dfrac{\mathrm{d}^2 x}{\mathrm{d}t^2}+kx+c\dfrac{\mathrm{d}x}{\mathrm{d}t}=0$,其特征方程为 $mr^2+cr+k=0$,特征方程的根为

$$r_{1,2}=\frac{-c\pm\sqrt{c^2-4mk}}{2m},$$

根据特征方程根的不同,分三种情况讨论如下.

(1) $c^2-4mk>0$(超阻尼)

此时特征方程有两个相异负实根 r_1,r_2,故方程的通解为 $x(t)=C_1\mathrm{e}^{r_1 t}+C_2\mathrm{e}^{r_2 t}$,当 $t\to+\infty$ 时,$x(t)\to0$. 这表明,在阻尼系数较大的超阻尼介质(如油或糖浆)中,物体运动受到较大的阻力,物体最终将趋向于平衡位置,而停止振动.

(2) $c^2-4mk=0$(临界阻力)

此时特征方程有两个相同的负实根 $r_1=r_2$,故方程的通解为 $x(t)=(C_1+C_2 t)\mathrm{e}^{r_1 t}$.

在临界阻力的介质中,物体最终也将趋向于平衡位置,而停止振动.

(3) $c^2-4mk<0$(低阻尼)

此时特征方程有两个共轭复根 $r_{1,2}=\alpha\pm\mathrm{i}\beta$，其实部 $\alpha<0$，故方程的通解为

$$x(t)=\mathrm{e}^{\alpha t}(C_1\cos\beta t+C_2\sin\beta t)=A\mathrm{e}^{\alpha t}\sin(\beta t+\varphi),$$

如图 7-3 所示.

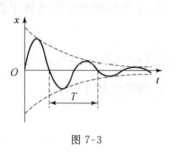

图 7-3

由此可知，在低阻尼的介质中，物体在平衡位置附近产生振动，但振动的振幅 $A\mathrm{e}^{\alpha t}$，当 $t\to+\infty$ 时趋于零，故物体最终也将趋向于平衡位置.

3. $f(x)=[A_{m_1}(x)\cos\beta x+B_{m_2}(x)\sin\beta x]\mathrm{e}^{\alpha x}$ 型

下面借助方程 $y''+py'+qy=P_m(x)\mathrm{e}^{\alpha x}$ 的解法来求方程

$$y''+py'+qy=[A_{m_1}(x)\cos\beta x+B_{m_2}(x)\sin\beta x]\mathrm{e}^{\alpha x}$$

的特解. 首先利用 Euler 公式 $\mathrm{e}^{\mathrm{i}\theta}=\cos\theta+\mathrm{i}\sin\theta$，$\mathrm{e}^{-\mathrm{i}\theta}=\cos\theta-\mathrm{i}\sin\theta$，即 $\cos\theta=\dfrac{1}{2}(\mathrm{e}^{\mathrm{i}\theta}+\mathrm{e}^{-\mathrm{i}\theta})$，

$\sin\theta=\dfrac{1}{2\mathrm{i}}(\mathrm{e}^{\mathrm{i}\theta}-\mathrm{e}^{-\mathrm{i}\theta})$ 将 $[A_{m_1}(x)\cos\beta x+B_{m_2}(x)\sin\beta x]\mathrm{e}^{\alpha x}$ 化为指数函数与多项式的乘积：

$$
\begin{aligned}
f(x)&=[A_{m_1}(x)\cos\beta x+B_{m_2}(x)\sin\beta x]\mathrm{e}^{\alpha x}\\
&=\left[A_{m_1}(x)\frac{\mathrm{e}^{\mathrm{i}\beta x}+\mathrm{e}^{-\mathrm{i}\beta x}}{2}+B_{m_2}(x)\frac{\mathrm{e}^{\mathrm{i}\beta x}-\mathrm{e}^{-\mathrm{i}\beta x}}{2\mathrm{i}}\right]\mathrm{e}^{\alpha x}\\
&=\left[\frac{A_{m_1}(x)}{2}+\frac{B_{m_2}(x)}{2\mathrm{i}}\right]\mathrm{e}^{(\alpha+\mathrm{i}\beta)x}+\left[\frac{A_{m_1}(x)}{2}-\frac{B_{m_2}(x)}{2\mathrm{i}}\right]\mathrm{e}^{(\alpha-\mathrm{i}\beta)x}\\
&=C_m(x)\mathrm{e}^{(\alpha+\mathrm{i}\beta)x}+\overline{C}_m(x)\mathrm{e}^{(\alpha-\mathrm{i}\beta)x},
\end{aligned}
$$

这里

$$C_m(x)=\frac{A_{m_1}(x)}{2}+\frac{B_{m_2}(x)}{2\mathrm{i}}=\frac{A_{m_1}(x)}{2}-\frac{B_{m_2}(x)}{2}\mathrm{i},$$

$$\overline{C}_m(x)=\frac{A_{m_1}(x)}{2}-\frac{B_{m_2}(x)}{2\mathrm{i}}=\frac{A_{m_1}(x)}{2}+\frac{B_{m_2}(x)}{2}\mathrm{i},$$

是共轭的 m 次多项式，而 $m=\max\{m_1,m_2\}$.

对于 $f(x)$ 中的第一项 $C_m(x)\mathrm{e}^{(\alpha+\mathrm{i}\beta)x}$，可求出 x 的一个 m 次多项式 $R_m(x)$，使得

$$y_1^*=x^k R_m(x)\mathrm{e}^{(\alpha+\mathrm{i}\beta)x}$$

为方程

$$y''+py'+qy=C_m(x)\mathrm{e}^{(\alpha+\mathrm{i}\beta)x}$$

的特解，其中 k 按 $\alpha+\mathrm{i}\beta$ 不是特征根或是单根依次取 0 或 1.

由于 $f(x)$ 中的第二项 $\overline{C}_m(x)\mathrm{e}^{(\alpha-\mathrm{i}\beta)x}$ 与第一项 $C_m(x)\mathrm{e}^{(\alpha+\mathrm{i}\beta)x}$ 共轭，所以与 y_1^* 共轭的函数 $y_2^*=x^k\overline{R}_m(x)\mathrm{e}^{(\alpha-\mathrm{i}\beta)x}$ 必然是方程 $y''+py'+qy=\overline{C}_m(x)\mathrm{e}^{(\alpha-\mathrm{i}\beta)x}$ 的特解，这里 $\overline{R}_m(x)$ 表示与 $R_m(x)$ 成共轭的 m 次多项式.

由叠加原理知，方程 $y''+py'+qy=[A_{m_1}(x)\cos\beta x+B_{m_2}(x)\sin\beta x]\mathrm{e}^{\alpha x}$ 有形如

$$y^*=y_1^*+y_2^*=x^k R_m(x)\mathrm{e}^{(\alpha+\mathrm{i}\beta)x}+x^k\overline{R}_m(x)\mathrm{e}^{(\alpha-\mathrm{i}\beta)x}$$

的特解. 再次利用 Euler 公式，上式可写为

$$
\begin{aligned}
y^*&=x^k[R_m(x)\mathrm{e}^{\mathrm{i}\beta x}+\overline{R}_m(x)\mathrm{e}^{-\mathrm{i}\beta x}]\mathrm{e}^{\alpha x}\\
&=x^k[R_m(x)(\cos\beta x+\mathrm{i}\sin\beta x)+\overline{R}_m(x)(\cos\beta x-\mathrm{i}\sin\beta x)]\mathrm{e}^{\alpha x}.
\end{aligned}
$$

由于上式右边中括号内的两项是互成共轭的，相加后即无虚部，所以可以写成实函数形式：

$$y^*=x^k(P_m(x)\cos\beta x+Q_m(x)\sin\beta x)\mathrm{e}^{\alpha x},$$

其中 $P_m(x)$，$Q_m(x)$ 为 m 次多项式，$m=\max\{m_1,m_2\}$，k 按 $\alpha+\mathrm{i}\beta$ 不是特征根或是单根依次取 0

或 1.

例 14 求方程 $y''+4y'+4y=\cos 2x$ 的通解.

解 方程是二阶常系数非齐次线性方程,且自由项 $f(x)=\cos 2x=\cos 2x \cdot e^{0x}$,$\alpha=0$,$\beta=2$,$A_{m_1}(x)=1$,$B_{m_2}(x)=0$.

(1) 先求对应齐次方程的通解. 对应齐次方程为 $y''+4y'+4y=0$.

因此特征方程为 $r^2+4r+4=0$,解得特征根 $r_1=r_2=-2$,于是对应的齐次方程的通解为
$$Y=(C_1+C_2x)e^{-2x}.$$

(2) 求非齐次线性方程的特解. 由于 $\alpha+i\beta=2i$ 不是特征方程的根,特解形式
$$y^*=x^k(P_m(x)\cos\beta x+Q_m(x)\sin\beta x)e^{\alpha x}$$
中 k 应取 0,而 $m=0$,所以应设原方程的特解为
$$y^*=A\cos 2x+B\sin 2x,$$

代入所给非齐次线性方程,得 $A=0$,$B=\dfrac{1}{8}$,所以原方程的特解为 $y^*=\dfrac{1}{8}\sin 2x$.

(3) 写出非齐次线性方程的通解.

于是,原方程的通解为 $y=Y+y^*=(C_1+C_2x)e^{-2x}+\dfrac{1}{8}\sin 2x$.

例 15 求方程 $y''+y=x\cos 2x$ 的通解.

解 方程是二阶常系数非齐次线性方程,且自由项 $f(x)=x\cos 2x=x\cos 2x \cdot e^{0x}$,$\alpha=0$,$\beta=2$,$A_{m_1}(x)=x$,$B_{m_2}(x)=0$.

(1) 先求对应齐次方程的通解. 对应齐次方程为 $y''+y=0$. 因此特征方程为 $r^2+1=0$,解得特征根 $r_{1,2}=\pm i$,于是对应的齐次方程的通解为
$$Y=C_1\cos x+C_2\sin x.$$

(2) 求非齐次线性方程的特解. 由于 $\alpha+i\beta=2i$ 不是特征方程的根,特解形式
$$y^*=x^k(P_m(x)\cos\beta x+Q_m(x)\sin\beta x)e^{\alpha x}$$
中 k 应取 0,而 $m=1$,所以应设原方程的特解为
$$y^*=(A_1x+B_1)\cos 2x+(A_2x+B_2)\sin 2x,$$

代入所给非齐次线性方程,得 $A_1=-\dfrac{1}{3}$,$B_1=0$,$A_2=0$,$B_2=\dfrac{4}{9}$. 所以原方程的特解为
$$y^*=-\dfrac{1}{3}x\cos 2x+\dfrac{4}{9}\sin 2x.$$

(3) 写出非齐次线性方程的通解.

于是,原方程的通解为 $y=Y+y^*=C_1\cos x+C_2\sin x-\dfrac{1}{3}x\cos 2x+\dfrac{4}{9}\sin 2x$.

例 16 求方程 $y''-2y'+2y=x\cos x \cdot e^x$ 的通解.

解 方程是二阶常系数非齐次线性方程,且自由项 $f(x)=x\cos x=x\cos x \cdot e^x$,$\alpha=1$,$\beta=1$,$A_{m_1}(x)=x$,$B_{m_2}(x)=0$.

(1) 先求对应齐次方程的通解. 对应齐次方程为 $y''-2y'+2y=0$,因此特征方程为 $r^2-2r+2=0$,解得特征根 $r_{1,2}=1\pm i$,于是对应的齐次方程的通解为
$$Y=(C_1\cos x+C_2\sin x)e^x.$$

(2) 求非齐次线性方程的特解. 由于 $\alpha+i\beta=1+i$ 是特征方程的单根,特解形式
$$y^*=x^k(P_m(x)\cos\beta x+Q_m(x)\sin\beta x)e^{\alpha x}$$

中 k 应取 1，而 $m=1$，所以应设原方程的特解为

$$y^* = x[(A_1 x + B_1)\cos x + (A_2 x + B_2)\sin x]e^x,$$

代入所给非齐次线性方程，得 $A_1 = 0, B_1 = \dfrac{1}{4}, A_2 = \dfrac{1}{4}, B_2 = 0.$ 所以原方程的特解为

$$y^* = \frac{x}{4}(\cos x + x\sin x)e^x.$$

（3）写出非齐次线性方程的通解.

于是，原方程的通解为

$$y = Y + y^* = (C_1\cos x + C_2\sin x)e^x + \frac{x}{4}(\cos x + x\sin x)e^x.$$

例 17 求方程 $y'' + y = \sin x - \cos 2x$ 的通解.

解 $\qquad\qquad f(x) = \sin x - \cos 2x = f_1(x) + f_2(x).$

（1）先求对应齐次方程的通解. 对应齐次方程为 $y'' + y = 0$，因此特征方程为 $r^2 + 1 = 0$，解得特征根 $r_{1,2} = \pm i$，于是对应的齐次方程的通解为

$$Y = C_1\cos x + C_2\sin x.$$

（2）求非齐次线性方程 $y'' + y = \sin x$ 的特解. $f_1(x) = \sin x \cdot e^{0x}$，$\alpha + i\beta = i$ 是特征方程的单根，设特解

$$y_1^* = x(A_1\cos x + B_1\sin x),$$

代入 $y'' + y = \sin x$，得 $A_1 = -\dfrac{1}{2}, B_1 = 0$，从而

$$y_1^* = -\frac{1}{2}x\cos x.$$

（3）求非齐次线性方程 $y'' + y = -\cos 2x$ 的特解. $f_2(x) = -\cos 2x \cdot e^{0x}$，$\alpha + i\beta = 2i$ 不是特征根，设特解

$$y_2^* = A_2\cos 2x + B_2\sin 2x,$$

代入 $y'' + y = -\cos 2x$，得 $A_2 = \dfrac{1}{3}, B_2 = 0$，从而

$$y_2^* = \frac{1}{3}\cos 2x.$$

（4）由叠加原理，原方程的通解为

$$y = Y + y_1^* + y_2^* = C_1\cos x + C_2\sin x - \frac{1}{2}x\cos x + \frac{1}{3}\cos 2x.$$

例 18 求方程 $y'' - 2y' + 2y = x^2 + 2\cos^2\dfrac{x}{2}\cdot e^x$ 的通解.

解 $\qquad\qquad f(x) = x^2 + e^x + \cos x \cdot e^x = f_1(x) + f_2(x) + f_3(x).$

（1）先求对应齐次方程的通解. 对应齐次方程为 $y'' - 2y' + 2y = 0$.

因此特征方程为 $r^2 - 2r + 2 = 0$，解得特征根 $r_{1,2} = 1 \pm i$，于是对应的齐次方程的通解为

$$Y = (C_1\cos x + C_2\sin x)e^x.$$

（2）分别求非齐次线性方程 $y'' - 2y' + 2y = x^2$，$y'' - 2y' + 2y = e^x$，$y'' - 2y' + 2y = \cos x \cdot e^x$ 的特解 y_1^*, y_2^*, y_3^*. 具体地，$\alpha = 0$ 不是特征根，设 $y_1^* = A_1 x^2 + B_1 x + C_1$，代入方程 $y'' - 2y' + 2y = x^2$ 中，得 $y_1^* = \dfrac{1}{2}x^2 + x + \dfrac{1}{2}$；$\alpha = 1$ 不是特征根，设 $y_2^* = A_2 e^x$，代入方程 $y'' - 2y' + 2y = e^x$ 中，得

$y_2^* = e^x$；$\alpha + i\beta = 1 + i$ 是特征方程的单根，设 $y_3^* = x(A_3\cos x + B_3\sin x)e^x$，代入方程 $y'' - 2y' + 2y = \cos x \cdot e^x$ 中，得 $y_3^* = \dfrac{x}{2}\sin x \cdot e^x$.

（3）由叠加原理，原方程的通解为

$$y = Y + y_1^* + y_2^* + y_3^* = (C_1\cos x + C_2\sin x)e^x + \frac{1}{2}x^2 + x + \frac{1}{2} + e^x + \frac{x}{2}\sin x \cdot e^x.$$

习　题　五

1. 判断下列函数组在它们的定义区间上是线性相关，还是线性无关：

（1）$x, 2x$；　　　　　　　　　　（2）$x, 0$；

（3）x, x^2；　　　　　　　　　　（4）$\sin x, 2$；

（5）$e^x, xe^x, x^2 e^x$；　　　　　　（6）$\sin 2x, \cos x, \sin x$.

2.（1）验证 $y_1 = e^x, y_2 = xe^x$ 是方程 $y'' - 2y' + 2y = 0$ 的两个线性无关解，并写出该方程的通解.

（2）求（1）中方程满足 $y(1) = e, y'(1) = 3e$ 的特解.

（3）验证 $y = C_1 e^x + C_2 e^{2x} + \dfrac{1}{12}e^{5x}$（$C_1, C_2$ 为任意常数）是方程 $y'' - 3y' + 2y = e^{5x}$ 的通解.

3. 若 y_1, y_2 是二阶线性非齐次方程 $y'' + P(x)y' + Q(x)y = f(x)$ 的两个解，证明 $y = y_1 - y_2$ 是相应齐次方程 $y'' + P(x)y' + Q(x)y = 0$ 的解.

4.（1）已知 $y_1 = 3, y_2 = 3 + x^2, y_3 = 3 + e^x$ 是二阶线性非齐次微分方程
$$y'' + P(x)y' + Q(x)y = f(x)$$
的解，求方程的通解.

（2）设 y_1, y_2, y_3 是方程
$$y'' + P(x)y' + Q(x)y = f(x) \quad (P(x), Q(x), f(x) \text{是连续函数})$$
的解，且 $\dfrac{y_2 - y_1}{y_3 - y_1} \neq$ 常数，求证 $y = (1 - C_1 - C_2)y_1 + C_1 y_2 + C_2 y_3$（$C_1, C_2$ 为任意常数）是方程的通解.

5. 求下列微分方程的通解：

（1）$y'' - 4y' + 3y = 0$；　　　　　　（2）$y'' + 4y' + 4y = 0$；

（3）$y'' + 2y' + 5y = 0$；　　　　　　（4）$\dfrac{d^2 y}{dx^2} + 25y = 0$；

（5）$\dfrac{d^2 x}{dt^2} - 2x = 0$；　　　　　　（6）$y''' - y' = 0$；

（7）$y^{(4)} - y = 0$；　　　　　　　　（8）$y^{(4)} - 2y''' + y'' = 0$.

6. 求下列微分方程的特解：

（1）$y'' + 3y' + 2y = 0, y(0) = 1, y'(0) = -2$；

（2）$y'' - 2y' + 2y = 0, y(\pi) = -2, y'(\pi) = -3$；

（3）$y'' + 3y' + 2y = 0, y(0) = 1, y'(0) = 2$；

（4）$y'' - 3y' - 4y = 0, y(0) = 1, y'(0) = -5$.

7. 方程 $y''+9y=0$ 的一条积分曲线通过 $(\pi,-1)$,且在该点和直线 $y+1=x-\pi$ 相切,求这条积分曲线的方程.

8. 指出下列微分方程应设特解的形式:

(1) $y''+5y'+6y=e^{3x}$; (2) $y''+5y'+6y=3xe^{-2x}$;

(3) $y''+2y'+y=-(3x^2+1)e^{-x}$; (4) $y''-2y'=5\sin x$.

9. (1) 求方程 $y''-2y'-3y=3x+1$ 的一个特解;

(2) 求方程 $y''-2y'-3y=e^{-x}$ 的通解;

(3) 求方程 $y''-3y'+2y=xe^{2x}$ 的通解;

(4) 求方程 $y''+2y'+y=xe^{-x}$ 的通解;

(5) 求方程 $y'''+3y''+3y'+y=(x-5)e^{-x}$ 的通解;

(6) 求方程 $y''+y=4x\cos x$ 的通解;

(7) 求方程 $y''-y'=e^x-10\cos 2x$ 的通解;

(8) 求方程 $y''-4y'+4y=e^{2x}+e^x+1$ 的通解.

10. 求下列微分方程满足所给初始条件的特解:

(1) $y''-3y'+2y=5,y(0)=1,y'(0)=2$;

(2) $y''-y=4xe^x,y(0)=1,y'(0)=1$;

(3) $y''-y=5e^x\cos x,y(0)=0,y'(0)=2$.

11. 设二阶常系数线性微分方程 $y''+ay'+by=ce^x$ 的一个特解是
$$y=e^{2x}+(1+x)e^x,$$
求常数 a,b,c,并求出该方程的通解.

12. 设二阶可微函数 $f(x)$ 满足方程 $\int_0^x(x+1-t)f'(t)dt=x^2+e^x-f(x)$,求 $f(x)$.

13. 若连续函数 $f(x)$ 满足 $f(x)=e^x+\int_0^x(t-x)f(t)dt$,求 $f(x)$.

14. 对于 $x>0$,过曲线 $y=f(x)$ 上点 $(x,f(x))$ 处的切线在 y 轴上的截距等于 $\frac{1}{x}\int_0^x f(t)dt$,求 $f(x)$.

第六节 * 差分方程

离散现象在自然中广泛存在,生命科学、化学、物理、力学、控制、经济等领域有不少现象只能用离散的数学模型来描述.从许多具有递推关系的变化过程中可以得到差分方程,是经济学和管理科学中最常见的一种离散型数学模型.与微分方程相比,差分方程的理论相对较少,事实上,差分方程比微分方程更早出现,但由于早期微积分等理论的发展导致了微分方程的发展比差分方程迅速,近年计算机技术的发展使得差分方程又开始得到应有的重视.

这一节我们先给出一系列从实际问题或者数学问题中导出差分的例子,接下来介绍差分和差分方程的基本概念和性质,最后介绍一阶、二阶常系数线性差分方程的求解方法.

一、引例

1. 种群生态学中的虫口模型

在种群生态学中考虑像蚕、蝉这种类型的昆虫数目(即"虫口")的变化,注意这种虫口一代一代之间是不交叠的,每年夏季这种昆虫成虫产卵后全部死亡,第二年春天每个虫卵孵化成一个虫子,显然牛、马、羊、人均不属于此列.

分析 首先,设未知函数是在第 n 年这种虫口的数目,要建立的数学模型就是相邻两代(或者说相邻两年,n 年和 $n+1$ 年)的虫子数之间的相依关系. 最简单的,设第 n 年的虫口为 p_n,每年成虫平均产卵 c 个,第 $n+1$ 年的虫口为 p_{n+1},显见相邻两年虫口之间的依赖关系是

$$p_{n+1}=cp_n, \quad n=0,1,2,\cdots. \tag{7-17}$$

如果考虑到周围的环境能提供的空间与食物是有限的,虫子之间为了生存将互相竞争而咬斗,此外传染病及天敌又对虫子的生存存在威胁,可按这些因素的分析定量的修改模型(7-17). 由于咬斗和接触都是发生在两只虫子之间的事件,而 p_n 只虫子配对的事件总数是 $\frac{1}{2}p_n(p_n-1)$,当 p_n 相当大时,此事件总数接近于 $\frac{1}{2}p_n^2$,所以模型(7-17)将被修改成如下的虫口方程:

$$p_{n+1}=cp_n-bp_n^2, \quad n=0,1,2,\cdots, \tag{7-18}$$

这里 b 是阻滞系数. 在进行一些变量与参数代换后,可以将其写成标准形式:

$$x_{n+1}=\lambda x_n(1-x_n), \quad \lambda>0, n=0,1,2,\cdots, \tag{7-19}$$

近 30 多年来,人们对方程(7-19)具有很大兴趣,通常称之为 Logistic(阻滞)方程.

对方程(7-17)或方程(7-19)求解,显然方程(7-17)的求解比较容易,而方程(7-19)的求解就比较难了. 有关虫口模型求解将在本节后面讨论.

2. 兔子数量增长(Fibonacci 问题)

考虑兔子的繁殖,假定现有一对刚出生的幼兔,幼兔一个月后变成成兔,成兔一个月后每月恰好生一对幼兔,且出生的幼兔都成活,如果一代一代繁殖下去,问在 n 个月后将有多少对兔子(当然"兔子不可能长生不老",所以 n 不会很大,譬如取兔子的平均寿命 N 月,$n \leqslant N$)?

分析 设 p_n 是第 n 个月家兔的对数,a_n 为其中成兔的对数,b_n 为其中家兔的对数,则

$$p_n=a_n+b_n.$$

过了一个月后,a_n 对成兔生了 a_n 对幼兔,原先的幼兔变成成兔,即 b_n 对幼兔长成了 b_n 对成兔,因此

$$a_{n+1}=a_n+b_n, \quad b_{n+1}=a_n.$$

于是

$$p_{n+2}=a_{n+2}+b_{n+2}=a_{n+1}+b_{n+1}+a_{n+1}=(a_{n+1}+b_{n+1})+(a_n+b_n)$$
$$=p_{n+1}+p_n.$$

将

$$p_{n+2}=p_{n+1}+p_n \tag{7-20}$$

称为 Fibonacci 方程.

已知 $p_0=1$,$p_1=1$,由式(7-20)得,$p_2=2$,$p_3=3$,$p_4=5$,$p_5=8$,$\cdots$,这就是有名的 Fibonacci 数列. 值得一提的是,Fibonacci 数列在自然界中也有奇妙的表现. 轮生叶植物(如烟草、洋葱等)的叶子及一些花的花瓣的分布,当我们从下向上数叶片时,就会发现沿顺时针(或逆时针)方向转了 k 圈以后,第 l 片叶子和开始那片叶子处于同一方向,而 l 和 k 往往是

Fibonacci 数列中相邻的两项,如 $k=5,l=8$ 等.有人计算过,这种排列是最有益于植物利用阳光的.向日葵种子的排列也是一个有趣的例子,可以明显看到,在花盘上有两组方向相反的螺线,它们都是对数螺线.这两组螺旋围成的四边形就是葵花籽的位置,两组螺线的数目总是 Fibonacci 数列的连续两项,在小花盘上,它们常常是$(13,21)$或$(21,34)$;在特别大的花盘上,甚至可以看到$(89,144)$.关于式(7-20)的解有许多为人们感兴趣的性质,将在后面阐述.

3. 经济学中的蛛网模型

在分析市场经济中农产品的价格和产量之间的关系中常常要用如下的规律:本期产量(或市场供给量)决定本期价格,而本期价格决定下期产量.为了建立相关的数学模型,可以假设 P 表示价格,Q 表示产量,D 表示需求函数,S 表示供给函数,时间 t 表示第 t 期,那么 P_t 表示第 t 期的价格,Q_t 表示第 t 期的产量.把上述规律用数学式子表达出来就是

$$P_t=D(Q_t), \tag{7-21}$$

$$Q_t=S(P_{t-1}), \tag{7-22}$$

将上述两式合并,得

$$P_t=D(S(P_{t-1}))=F(P_{t-1}), \quad F=DS. \tag{7-23}$$

我们也可以换一种观点来推导简单情形下式(7-23).把市场经济中的市场供给量、价格、市场需求量之间的规律归结为下面三条:

(1)市场供给量对价格变动的反应是滞后的,即第 t 期的供给量 Q_t 取决于第 $t-1$ 期的价格 P_{t-1},而这种相依关系简单地取为

$$Q_t=-c+dP_{t-1} \quad (c>0,d>0), \tag{7-24}$$

即相依关系是线性的正比例关系,而价格不能太小,至少 $P_{t-1}>\dfrac{c}{d}$,从而 $Q_t>0$.

(2)市场供给量对价格变动的反应是瞬时的,即第 t 期的供给量 Q_t 取决于本期的价格 P_t,类似地,这种相依关系简单地取为

$$Q_t=a-bP_t \quad (a>0,b>0), \tag{7-25}$$

即相依关系是线性的,价格 P_t 减少,则市场需求量增加,而价格不能太高,$P_t<\dfrac{a}{b}$,从而 $Q_t>0$.

(3)市场平衡条件为市场清销,供需相等,即

$$-c+dP_{t-1}=a-bP_t,$$

也就是

$$P_t=\frac{a+c}{b}-\frac{\mathrm{d}}{b}P_{t-1}. \tag{7-26}$$

易知如果初始条件给定,那么 P_1 的值由方程(7-26)给定,进而 $P_2,P_3,\cdots,P_t$ 的值均可类似得到.方程(7-26)的求解及与实际情况对照也将在后面给出.

4. 消费、投资、收入之间的 Hansen-Samuelson 模型

设第 t 年度国民收入为 Y_t,消费为 C_t,投资为 I_t,政府行政开支 G_t,为讨论方便起见,固定 $G_t\equiv G_0$.下面给出 Hansen-Samuelson 模型,它又称乘数与加速系数交互作用模型.

$$Y_t=C_t+I_t+G_0, \tag{7-27}$$

$$C_t=bY_{t-1}, \tag{7-28}$$

$$I_t=\alpha(C_t-C_{t-1}), \tag{7-29}$$

其中 $0<b<1,\alpha>0$.式 (7-27)表示国民收入为消费投资与政府行政开支之和,式(7-28)说明第 t 年的消费与上一年即第 $t-1$ 年的收入是成正比例的,其比例系数是边际消费倾向 b.式

(7-29)说明投资与第 t 年比第 $t-1$ 年消费增长的量成正比例,其比例因子是加速因子 α.

由式(7-28)与式(7-29)易知

$$I_t = \alpha(C_t - C_{t-1}) = \alpha b(Y_t - Y_{t-1}).\tag{7-30}$$

将式(7-28)与式(7-30)代入式(7-27)得

$$Y_t = bY_{t-1} + \alpha b(Y_{t-1} - Y_{t-2}) + G_0,$$

化简得

$$Y_t - (1+\alpha)bY_{t-1} + \alpha bY_{t-2} = G_0.\tag{7-31}$$

这个方程的解法以及该例子的应用将在本节陆续给出.

二、差分的概念与性质

定义 1 $f(x)$ 是定义在非负整数集上的函数,则 $\Delta f(x) = f(x+1) - f(x)$ 称为 $f(x)$ 在 x 的**差分**,也称为函数 $f(x)$ 在 x 的**一阶差分**,Δ 称为差分算子.

差分算子的定义与微积分中导数的定义类似,也具有和导数类似的性质.对任意常数 C 和函数 $f(x)$ 与 $g(x)$,差分算子有下面的一些性质.

性质 1 $\qquad\qquad \Delta(f(x) \pm g(x)) = \Delta f(x) \pm \Delta g(x).$

性质 2 $\qquad\qquad \Delta(Cf(x)) = C\Delta f(x) \quad (C \text{ 为常数}).$

显然 $\qquad\qquad\qquad\qquad \Delta C = 0.$

性质 3 $\qquad\qquad \Delta(f(x)g(x)) = f(x+1)\Delta g(x) + g(x)\Delta f(x)$
$$= g(x+1)\Delta f(x) + f(x)\Delta g(x).$$

性质 4 $\qquad \Delta\left(\dfrac{f(x)}{g(x)}\right) = \dfrac{g(x)\Delta f(x) - f(x)\Delta g(x)}{g(x+1)g(x)} \quad (g(x) \neq 0).$

性质 1 和性质 2 说明了差分的线性性,性质 3 是两个函数之积的差分公式,性质 4 是两个函数之商的差分公式.这些性质都是通过直接计算得到的,例如对性质 3 和性质 4 的计算过程如下:

$$\Delta(f(x)g(x)) = f(x+1)g(x+1) - f(x)g(x)$$
$$= f(x+1)g(x+1) - f(x+1)g(x) + f(x+1)g(x) - f(x)g(x)$$
$$= f(x+1)\Delta g(x) + g(x)\Delta f(x),$$

第二个等式类似可得.

$$\Delta\left(\frac{f(x)}{g(x)}\right) = \frac{f(x+1)}{g(x+1)} - \frac{f(x)}{g(x)} = \frac{f(x+1)g(x) - f(x)g(x+1)}{g(x+1)g(x)}$$
$$= \frac{(f(x+1) - f(x))g(x) - f(x)(g(x+1) - g(x))}{g(x+1)g(x)}$$
$$= \frac{\Delta f(x)g(x) - f(x)\Delta g(x)}{g(x+1)g(x)}.$$

一阶差分的差分 $\Delta^2 f(x)$ 称为**二阶差分**,即

$$\Delta^2 f(x) = \Delta(\Delta f(x)) = \Delta f(x+1) - \Delta f(x)$$
$$= (f(x+2) - f(x+1)) - (f(x+1) - f(x))$$
$$= f(x+2) - 2f(x+1) + f(x).$$

类似地,可以定义三阶差分,四阶差分,$\cdots$

$$\Delta^3 f(x) = \Delta(\Delta^2 f(x)), \quad \Delta^4 f(x) = \Delta(\Delta^3 f(x)), \quad \cdots,$$

一般地,函数 $f(x)$ 的 $n-1$ 阶差分的差分称为 **n 阶差分**,记为 $\Delta^n f(x)$,即

$$\Delta^n f(x) = \Delta^{n-1} f(x+1) - \Delta^{n-1} f(x) = \sum_{i=1}^{n} (-1)^i C_n^i f(x+n-i).$$

二阶及二阶以上的差分统称为**高阶差分**.

例1 设 $f(x) = x^2 + 2x - 1$,求 $\Delta f(x)$, $\Delta^2 f(x)$, $\Delta^3 f(x)$.

解
$$\Delta f(x) = f(x+1) - f(x) = 2x + 3,$$
$$\Delta^2 f(x) = \Delta(2x+3) = 2,$$
$$\Delta^3 f(x) = 0.$$

注意 若 $f(x)$ 是 n 次多项式,则 $\Delta^n f(x)$ 为常数,且 $\Delta^m f(x) = 0$ $(m > n)$.

例2 记 $x^{(n)} = x(x-1)(x-2)\cdots(x-n+1)$,$x^{(0)} = 1$,求 $\Delta x^{(n)}$.

解
$$\Delta x^{(n)} = [(x+1)x(x-1)\cdots(x-n+2)] - [x(x-1)\cdots(x-n+1)]$$
$$= x(x-1)\cdots(x-n+2)[(x+1) - (x-n+1)]$$
$$= nx(x-1)\cdots(x-n+2)$$
$$= nx^{(n-1)}.$$

注意 公式 $\Delta x^{(n)} = nx^{(n-1)}$ 类似于幂函数的求导公式,但应记住记号 $x^{(n)}$ 的定义,例如
$$x^{(3)} = x(x-1)(x-2),$$
$$\Delta x^{(3)} = 3x^{(2)} = 3x(x-1),$$
$$\Delta^2 x^{(3)} = 3 \cdot 2x^{(1)} = 6x,$$
$$\Delta^3 x^{(3)} = 6x^{(0)} = 6.$$

例3 设 $f(x) = x^2 3^x$,求 $\Delta f(x)$.

解
$$\Delta f(x) = 3^x \Delta x^2 + (x+1)^2 \Delta 3^x = 3^x(2x+1) + 2(x+1)^2 \cdot 3^x$$
$$= 3^x(2x^2 + 6x + 3).$$

例4 设 $f(k) = 2^k - 5 \cdot 3^k + k^2 + 4$,求 $\Delta f(k)$, $\Delta^2 f(k)$.

解
$$\Delta f(k) = 2^k - 10 \cdot 3^k + 2k + 1,$$
$$\Delta^2 f(k) = 2^k - 20 \cdot 3^k + 2.$$

三、初等函数的差分

我们先给出一些常用函数的差分公式,再结合差分运算的一些性质,设法计算更多函数的差分,这种处理方式与微积分中计算函数导数(微分)的思路一样.

指数函数 a^x:$\Delta a^x = (a-1)a^x$,特别 $\Delta 2^x = 2^x$. 指数函数 2^x 与微积分中的 e^x 类似,它的差分仍然是 2^x.

对数函数 $\log_a x$:$\Delta \log_a x = \log_a(x+1) - \log_a x = \log_a\left(1 + \dfrac{1}{x}\right)$.

三角函数 $\sin ax$,$\cos ax$:

$$\Delta \sin ax = \sin a(x+1) - \sin ax = 2\sin\frac{a}{2}\cos\left(x + \frac{1}{2}\right)a,$$

$$\Delta \cos ax = \cos a(x+1) - \cos ax = -2\sin\frac{a}{2}\sin\left(x + \frac{1}{2}\right)a.$$

注意 在微积分中,最简单的是多项式的导数,特别 $\dfrac{\mathrm{d}x^n}{\mathrm{d}x} = nx^{n-1}$. 在差分的计算中,多项式的差分还是比较麻烦的.例如:

$$\Delta x^n = (x+1)^n - x^n = nx^{n-1} + \frac{n(n-1)}{2}x^{n-2} + \cdots + nx + 1.$$

这个表达式比较复杂,与 x^n 的微分表达式 nx^{n-1} 有很大的差别.

四、差分方程

本段考察的函数是 $x(k)(k=0,1,2,\cdots)$,它的所有函数值可排成一个数列:
$$x(0),x(1),x(2),\cdots,x(k),\cdots.$$
实际应用中通常将 $x(k)$ 记为 x_k.经济应用中,k 通常代表时间.

定义 2　包含有未知函数及其差分的等式称为差分方程,其形式是
$$g(k,x(k),\Delta x(k),\cdots,\Delta^n x(k))=0,$$
或
$$f(k,x(k),x(k+1),\cdots,x(k+n))=0,$$
其中 x 是一元函数.

差分方程中所含未知函数差分的最高阶数称为该**差分方程的阶**.差分方程的不同情形可以互相转化.例如,二阶差分方程 $x(k+2)-2x(k+1)-x(k)=3^k$ 可化为 $\Delta^2 x(k)-2x(k)=3^k$.

再如,对于差分方程 $\Delta^3 x(k)+\Delta^2 x(k)=0$,由 $\Delta^n x(k) = \sum_{i=0}^{n}(-1)^i C_n^i x(k+n-i)$ 得
$$\Delta^2 x(k)=x(k+2)-2x(k+1)+x(k),$$
$$\Delta^3 x(k)=x(k+3)-3x(k+2)+3x(k+1)-x(k),$$
从而原方程可改写为
$$x(k+3)-3x(k+2)+x(k+1)=0.$$

定义 3　定义在 N 上使得差分方程成为恒等式的函数(序列)称为**差分方程的解**.

如果差分方程的解中含有相互独立的任意常数的个数恰好等于方程的阶数,则称这个解为该差分方程的**通解(一般解)**.

在实际应用中,我们往往要根据系统在初始时刻所处的状态对差分方程附加一定的条件,这种附加条件称为**初始条件**,满足初始条件的解称为**特解**.

例如,差分方程 $x(k+1)-x(k)=2$ 为一阶差分方程,将 $x(k)=2k$ 代入该方程,有
$$x(k+1)-x(k)=2(k+1)-2k=2,$$
故 $x(k)=2k$ 是该方程的解.易见对任意常数 $C,x(k)=2k+C$ 也是差分方程 $x(k+1)-x(k)=2$ 的解,又含的任意常数个数与方程阶数相同,故 $x(k)=2k+C$ 是通解,$x(k)=2k$ 是满足初始条件 $x(0)=0$ 的特解,而 $x(k)=2k+3$ 是满足初始条件 $x(0)=3$ 的特解.

我们称 f 不显含 k 时的方程为**自治差分方程**.用 $x(k+1)=f(x(k))$ 或者
$$x(k+1)=f(x(k),x(k-1),\cdots,x(k-n))=0 \tag{7-32}$$
来表示一阶或 n 阶差分方程.
$$x(k+1)=f(x(k)), \quad x(0)=x_0 \tag{7-33}$$
称为自治差分方程的初始值问题.满足方程及初始值条件的序列称为初始值问题的解.当 f 显含 k 时,
$$x(k+1)=f(k,x(k)), \quad x(0)=x_0 \tag{7-34}$$
称为非自治差分方程的初始值问题.

从前面的讨论中可以看到,差分方程及其解得概念与微分方程类似.事实上,微分和差分都是描述变量变化的状态,只是前者描述的是连续变化的过程,后者描述的是离散变化的

过程.

五、差分方程求解方法

定义 4 当 $f(k,x(k),x(k+1),\cdots,x(k+n))$ 是 $x(k),x(k+1),\cdots,x(k+n)$ 的线性函数时,称 $f(k,x(k),x(k+1),\cdots,x(k+n))=0$ 为**线性方程**,否则称为**非线性方程**.

这里的线性是指方程关于未知函数 x 是线性的,也就是说,线性差分方程中所含未知函数及其各阶差分均为一次的(不管自变量的次数).如方程 $x(k+1)+(k+1)x(k)=2$ 是线性方程,而 Logistic 方程(7-19)不是线性方程,$y(k+1)-\sin y(k)=0$ 也不是线性方程.称 $x(k+n)+a_1(k)x(k+n-1)+\cdots+a_{n-1}(k)x(k+1)+a_n(k)x(k)=f(k)$ 为一个 **n 阶线性(非齐次)差分方程**.若 $f(k)=0$,则称其为对应的线性齐次差分方程.

线性差分方程比非线性差分方程简单得多,其求解比较容易,而大部分非线性方程无法求解.一般能求得精确的用解析形式表示的解的方程绝大多数是常系数线性差分方程,且给出的是 $x(k)$ 依赖于 k 及初始值 $x(0)$ 的表达式.

1. 类型 1

一阶常系数线性差分方程 $\qquad x(k+1)=Px(k)+C(k)$, $\qquad\qquad$ (7-35)

其对应的齐次方程为 $\qquad\qquad x(k+1)=Px(k)$, $\qquad\qquad\qquad$ (7-36)

其中,P 为非零常数,$C(k)$ 为不恒为零的已知函数.

用 t^k 形待定参数法,将 $x(k)=t^k$ 代入方程(7-36)得 $t=P$,因而 $x(k)=P^k$ 为方程的解.容易验证,$x(k)=AP^k$(A 为任意常数)也是解,因为含一个任意常数,所以方程(7-36)的一般解为

$$x(k)=AP^k \quad (A \text{ 为任意常数}).\qquad (7\text{-}37)$$

由 $x(1)=AP=Px(0)$,得 $\qquad\qquad A=x(0)$.

故 $\qquad\qquad\qquad x(k)=P^kx(0) \quad (k=0,1,2,\cdots)$.

例 5 求解差分方程:(1) $x(k+1)-3x(k)=0$;(2) $x(k+1)-x(k)=0$.

解 (1) 这里 $P=3$,利用公式(7-37)得,方程的通解为 $x(k)=A3^k$(A 为任意常数).

(2) 这里 $P=1$,利用公式(7-37)得,方程的通解为 $x(k)=A1^k=A$(A 为任意常数).

定理 1(线性方程解的结构定理) 设 $\overline{x}(k)$ 为方程(7-36)的通解,$x^*(k)$ 为方程(7-35)的一个特解,则 $x(k)=\overline{x}(k)+x^*(k)$ 为方程(7-35)的通解.

证明 由题设 $x^*(k+1)=Px^*(k)+C(k)$,及 $\overline{x}(k+1)=P\overline{x}(k)$,将这两式相加得

$$x^*(k+1)+\overline{x}(k+1)=P(x^*(k)+\overline{x}(k))+C(k),$$

即 $x(k)=\overline{x}(k)+x^*(k)$ 为方程(7-35)的通解.

非齐次方程(7-35)解法:通解为 $x(k)=AP^k+x^*(k)$,其中 A 为任意常数,$x^*(k)$ 是某个特解.下面我们对右端项 $C(k)$ 的几种特殊形式给出其求特解 $x^*(k)$ 的方法,进而得到方程(7-35)的通解的形式:

(1) 对于常值非齐次情形:

$$x(k+1)=Px(k)+C \quad (C \text{ 为非零常数}),\qquad (7\text{-}38)$$

先求出式(7-38)的常值解 $x(k)=B$,将其代入方程(7-38)得

$$B=PB+C, \quad B=\frac{C}{1-P} \quad (P\neq 1).$$

当 $P=1$ 时,显然方程(7-38)有特解 $x(k)=Ck$.

综上,得方程(7-38)的通解为 $x(k)=\begin{cases} AP^k+\dfrac{C}{1-P}, & P\neq 1, \\ A+Ck, & P=1. \end{cases}$

$P\neq 1$ 时,由 $x(0)=A+\dfrac{C}{1-P}$ 得 $A=x(0)-\dfrac{C}{1-P}$,所以

$$x(k)=(x(0)-\dfrac{C}{1-P})P^k+\dfrac{C}{1-P} \quad (P\neq 1).$$

$P=1$ 时,$x(0)=A$,所以

$$x(k)=x(0)+Ck \quad (P=1).$$

例 6　求解差分方程 $x(k+1)-3x(k)=-2$.

解　这里 $P=3,C=-2$,故原方程的通解为 $x(k)=(x(0)-1)3^k+1$.

(2) $C(k)=Cb^k$ 　(C,b 为非零常数且 $b\neq 1$).

当 $b\neq P$ 时,设 $x^*(k)=\lambda b^k$ 为方程

$$x(k+1)=Px(k)+Cb^k \tag{7-39}$$

的特解,其中 λ 为待定系数.将其代入方程(7-39),得

$$\lambda b^{k+1}=P\lambda b^k+Cb^k,$$

解得

$$\lambda=\dfrac{C}{b-P}.$$

于是,所求特解为 $x^*(k)=\dfrac{C}{b-P}b^k$. 当 $b\neq P$ 时,方程(7-39)的通解为

$$x(k)=AP^k+\dfrac{C}{b-P}b^k.$$

由 $x(0)=A+\dfrac{C}{b-P}$,得 $A=x(0)-\dfrac{C}{b-P}$,所以

$$x(k)=(x(0)-\dfrac{C}{b-P})P^k+\dfrac{C}{b-P}b^k. \tag{7-40}$$

当 $b=P$ 时,设 $x^*(k)=\lambda kb^k$ 为方程(7-39)的特解,代入方程得 $\lambda=\dfrac{C}{P}$. 所以,当 $b=P$ 时,方程(7-39)的通解为

$$x(k)=AP^k+CkP^{k-1}.$$

由 $Px(0)+C=x(1)=AP+C$,得 $A=x(0)$,所以

$$x(k)=x(0)P^k+CkP^{k-1}.$$

例 7　求差分方程 $x(k+1)-\dfrac{1}{2}x(k)=3\left(\dfrac{3}{2}\right)^k$ 在初始条件 $x(0)=5$ 时的特解.

解　这里 $P=\dfrac{1}{2}\neq b=\dfrac{3}{2},C=3$,利用公式(7-40)得差分方程的特解为

$$x(k)=2\left(\dfrac{1}{2}\right)^k+3\left(\dfrac{3}{2}\right)^k.$$

(3) $C(k)=Ck^n$ 　(C 为非零常数,n 为正整数).

当 $P\neq 1$ 时,设 $x^*(k)=B_0+B_1k+\cdots+B_nk^n$ 为方程 $x(k+1)=Px(k)+Ck^n(P\neq 1)$ 的特解,其中 $B_0,B_1,\cdots,B_n$ 为待定系数,代入方程求出系数 $B_0,B_1,\cdots B_n$,就得到方程的特解 $x^*(k)$.

当 $P=1$ 时,设为 $x^*(k)=k(B_0+B_1k+\cdots+B_nk^n)$ 为方程 $x(k+1)=x(k)+Ck^n$ 的特解,其中 $B_0,B_1,\cdots,B_n$ 为待定系数,代入方程求出系数 $B_0,B_1,\cdots,B_n$,就得到方程的特解 $x^*(k)$.

例 8　求差分方程 $x(k+1)-4x(k)=3k^2$ 的通解.

解　设 $x^*(k)=B_0+B_1k+B_2k^2$ 是该方程的特解,代入方程,得

$$(-3B_0+B_1+B_2)+(-3B_1+2B_2)k-3B_2k^2=3k^2,$$

比较同次幂系数,得　　　　$B_0=-\dfrac{5}{9},\quad B_1=-\dfrac{2}{3},\quad B_2=-1.$

从而所求特解为 $x^*(k)=-\left(\dfrac{5}{9}+\dfrac{2}{3}k+k^2\right)$,进而题设方程的通解为

$$x(k)=-\left(\frac{5}{9}+\frac{2}{3}k+k^2\right)+A4^k.$$

由 $x(0)=-\dfrac{5}{9}+A$,得 $A=x(0)+\dfrac{5}{9}$,所以

$$x(k)=-\left(\frac{5}{9}+\frac{2}{3}k+k^2\right)+\left(x(0)+\frac{5}{9}\right)4^k.$$

对方程(7-35),由迭代关系可知

$$x(1)=Px(0)+C(0),\quad x(2)=Px(1)+C(1)=P^2x(0)+PC(0)+C(1),$$

用归纳法可知方程(7-31)的通解为

$$x(k)=P^kx(0)+\sum_{r=1}^{k}P^{r-1}C_{k-r}.$$

2. 类型 2

二阶常系数线性差分方程

$$x(k+2)+ax(k+1)+bx(k)=f(k),\tag{7-41}$$

其中 a,b 为给定常数,且 $b\neq0$,$f(k)$ 为定义在非负整数集上的已知函数.

仿照二阶线性微分方程解得结构定理,写出二阶线性差分方程的解的结构定理(定理 2).

定理 2　设 $x^*(k)$ 为差分方程(7-38)的一个特解,$\bar{x}(k)$ 为对应的齐次方程的通解,则 $x(k)=\bar{x}(k)+x^*(k)$ 为差分方程的通解.

与类型 1 一样,先求解齐次方程

$$x(k+2)+ax(k+1)+bx(k)=0.\tag{7-42}$$

与二阶常系数线性齐次微分方程的解法类似,考虑到方程(7-42)的系数均为常数,于是,只要找到一类函数,使得 $x(k+2),x(k+1)$ 均为 $x(k)$ 的常数倍即可求解方程(7-42)特解的问题.显然,幂函数 t^k 符合这类函数的特征.不妨设 $X(k)=t^k(t\neq0)$ 为方程(7-42)的一个特解(t^k 形待定参数法),代入方程,得 t 满足下列一元二次方程:

$$t^2+at+b=0.\tag{7-43}$$

称此方程为方程(7-41)或方程(7-42)的特征方程,称特征方程的解为**特征根**.仿照二阶常系数线性齐次微分方程,分下述三种情形进行讨论.

(1)情形 1:$a^2-4b>0$,此时特征方程(7-43)有两个互异实特征根 t_1,t_2,则方程(7-42)的通解形式为

$$x(k)=C_1t_1^k+C_2t_2^k\quad(C_1,C_2\text{ 为任意常数}).$$

(2)情形 2:$a^2-4b=0$,此时特征方程(7-43)有两个相同实特征根 $\bar{t}$(二重根,等于 $-\dfrac{a}{2}$).容易验证 $k\bar{t}^k$ 是方程(7-42)的解(显然它与 $\bar{t}^k$ 是线性无关的).事实上,将 $k\bar{t}^k$ 代入方程(7-42)的左端得

$$(k+2)\overline{t}^{k+2}+a(k+1)\overline{t}^{k+1}+bk\overline{t}^k=\overline{t}^k\big[(k+2)\overline{t}^2+a(k+1)\overline{t}+bk\big]$$
$$=\overline{t}^k\big[k(\overline{t}^2+a\overline{t}+b)+2\overline{t}^2+a\overline{t}\big]=0.$$

此时方程(7-42)的通解形式为

$$x(k)=C_1\overline{t}^k+C_2k\overline{t}^k\quad(C_1,C_2\text{ 为任意常数}).$$

（3）情形 3：$a^2-4b<0$，此时特征方程(7-43)有一对共轭复根：

$$t_{1,2}=-\frac{a}{2}\pm\mathrm{i}\frac{\sqrt{4b-a^2}}{2},\quad\mathrm{i}=\sqrt{-1}.$$

可将其改写为 $t_{1,2}=R(\cos\theta+\mathrm{i}\sin\theta),R=\sqrt{b},\theta=\arctan\dfrac{\sqrt{4b-a^2}}{a}.$

接下来一般有两种处理方式：

① 将 t_1,t_2 的极坐标表达式代入方程(7-42)的通解式 $x(k)=C_1t_1^k+C_2t_2^k$，整理得

$$x(k)=(C_1+C_2)R^k\cos k\theta+\mathrm{i}(C_1-C_2)R^k\sin k\theta$$
$$=\overline{C}_1R^k\cos k\theta+\overline{C}_2R^k\sin k\theta,\quad\overline{C}_1=C_1+C_2,\quad\overline{C}_2=\mathrm{i}(C_1-C_2).$$

此时方程(7-42)的通解形式为

$$x(k)=AR^k\cos k\theta+BR^k\sin k\theta\quad(A,B\text{ 为任意常数}).$$

② $X^{(1)}(k)=t_1^k=R^k(\cos k\theta+\mathrm{i}\sin k\theta)$，$\quad X^{(2)}(k)=t_2^k=R^k(\cos k\theta-\mathrm{i}\sin k\theta)$

都是方程(7-42)的特解. 易证 $\dfrac{1}{2}(X^{(1)}(k)+X^{(2)}(k))$ 和 $\dfrac{1}{2\mathrm{i}}(X^{(1)}(k)-X^{(2)}(k))$ 也都是方程(7-42)
的特解，即 $R^k\cos k\theta$ 和 $R^k\sin k\theta$ 都是方程(7-42)的特解，从而其实数形式的通解为

$$x(k)=AR^k\cos k\theta+BR^k\sin k\theta\quad(A,B\text{ 为任意常数}).$$

例 9　求差分方程 $x(k+2)-3x(k+1)-4x(k)=0$ 的通解.

解　方程的特征方程为 $t^2-3t-4=0$，得特征根为 $t_1=4,t_2=-1$，所以该方程的通解为
$$x(k)=C_14^k+C_2(-1)^k\quad(C_1,C_2\text{ 为任意常数}).$$

例 10　求差分方程 $x(k+2)+4x(k+1)+4x(k)=0$ 的通解.

解　方程的特征方程为 $t^2+4t+4=0$，得特征根为 $t_1=t_2=-2$，所以该方程的通解为
$$x(k)=C_1(-2)^k+C_2k(-2)^k\quad(C_1,C_2\text{ 为任意常数}).$$

例 11　求差分方程 $x(k+2)-2x(k+1)+4x(k)=0$ 的通解.

解　方程的特征方程为 $t^2-2t+4=0$，得特征根为 $t_{1,2}=1\pm\mathrm{i}\sqrt{3},R=2,\theta=\dfrac{\pi}{3}$，所以该方程
的通解为

$$x(k)=2^k\left(C_1\cos\frac{k\pi}{3}+C_2\sin\frac{k\pi}{3}\right)\quad(C_1,C_2\text{ 为任意常数}).$$

回到二阶常系数线性非齐次差分方程(7-41)，此时要求它的一个特解. 以下主要讨论
$f(k)$ 取某些特殊形式的函数时的情形.

（1）$f(k)=P_m(k)$（其中 $P_m(k)$ 是 k 的 m 次多项式），方程(7-41)具有形如 $x^*(k)=k^\alpha R_m(k)$
的特解，其中 $R_m(k)$ 是 t 的 m 次待定多项式.

当 $1+a+b\neq0$ 时，取 $\alpha=0$，设 $x^*(k)=B_0+B_1k+\cdots+B_mk^m$；

当 $1+a+b=0$，但 $a\neq-2$ 时，取 $\alpha=1$，设 $x^*(k)=k(B_0+B_1k+\cdots+B_mk^m)$；

当 $1+a+b=0$，且 $a=-2$ 时，取 $\alpha=2$，设 $x^*(k)=k^2(B_0+B_1k+\cdots+B_mk^m)$.

根据上述情形，分别把所设特解 $x^*(k)$ 代入方程(7-41)，比较两端同次幂系数，确定系数

$B_0, B_1, \cdots B_m$, 就得到方程的特解.

例 12 求差分方程 $x(k+2)+3x(k+1)-4x(k)=k$ 的通解.

解 特征方程为 $t^2+3t-4=0$, 解得 $t_1=1, t_2=-4$.

对应的齐次差分方程的通解为
$$x(k)=C_1+C_2(-4)^k,$$

而 $1+a+b=1+3-4=0$, 但 $a=3\neq-2$, 故设 $x^*(k)=k(B_0+B_1k)$, 代入题设方程, 得
$$B_0(k+2)+B_1(k+2)^2+3B_0(k+1)+3B_1(k+1)^2-4B_0k-4B_1k^2=k.$$

比较两边同次项的系数, 得
$$\begin{cases} 10B_1=1, \\ 5B_0+7B_1=0, \end{cases}$$

解之得
$$\begin{cases} B_0=-\dfrac{7}{50}, \\ B_1=\dfrac{1}{10}, \end{cases}$$

从而所求差分方程的通解为
$$x(k)=k\left(-\frac{7}{50}+\frac{1}{10}k\right)+C_1+C_2(-4)^k \quad (C_1, C_2 \text{ 为任意常数}).$$

(2) $f(k)=P_m(k)C^k$(其中 $P_m(k)$ 是 k 的 m 次多项式, C 为常数), 则方程(7-41)具有形如 $x^*(k)=k^aR_m(k)C^k$ 的特解, 其中 $R_m(k)$ 是 t 的 m 次待定多项式.

当 $C^2+Ca+b\neq0$ 时, 取 $\alpha=0$. 设 $x^*(k)=(B_0+B_1k+\cdots+B_mk^m)C^k$;

当 $C^2+Ca+b=0$, 但 $2C+a\neq0$ 时, 取 $\alpha=1$, 设 $x^*(k)=k(B_0+B_1k+\cdots+B_mk^m)C^k$;

当 $C^2+Ca+b=0$, 且 $2C+a=0$ 时, 取 $\alpha=2$, 设 $x^*(k)=k^2(B_0+B_1k+\cdots+B_mk^m)C^k$.

根据上述情形, 分别把所设特解 $x^*(k)$ 代入方程(7-41), 比较两端同次幂系数, 确定系数 $B_0, B_1, \cdots B_m$, 就得到方程的特解.

例 13 求差分方程 $x(k+2)+2x(k+1)+x(k)=3 \cdot 2^k$ 的通解.

解 特征方程为 $t^2+2t+1=0$, 解得 $t_1=t_2=-1$.

对应的齐次差分方程的通解为
$$x(k)=(C_1+C_2k)(-1)^k,$$

而 $C^2+Ca+b=4+4+1=9\neq0$, 故设原方程的特解 $x^*(k)=B_0 2^k$, 代入方程, 得
$$B_0 2^{k+2}+2B_0 2^{k+1}+B_0 2^k=3 \cdot 2^k,$$

从而
$$B_0=\frac{1}{3},$$

故所求差分方程的通解为
$$x(k)=\frac{2^k}{3}+(C_1+C_2k)(-1)^k \quad (C_1, C_2 \text{ 为任意常数}).$$

六、差分方程在经济学中的应用(引例解析)

差分方程是经济学中常见的一种数学模型, 用差分方程模型解决经济学实际问题如同别的数学模型一样, 大致需经过三个步骤.

第一步: 设定好实际问题中的未知函数, 按照已知的经济学的规律建立相邻的自变量值(一般就是相邻时间)的未知函数取值间的依赖关系, 建立差分方程模型.

第二步: 对上述建立的差分方程模型, 求出其解.

第三步: 将数学讨论得到的与实际情形加以对照, 然后给实际问题一个满意的答复.

例 14 求解 Fibonacci 方程(7-20)：$p_{n+2}=p_{n+1}+p_n$.

解 对应的特征方程为 $t^2-t-1=0$，得两个特征根为 $t_{1,2}=\dfrac{1\pm\sqrt5}{2}$，则方程的一般解为

$$p_n=A\left(\frac{1+\sqrt5}{2}\right)^n+B\left(\frac{1-\sqrt5}{2}\right)^n,$$

其中 A,B 为任意常数.

注意到
$$\left|\frac{1-\sqrt5}{2}\right|<1,\quad \left(\frac{1-\sqrt5}{2}\right)^n\to 0\quad(n\to\infty),$$

故当 n 充分大时，
$$p_n\sim A\left(\frac{1+\sqrt5}{2}\right)^n,$$

即
$$\frac{p_{n+1}}{p_n}\sim\frac{1+\sqrt5}{2}.$$

即家兔的繁殖生长过程当时间段考虑得比较长远时与著名的 Malthus 人口指数模型(简称 Malthus 模型)的生长过程类似.

例 15 求解蛛网模型方程(7-26)：$P_t=\dfrac{a+c}{b}-\dfrac{d}{b}P_{t-1}$ 或 $P_{t+1}=\dfrac{a+c}{b}-\dfrac{d}{b}P_t$.

解 对应的齐次方程的通解为 $\overline{P_t}=A\left(-\dfrac{d}{b}\right)^t$，

方程(7-26)的特解为 $P^*=\dfrac{a+c}{b+d}$.

易知方程(7-26)的通解为 $P_t=A\left(-\dfrac{d}{b}\right)^t+\dfrac{a+c}{b+d}$，

其中 A 是任意常数. 由 $P_0=A+\dfrac{a+c}{b+d}$ 求得 $A=P_0-\dfrac{a+c}{b+d}$. 所以方程(7-26)用 P_0 表示的解为

$$P_t=\left(P_0-\frac{a+c}{b+d}\right)\left(-\frac{d}{b}\right)^t+\frac{a+c}{b+d}.$$

(1) 情形 1：当 $b>d$ 时，若 t 趋于正无穷大，则 P_t 收敛于 P^*，这时称为均衡价格，见图 7-4；

(2) 情形 2：当 $b=d$ 时，在均衡价格两旁作周期振荡，实际上为二周期. $P_0,P_1,P_0,P_1,\cdots$见图 7-5；

(3) 情形 3：当 $b<d$ 时，若 t 趋于正无穷大，则 P_t 越来越远离均衡价格发散振荡，见图 7-6.

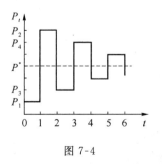

图 7-4

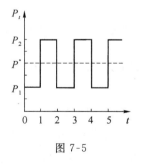

图 7-5

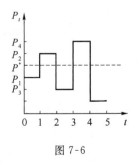

图 7-6

例 16 讨论 Hansen-Samuelson 模型，求解方程(7-31)：
$$Y_t-(1+\alpha)bY_{t-1}+\alpha bY_{t-2}=G_0.$$

解 首先求方程(7-31)相应的齐次方程的通解 $\overline{Y}_t$. 对应的特征方程为

$$r^2 - (1+\alpha)br + \alpha b = 0,$$

其判别式为

$$\Delta = (1+\alpha)^2 b^2 - 4\alpha b.$$

(1) 情形 1：当 $b > \dfrac{4\alpha}{(1+\alpha)^2}$ 时，即当 $\Delta > 0$ 时，方程(7-31)有两个相异的实特征根：

$$r_{1,2} = \frac{(1+\alpha)b + \Delta}{2},$$

故 $\overline{Y}_t = A_1 r_1^t + A_2 r_2^t$，其中 A_1，A_2 为任意常数. 此时方程(7-31)的特解 $Y^* = \dfrac{G_0}{1-b}$，方程(7-31)的通解为

$$Y_t = A_1 r_1^t + A_2 r_2^t + \frac{G_0}{1-b},$$

其中 A_1，A_2 是任意常数. 注意 $r_1 + r_2 = (1+\alpha)b$，$r_1 r_2 = \alpha b > 0$，所以 $r_1 > 0$，$r_2 > 0$. 又因为 $(1-r_1)(1-r_2) = 1 - (1+\alpha)b + \alpha b = 1 - b > 0$，所以只能有以下两种情况：

① 若 $r_1 > 1$，$r_2 > 1$（即 $\alpha b > 1$），则当 $t \to +\infty$ 时，$Y_t \to \infty$.

② 若 $0 < r_1 < 1$，$0 < r_2 < 1$（即 $\alpha b < 1$），则当 $t \to +\infty$ 时，$Y_t \to Y^* = \dfrac{G_0}{1-b}$.

(2) 情形 2：当 $b = \dfrac{4\alpha}{(1+\alpha)^2}$ 时，即当 $\Delta \equiv 0$ 时，方程有两个实的重根：

$$r_1 = r_2 = r = \frac{(1+\alpha)b}{2}.$$

方程(7-31)的通解为

$$Y_t = (A_3 + rA_4)r^t + \frac{G_0}{1-b},$$

其中 A_3，A_4 是任意常数.

① 若 $0 < r < 1$（即 $\alpha b < 1$），则 $\lim\limits_{t \to +\infty} Y_t = \dfrac{G_0}{1-b} = Y^*$.

② 若 $r \geqslant 1$（即 $\alpha b \geqslant 1$），则 $\lim\limits_{t \to +\infty} Y_t = \infty$.

(3) 情形 3：当 $b < \dfrac{4\alpha}{(1+\alpha)^2}$ 时，即当 $\Delta < 0$ 时，方程(7-31)有一对共轭复特征根：$r_{1,2} = p \pm iq$，其中

$$p = \frac{(1+\alpha)b}{2}, \quad q = \frac{\sqrt{4\alpha b - (1+\alpha)^2 b^2}}{2}.$$

令 $R = \sqrt{p^2 + q^2} = \sqrt{\alpha b}$，$\tan\theta = \dfrac{q}{p}$，则方程(7-31)的通解为

$$Y_t = R^t(A_5 \sin t\theta + A_6 \cos t\theta) + \frac{G_0}{1-b}.$$

① 当 $R < 1$ 时，即 $\alpha b < 1$ 时，$\lim\limits_{t \to +\infty} Y_t = \dfrac{G_0}{1-b}$；

② 当 $R = 1$ 时，即 $\alpha b = 1$ 时，Y_t 是振荡的、单一的和不收敛的；

③ 当 $R > 1$ 时，即 $\alpha b > 1$ 时，$\lim\limits_{t \to +\infty} Y_t = \infty$，即 Y_t 是振荡的、爆炸的和发散的.

实际上，由前面三种情形的分析得到如下的结论：Y_t 的特性取决于边际消费倾向 b 和加速因子 α 以及它们之间的交互作用.

习　题　六

1. 求下列函数的一阶差分和二阶差分：

(1) $f(x) = 1 - 2x^2$；

(2) $f(x) = \dfrac{1}{x^2}$；

(3) $f(x) = 3x^2 - x + 2$；

(4) $f(x) = x^2(2x-1)$；

(5) $f(x) = e^{2x}$.

2. 确定下列方程的阶：

(1) $x(k+3) - k^2 x(k+1) + 3x(k) = 2$；　(2) $x(k-2) - x(k-4) = x(k+2)$.

3. 设 $X(k), Y(k), Z(k)$ 分别是下列差分方程的解：

$$x(k+1) + ax(k) = f_1(k), \quad x(k+1) + ax(k) = f_2(k), \quad x(k+1) + ax(k) = f_3(k).$$

证明 $x(k) = X(k) + Y(k) + Z(k)$ 是差分方程 $x(k+1) + ax(k) = f_1(k) + f_2(k) + f_3(k)$ 的解.

4. 求下列差分方程的通解：

(1) $x(k+1) - 2x(k) = 0$；

(2) $x(k+1) - 5x(k) = 3$；

(3) $x(k+1) - 2x(k) = \left(\dfrac{1}{3}\right)^k$；

(4) $x(k+1) - 2x(k) = 3k^2$；

(5) $x(k+1) - x(k) = 2k$；

(6) $x(k+1) - \alpha x(k) = e^{\beta k}$　（α, β 为非零常数）.

5. 求下列差分方程在给定初始条件下的特解：

(1) $2x(k+1) + x(k) = 0$，　$x(0) = 3$；　(2) $x(k) = -7x(k-1) + 16$，　$x(0) = 5$.

6. 设某产品在时期 t 的价格、总供给与总需求分别是 P_t, S_t 与 D_t，并设对于 $t = 0, 1, 2, \cdots$，有

(1) $S_t = 2P_t + 1$，　　(2) $D_t = -4P_{t-1} + 5$，　　(3) $S_t = D_t$.

(1) 求证 $P_{t+1} + 2P_t = 2$；

(2) 已知 P_0 时，求(1)中方程的解.

7. 求下列二阶差分方程的通解及特解：

(1) $x(k+2) + 3x(k+1) - \dfrac{7}{4}x(k) = 9$，　$x(0) = 6$，　$x(1) = 3$；

(2) $x(k+2) - 2x(k+1) + 2x(k) = 0$，　$x(0) = 2$，　$x(1) = 2$；

(3) $x(k+2) + x(k+1) - 2x(k) = 12$，　$x(0) = 0$，　$x(1) = 0$；

(4) $x(k+2) + 5x(k+1) + 4x(k) = k$.

8. 设第 t 期内的国民收入 y_t 主要用于该期内的消费 G_t，再生产投资 I_t 和政府用于公共设施的开支 G（设为常数），即有 $y_t = C_t + I_t + G$. 又设第 t 期的消费水平与前一期的国民收入水平有关，即 $C_t = Ay_{t-1}(0 < A < 1)$. 再设第 t 期的生产投资取决于消费水平的变化，即有 $I_t = B(C_t - C_{t-1})$.

（1）写出 y_t 满足的差分方程；

（2）若 $A = \dfrac{1}{2}$，$B = 1$，$G = 1$，求(1)中差分方程在初始条件 $y_0 = 2$，$y_1 = 3$ 下的特解.

附录 I　常用基本公式

一、常用基本三角公式

1. 基本公式

$$\sin^2 x + \cos^2 x = 1; 1 + \tan^2 x = \sec^2 x; 1 + \cot^2 x = \sec^2 x; \csc x = \frac{1}{\sin x}; \sec x = \frac{1}{\cos x}.$$

2. 倍角公式

$$\sin 2x = 2\sin \cos x = \frac{2\tan x}{1 + \tan^2 x};$$

$$\cos 2x = \cos^2 x - \sin^2 x = 1 - 2\sin^2 x = 2\cos^2 x - 1 = \frac{1 - \tan^2 x}{1 + \tan^2 x};$$

$$\tan 2x = \frac{2\tan x}{1 - \tan^2 x}; \cot 2x = \frac{\cot^2 x - 1}{2\cot x}.$$

3. 半角公式

$$\sin^2 \frac{x}{2} = \frac{1 - \cos x}{2}; \qquad\qquad \cos^2 \frac{x}{2} = \frac{1 + \cos x}{2};$$

$$\tan \frac{x}{2} = \frac{1 - \cos x}{\sin x}; \qquad\qquad \cot \frac{x}{2} = \frac{1 + \cos x}{\sin x}.$$

4. 加法公式

$$\sin(x \pm y) = \sin x \cos y \pm \cos x \sin y; \qquad \cos(x \pm y) = \cos x \cos y \mp \sin x \sin y;$$

$$\tan(x \pm y) = \frac{\tan x \pm \tan y}{1 \mp \tan x \tan y}.$$

5. 和差化积公式

$$\sin x + \sin y = 2\sin \frac{x+y}{2} \cos \frac{x-y}{2}; \qquad \sin x - \sin y = 2\cos \frac{x+y}{2} \sin \frac{x-y}{2};$$

$$\cos x + \cos y = 2\cos \frac{x+y}{2} \cos \frac{x-y}{2}; \qquad \cos x - \cos y = -2\sin \frac{x+y}{2} \sin \frac{x-y}{2}.$$

6. 积化和差公式

$$\sin x \cos y = \frac{1}{2}\left[\sin(x+y) + \sin(x-y)\right];$$

$$\cos x \sin y = \frac{1}{2}\left[\sin(x+y) - \sin(x-y)\right];$$

$$\cos x \cos y = \frac{1}{2}\left[\cos(x+y) + \cos(x-y)\right];$$

$$\sin x \sin y = -\frac{1}{2}\left[\cos(x+y) - \cos(x-y)\right].$$

二、常用求面积和体积的公式

1．圆：

周长=$2\pi r$
面积=πr^2

2．平行四边形：

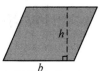

面积=bh

3．三角形：

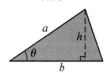

面积=$\dfrac{1}{2}bh$

面积=$\dfrac{1}{2}ab\sin\theta$

4．梯形：

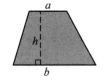

面积=$\dfrac{a+b}{2}h$

5．圆扇形：

面积=$\dfrac{1}{2}r^2\theta$

弧长$l=r\theta$

6．正圆柱体：

体积=$\pi r^2 h$

侧面积=$2\pi rh$

表面积=$2\pi r(r+h)$

7．球体：

体积=$\dfrac{4}{3}\pi r^3$

表面积=$4\pi r^2$

8．圆锥体：

体积=$\dfrac{1}{3}\pi r^2 h$

侧面积=πrl

表面积=$\pi r(r+l)$

9．圆台：

侧面积=$\pi l(r+R)$

体积=$\dfrac{1}{3}\pi(r^2+rR+R^2)h$

附录Ⅱ　常用曲线

（1）三次抛线

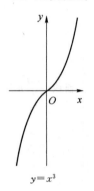

$$y = x^3$$

（2）半立方抛线

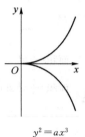

$$y^2 = ax^3$$

（3）概率曲线

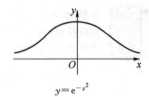

$$y = e^{-x^2}$$

（4）箕舌线

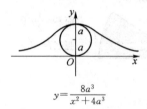

$$y = \frac{8a^3}{x^2 + 4a^3}$$

（5）蔓叶线

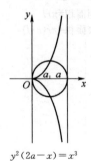

$$y^2(2a - x) = x^3$$

（6）笛卡儿叶形线

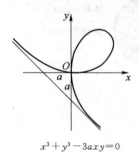

$$x^3 + y^3 - 3axy = 0$$

$$x = \frac{3at}{1 + t^3}, y = \frac{3at^2}{1 + t^3}$$

（7）星形线

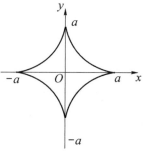

$$x^{\frac{2}{3}}+y^{\frac{2}{3}}=a^{\frac{2}{3}},\begin{cases}x=a\cos^3\theta\\y=a\sin^3\theta\end{cases}$$

（8）摆线

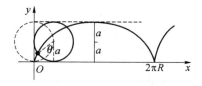

$$\begin{cases}x=a(\theta-\sin\theta)\\y=a(1-\cos\theta)\end{cases}$$

（9）心形线

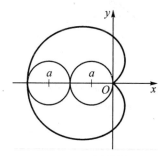

$$x^2+y^2+ax=a\sqrt{x^2-y^2}$$
$$r=a(1-\cos\theta)$$

（10）心形线

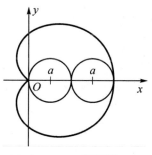

$$x^2+y^2-ax=a\sqrt{x^2-y^2}$$
$$r=a(1+\cos\theta)$$

（11）阿基米德螺线

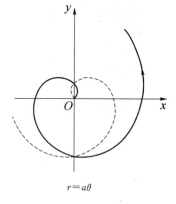

$$r=a\theta$$

（12）对数螺线

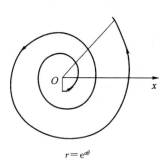

$$r=e^{a\theta}$$

（13）双曲螺线

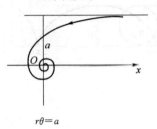

$$r\theta = a$$

（14）悬链线

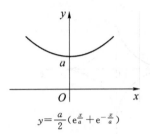

$$y = \frac{a}{2}(e^{\frac{x}{a}} + e^{-\frac{x}{a}})$$

（15）伯努利双纽线

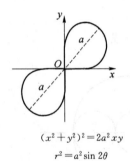

$$(x^2 + y^2)^2 = 2a^2 xy$$

$$r^2 = a^2 \sin 2\theta$$

（16）伯努利双纽线

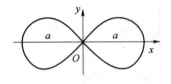

$$(x^2 + y^2)^2 = a^2(x^2 - y^2)$$

$$r^2 = a^2 \cos 2\theta$$

（17）三叶玫瑰线

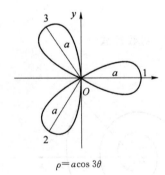

$$\rho = a\cos 3\theta$$

（18）三叶玫瑰线

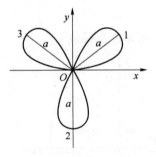

$$\rho = a\sin 3\theta$$

附录Ⅲ　习题答案与提示

第一章

习题一

1. (1) $0,7$；　(2) $1,\sqrt{2}$；　(3) $4.5, 8.5$.

2. (1) $B, A, \varnothing$.

3. (1) $-2 < x < 4$；　(2) $x < -3$,或 $x > 1$；　(3) $-3 \leqslant x \leqslant -1$ 或 $1 \leqslant x \leqslant 3$；　(4) $x \leqslant 3$.

5. (1) $\forall\, x \in (1, 2)$,使得 $x^2 - 3x + 2 < 0$；　(2) $\exists\, x < 0$,使得 $x^2 - x - 2 < 0$.

习题二

1. (1) $x \neq 0$；　(2) $(-\infty, -5) \cup (1, +\infty)$；　(3) $\{0\} \cup (1, +\infty)$；　(4) $(-\infty, +\infty)$；

(5) $[-1, 3]$.

2. (1) 不相等；　(2) 相等；　(3) 相等.

3. $\dfrac{1}{2}$,　$\dfrac{\sqrt{2}}{2}$,　$\dfrac{\sqrt{2}}{2}$,　0.

4. (1) 奇函数；　(2) 偶函数；　(3) 非奇非偶函数；　(4) 偶函数；　(5) 奇函数；

(6) 奇函数.

6. (1) $f(x) = \begin{cases} x, & 0 \leqslant x \leqslant \pi, \\ -x, & -\pi < x < 0; \end{cases}$　(2) $f(x) = \begin{cases} x^2 - x, & 0 \leqslant x \leqslant \pi, \\ -x^2 - x, & -\pi < x < 0. \end{cases}$

7. (1) 单调增；　(2) 单调增；　(3) 单调增.

8. (1) 周期函数,周期为 $\dfrac{\pi}{2}$；　(2) 周期函数,周期为 2；　(3) 非周期函数；　(4) 周期函数,周期为 2π；　(5) 非周期函数；　(6) 周期函数,周期为 1.

9. $y = \begin{cases} 0.8x, & 0 \leqslant x \leqslant 5, \\ 4 + 0.6(x - 5), & 5 < x \leqslant 10, \\ 7 + 0.4(x - 10), & x > 10. \end{cases}$

10. $S_n = P(1 + 0.03)^n$.

11. (1) $y = x^3 - 1$；　(2) $y = \dfrac{1 - x}{1 + x}$；　(3) $y = \dfrac{1}{2}(e^x - e^{-x})$；

(4) $y = \begin{cases} \sqrt{x}, & x > 0, \\ \log_2(x + 1), & x \leqslant 0. \end{cases}$

12. (1) $y = e^u, u = -x^2$;   (2) $y = \ln u, u = \sqrt{v}, v = x^2 + x + 1$;

(3) $y = \tan u, u = v + 1, v = 2^x$.

13. $f[\varphi(x)] = 2^{2x} + 1, f[f(x)] = (x^2 + 1)^2 + 1, \varphi[f(x)] = 2^{x^2 + 1}, \varphi[\varphi(x)] = 2^{2^x}$.

14. $f[f(x)] = \dfrac{1 + x}{x + 2}, f\{f[f(x)]\} = \dfrac{1 + x}{2x + 3}, f\left[\dfrac{1}{f(x)}\right] = \dfrac{1}{2 + x}$.

15. $f[\varphi(x)] = \begin{cases} e^{2x}, & x \geqslant 0, \\ \sqrt{x + 1}, & -1 \leqslant x < 0; \end{cases}$ $f[f(x)] = \begin{cases} x^4, & x \geqslant 1, \\ \sqrt[4]{x}, & 0 \leqslant x < 1; \end{cases}$

$\varphi[f(x)] = \begin{cases} e^{x^2}, & x \geqslant 1, \\ e^{\sqrt{x}}, & 0 \leqslant x < 1; \end{cases}$ $\varphi[\varphi(x)] = \begin{cases} e^{e^x}, & x \geqslant 0, \\ e^{x+1}, & -1 \leqslant x < 0, \\ x + 2, & x < -1. \end{cases}$

16. $[-1, 1], \bigcup\limits_{n \in \mathbf{Z}}[2n\pi, (2n+1)\pi], [-a, 1-a]$.

17. (1) $f(x) = x^2 - 2$;   (2) $f(x) = \begin{cases} (x-1)^2, & 1 \leqslant x \leqslant 2, \\ 2(x-1), & 2 < x \leqslant 3. \end{cases}$

19. (1)(2) 为基本初等函数,其他均为初等函数.

20. $\varphi(x) = \arcsin(1 - x^2), [-\sqrt{2}, \sqrt{2}]$.

21. $f(x) = \dfrac{x^2 + 2x - 1}{3}$.

习题三

1. (1) 圆心在 (x_0, y_0),半径为 R 的圆周;   (2) 抛物线 $y = x^2$.

2. (1) 圆心在 $(a, 0)$,半径为 a 的圆周;   (2) 圆心在 $(0, a)$,半径为 a 的圆周;

(3) 心形线(关于 $\theta = 0$ 对称);   (4) 双纽线(关于 $\theta = 0, \theta = \dfrac{\pi}{2}$ 对称).

3. (1) $r = \dfrac{a}{\sin\theta}$;   (2) $r = \dfrac{b}{\cos\theta}$;   (3) $r = \cos\theta + \sin\theta$;   (4) $r = \dfrac{\sin\theta}{\cos^2\theta}$.

总习题一

一、1. $f(-x) = \begin{cases} x^2, & x \geqslant 0, \\ x^2 - x, & x < 0; \end{cases}$ 2. $[-5, -\pi] \bigcup (0, \pi)$;   3. 0;   4. 2;   5. $\dfrac{1}{x}$;

6. 2π,奇;   7. B;   8. D;   9. A;   10. C.

二、计算及证明题

1. $\varphi(x) = \sqrt{\ln(1 - x)}$, $(-\infty, 0]$.

2. $\varphi(x) = x^2 + 2x$.

3. $f(-4) = 1, f(5) = 2, f(x) = x + 3$.

4. $f[\varphi(x)] = \begin{cases} 0, & x < 0, \\ x^2, & x \geqslant 0. \end{cases}$

5. (1) $y = -\dfrac{x}{(1+x)^2}$;   (2) $y = \begin{cases} x, & x < 1, \\ \sqrt{x}, & 1 \leqslant x \leqslant 4, \\ \log_3 x, & x > 9. \end{cases}$

7. $f(x) = \dfrac{c}{a^2 - b^2}\left(\dfrac{a}{x} - bx\right)$.

第二章

习题一

1. D.

2. D.

4. $N = 1\,000$.

8. (1) 正确；　(2) 不正确；　(3) 正确；　(4) 不正确；　(5) 不正确.

9. (1) 6；　(2) $\dfrac{1}{2}$；　(3) 1；　(4) 2；　(5) 1；　(6) $\dfrac{1}{1-x}$.

习题二

1. (1) 不正确；　(2) 不正确；　(3) 正确；　(4) 不正确.

2. 都正确.

4. (1) $\lim\limits_{x\to 0} f(x) = \dfrac{1}{2}$；　(2) $\lim\limits_{x\to 0} f(x)$ 不存在；　(3) $\lim\limits_{x\to 0} f(x) = 2$；　(4) $\lim\limits_{x\to 0} f(x)$ 不存在.

5. (1) 5；　(2) $\sqrt{5}$；　(3) $\dfrac{3}{2}$；　(4) $\dfrac{1}{2}$；　(5) 1；　(6) 3；　(7) $\dfrac{1}{2}$；　(8) $\dfrac{1}{n}$；　(9) $\dfrac{m}{n}$；

(10) $\dfrac{n(n+1)}{2}$.

6. (1) $\lim\limits_{x\to 0} f(x)$ 不存在, $\lim\limits_{x\to 1} f(x) = 2$；　(3) 2.

习题三

1. (1)(2)(3)(5)(6) 不正确, (4) 正确.

2. (1)(4)(6)为无穷大, (2)不是无穷大也不是无穷小, (3)(5)(7) 为无穷小.

3. (1) $\dfrac{x^3}{x^3+1} = 1 - \dfrac{1}{x^3+1}$；　(2) $\dfrac{x}{2x-1} = \dfrac{1}{2} - \dfrac{1}{2(2x-1)}$.

5. (1) 0；　(2) 0；　(3) 0.

6. (1) 2；　(2) ∞；　(3) 0；　(4) $-\dfrac{1}{2\sqrt{2}}$；　(5) 0；　(6) ∞；　(7) $\dfrac{2}{3^4}$；　(8) 1；

(9) 0；　(10) 1；　(11) 0；　(12) 28；　(13) $\dfrac{1}{2}$；　(14) 1；　(15) 0；　(16) $-\dfrac{1}{2}$；

(17) $\dfrac{1}{2}$；　(18) $\dfrac{3}{2}$, 提示: 可设 $\sqrt[6]{x} = u$.

7. (1) -3；　(2) 2.

8. $a = 2, b = -2$.

9. (1) $\lim\limits_{n\to\infty} \dfrac{a^{2n}}{1+a^{2n}} = \begin{cases} 1, & |a| > 1, \\ 1/2, & |a| = 1, \\ 0, & |a| < 1. \end{cases}$

(2) $|\cos x| = 1$, 即 $x = k\pi\ (k = 0, \pm 1, \pm 2, \cdots)$ 时, $\lim\limits_{n\to\infty} \cos^{2n} x = 1$,

$|\cos x| < 1$, 即 $x \neq k\pi\ (k = 0, \pm 1, \pm 2, \cdots)$ 时, $\lim\limits_{n\to\infty} \cos^{2n} x = 0$.

习题四

1. (1) 2; (2) 1; (3) $\sqrt{2}$; (4) $\frac{1}{3}$; (5) $\frac{2}{3}$; (6) $-\frac{1}{2}$; (7) 2; (8) $-\frac{1}{3}$.

2. (1) e^{-2}; (2) e^2; (3) $\mathrm{e}^{\frac{15}{2}}$; (4) e^2; (5) e^{-1}; (6) $\frac{5}{3}$; (7) e^{-2}; (8) e^{-1};
(9) e^3; (10) e^3.

3. -1.   4. $\ln 3$.   5. 2.   6. 1.   7. 1.   8. 15 059.71 元.

习题五

2. 3.

3. (1) x^2-x^3 是 $x-x^2$ 的高阶无穷小;   (2) 同阶而不等价;

(3) $1-x$ 是 $\ln(1+\sqrt{1-x})$ 的高阶无穷小;   (4) 同阶而不等价.

4. (1) $\frac{5}{3}$; (2) 1; (3) 1; (4) 5; (5) 3; (6) 1; (7) 1; (8) $\frac{1}{\sqrt{2}}$.

5. (1) $m=\frac{1}{2}, n=2$; (2) $-\frac{3}{2}$.

6. (1) $a=2, b=-2$; (2) $a=-1, 3$.

习题六

1. (1) 连续区间为 $(-\infty,-3),(-3,2),(2,+\infty)$, $\lim\limits_{x\to 0}f(x)=\frac{1}{2}$, $\lim\limits_{x\to -3}f(x)=-\frac{8}{5}$,
$\lim\limits_{x\to 2}f(x)=\infty$.

(2) 连续区间为 $(-\infty,-1),(-1,+\infty)$.

2. (1) 连续;   (2) 一类跳跃间断点;   (3) 一类可去间断点;   (4) 连续;   (5) 二类无穷间断点.

3. (1) $x=2$ 为二类无穷间断点, $x=1$ 为一类可去间断点, 补充 $f(1)=-2$;

(2) $x=k\pi(k\in \mathbf{Z},k\neq 0)$ 为二类无穷间断点, $x=0$ 为一类可去间断点, 补充 $f(0)=1$;

(3) $x=\frac{1}{2}$ 为二类无穷间断点, $x=0$ 为一类可去间断点, 补充 $f(0)=0$;

(4) $x=1$ 为一类可去间断点, 补充 $f(1)=\sqrt{2}+\frac{1}{2}$, $x=-3$ 为二类无穷间断点;

(5) $x=0$ 为一类跳跃间断点;

(6) $x=0$ 为一类跳跃间断点.

4. (1) 1; (2) 3.

5. $f(x)=\begin{cases} x, & |x|<1, \\ 0, & |x|=1, \\ -x, & |x|>1 \end{cases}$ 在 $x=\pm 1$ 均为一类跳跃间断点, 其他点连续.

6. $a=0, b=\mathrm{e}$.

7. 0 为二类无穷间断点, 1 为一类跳跃间断点.

习题七

1. (1) $(-\infty,1),(1,2),(2,+\infty)$; (2) $[4,6]$; (3) $(0,1]$.

2. (1) 6; (2) 0; (3) -2; (4) 0; (5) 0; (6) 1.

3. (1) e^{-2}; (2) e^3; (3) $\ln(\sin 1+\mathrm{e}^{-6})$; (4) 1; (5) 1; (6) e.

4. (1) $f(x)=\begin{cases} 1, & 0<x\leqslant e, \\ \ln x, & x>e; \end{cases}$　(2) $f(x)$在$(0,+\infty)$上连续.

6. 有两个根,分别在$(1,2),(2,3)$内.

总习题二

一、1. (1) 必要,充分;　(2) 必要,充分;　(3) 必要;　(4) 充要.

2. $f(x)=2x^2+3-\dfrac{20}{3}x$.　3. -1.　4. $-\dfrac{1}{2}$.　5. $\ln 2$.　6. $4,-5$.

二、1. B;　2. D;　3. A;　4. B;　5. D;　6. A;　7. A.

三、1. (1) ∞;　(2) $\dfrac{1}{2}$;　(3) e^{-3};　(4) 0;　(5) e;　(6) $\dfrac{1}{3}$;　(7) 1;　(8) 1;

(9) $\dfrac{1}{\sqrt{e}}$;　(10) 3.

2. 2.

3. $\sqrt{a}$.

4. $p(x)=x^3+2x^2+x$.

5. (1) 2;　(2) $a=\dfrac{3}{2},b=3$.

7. (1) $a=1,b=\dfrac{2}{3}$;　(2) $a=1,b=-1$.

8. 1 为二类无穷间断点,0 为一类跳跃间断点.

第三章

习题一

1. $T'(t)$.

3. (1) $f'(a)$;　(2) $2f'(a)$;　(3) $af'(a)-f(a)$;　(4) $f'(1)$.

4. (1) 0;　(2) 0;　(3) 100!;　(4) $1+\dfrac{\pi}{4}$.

5. 24 m/s.

6. 切线方程为$\dfrac{\sqrt{3}}{2}x+y-\dfrac{1}{2}(1+\dfrac{\sqrt{3}}{3}\pi)=0$;　法线方程为$\dfrac{2\sqrt{3}}{3}x-y+\dfrac{1}{2}-\dfrac{2\sqrt{3}}{9}\pi=0$.

7. 连续,不可导.

8. $a=2,b=-1$.

9. $f(1)=0,f'(1)=2$.

13. $y-\dfrac{x}{\sqrt{e}}+\dfrac{1}{2}=0$.

习题二

1. (1) 不正确;　(2) 不正确;　(3) 正确;　(4) 正确;　(5) 不正确.

2. 不正确,因 $f(x)$在 $x=0$ 不连续,故 $f'(0)$不存在.

3. (1) $\dfrac{\sin x-1}{(x+\cos x)^2}$;　　(2) $3x^2-1+\dfrac{1}{x^2}-\dfrac{3}{x^4}$;

(3) $1+\dfrac{1}{x^2}+\left(1-\dfrac{1}{x^2}\right)\ln x$;　　　　(4) $\mathrm{e}^x\cos x\ln x-\mathrm{e}^x\sin x\ln x+\dfrac{\mathrm{e}^x\cos x}{x}$;

(5) $y=2^x\ln 2\tan x+2^x\sec^2 x+\dfrac{x\cos x-\sin x}{x^2}$;

(6) $10^x\left(\dfrac{2\ln x}{x\ln 10}+\ln^2 x\right)$.

5. (1) $\dfrac{x}{\sqrt{1+x^2}}$;　　　　　　　　(2) $\tan x$;

(3) $\dfrac{2^x\ln 2}{\sqrt{1-4^x}}$;　　　　　　　(4) $-\cos x$;

(5) $\ln 10\cdot 10^{x\tan x}(\tan x+x\sec^2 x)$;　　(6) $\dfrac{2x-\cos x}{\ln 3(x^2-\sin x)}$;

(7) $\csc x$;　　　　　　　　　(8) $\dfrac{1}{\sqrt{x}\,(1+\sqrt{x})^2}\sin\left(\dfrac{1-\sqrt{x}}{1+\sqrt{x}}\right)$;

(9) $2\theta-6\tan(\tan 3\theta)\sec^2 3\theta$;

(10) $\dfrac{1}{8\sqrt{x}\sqrt{x+\sqrt{x}}\sqrt{x+\sqrt{x+\sqrt{x}}}}(1+2\sqrt{x}+4\sqrt{x}\sqrt{x+\sqrt{x}})$;

(11) $-\dfrac{1}{(1+x)\sqrt{2x(1-x)}}$;　　　　(12) $(2\ln x+2)x^{2x}+\dfrac{1-\ln 2x}{x^2}(2x)^{\frac{1}{x}}$.

6. (1) $3x^2 f'(x^3)$;　　　　　　　(2) $-\mathrm{e}^{-x}f'(\mathrm{e}^{-x})$;

(3) $\sin 2x[f'(\sin^2 x)-f'(\cos^2 x)]$;　　(4) $\dfrac{f'(x)\mathrm{e}^{f(x)}}{1+\mathrm{e}^{f(x)}}$;

(5) $\left[2g(x)g'(x)+\dfrac{1}{x^2}\right]f'\left[g^2(x)-\dfrac{1}{x}\right]$;

(6) $-2\sin 4x\ln a\,a^{f\left[\sin^2\left(\frac{\pi}{2}-2x\right)\right]}f'\left[\sin^2\left(\dfrac{\pi}{2}-2x\right)\right]$.

7. (1) $-x\mathrm{e}^{x-1}$;　　　　　　　(2) $2+\dfrac{1}{x^2}$.

8. $\dfrac{1}{3}$.

9. $(2t+1)\mathrm{e}^{2t}$.

10. (1) 处处连续,处处可导, $f'(x)=\begin{cases}2x\sin\dfrac{1}{x}-\cos\dfrac{1}{x}, & x\neq 0,\\[2mm] 0, & x=0;\end{cases}$

(2) 处处连续且可导, $f'(x)=\begin{cases}2, & 0<x\leqslant 1,\\ 2x, & 1<x<2;\end{cases}$

(3) 处处连续,除 0 点外处处可导, $f'(x)=\begin{cases}2\sec^2 x, & x<0,\\ \mathrm{e}^x, & x>0;\end{cases}$

(4) 处处连续,除 0 点外处处可导, $f'(x)=\dfrac{\mathrm{e}^{\frac{1}{x}}(x+1)+x}{x(1+\mathrm{e}^{\frac{1}{x}})^2}, x\neq 0$.

习题三

1. (1) $-(a^2\sin ax+b^2\cos bx)$;　　　　(2) $\arctan x+\dfrac{x}{1+x^2}$;

(3) $-\dfrac{2\sin\ln x}{x}$;　　　　　　　　　　(4) $6x\mathrm{e}^{x^2}\left(1+\dfrac{2}{3}x^2\right)$;

(5) $\dfrac{-x}{\sqrt{(1+x^2)^3}}$;　　　　　　　　(6) $\dfrac{-3x}{\sqrt{(1+x^2)^5}}$.

3. (1) $600\mathrm{e}$;　(2) 0;　(3) $\pi^2-2\,450$.

4. (1) $\cos^2 x f''(\sin x)-\sin x f'(\sin x)$;　(2) $\dfrac{f''(x)f(x)-f'^2(x)}{f^2(x)}$;

(3) $\dfrac{2}{x^3}f'\left(\dfrac{1}{x}\right)+\dfrac{1}{x^4}f''\left(\dfrac{1}{x}\right)$;　　(4) $\mathrm{e}^{-f(x)}\left[f'^2(x)-f''(x)\right]$.

6. $-4x-\dfrac{1}{x^2}$.

7. (1) $\mathrm{e}^x+(-1)^n\mathrm{e}^{-x}$;　　　　　　(2) $(-1)^n\dfrac{2n!}{(1+x)^{n+1}}$;

(3) 提示:$y=\dfrac{1}{x+3}+\dfrac{1}{x-1}$　$(-1)^n n!\ (x+3)^{-(n+1)}+(-1)^n n!\ (x-1)^{-(n+1)}$;

(4) $y^{(n)}=\dfrac{(-1)^{n-1}(n-1)!}{(1+x)^n}$;　　(5) $2^{n-1}\sin\left(2x+n\,\dfrac{\pi}{2}\right)$;

(6) $(-1)^n\mathrm{e}^{-x}\left[x^2-2(n-1)x+(n-1)(n-2)\right]$.

习题四

1. (1) $-\dfrac{2x+y}{x+2y}$;　　　　　　　　(2) $y=-\dfrac{\mathrm{e}^y}{1+x\mathrm{e}^y}$;

(3) $-\dfrac{\sqrt{y}}{\sqrt{x}}$;　　　　　　　　　(4) $\dfrac{2}{2-\cos y}$;

(5) $\dfrac{-\sin(x+y)}{1+\sin(x+y)}$;　　　　　　(6) $\dfrac{1}{(x+y)\mathrm{e}^y-x-y-1}$.

2. 切线方程 $x+2y-3=0$;法线方程 $y-2x+1=0$.

3. (1) $-\dfrac{1}{y^3}$;　　　　　　　　　(2) $-2\csc^2(x+y)\cot^3(x+y)$;

(3) $\dfrac{\sin y}{(1+\cos y)^3}$;　　　　　　(4) $\dfrac{-2(1+y^2)}{y^5}$;

(5) $\dfrac{\varphi''(y)}{[1-\varphi'(y)]^3}$.

4. $\dfrac{2}{\pi^2}$.

5. (1) $\left(\dfrac{x}{1+x}\right)^x\left(\ln\dfrac{x}{1+x}+\dfrac{1}{1+x}\right)$;　(2) $\dfrac{\sqrt[3]{x+1}(2-x)^4}{x^2(x-1)^3}\left[\dfrac{1}{3(x+1)}-\dfrac{4}{2-x}-\dfrac{2}{x}-\dfrac{3}{x-1}\right]$;

(3) $\dfrac{\sqrt[3]{x-1}(1+x)}{\mathrm{e}^x(x+4)^2}\left[\dfrac{1}{x+1}+\dfrac{1}{3(x-1)}-\dfrac{2}{x+4}-1\right]$;　(4) $\dfrac{xy\ln y-y^2}{xy\ln x-x^2}$.

6. (1) 1;　　　　　　　　　　　(2) $-\dfrac{1}{2}$.

7. (1) $-\dfrac{1+3t^2}{4t^3}$;　(2) $\dfrac{1+t^2}{4t}$;　(3) $\dfrac{1}{f''(t)}$.

8. (1) 切线方程为 $y=\pm\dfrac{2}{3\sqrt{3}}$,切点为 $\left(-\dfrac{2}{3},\dfrac{2}{3\sqrt{3}}\right)$,$\left(-\dfrac{2}{3},-\dfrac{2}{3\sqrt{3}}\right)$.

(2) 切线方程为 $y+x=\mathrm{e}^{\frac{\pi}{2}}$,法线方程为 $y-x=\mathrm{e}^{\frac{\pi}{2}}$.

9. $\dfrac{3}{2}\mathrm{e}^{-3t}$.

10. $f'\left[\varphi(x)+y^2\right]\left[\varphi'(x)+\dfrac{2y}{1+\mathrm{e}^y}\right]$.

11. $-\dfrac{(1+t)\sin(y+t)}{1+\sin(y+t)}$.

12. $144\,\pi\mathrm{m}^2/\mathrm{s}$.

习题五

1. (1) $\dfrac{x}{\sqrt{2+x^2}}\mathrm{d}x$;

 (2) $2x(\sin 2x+x\cos 2x)\mathrm{d}x$;

 (3) $\dfrac{x(2\ln x-1)}{\ln^2 x}\mathrm{d}x$;

 (4) $a^x\ln a\cot a^x\mathrm{d}x$;

 (5) $-\dfrac{2x}{1+x^4}\mathrm{d}x$;

 (6) $\cos x f'(\sin x)\mathrm{d}x$;

 (8) $-\mathrm{e}^{-x}f'(\mathrm{e}^{-x})\mathrm{d}x$;

 (9) $\left[f'(\mathrm{e}^x)\mathrm{e}^x\mathrm{e}^{f(x)}+\mathrm{e}^{f(x)}f'(x)f(\mathrm{e}^x)\right]\mathrm{d}x$.

2. 0.75.

3. (1) $\sin 2x+C$;

 (2) $\sec x+C$;

 (3) $\dfrac{2}{3b}(a+bx)^{3/2}+C$;

 (4) $\dfrac{1}{2}\ln^2 x+c$.

4. $-\dfrac{\mathrm{e}^x\sin y+\mathrm{e}^{-y}\sin x}{\mathrm{e}^x\cos y+\mathrm{e}^{-y}\cos x}\mathrm{d}x$.

5. $\dfrac{1}{x}\mathrm{d}x$.

6. 0.

7. (1) 0.484 9; (2) 1.007.

总习题三

一、1. B; 2. D; 3. D; 4. D; 5. C; 6. A; 7. C.

二、1. $a=-1,b=2$; 2. $-a$; 3. -1; 4. $2\mathrm{e}^{2x}$; 5. $\sin^2 x\cos x$; 6. 1; 7. 0.

三、1. (1) $-\dfrac{\arccos x}{x^2}$;

 (2) $-2x\mathrm{e}^{-x^2}$;

 (3) $-\sqrt{\dfrac{y}{x}}$;

 (4) $\dfrac{x+y}{x-y}$.

2. (1) $\dfrac{3\pi}{4}$;

 (2) $-1,4$;

 (3) $\dfrac{f''(x+y)}{[1-f'(x+y)]^3}$;

 (4) $\dfrac{\mathrm{d}y}{\mathrm{d}x}=\dfrac{t}{(t+1)(1-\cos y)},\dfrac{\mathrm{d}^2 y}{\mathrm{d}x^2}=\dfrac{(1-\cos y)^2-2t^2(t+1)\sin y}{2(1-\cos y)^3(t+1)^3}$.

3. $\sqrt{2}$.

4. $\ln x+1$.

5. 2.

6. 一阶二阶导数在 $x=0$ 存在;$f'(x)$ 在 $x=0$ 连续,$f''(x)$ 在 $x=0$ 不连续.

7. 切线方程 $4x+2\pi y-a^2\pi=0$,法线方程 $\pi x-2y+a\pi=0$.

10. $a=2, b=-1, f'(x)=\begin{cases} 2, & x\leqslant 1, \\ 2x, & x>1. \end{cases}$

第四章

习题一

2. $\xi=0$.

4. 不正确,因两个 ξ 一般不一定相等.

习题二

1. (1) 2; (2) $\cos a$; (3) 0; (4) 1; (5) $\dfrac{4}{e}$; (6) $\dfrac{1}{3}$; (7) 0; (8) 0; (9) $\dfrac{1}{\sqrt{b}}$;

(10) $\dfrac{7}{2}$.

2. (1) $-\dfrac{1}{2}$; (2) $\dfrac{1}{2}$; (3) 0; (4) e^2; (5) 1; (6) 1; (7) e^{-1}; (8) $e^{1/3}$;

(9) ∞; (10) 3; (11) $\dfrac{1}{3}$; (12) 1; (13) ∞; (14) $\dfrac{2}{3}$; (15) $-\dfrac{e}{2}$; (16) $\sqrt{ab}$.

3. 1.

5. $\dfrac{1}{2}, 1, 1$.

6. 1.

7. 连续.

习题三

1. $\arctan x = x - \dfrac{x^3}{3} + o(x^3)$.

2. $f(x) = 5 + 10(x-1) + 10(x-1)^2 + 5(x-1)^3 + (x-1)^4$.

3. $\ln x = \ln 2 + \dfrac{1}{2}(x-2) - \dfrac{1}{2^3}(x-2)^2 + \dfrac{1}{3\cdot 2^3}(x-2)^3 - \cdots + (-1)^{n-1}\dfrac{1}{n\cdot 2^n}(x-2)^n + o[(x-2)^n]$.

4. $xe^x = x + x^2 + \dfrac{x^3}{2!} + \dfrac{x^4}{3!} + \cdots + \dfrac{x^n}{(n-1)!} + \dfrac{(n+1+\theta x)e^{\theta x}x^{n+1}}{(n+1)!}$ $(0<\theta<1)$.

5. $\dfrac{1}{x} = -1 - (x+1) - (x+1)^2 - \cdots - (x+1)^n + \dfrac{(-1)^{n+1}(x+1)^{n+1}}{\xi^{n+2}}$, ξ 在 $-1, x$ 之间.

6. $e^{1-\frac{x^2}{2}} = e\left[1 - \dfrac{x^2}{2!!} + \dfrac{x^4}{4!!} - \dfrac{x^6}{6!!} + \cdots + (-1)^n \dfrac{x^{2n}}{(2n)!!}\right] + o(x^{2n})$ 或 $o(x^{2n+1})$.

7. $\sin^2 x = x^2 - \dfrac{x^4}{3} + \dfrac{2x^6}{45} - \cdots + (-1)^{n-1}\dfrac{2^{2n-1}x^{2n}}{(2n)!} + o(x^{2n+1})$.

8. (1) $\dfrac{1}{3}$; (2) $\dfrac{1}{6}$; (3) $\dfrac{1}{2}$.

习题四

1. (1) $(-\infty, 0]$ 上单调减少, $[0, +\infty)$ 上单调增加;

(2) $(-\infty,+\infty)$ 单调增加;

(3) 单调增加.

2. (1) $(-\infty,1),(3,+\infty)$ 上单调增加,$(-1,3)$ 上单调减少;

(2) $(0,2)$ 上单调减少,$(2,+\infty)$ 上单调增加;

(3) $(-\infty,0),(1,+\infty)$ 上单调增加,$(0,1)$ 上单调减少;

(4) $(0,\frac{1}{2})$ 上单调减少,$(\frac{1}{2},+\infty)$ 上单调增加.

7. (1) 凹区间为 $(-\infty,0),(\frac{2}{3},+\infty)$,凸区间为 $(0,\frac{2}{3})$,拐点为 $(0,1),(\frac{2}{3},\frac{11}{27})$.

(2) 凹区间为 $(0,+\infty)$,无拐点.

(3) 凹区间为 $(-1,0),(1,+\infty)$,凸区间为 $(-\infty,-1),(0,1)$,拐点为 $(0,0)$.

(4) 凹区间为 $(-1,1)$,凸区间为 $(-\infty,-1),(1,+\infty)$,拐点为 $(-1,\ln 2),(1,\ln 2)$.

(5) 在整个 $\mathbf{R}$ 上是凹的,无拐点.

(6) 凹区间为 $(b,+\infty)$,凸区间为 $(-\infty,b)$,拐点为 (b,a^2).

9. $a=-\frac{3}{2},b=\frac{9}{2}$.

10. $(0,0)$.

11. (1) 极大值 $y(-1)=17$,极小值 $y(3)=-47$;

(2) 极小值 $y(0)=0$;

(3) 极大值 $y(\frac{3}{4})=\frac{5}{4}$;

(4) 极大值 $y(-1)=0$,极小值 $y(1)=-3\sqrt[3]{4}$.

12. $x=0$ 是极大值点,且极大值为 1.

13. $a=2,f(\frac{\pi}{3})=\sqrt{3}$,极大值.

14. $a=-2,b=-\frac{1}{2}$.

15. $a=1,b=0,c=-3$.

16. 是.

18. (1) 最大值 $y(4)=80$,最小值 $y(-1)=-5$;

(2) 最大值 $y(\frac{3}{4})=1.25$,最小值 $y(-5)=-5+\sqrt{6}$;

(3) 最大值 $y(2)=\ln 5$,最小值 $y(0)=0$;

(4) 最大值 20,最小值 0.

19. $\frac{1}{e}$.

21. 宽 5 米,长 5 米时小屋的面积最大.

22. 当 $AD=15$ km 时,总运费最省.

23. $(\frac{16}{3},\frac{256}{9})$.

24. $\frac{7\sqrt{2}}{8}$.

25. (1) 2;

(2) $k<0$ 时,有一个实根,在$(-\infty,0)$内;$0<k<e$ 时,无实根;$k=e$ 时,有一个实根 $x=1$;$k>e$ 时,有两个实根,分别在$(0,1)$,$(1,+\infty)$内.

26. $x=1$ 为铅直渐近线,$y=2x+4$ 为斜渐近线.

28. (1) $R(x)=280x-0.4x^2(0<x<700)$; (2) $L(x)=-x^2+280x-5\,000$;

(3) 140 台; (4) 14 600 元; (5) 224 台.

29. 13.8%.

总习题四

一、1. C; 2. D; 3. B; 4. C; 5. B; 6. B.

二、1. 1; 2. $f^{(2n-1)}(0)=0$, $f^{(2n)}(0)=(2n)!\,\dfrac{(-1)^n}{n!}$, $(n=1,2,3\cdots)$; 3. $0,0,-1$;

4. 大; 5. 2; 6. 3,3.

三、1. (1) 1; (2) $\dfrac{1}{e}$; (3) 1; (4) 3; (5) $\dfrac{1}{2}$; (6) $\dfrac{1}{e}$; (7) ak; (8) $\dfrac{n-m}{2}$;

(9) 1; (10) 2.

2. $\dfrac{1}{2},4$.

3. $-3,\dfrac{9}{2}$.

4. $\sqrt{1+x}\cos x=1+\dfrac{1}{2}x-\dfrac{5}{8}x^2-\dfrac{3}{16}x^3+o(x^3)$.

6. 提示:求 $\lim\limits_{x\to+\infty}\dfrac{e^x f(x)}{e^x}$.

12. $\left(\dfrac{\sqrt{3}}{3},\dfrac{2}{3}\right),\dfrac{4\sqrt{3}}{9}$.

13. 等分.

14. $x_{14}=\dfrac{14^{10}}{2^{14}}$.

第五章

习题一

1. (1) x^3+x^2+C; (2) $\arctan x+C$;

(3) $-\cos x-3\sin x+C$; (4) $\dfrac{4^x}{\ln 4}+\dfrac{2}{\ln 6}6^x+\dfrac{9^x}{\ln 9}+C$;

(5) $2\tan x+x+C$; (6) $-\dfrac{3}{2}(\cot x+\tan x)+C$;

(7) $\dfrac{3^x e^x}{1+\ln 3}+C$; (8) $\dfrac{1}{2}\tan y+C$;

(9) $\arcsin x+C$; (10) $4\left(\dfrac{1}{7}x^{\frac{7}{4}}+x^{-\frac{1}{4}}\right)+C$;

(11) $\dfrac{6}{13}x^{13/6}-\dfrac{6}{7}x^{7/6}+C$; (12) e^x+C;

(13) $x+\sec x-\tan x+C$;

(14) $-\cot x-x+C$;

(15) $\dfrac{1}{x}-\dfrac{1}{3x^3}+\arctan x+C$;

(16) $-\dfrac{1}{x}-2\arctan x+C$;

(17) $\tan x-x+e^x+C$;

(18) $\dfrac{3}{5}x^{\frac{5}{3}}-\dfrac{3}{4}x^{\frac{4}{3}}+x+C$.

2. $y=1-\dfrac{1}{x}$.

3. (1) $\sin x-e^{-x}+C$;

(2) $3x^2-\dfrac{1}{x}+C$;

(3) $\dfrac{x^3}{3}-\dfrac{1}{x}+C$.

5. $f(x)=x^3-3x^2+4$.

习题二

1. (1) $\dfrac{1}{2}$;　(2) $\dfrac{1}{\sqrt{5}}$;　(5) $\dfrac{1}{2}$;　(6) 2.

2. (1) $\dfrac{\sin(ax+b)}{a}+C$;

(2) $\dfrac{3}{4}(2x+1)^{\frac{2}{3}}+C$;

(3) $-\dfrac{1}{2}\ln|3-2x|+C$;

(4) $-\dfrac{\cos x^2}{2}+C$;

(5) $\dfrac{1}{6}\sqrt{(x^4+1)^3}+C$;

(6) $\ln|\ln x|+C$;

(7) $e^{2\sqrt{x}}+C$;

(8) $e^{\arcsin x}+C$;

(9) $\ln|x^2-5x+7|+C$;

(10) $\dfrac{1}{2}\sin^2 x-\dfrac{1}{4}\sin^4 x+C$;

(11) $\dfrac{1}{3}\sec^3 x-\sec x+C$;

(12) $e^{1-\frac{1}{x}}+C$;

(13) $\ln x+\ln|\ln x-1|+C$;

(14) $\dfrac{1}{2}\cos x-\dfrac{1}{10}\cos 5x+C$;

(15) $3\sqrt[3]{\sin x-\cos x}+C$;

(16) $\dfrac{1}{4}\tan^4 x+C$;

(17) $\dfrac{1}{(x-2)^2}-\dfrac{1}{x-2}+C$;

(18) $x+\dfrac{1}{2}\ln\dfrac{x^2}{1+x^2}-\arctan x+C$;

(19) $-2\cot\sqrt{x}+C$;

(20) $\dfrac{1}{2}(\ln\tan x)^2+C$;

(21) $-\dfrac{\sqrt{2}}{2}\arctan\dfrac{\cot x}{\sqrt{2}}+C$;

(22) $\dfrac{1}{2}(x-\ln|\sin x+\cos x|)+C$.

3. (1) $\dfrac{1}{5}(4-x^2)^{\frac{5}{2}}-\dfrac{4}{3}(4-x^2)^{\frac{3}{2}}+C$;

(2) $\dfrac{x}{\sqrt{x^2+1}}+C$;

(3) $\ln\left|\dfrac{1}{x}-\dfrac{\sqrt{x^2+1}}{x}\right|+C$;

(4) $\sqrt{x^2-9}+3\arcsin\dfrac{3}{|x|}+C$;

(5) $-\dfrac{\sqrt{1+x^2}}{x}+C$;

(6) $\sqrt{2x}-\ln(1+\sqrt{2x})+C$;

(7) $\arccos\dfrac{1}{|x|}+C$;

(8) $6\left(\dfrac{\sqrt[6]{x^7}}{7}-\dfrac{\sqrt[6]{x^5}}{5}+\dfrac{\sqrt{x}}{3}-\sqrt[6]{x}+\arctan\sqrt[6]{x}\right)+C$;

(9) $2\sqrt{1+e^x}+\ln\dfrac{\sqrt{1+e^x}-1}{\sqrt{1+e^x}+1}+C$;　(10) $\ln\left|1+2x+2\sqrt{x(1+x)}\right|-2\sqrt{\dfrac{1}{1+x}}+C$.

4. (1) $\arcsin\dfrac{1-x}{2}+C$;　(2) $\dfrac{1}{4}\arctan\left(x+\dfrac{1}{2}\right)+C$;

(3) $2\arctan(x+1)-\dfrac{1}{2}\ln(x^2+2x+2)+C$;　(4) $\sqrt{\dfrac{1+x}{1-x}}+C$;

(5) $-\dfrac{3}{2}\sqrt[3]{\dfrac{x+1}{x-1}}+C$;　(6) $-\ln|\csc x+1|+C$;

(7) $\ln\dfrac{e^x}{1+e^x}+\dfrac{1}{1+e^x}+C$;　(8) $-2e^{-\frac{x}{2}}-x+2\ln(1+e^{-\frac{x}{2}})+C$;

(9) $-\dfrac{4}{3}\sqrt{1-x\sqrt{x}}+C$;　(10) $\dfrac{1}{2}\Big[\dfrac{f(x)}{f'(x)}\Big]^2+C$.

5. (1) $f(x)=-x^2-\ln|1-x|+C$;　(2) $f(x)=2\sqrt{x}+C$.

6. $\dfrac{1-\cos 4x}{2\sqrt{x-\dfrac{1}{4}\sin 4x+1}}+C$.

7. $f(x)=\sqrt{1+x^2}$.

习题三

1. (1) $-\dfrac{1}{3}x\cos 3x+\dfrac{1}{9}\sin 3x+C$;　(2) $x^2\sin x+2x\cos x-2\sin x+C$;

(3) $\dfrac{xe^{2x}}{2}-\dfrac{e^{2x}}{4}+C$;　(4) $-e^{-x}(x^3+3x^2+6x+6)+C$;

(5) $\dfrac{1}{3}x^3\ln x-\dfrac{1}{9}x^3+C$;　(6) $\dfrac{1}{3}x^3\arctan x-\dfrac{1}{6}x^2+\dfrac{1}{6}\ln(1+x^2)+C$;

(7) $x\arcsin x+\sqrt{1-x^2}+C$;

(8) $\dfrac{1}{3}x^3\arccos x+\dfrac{1}{3}\Big[-\sqrt{1-x^2}+\dfrac{1}{3}(1-x^2)^{\frac{3}{2}}\Big]+C$;

(9) $\dfrac{e^x}{2}(\sin x+\cos x)+C$;　(10) $\dfrac{x}{2}\big[\sin(\ln x)+\cos(\ln x)\big]+C$;

(11) $\dfrac{2}{5}x^2\Big[\sin(\ln x)-\dfrac{1}{2}\cos(\ln x)\Big]+C$;　(12) $-\dfrac{1}{x}\arcsin x+\ln\left|\dfrac{1-\sqrt{1-x^2}}{x}\right|+C$;

(13) $x\ln(1+\sqrt{1+x^2})-\sqrt{1+x^2}+C$;　(14) $x\arctan\sqrt{x}-\sqrt{x}+\arctan\sqrt{x}+C$;

(15) $x\ln\left|\dfrac{1+x}{1-x}\right|+\ln|1-x^2|+C$;　(16) $\Big(\dfrac{x^3}{3}+\dfrac{3x^2}{2}+x\Big)\ln x-\Big(\dfrac{x^3}{9}+\dfrac{3x^2}{4}+x\Big)+C$;

(17) $-e^{-x}\ln(e^x+1)-\ln(e^{-x}+1)+C$;　(18) $\dfrac{1}{2}(\sec x\tan x+\ln|\sec x+\tan x|)+C$;

(19) $x(\arcsin x)^2+2\sqrt{1-x^2}\arcsin x-2x+C$;

(20) $-\dfrac{1}{2}\Big(\dfrac{x}{\sin^2 x}+\cot x\Big)+C$;　(21) $-\dfrac{\ln x}{\sqrt{1+x^2}}-\ln\left|\dfrac{1+\sqrt{1+x^2}}{x}\right|+C$;

(22) $\dfrac{e^x}{1+x}+C$;

(23) $-\dfrac{1}{3}(x^2+2)\sqrt{1-x^2}\arccos x-\dfrac{x}{9}(x^2+6)+C$;

(24) $-2\sqrt{1-x}\arcsin\sqrt{x}+2\sqrt{x}+C$.

2. $\frac{1}{4}\tan^4 x-\frac{1}{2}\tan^2 x-\ln\cos x+C$.

3. $2\ln x-\ln^2 x+C$.

4. $f(x)=\frac{x^4}{12}-\frac{3x^2}{4}+\frac{x^2\ln x}{2}$.

5. 利用分部积分法 $\int f^{-1}(x)\mathrm{d}x=xf^{-1}(x)-\int x\mathrm{d}(f^{-1}(x))$,并注意 $x=f(f^{-1}(x))$.

$$\int f^{-1}(x)\mathrm{d}x=xf^{-1}(x)-F[f^{-1}(x)]+C.$$

习题四

1. (1) $\frac{1}{3}\ln\left|\frac{x-1}{x+2}\right|+C$;　　　　　(2) $6\ln|x-3|-5\ln|x-2|+C$;

(3) $\frac{1}{2}\ln(x^2+2x+3)-\frac{3}{\sqrt{2}}\arctan\frac{x+1}{\sqrt{2}}+C$;

(4) $\frac{1}{3}x^3-\frac{3}{2}x^2+9x-27\ln|x+3|+C$;　　(5) $\frac{1}{x+1}+\frac{1}{2}\ln|x^2-1|+C$;

(6) $\frac{1}{3}x^3+\frac{1}{2}x^2+x+8\ln|x|-4\ln|x+1|-3\ln|x-1|+C$.

2. (1) $\frac{1}{2\sqrt{3}}\arctan\frac{2\tan x}{\sqrt{3}}+C$;　　　　(2) $\frac{2}{\sqrt{3}}\arctan\frac{2\tan\frac{x}{2}+1}{\sqrt{3}}+C$;

(3) $\frac{1}{2}\sec x\tan x-\frac{1}{2}\ln(\sec x+\tan x)+C$;　(4) $\ln(1+\sin x)+C$;

(5) $x-\frac{1}{\sqrt{2}}\arctan(\sqrt{2}\tan x)+C$;　　　(6) $\frac{1}{\sqrt{5}}\arctan\frac{3\tan\frac{x}{2}+1}{\sqrt{5}}+C$.

3. $2\ln(\sqrt{x}+\sqrt{1+x})+C$.

总习题五

一、1. C;　2. A;　3. A;　4. B;　5. A;　6. D.

二、1. $-F\left(\frac{1}{x}\right)+C$;　　　　　　　2. $\frac{1}{6}f^3(x^2)+C$;

3. $2x\ln x-x+C$;　　　　　　　4. $\sqrt{x^2+1}$;

5. $2[\sqrt{x}+f(\sqrt{x})]+C$;　　　　　6. $I_n=\frac{1}{2}x^2(\ln x)^n-\frac{n}{2}I_{n-1}$.

三、1. (1) $\frac{1}{2}\ln\left|\frac{e^x-1}{e^x+1}\right|+C$;　　　　(2) $\frac{1}{2}\left(\arctan x-\frac{x}{1+x^2}\right)+C$;

(3) $\ln|x|-\frac{1}{4}\ln(1+x^4)+C$;　　　(4) $x-\frac{1}{2}\ln(x^2+x+1)+\sqrt{3}\arctan\frac{2x+1}{\sqrt{3}}+C$;

(5) $a\arcsin\frac{x}{a}-\sqrt{a^2-x^2}+C$;　　(6) $\arcsin(x-1)-\sqrt{2x-x^2}+C$;

(7) $2\ln(\sqrt{x}+\sqrt{1+x})+C$;　　　(8) $4\sqrt{1+\sqrt{x}}+C$;

(9) $\frac{\sqrt{x^2-9}}{9x}+C$;　　　　　　(10) $\frac{x^4}{4}-\ln(x^4+2)+\frac{1}{4}\ln(x^4+1)+C$;

(11) $\dfrac{1}{2}\arctan(\sin^2 x)+C$;

(12) $-\cot x\ln\sin x-\cot x-x+C$;

(13) $\dfrac{\tan^3 x}{3}-\tan x+x+C$;

(14) $\dfrac{1}{\sqrt{2}}\arctan\dfrac{\tan 2x}{\sqrt{2}}+C$;

(15) $x\tan\dfrac{x}{2}+C$;

(16) $\dfrac{1}{4}\left(\dfrac{\sin x-1}{\cos^2 x}+\ln|\tan x+\sec x|\right)+C$;

(17) $x+\sec x-\tan x+C$;

(18) $\ln|\tan x|-\dfrac{1}{2\sin^2 x}+C$;

(19) $\dfrac{1}{ab}\arctan\dfrac{a\tan x}{b}+C$;

(20) $-\dfrac{\arctan x}{x}-\dfrac{(\arctan x)^2}{2}+\dfrac{1}{2}\ln\dfrac{x^2}{x^2+1}+C$.

(21) $\dfrac{1}{2}(x^2-1)e^{x^2}+C$;

(22) $e^{e^x}+C$;

(23) $e^{2x}\tan x+C$;

(24) $2(x-2)\sqrt{e^x-1}+4\arctan\sqrt{e^x-1}+C$;

(25) $x\ln(1+x^2)-2x+2\arctan x+C$;

(26) $-\dfrac{\ln x}{2(1+x^2)}+\dfrac{1}{4}\ln\dfrac{x^2}{1+x^2}+C$;

(27) $\begin{cases}\dfrac{x^3}{3}-\dfrac{2}{3}+C, & x\leqslant-1,\\[2mm] x+C, & -1<x<1,\\[2mm] \dfrac{x^3}{3}+\dfrac{2}{3}+C, & x\geqslant 1;\end{cases}$

(28) $\dfrac{f(x)}{e^x}+C$.

2. $-2\sqrt{1-x}\arcsin\sqrt{x}+2\sqrt{x}+C$.

第六章

习题一

1. (1) 正确; (2) 不正确; (3) 正确; (4) 不正确; (5) 正确.

2. (1) $\dfrac{1}{2}\pi R^2$; (2) $\dfrac{3}{2}$; (3) 0.

3. (1) $\displaystyle\int_0^\pi x\sin x\,dx$; (2) $\displaystyle\int_1^5\dfrac{e^t}{1+t}\,dt$; (3) $\displaystyle\int_0^1\sqrt{4-x^2}\,dx$.

4. (1) $\displaystyle\int_1^2\ln x\,dx>\int_1^2(\ln x)^2\,dx$; (2) $\displaystyle\int_1^2\sqrt{x}\,dx>\int_1^2\sqrt[3]{x}\,dx$;

(3) $\displaystyle\int_0^1 e^x\,dx>\int_0^1 e^{x^2}\,dx$; (4) $\displaystyle\int_0^1(e^{x^2}-1)\,dx>\int_0^1 x^2\,dx$.

5. $\displaystyle\int_0^{2\pi}x\sin x\,dx<0$.

6. (1) $\dfrac{1}{32}\leqslant\displaystyle\int_{\frac{1}{2}}^1 x^4\,dx\leqslant\dfrac{1}{2}$; (2) $\pi\leqslant\displaystyle\int_{\frac{\pi}{4}}^{\frac{5\pi}{4}}(1+\sin^2 x)\,dx\leqslant 2\pi$;

(3) $\dfrac{1}{2}\leqslant\displaystyle\int_{\frac{\pi}{4}}^{\frac{\pi}{2}}\dfrac{\sin x}{x}\,dx\leqslant\dfrac{\sqrt{2}}{2}$; (4) $2e^{\frac{-1}{4}}\leqslant\displaystyle\int_0^2 e^{x^2-x}\,dx\leqslant 2e^2$.

7. 提示:函数极限的局部保号性.

10. (1) 提示:积分估值性质或中值定理;

(2) $\lim\limits_{n\to\infty}\int_0^1 f(\sqrt[n]{x})\mathrm{d}x=\lim\limits_{n\to\infty}\Big[\int_0^{\frac{1}{n}} f(\sqrt[n]{x})\mathrm{d}x+\int_{\frac{1}{n}}^1 f(\sqrt[n]{x})\mathrm{d}x\Big]$，当 $n\geqslant 2$ 时，对右端的两个定积分再分别利用积分中值定理．

11. 利用连续函数的介值定理．

12. $\int_a^b xf(x)\mathrm{d}x\geqslant\dfrac{a+b}{2}\int_a^b f(x)\mathrm{d}x\Leftrightarrow\int_a^b\Big(x-\dfrac{a+b}{2}\Big)f(x)\mathrm{d}x\geqslant 0$，欲利用 11 题结论，需要找 $\Big(x-\dfrac{a+b}{2}\Big)$ 的不变号区间，因此将积分区间拆成 $\Big[a,\dfrac{a+b}{2}\Big]$ 与 $\Big[\dfrac{a+b}{2},b\Big]$．再分别利用 11 题结论，注意利用 $f(x)$ 的单调性和定积分的几何意义．

13. 提示：利用换元 $t=x+\Delta x$ 来变化积分．

习题二

2. (1) $\dfrac{1}{4}$；　(2) $\dfrac{5}{4}$；　(3) $\dfrac{\pi}{3a}$；　(4) $\dfrac{\pi}{6}$；　(5) $1-\dfrac{\pi}{4}$；　(6) 1；　(7) $4\sqrt{2}$；　(8) $\dfrac{\pi}{4}$；

(9) $\dfrac{1}{3}$；　(10) $\dfrac{1}{4}$．

3. (1) 错；　(2) 错；　(3) 错；　(4) 错；　(5) 错．

4. (1) 0；

(2) $\dfrac{x\sin x}{1+\cos^2 x}$；

(3) $-\dfrac{1}{1+x^4}$；

(4) $\dfrac{2x^3\sin x^2}{1+\cos^2 x^2}$；

(5) $\dfrac{1}{2\sqrt{x}}\mathrm{e}^x$；

(6) $\dfrac{\mathrm{e}^x-1}{x}-\mathrm{e}^x\ln x$；

(7) $x\mathrm{e}^x-4x$；

(8) $\int_0^{x^2}\dfrac{\sin t}{1+\cos^2 t}\mathrm{d}t+2x\,\dfrac{x\sin x}{1+\cos^2 x}$；

(9) $4x\mathrm{e}^{-x^4}$；

(10) $\int_0^x\varphi(t)\mathrm{d}t$．

5. (1) 2；　(2) $\dfrac{1}{2}\mathrm{e}^{-1}$；　(3) $-\dfrac{1}{2}$；　(4) 1；　(5) $\dfrac{\pi}{6}$；　(6) $\dfrac{2}{3}$；　(7) 2；　(8) 0；

(9) 0．

6. 1.

7. (1) e；　(2) $\displaystyle\int_{-1}^x f(x)\mathrm{d}x=\begin{cases} x+x^2, & x<0, \\ x+\mathrm{e}^x-1, & x\geqslant 0.\end{cases}$

8. 提示：对函数 $F(x)$ 在 $[0,1]$ 上利用零点定理，证明 $F(x)$ 在 $(0,1)$ 中至少有一个零点，再求 $F'(x)$，证明 $F(x)$ 单调，因此只有一个零点在 $(0,1)$ 中．

9. $\varphi(x)=\begin{cases} \dfrac{x^3}{3}, & x\in[0,1), \\ \dfrac{x^2}{2}+2x-\dfrac{7}{6}, & x\in[1,2], \end{cases}$ 　$\varphi(x)$ 在 $[0,2]$ 上连续．

10. 提示：证明 $F'(x)>0$，利用习题一 第 7 题的结论．

11. (1) $y(t)=A-x(t)=A-kt,t\in[0,T]$，由 $A=kt$ 得 $k=\dfrac{A}{T}$，因此

$$y(t)=A-\dfrac{A}{T}t,\quad t\in[0,T].$$

(2) $\overline{y}=\dfrac{1}{T}\int_0^T y(t)\mathrm{d}t=\dfrac{A}{2}$．

12. 50,100.

13. $R(x) = 200x - \dfrac{x^2}{100}$, $\quad \overline{R}(x) = 200 - \dfrac{x}{100}$.

14. 利用单调有界准则. 由 $0 < f'(x) < \dfrac{1}{x^2}$ 知 $f(x)$ 在 $[1, +\infty)$ 上单调增加,且有

$$0 < \int_0^1 f'(x)\mathrm{d}x < \int_0^1 \dfrac{1}{x^2}\mathrm{d}x.$$

15. $\displaystyle\int_a^x f'(t)\mathrm{d}t \leqslant \int_a^x M\mathrm{d}x$,即 $f(x) - f(a) \leqslant M(x-a)$,不等式两边关于 x 在 $[a,b]$ 上积分即可得结论.

习题三

1. (1) 错,因为 $x = \dfrac{1}{t}$ 在 $[-1,1]$ 不连续;

(2) 错,积分区间不是对称区间;

(3) 错,换元时,积分限也要作相应改变.

2. (1) 0; (2) $\dfrac{51}{512}$; (3) $\dfrac{1}{6}$; (4) $\pi - \dfrac{4}{3}$; (5) $\dfrac{\pi}{6} - \dfrac{\sqrt{3}}{8}$; (6) $\dfrac{\pi}{2}$; (7) $\dfrac{\pi}{16}a^4$;

(8) $\sqrt{2} - \dfrac{2}{3}\sqrt{3}$; (9) $\dfrac{116}{15}$; (10) $\dfrac{\pi}{2}$; (11) $(\sqrt{3}-1)a$; (12) $\dfrac{4}{3}$.

3. (1) $1 - \dfrac{1}{e}$; (2) -2; (3) $2 - \dfrac{3}{4\ln 2}$; (4) $\dfrac{\pi}{4} - \dfrac{\sqrt{3}}{9}\pi + \dfrac{1}{2}\ln\dfrac{3}{2}$; (5) $\ln 2 - \dfrac{1}{2}$;

(6) $\dfrac{\pi}{4} - \dfrac{1}{2}$; (7) 2; (8) $\dfrac{3}{2}\ln\dfrac{3}{2} + \dfrac{1}{2}\ln\dfrac{1}{2}$.

4. (1) 0; (2) 0; (3) $\ln 3$; (4) $4 - \pi$.

5. 换元法.

6. $\sin^4 x$ 有周期 π,又是偶函数,故有

$$\int_0^{2\pi} \sin^4 x\,\mathrm{d}x = 2\int_{-\frac{\pi}{2}}^{\frac{\pi}{2}} \sin^4 x\,\mathrm{d}x = 4\int_0^{\frac{\pi}{2}} \sin^4 x\,\mathrm{d}x = 4 \times \dfrac{3}{16}\pi = \dfrac{3}{4}\pi,$$

$\sin^5 x$ 有周期 2π,又是奇函数,故有

$$\int_0^{2\pi} \sin^5 x\,\mathrm{d}x = \int_{-\pi}^{\pi} \sin^5 x\,\mathrm{d}x = 0.$$

7. (1) $|\cos t| \geqslant 0$,$n\pi \leqslant x < (n+1)\pi$,所以 $\displaystyle\int_0^{n\pi} |\cos t|\,\mathrm{d}t \leqslant S(x) < \int_0^{(n+1)\pi} |\cos t|\,\mathrm{d}t$. 因为 $|\cos t|$ 以 π 为周期,在每个周期上积分相等,故

$$\int_0^{n\pi} |\cos t|\,\mathrm{d}t = n\int_0^{\pi} |\cos t|\,\mathrm{d}t = 2n, \quad \int_0^{(n+1)\pi} |\cos t|\,\mathrm{d}t = 2(n+1).$$

(2) 利用(1) 的结论,有 $\dfrac{2n}{(n+1)\pi} < \dfrac{S(x)}{x} < \dfrac{2(n+1)}{n\pi}$,令 $x \to +\infty$,由夹逼准则得 $\displaystyle\lim_{x \to +\infty} \dfrac{S(x)}{x} = \dfrac{2}{\pi}$.

8. 提示:变形为 $\displaystyle\int_0^1 f(x)\mathrm{d}\sqrt{x}$ 形式,分部积分. $\dfrac{1}{e} - 1$.

9. $\ln(1+e)$.

10. 分部积分法.

11. 积化和差.

12. 换元法. (1) 令 $x = \dfrac{\pi}{2} - t$; (2) 令 $x = \pi - t$, $\displaystyle\int_0^\pi \dfrac{x\sin x}{1+\cos^2 x}\mathrm{d}x = \dfrac{\pi^2}{4}$.

习题四

1. (1) 正确.

(2) 不正确,因为 $f(x) = \dfrac{1}{x}$ 在 $[-1,1]$ 内有无穷间断点 $x = 0$.

(3) 不正确,按定义

$$\int_{-\infty}^{+\infty} \frac{x}{\sqrt{1+x^2}}\mathrm{d}x = \lim_{a\to-\infty}\int_a^0 \frac{x}{\sqrt{1+x^2}}\mathrm{d}x + \lim_{b\to+\infty}\int_0^b \frac{x}{\sqrt{1+x^2}}\mathrm{d}x,$$

而 $\displaystyle\lim_{a\to-\infty}\int_a^0 \frac{x}{\sqrt{1+x^2}}\mathrm{d}x = \lim_{a\to-\infty}\sqrt{1+x^2}\,\Big|_a^0$ 不存在,所以此广义积分发散.

(4) 不正确,因为 $f(x) = \dfrac{1}{1-\sin x}$ 在 $[0,\pi]$ 内有无穷间断点.

(5) 不正确,因为 $\displaystyle\int_{-\infty}^{+\infty} \frac{2x}{1+x^2}\mathrm{d}x = \int_{-\infty}^0 \frac{2x}{1+x^2}\mathrm{d}x + \int_0^{+\infty} \frac{2x}{1+x^2}\mathrm{d}x$,而 $\displaystyle\int_0^{+\infty} \frac{2x}{1+x^2}\mathrm{d}x$ 发散,所以原广义积分发散.

2. (1) $\dfrac{\pi}{2}$; (2) 发散; (3) $\dfrac{1}{a}$; (4) 发散; (5) π; (6) -1; (7) 发散; (8) 1; (9) 2; (10) $2\dfrac{2}{3}$; (11) $\dfrac{\pi}{2}$; (12) 发散.

4. 当 $k > 1$ 时,广义积分收敛;当 $k \leqslant 1$ 时,广义积分发散;$k = 1 - \dfrac{1}{\ln\ln 2}$ 时,广义积分取得最小值.

5. 因为 $f(x)$ 有界,故 $\displaystyle\lim_{x\to-\infty} \mathrm{e}^x f(x) = 0$,于是

$$\left| \mathrm{e}^x f(x) \right| = \left| \int_{-\infty}^x [\mathrm{e}^x f(x)]' \mathrm{d}x \right| = \left| \int_{-\infty}^x \mathrm{e}^x [f(x)+f'(x)]\mathrm{d}x \right|$$

$$\leqslant \int_{-\infty}^x \mathrm{e}^x |f(x)+f'(x)| \mathrm{d}x \leqslant \int_{-\infty}^x \mathrm{e}^x \mathrm{d}x = \mathrm{e}^x.$$

6. (1) 当且仅当 $\alpha > -1$ 且 $\beta > 1+\alpha$ 时收敛,其他情形发散;

(2) $0 \leqslant \dfrac{1}{\sqrt{1-x^4}} \leqslant \dfrac{1}{\sqrt{1-x^2}}$,而 $\displaystyle\int_0^1 \frac{1}{\sqrt{1-x^2}}\mathrm{d}x = \dfrac{\pi}{2}$;

(3) $1 < \beta < 2$ 收敛;

(4) $p > 1$ 且 $q < 1$ 收敛.

7. 0. 提示:$x = 0$ 是瑕点,$\displaystyle\int_0^{+\infty} \frac{\ln x}{1+x^2}\mathrm{d}x = \int_0^1 \frac{\ln x}{1+x^2}\mathrm{d}x + \int_1^{+\infty} \frac{\ln x}{1+x^2}\mathrm{d}x$,且右端两个广义积分(第一个是瑕积分,第二个是无穷积分)分别收敛,对无穷积分进行倒代换 $x = \dfrac{1}{t}$,得

$$\int_1^{+\infty} \frac{\ln x}{1+x^2}\mathrm{d}x = -\int_0^1 \frac{\ln t}{1+t^2}\mathrm{d}t.$$

习题五

1. (1) $\dfrac{1}{6}$; (2) 1; (3) $\dfrac{32}{3}$; (4) $\dfrac{32}{3}$.

2. (1) $\dfrac{64}{3}$;   (2) $\dfrac{7}{6}$;   (3) $\dfrac{4}{3}a^2\pi^3$;   (4) 4;   (5) 36π;   (6) $3\pi a^2$.

3. $\dfrac{7}{12}\pi-\sqrt{3}$.

4. $\dfrac{5\pi}{8}a^2$.

5. $\dfrac{\pi}{4}a^2$.

6. (1) $a=\dfrac{\sqrt{2}}{2}$;   (2) $V=\dfrac{1+\sqrt{2}}{30}\pi$.

7. 30 976.

8. $\dfrac{500}{3}\sqrt{3}$.

9. (1) $\dfrac{\pi^2}{4},\dfrac{\pi^2}{2}-\pi$;   (2) $\dfrac{4}{3}\pi a^2 b$;   (3) $2a\pi^2 r^2$;   (4) $\dfrac{16}{3}\pi,\pi$;   (5) $\dfrac{62}{15}\pi$;

(6) $V_x=\dfrac{\pi}{2},V_y=\dfrac{\pi}{2}(\sqrt{2}\pi-4)$.

10. (1) $\dfrac{1}{4}(e^2+1)$;   (2) $\dfrac{1}{27}(80\sqrt{10}-13\sqrt{13})$;

(3) $\dfrac{8}{3}\left[\left(1+\dfrac{\pi^2}{16}\right)^{\frac{3}{2}}-1\right]$;   (4) $\sqrt{6}+\ln(\sqrt{2}+\sqrt{3})$.

11. $\left(\left(\dfrac{2}{3}\pi-\dfrac{\sqrt{3}}{2}\right)a,\dfrac{3}{2}a\right)$.

12. $y-\ln 4=\dfrac{1}{4}(x-4)$.

总习题六

一、1. $f(x+b)-f(x+a)$;   2. $x-1$;   3. 200;   4. 2;   5. 4;   6. -1;

7. $-3x^2 e^{y^2}\sin x$;   8. $\dfrac{1}{p+1},\dfrac{2\sqrt{2}}{\pi}$;   9. 1;   10. $\dfrac{1}{4a}(e^{4\pi a}-1)$;   11. $\dfrac{448}{15}\pi$;   12. $\dfrac{\pi}{3}$.

二、1. B;   2. D;   3. A;   4. B;   5. D;   6. C;   7. C.

三、1. (1) $\dfrac{3\pi}{32}$;   (2) $\dfrac{\ln 2}{3}$;   (3) $4\sqrt{2}-4$;   (4) $\dfrac{\pi}{8}-\dfrac{\ln 2}{4}$;   (5) $\dfrac{\pi}{4}$;   (6) $\dfrac{\pi}{2}$;

(7) $2\left(1-\dfrac{1}{e}\right)$;   (8) $\begin{cases}\dfrac{n!!}{(n+1)!!}, & n\ 为偶数,\\[2mm] \dfrac{n!!}{(n+1)!!}\cdot\dfrac{\pi}{2}, & n\ 为奇数;\end{cases}$ (9) 2;   (10) $\dfrac{1}{e}-1$.

2. (1) $\dfrac{2}{3}-\dfrac{3}{8}\sqrt{3}$;   (2) $\dfrac{2}{3}$;   (3) $\dfrac{2\pi}{3\sqrt{3}}$.

4. (1) $F(0)=0$;   (2) $x=\pm\dfrac{\sqrt{2}}{2}$;   (3) $-\dfrac{1}{2}e^{-81}+\dfrac{1}{2}e^{-16}$.

6. (1) 0;   (2) $\dfrac{\pi}{2}$;   (3) $\dfrac{1}{2}\left[\varphi(x)\right]^2+C$;   (4) $a=1,b=0,c=\dfrac{1}{2}$.

7. 3.

8. $\dfrac{5\pi}{4}-2$.

9. $\pi,\dfrac{16}{15}\pi.$

10. $\ln 3-\dfrac{1}{2}.$

11. $a=-\dfrac{5}{3},b=2,c=0.$

12. (1) $\dfrac{3}{2}ax^2+(4-a)x$；　(2) $-5.$

13. $\left(\pm\dfrac{1}{\sqrt{3}},\dfrac{2}{3}\right).$

14. 提示:用 $f(x)$ 的单调性,先证 $\displaystyle\int_{\lambda}^{1}f(x)\mathrm{d}x\leqslant(1-\lambda)f(\lambda)$,再证 $\displaystyle\int_{0}^{\lambda}f(x)\mathrm{d}x\geqslant\lambda f(\lambda)\geqslant$ $\dfrac{\lambda}{1-\lambda}\displaystyle\int_{\lambda}^{1}f(x)\mathrm{d}x$,展开变形即可.

15. 提示:将 $f(x)$ 在 $\dfrac{a}{2}$ 展开为一阶带 Lagrange 余项的 Taylor 公式.

16. (1) 切线方程:$y=\dfrac{1}{e}x$,　$A=\displaystyle\int_{0}^{1}(e^{y}-ey)\mathrm{d}y=\dfrac{e}{2}-1$;

(2) $V=V_1-V_2=\dfrac{1}{3}\pi e^2-\displaystyle\int_{0}^{1}\pi(e-e^y)\mathrm{d}y=\dfrac{\pi}{6}(5e^2-12e+3).$

17. (1) 4 百台；　(2) 0.5 万元.

18. (1) $L(40)=\displaystyle\int_{0}^{40}L'(x)\mathrm{d}x=9\,980$;

(2) $\overline{L}_{前}=\dfrac{1}{30}\displaystyle\int_{0}^{30}L'(x)\mathrm{d}x=249\dfrac{5}{8}$,　$\overline{L}_{后}=\dfrac{1}{30}\displaystyle\int_{30}^{60}L'(x)\mathrm{d}x=248\dfrac{7}{8}.$

19. 先求不定积分,有
$$\int\frac{\mathrm{d}x}{1+\sin^2x}=\int\frac{\mathrm{d}x}{\cos^2x+2\sin^2x}=\frac{1}{\sqrt{2}}\int\frac{\mathrm{d}(\sqrt{2}\tan x)}{1+(\sqrt{2}\tan x)^2}$$
$$=\frac{1}{\sqrt{2}}\arctan(\sqrt{2}\tan x)+C.$$

但是 $\dfrac{1}{\sqrt{2}}\arctan(\sqrt{2}\tan x)$ 在 $[0,\pi]$ 上不连续(有第一类间断点 $x=\dfrac{\pi}{2}$),为了能利用牛顿-莱布尼茨公式,必须将积分区间缩短.因为被积函数有周期 π,又是偶函数,故可用周期函数及周期函数的性质,得
$$\int_{0}^{\pi}\frac{\mathrm{d}x}{1+\sin^2x}=\int_{-\frac{\pi}{2}}^{\frac{\pi}{2}}\frac{\mathrm{d}x}{1+\sin^2x}=2\int_{0}^{\frac{\pi}{2}}\frac{\mathrm{d}x}{1+\sin^2x}$$
$$=\sqrt{2}\arctan(\sqrt{2}\tan x)\Big|_{0}^{\frac{\pi}{2}}=\frac{\sqrt{2}}{2}\pi,$$

其中上限 $x=\dfrac{\pi}{2}$ 代入时,是令 $x\to\dfrac{\pi}{2}$ 取极限.

注:本例若不将积分区间化为 $[0,\dfrac{\pi}{2}]$,就会产生如下的错误:
$$\int_{0}^{\pi}\frac{\mathrm{d}x}{1+\sin^2x}=\sqrt{2}\arctan(\sqrt{2}\tan x)\Big|_{0}^{\pi}=0.$$

20. (1) $V_A = \dfrac{\pi a^2}{2}, V_B = \pi\left(1 - \dfrac{4}{5}a\right)$;　(2) $a = \dfrac{\sqrt{66} - 4}{5}$;　(3) $a = \dfrac{4}{5}$.

21. 任取 $x > 0$,存在自然数 n,使 $nT \leqslant x < (n+1)T$.

(1) 当 $f(x) \geqslant 0$ 时,有 $\dfrac{1}{(n+1)T}\displaystyle\int_0^{nT} f(t)\mathrm{d}t \leqslant \dfrac{1}{x}\int_0^x f(t)\mathrm{d}t \leqslant \dfrac{1}{nT}\int_0^{(n+1)T} f(t)\mathrm{d}t$,

利用周期函数积分性质得,$\dfrac{n}{(n+1)T}\displaystyle\int_0^T f(t)\mathrm{d}t \leqslant \dfrac{1}{x}\int_0^x f(t)\mathrm{d}t \leqslant \dfrac{n+1}{nT}\int_0^T f(t)\mathrm{d}t$.

当 $x \to +\infty$ 时,$n \to \infty$,对上面不等式两端取极限,由夹逼准则,得

$$\lim_{x \to +\infty} \frac{1}{x}\int_0^x f(t)\mathrm{d}t = \frac{1}{T}\int_0^T f(t)\mathrm{d}t.$$

(2) 对一般情形,设 $M = \max\limits_{0 \leqslant x \leqslant T} f(x)$,则 $M - f(t) \geqslant 0$ 且是以 T 为周期的连续函数,再利用(1)的结论.

22. 提示:令 $F(x) = \displaystyle\int_a^x f(t)\mathrm{d}t$,则 $F(x)$ 在 $[a,b]$ 上二阶连续可导.再利用带 Lagrange 余项的 Taylor 公式将 $F\left(\dfrac{a+b}{2}\right)$ 分别在 $x = a$ 和 $x = b$ 处展开,所得两式相减.

第七章

习题一

1. (1)(4)(6)为一阶方程；　(2)(5)为二阶方程；　(3)为三阶方程.

3. $y = \dfrac{1}{2}x + 2$.

4. $u(x) = \dfrac{x^2}{2} + x + C$.

5. (1) $xy' - 2y = -x$;　　　　(2) $xy + (1 - x^2)y' = 0$.

6. $\begin{cases} -xy' + y = 2xy^2, \\ y(1) = 2. \end{cases}$

7. $\dfrac{\mathrm{d}x}{\mathrm{d}t} = kx(k > 0$ 为比例系数)；初始条件 $x(t_0) = x_0$.

8. $\begin{cases} \dfrac{\mathrm{d}N}{\mathrm{d}t} = \lambda N \quad (\lambda < 0), \\ N(0) = N_0. \end{cases}$

9. $\begin{cases} m\dfrac{\mathrm{d}^2 S}{\mathrm{d}t^2} = mg - k\left(\dfrac{\mathrm{d}S}{\mathrm{d}t}\right)^2, \\ S(0) = 0, v(0) = S'(0) = 0. \end{cases}$

10. (1) $y = x^2 + C$;　(2) $y = x^2 + 3$;　(3) $y = x^2 + 4$.

11. $\cos x - x\sin x + C$.

12. $f'(x) = -\dfrac{1}{x^2}, f(1) = -1$.

习题二

1. (1) $\dfrac{1}{3}\mathrm{e}^{-y^3} = \mathrm{e}^x + C$;　　　　　(2) $\dfrac{1}{y} = -\tan x + C$;

(3) $y = Ce^{x^2}$; (4) $1 + y^2 = 10(1 + x^2)$;

(5) $y^2 = x^2 \ln x^2 + Cx^2$; (6) $\ln x + e^{-\frac{y}{x}} + C = 0$;

(7) $x \sin \frac{y}{x} = 1$; (8) $y = x \sqrt{2(\ln x + 2)}$.

2. (1) $y = k \arctan \frac{x+y}{k} + C$; (2) $-\cot \frac{x-y}{2} = x + C$;

(3) $2[\sqrt{x-y+1} + \ln(1 - \sqrt{x-y+1})] = C - x$.

3. $\dfrac{\mathrm{d}y}{\mathrm{d}x} = -\dfrac{x}{y}, x^2 + y^2 = 1$.

4. $f(x) = \ln(x+1)$.

5. 提示:设时刻 t 时,水的温度为 $T\ ℃$,则可归结为求如下初值问题:
$$\begin{cases} \dfrac{\mathrm{d}T}{\mathrm{d}t} = -k(T - 20), \quad k > 0, \\ T|_{t=0} = 100, \end{cases}$$
解得 $T = 20(1 + \sqrt{6})\ ℃$.

6. $x = e^{-\rho^3}$.

7. 设 t 时刻(单位:天) 的体重为 $W(t)$,则 $D\mathrm{d}W = [A - B - CW(t)]\mathrm{d}t$.

记 $a = \dfrac{A - B}{D}, b = \dfrac{C}{D}$,则得方程 $\dfrac{\mathrm{d}W}{\mathrm{d}t} = a - bW(t)$.

8. 通解为 $I(t) = \dfrac{800}{1 - Ce^{-800\beta t}}$,特解为 $I(t) = \dfrac{800}{1 + 799e^{-800\beta t}}$.

为确定常数 β,利用 $I(t)$ 满足的其他条件,已知 12 小时后另有 2 人被感染,所以 $I(12) = 3$,将其代入特解中,得 $800\beta = 0.091\ 76$,于是 $I(t) = \dfrac{800}{1 + 799e^{-0.091\ 76t}}$.

习题三

1. (1) $y = x\left(\dfrac{x^2}{2} + C\right)$; (2) $y = (x+1)^2\left[\dfrac{2}{3}(x+1)^{\frac{3}{2}} + C\right]$;

(3) $x = \dfrac{2}{3}(4 - e^{-3y})$; (4) $x = \dfrac{1}{2}(y^3 + y)$;

(5) $y = x^4\left(\dfrac{x}{2} + C\right)^2$;

(6) $y^2 = x\left(\dfrac{x^2}{2} + C\right)$ (提示:方程为关于 y^2 的一阶线性方程);

(7) $\dfrac{1}{x} = Cy^{-2} + y^3$ (提示:方程为关于函数 $x(y)$ 的贝努利方程);

(8) $y^2 = x^4(1 - \ln x^2)$;

(9) $2xy - \sin(2xy) = 4x + C$ (提示:通过变换 $z = xy$,方程可化为 $\dfrac{\mathrm{d}z}{\mathrm{d}x} = \dfrac{1}{\sin^2 z}$);

(10) $y = f(x) - 1 + Ce^{-f(x)}$; (11) $y = (e^x + C)(x+1)^n$;

(12) $\dfrac{1}{y} = \dfrac{C}{x^6} + \dfrac{x^2}{8}$; (13) $x = (1 - \ln|y|)y^2$.

2. $y = x(C - \cos x)$.

3. $\dfrac{1}{y} = x + \dfrac{C}{x}$.

4. $f(x) = \sin x + 2e^{-\sin x} - 1$,注意 $f(x)|_{x=0} = 1$.

5. $y = C[y_1(x) - y_2(x)] + y_1(x)$.

6. 提示:对 $\int_0^1 f(ax)\mathrm{d}a$ 利用换元法,令 $u = ax$. $f'(x) - \dfrac{1}{x}f(x) = -\dfrac{2}{x}$; $f(x) = 2 + Cx$.

7. $f(x) = 3\ln x + 3, x \in (0, +\infty)$.

8. $x^2 + y^2 = Cy$,方程 $y' = \dfrac{2xy}{x^2 - y^2}$.

习题四

1. (1) $y = \dfrac{1}{4}e^{2x} + \cos x + \dfrac{1}{2}x - \dfrac{5}{4}$;   (2) $y = x\ln x + x^3 - x + 1$;

(3) $y = C_2 x + C_3 - (x + C_1)\ln(x + C_1)$;   (4) $y = e^x - \dfrac{1}{2}x^2 - x$;

(5) $y = (x-1)e^x + \dfrac{1}{2}C_1 x^2 + C_2$;   (6) $y = 1 - \ln\cos x$;

(7) $y = C_2 e^{C_1 x}$;   (8) $C_1 x = e^{\arctan y} + C_2$;

(9) $y = x^2 + 3x + 1$;   (10) $y = \dfrac{1}{C_1}e^{C_1 x + 1}(x - \dfrac{1}{C_1}) + C_2$.

2. $y = C_2 - \ln|C_1 - x^2|$.

3. $y = \ln(\mathrm{ch}\, x)$.

4. $y = -\dfrac{1}{x+1}$. 注意由已知有 $y(0) = -1, y'(0) = 1$.

习题五

1. (1) 线性相关;   (2) 线性相关;
(3) 线性无关;   (4) 线性无关;
(5) 线性无关;   (6) 线性无关.

2. (1) $y = C_1 e^x + C_2 x e^x$;   (2) $y = (2x-1)e^x$.

4. (1) $y = C_1 x^2 + C_2 e^x + 3 + x^2$.

5. (1) $y = C_1 e^x + C_2 e^{3x}$;   (2) $y = (C_1 + C_2 x)e^{-2x}$;

(3) $y = e^{-x}(C_1 \cos 2x + C_2 \sin 2x)$;   (4) $y = C_1 \cos 5x + C_2 \sin 5x$;

(5) $x = C_1 e^{\sqrt{2}t} + C_2 e^{-\sqrt{2}t}$;   (6) $y = C_1 + C_2 e^{-x} + C_3 e^x$;

(7) $y = C_1 e^x + C_2 e^{-x} + C_3 \cos x + C_4 \sin x$;   (8) $y = C_1 + C_2 x + (C_3 + C_4 x)e^x$.

6. (1) $y = e^{-2x}$;   (2) $y = e^{x-\pi}(2\cos x + \sin x)$;

(3) $y = 4e^{-x} - 3e^{-2x}$;   (4) $y = e^{-x} - e^{4x}$.

7. $y = \cos 3x - \dfrac{1}{3}\sin 3x$.

8. (1) $y^* = ae^{3x}$;   (2) $y^* = x(ax+b)e^{-2x}$;

(3) $y^* = x^2(ax^2 + bx + c)e^{-x}$;   (4) $y^* = a\cos x + b\sin x$.

9. (1) $y^* = -x + \dfrac{1}{3}$;   (2) $y = C_1 e^{-x} + C_2 e^{3x} - \dfrac{1}{4}x e^{-x}$;

(3) $y = C_1 e^x + C_2 e^{2x} + x(\dfrac{x}{2} - 1)e^{2x}$;   (4) $y = C_1 e^{-x} + C_2 x e^{-x} + \dfrac{1}{6}x^3 e^{-x}$;

(5) $y = (C_1 + C_2 x + C_3 x^2)e^{-x} + \dfrac{1}{24}x^3(x-20)e^{-x}$;

(6) $y=C_1\cos x+C_2\sin x+x\cos x+x^2\sin x$;

(7) $y=C_1+C_2\mathrm{e}^x+x\mathrm{e}^x+2\cos 2x+\sin 2x$;

(8) $y=(C_1+C_2x)\mathrm{e}^{2x}+\dfrac{1}{4}+\mathrm{e}^x+\dfrac{1}{2}x^2\mathrm{e}^{2x}$;

10. (1) $y=-5\mathrm{e}^x+\dfrac{7}{2}\mathrm{e}^{2x}+\dfrac{5}{2}$;　　　　　　　(2) $y=\mathrm{e}^x-\mathrm{e}^{-x}+\mathrm{e}^x(x^2-x)$;

(3) $y=(1+2\sin x-\cos x)\mathrm{e}^x$.

11. $a=-3,b=2,c=-1;y=C_1\mathrm{e}^x+C_2\mathrm{e}^{2x}+x\mathrm{e}^x$.

12. $f(x)=-3+\dfrac{11}{3}\mathrm{e}^{-\frac{x}{2}}+2x+\dfrac{1}{3}\mathrm{e}^x$.

13. $f(x)=\dfrac{1}{2}(\cos x+\sin x+\mathrm{e}^x)$.

14. $f(x)=C_1\ln x+C_2$;方程为 $xf''(x)+f'(x)=0$.

习题六

1. (1) $-4x-2,-4$;　　　　　　　(2) $\dfrac{-2x-1}{x^2(x+1)^2},\dfrac{6x^2+12x+4}{x^2(x+1)^2(x+2)^2}$;

(3) $6x+2,6$;　　　　　　　(4) $6x^2+4x+1,12x+10$;

(5) $\mathrm{e}^{2x}(\mathrm{e}^2-1),\mathrm{e}^{2x}(\mathrm{e}^2-1)^2$.

2. (1) 3 阶;　　(2) 6 阶.

4. (1) $x(k)=C2^k$;　　　　　　　(2) $x(k)=C\cdot 5^k-\dfrac{3}{4}$;

(3) $x(k)=C\cdot 2^k-\dfrac{3}{5}(\dfrac{1}{3})^k$;　　　　　　　(4) $x(k)=C\cdot 2^k-3k^2-6k-9$;

(5) $C-k+k^2$;

(6) 当 $\alpha\neq\mathrm{e}^\beta$ 时,$x(k)=C\alpha^2+\dfrac{1}{\mathrm{e}^\beta-\alpha}\mathrm{e}^{\beta k}$;当 $\alpha=\mathrm{e}^\beta$ 时,$x(k)=C\alpha^2+k\mathrm{e}^{\beta(k-1)}$.

5. (1) $x(k)=3(-\dfrac{1}{2})^k$;　　　　　　　(6) $x(k)=3(-7)^k+2$.

6. (2) $P_t=(P_0-\dfrac{2}{3})(-2)^t+\dfrac{2}{3}$.

7. (1) $x(k)=4+C_1(\dfrac{1}{2})^k+C_2(-\dfrac{7}{2})^k$,　$x(k)=4+\dfrac{3}{2}(\dfrac{1}{2})^k+\dfrac{1}{2}(-\dfrac{7}{2})^k$;

(2) $x(k)=(\sqrt{2})^k(C_1\cos\dfrac{\pi}{4}k+C_2\sin\dfrac{\pi}{4}k)$,　$x(k)=(\sqrt{2})^k\cdot 2\cos\dfrac{\pi}{4}k$;

(3) $x(k)=4k+C_1(-2)^k+C_2$,　$x(k)=4k+\dfrac{4}{3}(-2)^k-\dfrac{4}{3}$;

(4) $x(k)=-\dfrac{7}{100}+\dfrac{1}{10}k+C_1(-1)^k+C_2(-4)^k$.

8. (1) $y_t-A(1+B)y_{t-1}+BAy_{t-2}=G$;

(2) $y_t=2^{1-\frac{t}{2}}\sin\dfrac{\pi}{4}t+2$.

总习题七

一、1. A;　2. D;　3. A;　4. B;　5. D;　6. C.

二、1. $y=C\mathrm{e}^{-x}+3x^2-6x+6$;　　　　　2. $y=x(C-\cos x)$;

3. $xy'-2y=-x$;   4. $y''+4y=0$;

5. $y=\dfrac{2}{1-x}$;   6. $ax+b$;

7. $x(k)=C(-5)^k+\dfrac{5}{12}(x-\dfrac{1}{6})$;   8. $x(k)=C(-2)^k-2^{k-1}k\cos\pi k$;

9. $W_t=1.2W_{t-1}+2$.

三、1. (1) $y=-x^2+Cx^3$;   (2) $x^2+y^2=C$;

(3) $y=C_1+C_2x-\sin x$;   (4) $x=Ce^{2y}+\dfrac{1}{2}y^2+\dfrac{1}{2}y+\dfrac{1}{4}$;

(5) $\ln(xy)=Cx$;   (6) $y=-\dfrac{x}{2}+\dfrac{C}{x}$;

(7) $y=e^x(C_1+C_2x+x^2)$;   (8) $y=C_1e^x+C_2e^{2x}-(x^2+2x)e^x$;

(9) $y=\dfrac{2}{3}x^{\frac{3}{2}}+\dfrac{1}{3}$;   (10) $y=\cos x+\sin x-\dfrac{x}{2}(\cos x-\sin x)$.

2. $y=\dfrac{1}{4}-x^2$.

3. $y=-e^{-\frac{1}{2}+x+e^{-x}}+e^x$.

4. $1=k(n+1)y^{n-1}y',y=\sqrt[n]{x}$.

5. $f(x)=\sin x+2e^{-\sin x}-1$.

6. $y_2=x\ln x,y=(C_1+C_2\ln x)x$.

7. $y''+4y'+4y=0,y=(C_1+C_2x)e^{-2x}$.

8. $\pi e^{\frac{\pi}{3\sqrt{3}}}$.

9. $y=3(-2e^{-x}+x^2-2x+2)$.

10. (1) $F'(x)+2F(x)=4e^{2x}$;   (2) $F(x)=e^{2x}-e^{-2x}$.

11. (1) $\lambda=1,a=1$,通解形式为 $y=(c_1+c_2x)e^x+x^2(Ax+B)e^{ax}$;$a\ne1$,通解形式为 $y=(c_1+c_2x)e^x+(Ax+B)e^{ax}$;

(2) $\lambda<1,a=1+\sqrt{1-\lambda}$或$a=1-\sqrt{1-\lambda}$,通解形式是
$$y=c_1e^{(1+\sqrt{1-\lambda})x}+c_2e^{(1-\sqrt{1-\lambda})x}+x(Ax+B)e^{ax};$$
$a\ne1+\sqrt{1-\lambda}$或$a\ne1-\sqrt{1-\lambda}$,通解形式是
$$y=c_1e^{(1+\sqrt{1-\lambda})x}+c_2e^{(1-\sqrt{1-\lambda})x}+(Ax+B)e^{ax};$$

(3) $\lambda>1$,对任意实常数 a,通解形式是
$$y=e^x(c_1\cos\sqrt{\lambda-1}x+c_2\sin\sqrt{\lambda-1}x)+(Ax+B)e^{ax}.$$

12. $f(x)=e^{2x}\ln 2$.

13. $f(x)=\dfrac{x}{x^3+1}$ $(x\ge1)$,提示:$y-x+x^3y=0$,方程为$\dfrac{\mathrm{d}y}{\mathrm{d}x}=\dfrac{3y^2}{x^2}-\dfrac{2y}{x}$.

14. (1) $x(k)=C\cdot2^k+\dfrac{1}{2}k\cdot2^k$;   (2) $x(k)=C_1(-3)^k+C_2$;

(3) $x(k)=C_13^k+C_2(-2)^k+(-\dfrac{2}{25}k+\dfrac{1}{15})k\cdot3^k$;   (4) $x(k)=\dfrac{1}{3}2^k+\dfrac{5}{3}(-1)^k$;

(5) $x(k)=(\dfrac{3}{4}-\dfrac{9}{10}k)5^k+\dfrac{1}{4}3^k$.

15. $y_t=C\alpha^t+\dfrac{\beta+I}{1-\alpha}$, $C_t=C\alpha^t+\dfrac{\beta+\alpha I}{1-\alpha}$.

参 考 文 献

[1] 同济大学数学系. 高等数学(上册). 7 版. 北京:高等教育出版社,2014.

[2] 王绵森,马知恩. 工科数学分析基础(上册). 2 版. 北京:高等教育出版社,2006.

[3] 李心灿. 高等数学应用 205 例. 北京:高等教育出版社,1997.

[4] 阮炯. 差分方程和常微分方程. 上海:复旦大学出版社,2002.

[5] 吴赣昌,微积分(上册). 4 版. 北京:中国人民大学出版社,2011.

[6] 芬尼,韦尔,焦尔当诺. 托马斯微积分. 叶其孝,王耀东,唐兢,译. 10 版. 北京:高等教育出版社,2004.